心理学与个人成长 第十版

I Never Knew I Had a Choice:

Explorations in Personal Growth
(10th Edition)

［美］杰拉德·克里　玛丽安娜·施奈德·克里 ◎ 著
（Gerald Corey）　（Marianne Schneider Corey）

王晓波 ◎ 译

中国轻工业出版社

图书在版编目(CIP)数据

心理学与个人成长:第10版／(美)克里(Corey, G.),(美)克里(Corey, M. S.)著;王晓波译.—北京:中国轻工业出版社,2015.9 (2024.9重印)

ISBN 978-7-5019-9996-5

Ⅰ.①心… Ⅱ.①克… ②克… ③王… Ⅲ.①发展心理学 Ⅳ.①B844

中国版本图书馆CIP数据核字(2014)第256266号

版权声明

I Never Knew I Had A Choice: Explorations in Personal Growth, Tenth Edition
Gerald Corey, Marianne Schneider Corey　王晓波 译
Copyright © 2014, 2010 by Brooks/Cole, a part of Cengage Learning.
Original edition published by Cengage Learning. All Rights reserved. 本书原版由圣智学习出版公司出版。版权所有,盗印必究。

China Light Industry Press is authorized by Cengage Learning to publish and distribute exclusively this simplified Chinese edition. This edition is authorized for sale in the People's Republic of China only (excluding Hong Kong, Macao SAR and Taiwan). Unauthorized export of this edition is a violation of the Copyright Act. No part of this publication may be reproduced or distributed by any means, or stored in a database or retrieval system, without the prior written permission of the publisher.

本书中文简体字翻译版由圣智学习出版公司授权中国轻工业出版社独家出版发行。此版本仅限在中华人民共和国境内(不包括中国香港、澳门特别行政区及中国台湾)销售。未经授权的本书出口将被视为违反版权法的行为。未经出版者预先书面许可,不得以任何方式复制或发行本书的任何部分。

ISBN: 978-7-5019-9996-5

Cengage Learning Asia Pte. Ltd.
151 Lorong Chuan, #02-08 New Tech Park, Singapore 556741

本书封面贴有Cengage Learning防伪标签,无标签者不得销售。

责任编辑:戴　婕　　　　　责任终审:杜文勇
策划编辑:孙蔚雯　高小菁　责任校对:刘志颖　　责任监印:吴维斌

出版发行:中国轻工业出版社(北京鲁谷东街5号,邮编:100040)
印　　刷:三河市鑫金马印装有限公司
经　　销:各地新华书店
版　　次:2024年9月第1版第10次印刷
开　　本:850×1092　1/16　印张:22
字　　数:368千字
书　　号:ISBN 978-7-5019-9996-5　定价:58.00元

读者热线:010-65181109
发行电话:010-85119832　　010-85119912
网　　址:http://www.chlip.com.cn　　http://www.wqedu.com
电子信箱:1012305542@qq.com

版权所有　侵权必究
如发现图书残缺请拨打读者热线联系调换
242725Y2C110ZYW

名家推荐

　　不了解自己的过去，就无法掌控自己的未来；不认清自己的内心，就无法把握外面的世界。《心理学与个人成长》为此提供了专业的指导，也为健康成功的人生提供了一把钥匙。

　　——**王垒**　北京大学心理学系教授

　　成长是一个永恒的主题。《心理学与个人成长》以生活为起点，为人们铺设了一条通往心智成熟、人格健全的道路。读完这本书你就可以清楚地知道，你是谁，你怎样看待他人和世界，你应该如何接纳、塑造、完善自我，进而你将学会选择自己的人生。

　　——**许燕**　北京师范大学心理学院教授

　　希望天下所有人都懂得，成长比成功更重要。成功可以带来荣耀和金钱，但成长带来的是创造的快乐、自我的更新、内心的充实与宁静，这些都是与生命同在的财富。把《心理学与个人成长》装进行囊，上路吧。

　　——**陆小娅**　"青春热线"创办者、总督导

　　成长是持续一生的过程，维护健康的身心也是我们一生的责任。我们很高兴看到越来越多的人懂得寻求心理咨询的帮助，然而我们更希望看到每个人都能成为自己的心理咨询师。《心理学与个人成长》用心理学的观念帮助读者选择更健康的道路，读过它的人都会对自己的人生更有把握。

　　——**胡佩诚**　北京大学医学部教授

　　每个人都在成长中，无论过去、现在还是将来。孔子"十有五而志于学"，一直到"七十"之龄方步入"从心所欲"的境界。可见在我们的先辈圣贤眼中，心是衡量成长的重要标尺。《心理学与个人成长》正是心理学家对成长的权威解说。它通过精巧的安排、生动的形式、鲜活的语言将心理学对成长问题的研究成果娓娓道来，对所有追求幸福的人都有积极的价值。

　　——**钟年**　武汉大学现代心理学研究中心教授

　　著名的美国心理咨询大师Corey夫妇的《心理学与个人成长》一书自出版以来，长期受到广大美国年轻人的欢迎，是帮助大学生认识自我、人格成长、获得幸福人生的不可多得的好书。

　　——**孙时进**　复旦大学心理学系教授

　　《心理学与个人成长》用心理学呈现一个人从出生到死亡的成长过程，内容翔实，形式活泼，使人们从全新的视角认识自我、调整自我，对当代大学生的自我成长非常有帮助。

　　——**桑志芹**　南京大学心理健康教育与研究中心教授

　　人的心理成长是持续一生的过程。面对复杂的社会，你怎样清楚地了解自己是谁；面对生活中的问题，你怎样应对压力；面对人生的选择，你怎样把握机遇达成自我实现？读完这本《心理学与个人成长》，相信你可以找到答案。

　　——**樊富珉**　清华大学心理学教授

（排名不分先后）

Jim Morelock，一位人生的探求者，生前与死后均受人尊敬。他奋斗，他追问，他选择丰富而充实地度过每一刻，直至25岁时的生命终点。

译者序

本书作者 Gerald Corey 和 Marianne Schneider Corey 夫妇是美国著名的心理学教授和心理咨询师，曾在2011年获得美国心理健康咨询师协会颁发的终身成就奖。他们撰写并出版了多部心理学及咨询方面的著作、教材和论文，大多都被翻译成多国文字，受到了极高的赞誉。本书由他们二人合作完成，得到了多国读者的关注和喜爱。本版已是第十版了。

这本书具有非常强的实用性和互动性。它按照生命成长的轨迹，基于人从出生到离世的各个阶段的环境、思想、行为以及可能遇到的选择，逐一从心理学的角度展开分析。作者重点强调了存在主义和人性化的方法，但也介绍了一些其他理论观点，同时提供了大量来自生活的实例辅以印证。书中介绍的心理学方面的理论和观点为我们认识自己平时的一些看法和行为找到了理论依据和产生根源，这对我们纠正自我和做出改变具有很大的帮助作用。而且，书中所使用的语言通俗易懂，而那些生动的实例又很容易让我们从中发现自己的影子，并获得极具实用价值的建议。每章前后的"自我评估"和"自我成长"部分，以及穿插在正文中的"思考时间"，都为我们提供了与书中内容互动的机会，同时能够让我们认真反思自己在人生各个阶段，面对生活中各种问题时的态度和做法。本书希望读者意识到：在任何时候、任何情境之下，你都具有主动选择的权利，它是你真正获得成长的关键所在。但是，做出合理选择的前提是要对自己有清醒的认识和分析；而书中的那些操练就是为了帮助你了解自我，找到阻碍自己成长的心理因素和环境因素，从而在此基础上有的放矢地做出改变。因此，这本书适用于所有年龄段和各种背景的读者，它能让你在学习了解心理学知识的同时，审视自己目前的生活，进而勇敢地采取行动，迎接更积极、更健康的生活。

如今，我们在各种媒体上常会看到有关抑郁、自杀、伤人甚至杀人等报道；抛开这些极端事件，问问普通人的生活，不少人也会说自己感到无聊、厌倦、空虚和烦躁。虽然我们的生活水平在最近二三十年间有了极大的提高，但物质的丰富与我们的幸福感受却不成正比。问题出在哪里？心智的不成熟显然是一个重要原因。那一个人怎样才能心智成熟起来呢？心智成熟不可能一蹴而就，它是一段充满艰辛的旅程。首先，它要求我们千万不能回避问题，一定要敢于直面自我。我们必须对自己有清晰的认识，包括自己的成长背景、性格特点等——这就需要我们具备一些基本的心理学知识，能够对自己的问题或困扰进行理智、科学的分析。其次，我们必须采取积极、主动的态度去解决生活中出现的问题。在大大小小的困境、逆境或挫折面前，我们都要敢于做出选择，从而改变或扭转现状。你是唯一可以思考自己的人生并做出决断的人，因此你的意识和选择决定了你的生活。这方面同样需要心理学的知识，甚至心理咨询师的指导。因为选择不是鲁莽做出的，它应该基于对自身特点、人际关系和资源储备等的正确认识和态度，这样才能确保做出的选择或决定是妥当和合理的，能够带来期望中的改变。总之，直面自我和做出选择是走向心智成熟的关键，而本书恰好在这两方面为大家提供了极具价值的参考。在心理问题日益突显的今天，及时为大家——尤其是即将迈上征程的广大年轻读者——翻译出版这样一本心理学方面的通俗著作是很有意义的。

翻译本书对我来说也是一次很好的学习过程。书中那些通俗易懂的理论和阐述使我受益匪浅，开启了我对自己内心世界的探索。翻译的过程也是省察自我的一次切身体验，因此，我对给予我这一机会的中国轻工业出版社，以及为我提供支持和协助的编辑深表感谢。在翻译过程中，我也学习借鉴了前版翻译的许多精彩之处，对此我也要向那些译者们表示深深的谢意。毫无疑问，鉴于本人能力有限，译作肯定还存在不少生涩和不尽如人意之处，我非常愿意得到业内专家及广大读者的批评指正。

心智成熟的道路艰辛而漫长，但只要你有勇气去面对自己的问题并做出抉择，你就能享受到人生的丰富和精神的成长带来的独特喜悦。让我们一起努力吧！

王晓波
2015年10月

关于作者

Gerald Corey 是美国加利福尼亚州立大学人类服务和咨询专业荣誉教授,现已退休。他在美国南加州大学获得了咨询专业的博士学位。他是咨询心理学方面的专科医生、有行医执照的心理学家、获得国家认证的咨询师、美国心理协会理事;美国咨询协会理事和团体咨询专家协会理事。他与 Marianne Schneider Corey 一起在 2011 年获得了美国心理健康咨询师协会颁发的终身成就奖,在 2001 年获得了团体咨询专家协会颁发的最佳职业奖。他本人还在 1991 年获得了加利福尼亚州立大学颁发的年度杰出教授奖。他负责定期教授团体咨询方面的本科与研究生课程。他独自或与他人合作完成出版了 16 本教材,还在专业杂志上发表了若干文章。他的《咨询和心理疗法理论与实践》已被翻译成阿拉伯文、印尼文、葡萄牙文、韩文、土耳其文和中文;另一本书《团体咨询理论与实践》也被译成了韩文、中文、西班牙文和俄文。

Gerald 和 Marianne 经常组织团体咨询方面的工作坊。在过去的 35 年中,他们夫妇在美国许多大学以及加拿大、墨西哥、中国、韩国、德国、比利时、苏格兰、英格兰和爱尔兰等地为心理健康专业人士举办过团体咨询方面的培训工作坊。业余时间,他喜欢在山间和沙漠中旅行、远足、骑自行车和驾驶他的 1931 年版 A 型福特汽车。他们夫妇已经结婚 48 年了,有两个女儿和三个外孙。

Marianne Schneider Corey 是美国加利福尼亚州有行医执照的婚姻和家庭心理治疗师,也是获得国家认证的咨询师。她在美国查普曼大学获得了婚姻、家庭和子女教育方面的硕士学位。她是团体咨询专家协会理事,并在 2001 年获得该组织颁发的最佳职业奖。2011年她还获得了美国心理健康咨询师协会颁发的终身成就奖。她是美国咨询协会、美国团体咨询专家协会、美国团体心理疗法协会、美国心理健康咨询师协会、咨询师教育和监督协会、多文化咨询和发展协会以及咨询师教育和监督西部协会的会员。

前言

《心理学与个人成长》一书是为大学生及所有渴望拓展自我、发掘生命金色年华中可能的机会的人而写的。书中所探讨的话题包括：选择一种适合自己的学习方法；通过对自己童年和青少年时代的回顾，找出过往的经历对自己当下行为和选择所产生的影响；迎接成年和独立生活所带来的挑战；保持健康的身体和心态；应对压力；享受美好的爱情、亲密关系、性别角色和性爱；工作与娱乐；创造性地应对寂寞和独居生活；理解和接受孤独和死亡；选择生命的价值与意义；包容复杂多变的世界，走好个人成长之路等。

这是一本关乎个人成长的书，对于书中提出的诸多话题，我们也给出了自己的亲身体验。此外，我们也鼓励读者对自己做过的选择进行仔细考量，看看这些选择对你们目前生活的满意度有怎样的影响。每一章开始时都有一个自我调查问卷，即自我评估部分，它让读者有机会关注自己当下的想法和态度。每章的"思考时间"部分，让读者即时对所阅读的内容进行回顾和反思。在每章结尾处的"自我成长"部分中还有一些活动和练习，它们可以应用在书本之外。最后我们特别想强调的就是，这是一本没有结尾的书，读者其实也是它的作者，我们希望你们能积极参与进来，在书中以及每章结尾处的日记页中记录自己的变化。

第十版有哪些新内容？

第十版更新了心理学领域的最新发展，我们增加了一些新话题，拓展和修改了一些以前的内容，并对有些话题的讨论进行了删减。这一版本的新增内容大体包括：用来说明一些重点主题的新个人经历；每章中原有和新增话题的最新研究发现；更新后的"思考时间"练习以及每章结尾部分的"自我成长"中的新活动。下面的各章概述能够更清晰地体现出这个版本的变化之处。

第1章（请来体验个人学习和成长的过程）介绍了几种不同的个人成长模式。这章有两个地方进行了修改和补充：修正了导致改变的选择，更新了幸福因素。新增内容讨论了各个阶段的改变和个体对做出改变的准备，以及有关积极心理学和幸福感方面的内容。我们对关于多元智力和学习风格的内容也进行了更新，并增加了有关情商的讨论。我们还对固定思维与成长心态进行了对比，阐明了成长心态的益处，并明确指出我们所获得的有关成功和失败的信息对我们心态的形成所产生的影响。

第2章（童年和青少年）加强了有关童年经历对后期个性发展的影响的讨论。这一章继续以介绍埃里克森的心理社会模式和贯穿人生发展各个阶段的情境中的自我理论为重点，但新增了有关情绪和社交能力的讨论和越来越多的年轻一代通过社交网络结识的现状，并剖析了网络欺凌对青少年造成的影响以及社交网络的利与弊。本章还增加了对童年时期适应能力的关注。

第3章（成年与自主）继续以心理社会理论和情境中的自我理论为基础，展开对生命各阶段认知的讨论，对我们在人生各阶段可以做出的选择和每个人所面对的具体挑战进行了逐一的阐述，并增加了一些关于常见的认知误区和拒绝自我挫败想法的内容。

第4章（身体与健康）修改了一些以前有关健康和生活选择的讨论，并在睡眠、运动、饮食和精神世界等几个方面做了一点小的更新。在这一章中我们继续让读者省察自己在生活方式方面所做的选择，以及如何用这些选择来改善健康状况，我们特别强调了良好健康习惯的重要性。

第5章（压力管理）侧重于压力对身体的影响、造成压力的原因、应对压力的有效和无效的反应，以及压力与健全人格之间的关系。我们对文化在我们认知压力时所起的作用、造成压力的环境因素、解决压力所需的适应能力和应对压力的一系列积极办法等方面做了一些修改。近期有关应对压力方面的新的研究成果，如冥想、正念、瑜伽和按摩，也被收录进本章。我们还对创伤后应激障碍这部分进行了大量的更新和补充，并增加了替代性创伤的内容。

第6章（爱）涉及爱的方方面面，包括爱的意义和我们对爱与被爱的恐惧。新增了有关爱的理论部分，并强调了早期的依附方式对后期关系所产生的重要影响。变化世界中的爱也是一个新增部分，它指出技术进步既可以促进我们之间的关系，也可能会成为阻碍人与人沟通的障碍。

第7章（人际关系）包含了对各种有意义的人际交往的指导原则，包括友谊、夫妻关系和家庭关系。我们对有关男、女同性恋的部分做了更新和补充，并增加了关于愤怒犯罪和性取向的讨论。新增的内容还有亲密关系中的暴力行为和虐待，以及处在变化世界中的关系。技术进步对人际关系的影响也是新添加的部分，我们探讨了社交网络、网络约会和网络空间的不忠行为等现象，使读者能够清楚了解社交网络带给人际关系的利与弊。

第8章（成为你期望中的女人或男人）新增了许多有关男性角色、女性角色、性别角色冲突、性别角色社会化、女性与工作选择和挑战传统性别角色的讨论，我们对性别角色社会化的各方面给予了特别关注。

第9章（性）做了大量修改，突出强调积极、健康的性生活。我们对从媒体和社会上得到的有关性行为的信息作了深度剖析。新增部分包括：步入老年后仍能享受性亲密、有关性成瘾现象的争议，以及在防止性传播疾病方面个人选择的重要性。

第10章（工作与娱乐）对职业与各种性格类型的关系部分进行了修改，在对工作不满意的原因、不良的工作环境、有虐待倾向的上司、自尊与工作的关系和被迫退休方面新增了一些内容，同时针对当下的现实状况，我们还补充了有关在恶劣的经济环境和就业形势下择业时应当如何选择的讨论。

第11章（孤独和独处）指出了独处的积极意义以及孤独的不同类型。我们简要介绍了应对害羞比较妥当的社交方式，并更新了有关害羞的讨论。

第12章（死亡和失去）修改了有关理解死亡和死去过程的讨论，同时对有关自杀的部分进行了更新和补充，修改了关于对丧失感到悲伤的必要性和不同文化对待哀悼的不同态度的内容。

第13章（意义和价值）探讨的是生命的意义。我们在这章中提供了许多人的事例，他们在追求有意义的生活时充满了激情，并有着明确的目标。菲利普·津巴多教授对为什么好人有时会做坏事和是什么促使普通人做出非同寻常的英雄行为的调查研究是这章的新增内容，我们还在做出改变和为了让这个世界变得更美好所能采取的行动方面增加了相关讨论。

第14章（个人成长的途径）鼓励读者思考他们应该由此开始选择怎样的成长之路。这里的一个重要问题是："你喜欢自己现在的样子吗？"我们提醒读者，成长之路才刚刚开始，并特别强调了自我评估对个人成长的重要性；我们还要求他们对本书讨论的一些重点话题进行回顾。本章提供了各种各样的成长路径，供读者在现在和将来考虑做出改变时选择。

从根本上讲，《心理学与个人成长》一书的写作风格人性化、个性化，也就是说，我们重点关注的是健康和有益的个性，以及我们大多数人在走向成熟过程中普遍会遇到的矛盾和冲突，我们特别强调应为自己的选择承担责任，并且有意识、自觉地做出决定：我是否要改变以及应当怎样改变。研究个体适应和成长的方法有很多种，我们侧重的是存在主义和人本主义的方法，因为在我们看来，它们能更好地反映出选择和责任这两个角色在创造有意义的生活中的作用。当然，在许多章节中，我们也运用了一些其他理论观点，包括：选择理论和现实主义疗法、沟通分析理论、认知行为疗法、女权主义理论、关系中的自我理论和心理社会发展理论。

虽然我们所使用的方法从广义上来讲是以存在主义和人本主义为基础，但我们的目标是让读者对自己的选择、观念和价值观有所认识和判断，而绝非简单地接受我们的观点。我们的一个最基本的观点就是：唯有通过自我探索才能激发出我们做出改变的潜能。许多大学生和前来咨询的来访者都是体能健全的人，但他们渴望从生活中收获更多，因此他们非常想找出影响他们创造和自由的障碍并摆脱它们。

一些读过和使用过本书前几个版本的读者向我们反馈了他们的自身经历，他们一致认为书中所探讨的主题适用于所有年龄段和不同背景的人群。他们对我们说，在读过这本书后，他们开始能够真实地审视自己的生活，并鼓起勇气做出了不少改变。

同时，本书被应用到很多有关自我研究的课程中，包括咨询导论、治疗团体、个人成长心理学、个人发展、人际关系方面的个人成长、个性与适应、人际关系、人类潜能研究和个人幸福心理学等。它还被大学生和研究生的个人成长心理学课程采用，以培训教师和咨询师。在采用交流互动方式的课程中，本书作为讨论的工具，也非常适合和有帮助。

我们写这本书就是为了促进人际间的交流互动：包括师生间、同学间、学生和长辈间、读者和作者间等，不过，更为重要的是，我们希望能引导读者走上一条认真思考之路。

Gerald Corey 与 Marianne Schneider Corey

目录

第1章	请来体验个人学习和成长的过程 ……… 1
	选择和改变 …………………………… 2
	个人成长模式 ………………………… 5
	你是主动型学习者吗？ ……………… 20
	多元智力与多元化的学习风格 ……… 22
	固定思维与成长心态 ………………… 25
	从本书中得到最多的收获：
	有关个人学习的一些建议 …………… 27
	总结 …………………………………… 29
第2章	童年和青少年 ………………………… 33
	人格发展阶段：预览 ………………… 34
	婴儿期 ………………………………… 38
	儿童早期 ……………………………… 42
	人生最初六年的影响 ………………… 44
	儿童中期 ……………………………… 48
	青春期 ………………………………… 52
	青少年期 ……………………………… 53
	总结 …………………………………… 58
第3章	成年与自主 …………………………… 61
	通往独立与相互依存的道路 ………… 62
	成年阶段 ……………………………… 74
	青年期 ………………………………… 76
	中年期 ………………………………… 80

	中年后期 ……………………………… 83
	老年期 ………………………………… 85
	总结 …………………………………… 90
第4章	身体与健康 …………………………… 93
	健康与生活选择 ……………………… 94
	保持良好的健康习惯 ………………… 99
	身体认同 ……………………………… 105
	总结 …………………………………… 111
第5章	压力管理 ……………………………… 113
	压力源 ………………………………… 114
	压力的影响 …………………………… 117
	应对压力无效的方法 ………………… 120
	创伤后应激障碍 ……………………… 124
	性利用 ………………………………… 126
	替代创伤 ……………………………… 131
	应对压力的积极方案 ………………… 132
	时间管理 ……………………………… 135
	冥想 …………………………………… 137
	正念 …………………………………… 138
	深度放松 ……………………………… 139
	瑜伽 …………………………………… 140
	治疗性按摩 …………………………… 141
	总结 …………………………………… 142

第6章 爱 145
爱十分重要 146
学会爱和欣赏自己 147
真实的爱和虚假的爱 148
爱的理论 151
爱和被爱的障碍 153
变化世界中的爱 158
值得去爱吗？ 159
总结 161

第7章 人际关系 163
亲密关系的种类 164
有意义的关系：个人观点 166
关系中的愤怒和冲突 170
处理沟通障碍 174
在变化的世界中的关系 177
同性恋关系 180
分手和离婚 184
总结 188

第8章 成为你期望中的女人或男人 191
男性角色 192
女性角色 201
超越固有的性别角色期望 208
总结 210

第9章 性 213
学习谈论性 214
建立你自己的性价值观 216
对性的负罪感和误解 218
感官享受与性享受 221
性生活的健康因素 223
性与亲密 223
对性成瘾的争议 225
性泛滥的危害 226
总结 228

第10章 工作与娱乐 231
把大学教育看作工作 233
选择一份工作或职业 234
职业生涯中的决策过程 241
工作中的选择 244
中年期的职业转换 247
退休 248
工作与娱乐对生活的作用 251
总结 254

第11章 孤独和独处 259
独处的意义 260
孤独的经历 262
学会面对孤独带来的恐惧 262
害羞造成的自我孤独 264
孤独和人生的各阶段 268
独处：力量的源泉 275
总结 275

第12章 死亡和失去 279
对死亡的恐惧 281
死亡和生命的意义 282
自杀：是最终的选择、最终的投降，还是最终的悲剧？ 286
死亡中的自由 289
临终关怀 291
死亡和丧失的阶段 292
死亡、分离和其他丧失带来的痛苦 296
总结 300

第13章 意义和价值 303
寻找自我身份 304
生活在激情和目标里的人 306
当好人做了不好的事：魔鬼效应 307
当平凡人做了不平凡的事 307
我们对意义和目的的探寻 308

行动的价值……………………312
拥抱多样性……………………313
做出改变………………………318
总结……………………………320

第14章 个人成长的途径……………323
自我评价是个人成长的关键………324
克服障碍，敞开怀抱………………327
继续自我探索的道路………………328
了解自我的一种方式：咨询………329
了解自我的一种方式：梦…………330
总结…………………………………333

第 1 章 请来体验个人学习和成长的过程

> 未经试炼的生活是没有价值的生活。
> ——苏格拉底

自我评估

在每一章的开始都有一份自我评估测验，旨在评估你对某一具体问题的态度和想法。请认真思考每一个问题，并尽可能诚实地回答，这样能够更清楚地体现你在一系列问题上的自我认知，并明确你的个人观点。

请用这个评分标准来测评你对每个说法的回答：

4 = 我完全赞同这一说法

3 = 我赞同这一说法

2 = 我不赞同这一说法

1 = 我完全不赞同这一说法

☐ 1. 我认为我可以自己选择人生道路。

☐ 2. 我非常清楚我能在生活中哪些方面做出改变，哪些方面我无法改变。

☐ 3. 总的来说，我一直都想要"我的生活我做主"，哪怕需要为此付出代价或冒风险。

☐ 4. 即使身边的人不愿意改变，我也有能力改变自己。

☐ 5. 我认为幸福和成功在很大程度上与归属感和社会交往有关。

☐ 6. 我努力在满足自己的需求和迎合他人需要之间达到平衡。

☐ 7. 我认为在心灵的最深处，人性是美好的并愿意向积极的方向发展。

☐ 8. 我是个主动的学习者。

☐ 9. 只要改变能让我成长，哪怕有时会经历痛苦，我也愿意做好准备迎接改变。

☐ 10. 我愿意用真诚的态度省察自己的生活，挑战自我。

> 以下是对使用这个自我评估测验的一些建议：
>
> ☆ 每读完一章做一次自我评估，读完整本书之后再做一次测评，比较一下你的答案，看看你的态度是否发生了改变。
> ☆ 请一位非常了解你的人帮你做评估，请他指出他认为哪种答案符合你的特点，比较你们之间结果的异同，并加以讨论。
> ☆ 将你的答案与你班上其他成员的答案进行比较，你的态度与他们的态度之间肯定有相似和不同的地方，可以就此展开讨论。

要实现个人成长，首先需要你愿意做出改变。无论是改变你的观念、态度还是行为，改变的过程虽算不上颠覆性的，但的确会令常人有点畏惧，因此，你自然会怀疑，真的有必要为了自我成长而付出这样大的代价吗？其实，不管你是否愿意做出选择，改变都是不可避免的。生命的旅程需要我们不断地学习和提升自我，而改变是迫使我们去学习、提升自我的诸多原因之一。

在思考如何改变生活时，你首先需要清楚你目前的状况。你对现在的生活满意吗？你是否从生活中获得了你所需要的？你是否有意识让你的日常生活发生一些改变？你是否了解你的行为给他人带来怎样的影响？或许最根本的一点是：你是否相信自己有能力做出改变？通过读这本书，我们希望你能对自我有更深刻的了解，更清楚你与周边环境的关系；同时充分意识到要获得自我改变，你可以做出哪些选择。我们还希望这本书能激励你做出改变，让你的人生变得更加精彩。

选择和改变

我们的确可以选择！

当我们的学生和来访者发现他们主宰自己生活的能力远超出了他们的想象时，我们真的无比兴奋。正如一位前来咨询的来访者所言："现在我认识到了一件以前从未意识到的事，那就是只要我愿意，我就可以改变自己的生活。我以前从不知道我可以选择！"这句话其实也是我们在这本书里要传达的中心思想：我们可以做出选择，我们完全有能力通过选择来重塑自我。虽然你可能仍对为了改变而付出的努力是否值得而心存疑虑，但我们希望你一定不要就此止步。

回顾一下你过往生活的质量，然后再确定自己想不想做一些改变；如果想的话，你想改变哪些方面。改变观念和行为的过程可能会令人不那么舒服，对此你要有充分准备，要勇敢地直面你的恐惧而不要被它们吓倒。苏格拉底曾讲过一句非常智慧的话："未经试炼的生活是没有价值的生活。"认真思考一下你的价值观和你的行为，你面对的痛苦是什么？这些痛苦给你的生活造成了怎样的影响？它们是否意味着你的生活需要迎来一个重要的转折点？在你阅读这本书时，请试着把生活中的那些具有挑战性的情形视为上天赐给你做出选择和改变的良机吧！

什么能带给我们幸福？

能够对自己的行为做出选择，同时有能力主宰自己的生活，是幸福与否的重要标志，但佛教告诫我们，拼命想掌控我们无法掌控的东西不会让我们感到幸福，因此我们首先需要分清哪些改变是我们力所能及的，哪些是我们力所不能及的。在思考什么能带给人幸福时，我们还要记住一点：我们都生活在这个你来我往的社会中，你与其中一些人的关系会影响到你的很多决定。如果你希望自己的生活幸福，那你一定要拥有构建人际关系和勇于超越自我的性格力量（Gillham et al., 2011）。愿意省察自己的生活并不意味着要把自己包裹起来，与他人隔绝；只有当你对自己有了很好的了解和认识后，你才可能与他人建立有意义的关系。

幸福需要在自尊和尊重他人之间保持一种健康的平衡关系。（Philip Hwang，2000）与其拼命设法增强自尊意识，不如提升个人和社会的责任感。所谓尊重他人包括：尊敬、接纳、关爱、重视和坦诚地赞美别人。我们需要努力去理解那些与我们的想法、感受和行为不同的人。美国文化强调自我、独立和自我满足，但实际上，真正有意义的生活应该是你在爱情、工作和社会中都拥有良好的人际关系。他建议我们重新审视自己的态度、价值观和信仰，并且将珍重自我与重视他人之间的平衡关系提升到一个新高度，从而能够以一个更开阔的视野来看待这个世界。这不是一件自我利益与他人利益孰重孰轻的事，因为我们完全可以做到既关爱自己也关爱别人；而关爱别人是值得的，因为当我们向他人示爱时，他们通常都会以积极的方式做出回应。

研究者（Weiten，Dunn，& Hammer，2012）认真研究了就构成幸福的要素所进行的考察，这些考察来自大量不同的经历。结果他们发现幸福其实更是一种主观感受，而不是客观表象。有不少因素决定了我们主观上是否感到幸福。在决定我们的整体幸福感方面，有些因素其实并不很重要，比如金钱、年龄、性别、出身、智商和外表；而另一些因素却起着很重要的作用，如健康、社会活动、文化和宗教，它们会在一定程度上提升人的幸福指数。研究还表明，有一些因素在带给人整体幸福感方面尤其重要，那就是：爱和亲密关系、事业、遗传基因和性格。

也有研究者（Weiten et al，2012）建议对于仅凭考察做出的有关幸福的结论持谨慎的态度，而且他们指出对幸福的研究结果似乎与人们对什么使人幸福的普遍认识并不一致。我们的幸福程度并不像一些人认为的那样，取决于我们经历的正面或负面的事件；相反，我们对我们的经历有怎样的感受，以及我们怎样看待生活中所拥有的，才是决定我们是否幸福至关重要的方面。

这本书的大量篇幅将涉及与你整体幸福感和主观快乐相关的因素。你将受邀探究自己在生活中一些重要方面的选择，包括：性格、健康、掌控压力、爱情、亲密关系、性别、性、工作、娱乐、孤独、灵性，以及生命的意义。幸福不会从天而降，它在很大程度上来自我们自己对生活中各个方面做出的选择。

你做好改变的准备了吗?

决定做出改变不是一件容易的事。当你思考要在生活中做出一些改变时,你可能会有下面一些想法:

▶ 我不知道是否有必要改变现状。
▶ 我的生活并不都那么糟糕。
▶ 我现在感觉很安全,我不想冒险失去这种安全感。
▶ 我担心如果我想得太多,会让自己崩溃。

在做出改变时感到犹豫和恐惧是很正常的。事实上,如果你承认自己对改变有点担心,为要对生命肩负起更大的责任而感到紧张,这恰好表现出了你的勇气。

坦诚地审视自己的生活不是件容易的事。你周围的人或许并不赞成和希望你做出改变,他们甚至可能会对你的努力设置障碍。你的社会文化背景可能让你很难改变你的社会角色和价值观。因此当你决定自己掌控生活而不再顺应别人的安排时,你很自然就会感到焦虑。

那么带来改变的最佳途径是什么呢?尽管你可能很不喜欢自己的一些性格特点,但当你能够认识并接纳真实的自我时,改变就已经开始了。有时候,要改变自己的一些习性几乎不可能,但即使这样,你至少要有能力掌控自己的态度,这样你就可以明白如何定义你的处境和解释自己的反应。在这方面,《宁静之祷》对我们应当怎样做给出了精彩的概括:

> 主啊!求你赐我平静,让我接受我无法改变的;赐我勇气,去改变我能改变的;赐我智慧,让我能分辨它们。

看似矛盾的有关改变的理论认为,当我们能够清醒地认识到自己是谁,而不是竭力让自己变成他人时,改变就开始了(Beisser, 1970)。我们越试图否认自我,就越只能维持原状。因此,如果你确实想在生活中做出一些改变的话,你首先需要接纳自己和自己的一切。如果你总是生活在否定中,那就很难做出改变。接纳当下的自我是做出改变的起点。

改变不是随意的自我批评或与现在的生活背道而驰。只有当你能够正视自己以及自身存在的问题时,你才会改变。一旦你确认了自身真正希望否定的东西,你就有了选择的机会和做出改变的能力。先从一点一滴开始,要知道,过程是最重要的,千万不要试图一下子达到目标;希望有所不同是最关键的第一步。

改变的过程

改变绝非易事,很多时候面对重大改变我们会犹豫不决。不愿意改变是成长过程中很自然和正常的现象。事实上,这一现象极为常见,研究者(Prochaska & Norcross, 2010)曾特意设计了一个结构图来说明改变的五个阶段:首先是未思考阶段,即个体并没有打算在短期内改变自己的行为模式;接下来是思考阶段,个体开始发现问题,并考虑如果解决它,但尚未决定采取行动来做出改变;第三个阶段是准备阶段,这时个体倾向于马上采取措施,并带来一些小小的改变;第四个阶段是行动阶段,个体开始采取行动改变自己的行为来彻底解决问题;最后一个阶段是维护阶段,个体设法巩固自己通过改变所取得的成果,以防止重回老路。

人们不一定全都按顺序经历这五个阶段,

而且在寻求改变的过程中他们也会有反复。如果改变一开始不太成功，他们很可能又回到原位。你也许想改变一些已证明不再奏效的方法，但对那些已经习以为常的，你恐怕就不愿意放弃或做出改变，因为你害怕失去已知的或者不想为改变付出太大的代价。虽然你可能已经体会到改变给生活带来的益处，但你对它依然心存担忧和恐惧。因此很重要的一点就是你必须找到内在动力，让它来帮助你挑战恐惧，做出对生命有益的选择。

自我省察不仅意味着你要能诚实面对自己和别人，要进行认真的自我思考，在生活中尝试新的方法，并按自己的选择来安排生活；同时它要求你必须做出相应的努力。随着对自我了解的深入，你可能会产生一些不舒服的甚至是恐惧的感觉。当你决定对生活做出改变或者迈向新的轨迹时，你得先问问自己："我会为此付出怎样的代价？值得吗？"改变是一个积极主动的过程，只有你自己能够决定如何改变和改变的程度。

个人成长模式

选择改变生活的最大好处是你将在新的经验中成长。但是，什么是个人成长必需的东西呢？在这一节中，我们比较了成长适应的理论和理想的个人成长模型。

适应还是成长？

虽然本书涉及的话题是所谓的"适应心理学"，但我们更愿意用"个人成长"这个词。适应常常是指人们在被评估时所适用的标准规范，但这个定义会引发许多问题：

▶ 理想的适应标准是什么？
▶ 由谁来决定"正确的"适应标准？
▶ 有没有这种可能：同样一个人，在一种文化背景下被视为适应得非常好，却在其他文化环境中被认为表现得很糟糕？
▶ 对于那些生活在混乱甚至具有毁灭性环境中的人们，难道我们应该期望他们学会适应这样的生活状况吗？

在归纳那些适应能力非常强或心理非常健康的人的共性方面，"适应"这一概念给出的测评标准过于单一。

由于受遗传和环境因素的影响，我们对自我的期望肯定各不相同，不可能趋同于一个单一的标准。而在我们自我观念的形成过程中，我们所处的文化背景起了极其重要的作用。比如，如果你二十来岁，仍与父母同住，有的人就会将此视为你不够独立，认为你应该离开家单独生活；但在另一种文化背景下，你的这种做法可能就会被看作非常正常和合适的。

因此我们与其讨论适应，不如讨论**个人成长**，它指的是个体对自身成长的定义和评估。人们在生命的不同阶段需要应对无数危机，成长也伴随其一生。这些危机很可能就是让你做出改变的挑战，它们会给你的生命赋予新的意义。成长还包括了你与生活中一些关键人物的关系、你与你周围社区的关系以及你与整个世界的关系，因为你不是生活在真空里，你需要在与他人的交往中得到成长。而要想不断成长，你必须甘心情愿地丢掉一些陈旧的思维和行为方式，这样新的观念和思路才能进入你的大脑。

阅读此书时，请思考一下是不是有些东西已经束缚了你的选择，同时在多大程度上你愿意尝试一些新的选择，并采取行动以期带来改变。问问自己下面这些问题：

- 我自己想要什么？我想为别人做什么？我又想从别人那里得到什么？
- 我喜欢自己生活中的哪些方面？
- 我现在的生活中面临着哪些困难？
- 我希望有什么样的改变？
- 如果我做改变或不做改变，可能分别会有哪些后果？
- 我的改变会怎样影响我生活中的其他人？
- 此时此刻，我有哪些选择的机会？
- 我所处的文化环境会对我的选择产生怎样的影响？
- 我的价值观对我进行改变的能力具有促进作用还是阻碍作用？

个人成长的人本主义路径

《心理学和个人成长》是从人本主义的角度观察人的，而个人成长的人本主义路径的核心概念就是**自我实现**。为了达到自我实现，我们必须充分发挥自身的潜能，为自己设定的目标而努力奋斗。**人本主义心理学**强调的是人生经历中建设性的、积极的方面，但它是基于这样一个前提：我们每个人都具备不断成长的能力，但它并不是自发的，因为成长需要经历痛苦和无序。我们中的很多人常常处在纠结中，一方面希望生活安定和有依靠，另一方面又渴望经历成长带来的快乐。

与此相关的**积极心理学**则是研究人的正面情绪和性格特征（Seligman, Steen, Park, Peterson, 2005）。在此之前的心理学家们一直都更关注人的负面情绪而非正面情绪，因此历史上曾经侧重对病理、软弱和痛苦进行研究。但积极心理学的倡导者们则呼吁加强对希望、勇气、满足、快乐、幸福、坚韧、活力、宽容和个人资源的研究。人本主义心理学对乐观、成长和健康的强调为积极心理学的发展打下了基础，而积极心理学又在当代心理学领域发挥出日渐强大的影响力（Weiten et al., 2012）。

积极心理学并不是积极思考的同义词，它们之间有三个方面的区别：

> 第一，积极心理学是以经验主义和遗传科学为研究基础的；第二，积极思维要求我们在任何时候、任何场合都要表现出正能量，但积极心理学并没有这样的要求。积极心理学认为虽然积极思维的益处颇多，但有时候负面或现实的思考也是可取的……第三，许多主张积极心理学的专家花费了几十年的时间研究所谓"负面"的东西，比如：抑郁、焦虑、创伤，等等，他们并不想用积极心理学取代传统心理学，而仅仅将其视为对传统心理学来之不易的研究成果的又一个补充（积极心理学研究中心，2007）。

人本主义心理学和积极心理学都是建立在一些共同原则基础上的。人本主义心理学侧重于有关生活意义的一系列哲学推论，而积极心理学则重在探索使人感到幸福的因素并更加关注人类自身的力量以及人怎样才能在现实生活中取得成功。积极心理学的创始人塞里格曼

认为生活是否幸福取决于三个必不可少的方面：拥有快乐和正面的情绪、投身事业和从生活中收获意义。最近，有研究（Schueller & Seligman, 2010）进一步探究了这三者和它们对幸福的影响力之间的关系，**主观幸福**是指感受正面情绪，没有负面情绪，并承认自己的生活是幸福的；**客观幸福**则指在受教育和事业方面取得成功。他们在研究中发现，那些投身事业并从生活中收获意义的参与者的主观幸福感和客观幸福感都远高于那些只享受快乐的参与者。

人本主义研究方面的重要人物

很多人在人本主义心理学研究方面做出了巨大贡献，在这部分我们主要介绍几位在这一领域发展过程中的先锋人物，我们聚焦的这七位重要人物都将他们职业生涯的大部分时间投身于促进心理发展和自我实现的过程。有意思的是，这几位科学家的童年经历和成年后的研究极为相似。基于一番生活的磨砺，他们都做出了改变，并因此改变了他们的人生。在看了本书的简要介绍后，如果你想对他们做进一步的了解，我们推荐《人格理论》这本书（Schultz & Schultz, 2013）。

阿德勒的社会倾向性理论 阿尔弗雷德·阿德勒（Alfred Adler, 1958, 1964, 1969）是当代弗洛伊德理论的代表，他同时也是心理学人本主义运动的先驱人物。与弗洛伊德的人性观点相反，阿德勒的理论强调自我决定论。他的童年生活不幸福，他有过与软弱和自卑抗争的亲身经历，因此他的理论的基本观点来自于他愿意直面自己的个人问题。他弟弟在年幼时就去世了，当时他的床就在他弟弟的床旁边。

而且，阿德勒自己也总是生病，因此他对疾病和死亡有很清醒的认知。14岁时，他差点死于肺炎，他听到医生对他父亲讲："阿德勒可能不行了。"由于这次经历促使他决定成为一名医生。小时候他总觉得自己不如哥哥，因为哥哥比他健康、有活力；他还觉得自己不如邻居的孩子们，因为他们也很健康，并经常参加体育运动。阿德勒将自卑感视为创造力的源泉，生活中他一直都在挑战自己的恐惧和怀疑，他用自己的亲身经历驳斥了认为生活中一切都是命中注定的理论。阿德勒派心理学家们认为我们不是命运的牺牲品，而是富有创造力的、自主的、有选择权的人，我们所有的行为都是有目的和意义的。他们认为人只可能暂时受挫，

>>> 社会兴趣在很小的时候就开始形成了。

而不会有什么"心理疾病"。阿德勒派治疗师们认为他们的工作就是要给来访者更多鼓励，使他们能实现自己的理想；他们教导来访者以更积极的方式应对生活的挑战，给他们指明方向，帮助他们丢掉不合理的假设和想法，并对那些失去信心的来访者给予鼓励。

阿德勒的基本观点包括社区感和社会兴趣，他认为所谓**社区感**就是觉得自己属于周围发展中的环境，而**社会兴趣**则是指在对自己幸福感到在意的同时，也非常关注他人的幸福。当你对别人有用时或者当你在所处的社区与他人建立了非常有意义的人际关系时，你就会感到幸福。阿德勒认为，在面对人生的困境时如果能有他人相伴，我们就会有勇气去应对。因为我们所有人都属于这个社会，因此我们不能脱离社会环境去思考问题。自我实现并不是一件纯属个人的事，只有在一个团体中我们才能发挥自己的潜力。阿德勒认为我们的交际能力和对他人的关心是衡量我们成熟度的标志，社会兴趣是判断一个人心理是否健康的标准。

阿德勒对普通人非常关心，他对孩子的教育和学校改革也常常直言不讳。他在讲话和写作时都使用简单通俗的语言，这样大家都容易理解，也具有实用性，可以直接用来解决日常生活中出现的问题。虽然他职业生活的大部分时间都很忙，日程排得很满，但他还是尽量抽出时间来唱歌、听音乐并与人交朋友。

荣格的深度心理学观点　卡尔·荣格（Carl Jung，1961）是与阿德勒同时代的心理学家，在深度了解人的性格方面做出了巨大贡献。他的前瞻性的工作为研究人的发展，特别是中年时期的发展，开辟了全新的思路。荣格本人的生活经历为他的理论拓展提供了可靠的依据，他的性格理论关注个人的内心世界，而这是他童年时孤独经历的真实写照。他与父母在情感上很疏远，这导致他产生了一种被现实世界隔离开来的感觉。荣格的童年很不幸，充满了死亡、葬礼、神经质父母婚姻的破裂、对信仰的怀疑和抵触、怪异的梦和异象。为了逃避童年时期的问题和父母紧张的婚姻关系，他变得很内向，但同时却对通过梦、幻觉和想象表现出来的无意识的东西心驰神往。这种只关注自己内心主观世界的偏好伴随了他一生，并促使他进一步发展了人格理论（Schultz & Schultz，2013）。81岁时，他在自传《记忆、梦境、反思》中对自己的一生进行了回顾（荣格，1961）。

根据荣格的情况，我们不难看出，过去的事件不仅会影响一个人的人格类型，而且会影响他的成长过程。我们现在的性格是由曾经的我们和我们希望的未来的我们共同决定的，而自我成长的过程是指向未来的。荣格的理论基于这样的假设：即人希望将自己的所有能力都发挥出来，所有的理想都能实现。实现**个性化**是其中一个主要目标，而要实现这一目标，我们必须对自己有清醒的认识并全然接纳，因为我们对外展现出来的只不过是自我的一小部分。在荣格看来，人身上积极的力量和消极的力量并存，作为一个完整的自我，我们必须学会接受我们内心深处与生俱来的**阴暗面**，比如自私和贪婪。如果我们否认性格中较阴暗的东西，它们就很可能反过来控制我们，对我们的行为产生负面影响。比如，如果我们长期否认愤怒情绪的存在，它就可能通过身体的一些症状或抑郁的情绪表现出来。接纳阴暗的东西并不意味着要接受它们的控制，而只是认清它们是我们自身的一部分。

罗杰斯的个人为中心观点 卡尔·罗杰斯（Corl Rogers，1980）是人本主义心理学发展进程中的重要人物，他提出了个人为中心的观点。在改革咨询理论和实践方面，他是最具影响力的人物之一。他强调无条件倾听和接纳的重要性，因为唯有这样，人们面对改变时才能心无旁骛。他对自由意志的重视在一定程度上源于他的个人经历，即他如何摆脱父母的束缚，变得独立的经历。罗杰斯成长过程中非常害怕他母亲总是带有批判性的评论。在一次访谈中，他提到他无法想象与他母亲谈论任何较重要的事情，因为他能确信她给出的评论将会是否定的。在他家中，一切行为都要严格遵循宗教的规定。年轻的时候，他在一所神学院学习，并有可能成为一名牧师，但就是在那个时候，他做出了一个至关重要的决定，这个决定影响了他的个人生活，也影响到他的理论重心。他当时意识到，他实在无法再认同他父母的宗教观点了，他对一直以来被灌输的宗教教义产生了极大的疑问，这带给他彻底的解放和心灵的独立。上大学时，他鼓足勇气给父母写了封信，告诉他们他已经变成一名自由主义者，并对生活有了自己的认知。尽管他知道，背离父母的价值观会让他们很难过，但他觉得这对他自己的智慧发展和心灵自由是绝对必要的。他对既有的生活提出了诸多质疑，并对改变表现出了全然接纳的态度，对自己个人生活和职业生活中的未知领域也表现出了足够的勇气。

罗杰斯的整套理论体系和实施心理疗法的对象是**功能完全健全的人**，所谓功能完全健全，就是指他能够思考并提出一些基本问题，比如：我是谁？我怎样才能发现真正的自己？我怎样才能变成一个我极度渴望成为的人？我怎样才能摘下面具，表现出真正的自己？罗杰斯认为，只有当人们丢掉面具，完全接纳真我时，他们才可能经历新的东西，换句话讲，他们才能开始接受未经歪曲的现实。这时候，他们开始相信自己，并愿意自己来解决问题，而不再企图一成不变，因为他们已经意识到成长是一个持续不断的过程。罗杰斯在他的文章中指出，只有这些功能完全健全的人才能适应任何挑战，当面临新的环境时，他们也能重新调整自己的观念和想法。

有些人认为在未社会化之前，人天生是不理智的、具有攻击性的，罗杰斯不同意这种说法，他非常相信人的本性。在他看来，人天生就是社会性的，有向前发展、使自身的功能得到充分实现的趋势，而且在内心深处是积极向上的。简而言之，人是可以被信赖和依靠的，而且因为他们本身是具有合作意愿并能提出建设性意见的，因此完全没必要对他们的一些可能略显激进的冲动行为加以控制。

在他生命的最后十五年里，他通过对政策制定者、领袖人物和有冲突的团体进行培训，将人本主义观点推广到维护世界和平的范围。他在减少种族间的紧张局面和维护世界和平方面投入了大量的心血，并因此获得了诺贝尔和平奖提名。由于在发展人本主义心理疗法的理论与实践方面所取得的开创性成就，他得到了世界范围的承认。

娜塔利·罗杰斯的个人为中心表达性艺术疗法 娜塔利·罗杰斯（Natalie Rogers）是表达性艺术疗法领域的先驱者。表达性艺术涉及各种表现形式,包括动作、绘画、雕塑、音乐、写作和即兴表演,它们对成长和治愈都有帮助作用。她通过表达性艺术的手段来促进个人和集体的成长,进一步发展了她父亲卡尔·罗杰斯的创造性理论。她的方法被称为**个人为中心表达性艺术疗法**,它通过即兴创造帮助个体感知自己的感觉,是对个人为中心理论的拓展。这种创造性的表达性艺术是通过符号、颜色、动作、声音和戏剧呈现出来的,在一个安全的、以个人为中心的环境中,这些艺术形式可以使个体充分释放他们无法用言语表达的深层情绪和感情。这种释放、洞察、自我发现和自我完善的方法可以将个人的思想、身体、情绪和灵魂都凝聚在一起。

与她父亲的工作受其童年的经历以及背离父母观点的影响一样,她的工作也是从她认为她父亲工作中所欠缺的地方开始的。卡尔·罗杰斯无论在家还是与同事相处时都很少公开表现出愤怒的情绪(除了偶尔在写信时)。在她生活的时代,人们普遍认为女人应该服从男人,她发现她对女人被当成二等公民非常气愤,却不能表现出来,于是她的表现艺术就成了对这种不公平进行抗议的手段。她对她父亲也表达了愤怒的情绪,因为他在不知不觉中表现出了家长制的作风,这令他自己也很吃惊,不过他倒很愿意由此了解他和其他男人在控制女人方面的真实面目。

娜塔利在她所写的《创造性联结:表达性艺术作为疗愈的一种方法》(1993)一书中对一些构成表达性艺术方法的人本主义原理进行了概括:

- ▶ 所有人天生都具有创造的能力。
- ▶ 创造的过程能起到改变和治愈的作用。
- ▶ 个人成长和高度觉悟需要通过提升自我意识、自我了解和洞察力才能获得。
- ▶ 自我意识、自我了解和洞察力的获得需要深刻挖掘我们的感觉,比如悲伤、愤怒、痛苦、恐惧、快乐和狂喜,因为我们的这些感觉是力量的来源。
- ▶ 我们生命的力量,即我们的内在或灵魂,与所有事物的本质之间存在着一种联结关系。
- ▶ 当我们剖析内在自我以期发现我们的本质时,会发现我们其实与外在世界是有联结的,并且内在与外在是一体的。

娜塔利(1993,2011)所说的创造性联结包含各种艺术形式。当我们动作时,它会影响我们如何写作或绘画;当我们写作或绘画时,它会影响我们如何感觉和思考。她认为在我们所处的社会中,由于传统教育体系提倡趋同而非鼓励原创性思考和创造性发挥,导致我们在自我实现和充分发挥自身潜能方面,包括个人的内在创造力,都被低估、削弱,甚至压制了。个人为中心表达性艺术的基础是个体对成为完全的自我有着与生俱来的驱动力,对此她深信不疑。在咨询师的帮助下,通过自身的创造力,来访者完全有能力实现自我治愈,当然这些咨询师必须具备真诚、热情、富有同情心、开放和诚实的品格。当一个人感到被理解和信任,并且在发挥个人潜能完成一个计划、制作一个方案或写一篇论文时得到外界一定的帮助,那他面对挑战时就会感到兴奋和刺激,同时也会让他产生个人能力得到提升的成就感。

娜塔利现在已83岁了,但她依然在努力使自己的个人生活和职业生活过得丰富多彩。在最近一年中,她一直在英国、西班牙和韩国培训和辅导工作坊，现在她在加利福尼亚州持续辅导一个为期六周的表达性艺术项目。

莫雷诺和她的心理剧 哲卡·莫雷诺（Zerka Toeman Moreno）是心理剧发展领域的先锋人物。**心理剧**是用人本主义的方式来理解人（Horvatin & Schreiber, 2006; Moreno, Blomkvist, & Rutzel, 2000），它是由精神病学家雅各布·莫雷诺发明的。它主要是基于人本主义原理，以团体疗法的方式，让人们把自己的问题运用戏剧的表现手法，通过角色扮演和模拟场景展现出来，人们可以在此过程中发现和了解自己的创造力，并进而发挥其行为能力。心理剧鼓励我们重新书写自己的生活，就好像它们是戏剧中的情景，而我们则是剧作家。心理剧的参与者们不仅仅是讲出自己的问题，他们通过角色扮演表现出对过去、现在和未来生活的忧虑，在心理剧表演过程中他们不只告诉别人他们的问题，更重要的是反映这些问题对他们当前生活造成的影响。参与者们以动作的形式把他们对某一具体问题的情绪和想法呈现出来，而这些动作形式恰恰是治疗的重要工具。有关心理剧的更详细的介绍，可参考Corey的著作（2012）。

哲卡也是心理剧的发明人之一，她对心理剧的的理论和实践都做出了很大贡献。我们曾请她就她本人投身于心理剧领域的过程、她与她丈夫的关系和他们共同工作的内容以及她个人生活中的精彩经历写一些文章，下面就是她的文字：

我最希望人们记住我的地方是，在我生活的各方面我都非常幸运地经历了它们的精彩。带我患有精神疾病的姐姐去找雅各布治疗时，我认识了他，这成为我生活中的一个重要转折点。雅各布专门接待有精神疾病的患者，他对他们的体验非常了解，也知道应该如何医治他们。他愿意在整个治疗过程中陪伴他们，并帮助他们重新找到生活的意义。在与患者交往时他的谦卑很令人感动，他还向我公开了一些全新的研究领域，这些都是我以前连想都未想过的。而最重要的是，他从我身上发现并肯定了一些别人从未察觉的东西，这对我的个人生活和职业发展都产生了很大影响。

我在1941年年底成为雅各布的学生，那时我姐姐已经痊愈出院了。在此之前我是个学艺术的学生，我的理想是成为一名时装设计师。当时我刚刚从英国移民到美国，需要一份工作谋生，于是我做了秘书。当雅各布主动给我提供奖学金让我跟他学习时，我坚持要用我自己掌握的技能帮助他给杂志社撰稿或写书。1942年3月他成立了他的纽约城市研究院，并任命我做他的研究助理。其实除了亲眼目睹我姐姐多次发病的经历外，我根本没学过任何有关精神病学的知识，但通过跟随这位大师的7年学习，我对心理剧已有所了解。在雅各布的不断鼓励和支持下，我开始相信自己能够成为心理剧领域的一个带领人。同时他在给患者提供治疗方案时也开始听取我的意见，而我自己在参与过程中也收获良多，特别是通过体验那些我在心理剧中所扮演的角色以及与他一同进行研究和写作。我们合作了33年，我们的工作所产生的影响已遍布世界。

我可以按自己的方式进行心理剧方面的工作。我发现我可以不必依靠雅各布的特殊魅力，也能有效地推广心理剧，而且我还能够凭借自己的天赋和创造力发展我独特的治疗方法。1974年雅各布去世后，我继续把我们的工作推广到世界各地。在不同国家工作的经历让我发现千姿百态的文化习俗的确对心理剧的参与者们带来了不同的影响。比如，20世纪80年代在日本，在导演一出心理剧时，我建议参与者提供一张他的家庭照片，但是他不肯配合，因为这与他的文化相抵触。在韩国，职业妇女提出的最严重的问题是如何与她们的婆婆相处。在土耳其，我原以为他们会表现他们刚刚经历过的地震，但没想到，他们呈现的却是家庭问题，与美国的情况差不多。世界各地的人们相同的地方在于：无论因为什么痛苦，他们痛苦的表情是一样的。

我很高兴自己能参与有关心理剧方面的写作，并把这种治疗方法介绍给更多的人。目前我正在完成自己的回忆录。虽然我不能再外出旅行了，但许多人依然为周末工作坊的事来咨询我，有些人甚至是从国外远道而来。我今年已经95岁了，我真的可以这样说，"Non, je ne regrette rien——我对生活不仅没有遗憾，而且充满了深深的感激。"

萨提亚的经验型家庭疗法　弗吉尼亚·萨提亚(Virginia Satir)是家庭疗法方面的领军人物，她先后接受过卡尔·罗杰斯的哲学思想、完形心理学治疗师聚焦即时即地的治疗方法以及系统治疗师以过程为起源的影响。面对个体和家庭时，她所采用的方法是以个人为中心和人本主义。5岁时，听到父母讲话，她就急于明白他们谈话的内容，她在工作坊常说，那时她就决定要当自己父母的侦探。后来她真的把自己看成来访者的侦探，她通过仔细倾听发现他们的问题。她的治疗工作使她确信关注来访者并与他们建立牢固和谐的关系具有极大的价值和意义。

1937年，她在读研究生的同时就开始了教学生涯。她去学生家里探访他们的家人，她认为这样做很有必要，她非常擅长与他们沟通并赢得他们的信任。通过她的努力，纪律问题完全解决了，而且任何时候当她需要学生父母的帮助时，他们都会全力以赴。

1948年，她在芝加哥大学获得硕士学位。读研究生期间，她与大多数已婚妇女一样遭遇歧视，比如，指责她不应该读大学，应该在家里伺候丈夫等。校方的男性教员在给她评分、与她沟通和给她提出意见时都表现出了极明显的性别歧视，但她凭借着顽强的毅力独自战胜了这种性别歧视。这使她成为那些有梦想并努力追求实现梦想的独立女性的典型代表。

萨提亚最开始在一家机构以社会工作者的身份行医,但很快她就成立了自己的诊所。她常常讲到一个女孩的故事。她在与这个女孩交往一段时间后知道她有母亲,就把她母亲也邀来参加咨询,但这个女孩还是以前那种状态,于是萨提亚又把女孩的父亲也找来。每一次她都非常注意维护每个家庭成员的自尊,同时又让他们能够彼此公开坦率、直截了当地交流和沟通。这是她从事家庭疗法的开端,也为她后来称为"家庭联合疗法"的治疗模式奠定了基础(Satir,1983)。1988年,她撰写了《家庭如何塑造人》,详细讲述了原生家庭对人的影响过程,这本书被译成了25种文字。

在萨提亚职业生涯中,她接诊过五千多个家庭,指导过世界各地的工作坊。她一生都在从事家庭治疗师的工作,并使干预性疗法得到创新发展,这使她在国际上享有盛名。她具有非常敏感的洞察力,她认为自发、创造力、幽默、自我公开、冒险和个人关怀对家庭疗法尤其重要。

1988年初夏,她从苏联返回,她在那儿待了一个月进行培训。回来后她同很多人讲那里正在发生变化,她希望自己能参与其中。她鼓励其他咨询师和治疗师能和她一起去那里发挥作用。但是,6月她突然生病,被紧急送往科罗拉多州的一家医院,在那里她被诊断患了癌症。1988年9月10日,她在朋友和家人的陪伴下在家中去世,终年72岁。

马斯洛的人本主义心理学 亚伯拉罕·马斯洛(Abraham Maslow,1970)与阿德勒和荣格一样,也经历了非常痛苦的童年时期。他的家庭生活很不幸,父亲总是态度冷淡,闷闷不乐,母亲则总表现得令人恐惧。孩童时期,马斯洛就感到他与别的孩子不一样。他常常为自己矮小的身材和大鼻子而感到难为情。十几岁时,他总觉得自己不如别人,非常自卑。为了弥补自己的不足,他拼命读书。最终他成为人本主义心理学领域的领袖。在事业的巅峰期,他患上了多种疾病,包括抑郁症、胃肠紊乱、失眠和心脏病(Schultz & Schultz,2013)。

马斯洛对我们理解自我实现理论做出了巨大贡献,他是最有影响力的心理学家之一。他对阿德勒和荣格的研究成果做出了重要发展,并在此基础上开创了健康心理学。马斯洛注重人们的基本需求,他的理论被称为需求层次理论,即人们只有在满足了基本生理需求和安全需求以后,才会去关注自我实现。自我实现是马斯洛研究的核心内容(1968,1970,1971),他用"精神病理学意义上所谓的一般人"这一提法强调了自己的观点,即这些所谓"正常"的人可能从来不会尽力使自己的能力得到充分发挥。此外,他还批评了弗洛伊德心理学理论对人性阴险消极的一面先入为主的观点。如果我们的研究是基于对人丑恶一面的观察,那么,我们得出的结论就是一种病态心理学观点。马斯洛认为以往过多的研究聚焦在焦虑、敌意和神经质方面,而对于快乐、创造力和自我实现的研究太少了。

在发展人本主义心理学的道路上,马斯洛着重研究了人的潜能的发挥。他对那些他认为达到自我实现层次的人进行了研究,发现他们与一般人在很多方面有着明显的不同之处。马斯洛发现这些人普遍都具有这样一些性格特征:包容的能力、能接受生活的不确定性、接纳自己和他人、具有自发的创造力、有独处和享受孤寂的需要、自主性强、能够与人进行深层次交往、真心关爱他人、有幽默感、有自己的主见（而不是按他人的意愿生活）、不让自己的生活非此即彼（比如工作与娱乐、爱与恨、软弱与强大）。接下来我们会进一步介绍他的自我实现理论以及它在心理学领域的实际应用。

马斯洛的自我实现理论

马斯洛认为，**需要层次**是人行为动机的源泉。其中最基本的是生理需求，如果我们感到饥饿或干渴，我们的注意力就会首先聚焦在这些基本需求上。接下来是安全的需要，它包括安全和稳定的感觉。一旦我们的生理需要和安全需要得到满足后，我们就会产生爱和被爱的需要，这之后是对尊严的需要，包括自尊和对他人的尊重。只有当这四个层次的需求，即：生理需求、安全需求、爱的需求和尊严需求都得到满足后，我们才可能去追求自我实现。

马斯洛强调人们不会同时被这五种需求驱使。在某一特定阶段，决定哪种需求占主导地位的关键因素是处于这个需求层次下面的那些需求得到满足的程度。有些人错误地以为如果他们足够"聪明"或足够"好"，他们就可能在自我实现的道路上走得远一些，但实际情况是，在特定的文化、环境和社会交往中，人工作的动机只是为了生理和心理的"存活"，而这些只能让他们停留在低层次需求上。需要说明的是，如果基本的需求没有得到满足的话，个人根本无法关注自我实现的需要，社会也无法关注文化方面的发展。

通过马斯洛的自我实现模型，我们可以总结出人本主义心理学的基本理论观点(图1.1)。

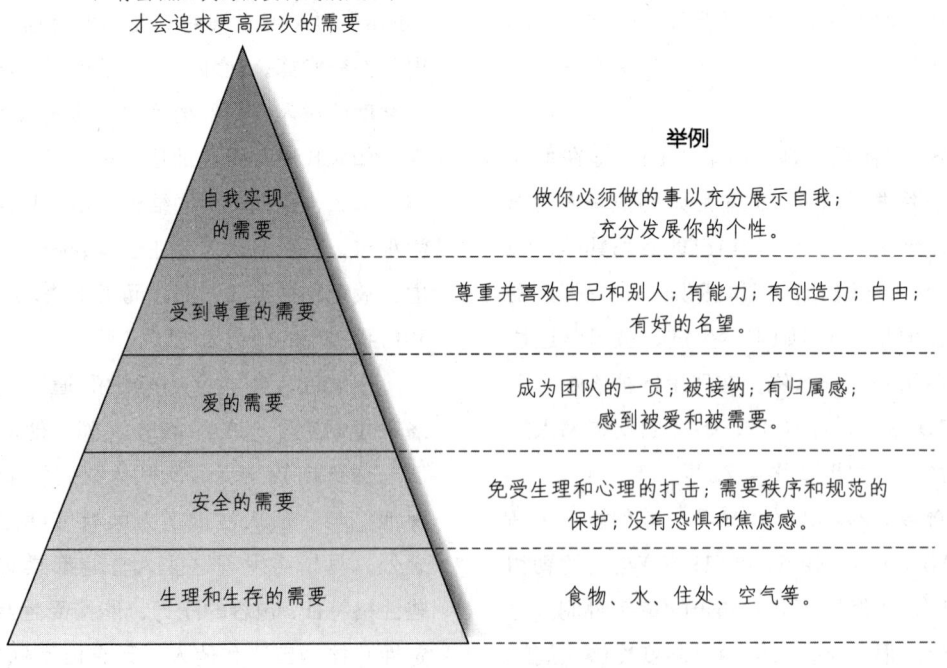

图1.1 马斯洛的需要层次

在1970年出版的《动机与人格》一书中，马斯洛对自我实现进行了详细介绍；在1968年和1971年出版的其他书里，他也提到了这个概念。达到自我实现的人的主要特点包括：自我意识、自由、基本的诚实和爱心、信任以及自主性。

自我意识 达到自我实现的人对他们自身、别人以及现实都有着非常清醒的认知，他们具有下列这些行为和特征：

1. 对现实有准确的判断：
   a. 自我实现的人能认识到现实的本来面目。
   b. 他们有能力辨别表面现象。
   c. 他们不以先入为主的方式观察事物。
2. 伦理意识：
   a. 自我实现的人能够正确判断事情的对与错。
   b. 他们有自己的主见。
   c. 他们不会受别人压力的影响，或按别人的标准安排自己的生活。
3. 愿意接受新鲜事物：如同孩子一样，自我实现的人有能力开始新生活。
4. 巅峰时刻：
   a. 自我实现的人能感受到那种与宇宙同在的感觉，他们也常经历快乐的时刻。
   b. 他们有为这些巅峰时刻而改变的能力。

自由 自我实现的人愿意为自己做出选择，而且他们能自由发挥自身的潜能。为了享有这种自由，他们甘愿独处，保护个人隐私，并有很强的自发性创造力，同时他们也有能力为自己的选择承担责任。

1. 独处：
   a. 对于自我实现的人来讲，独处的需要十分重要。
   b. 他们需要独处来思考和分析事情。
2. 创造力：
   a. 创造力是自我实现的人的普遍特征。
   b. 创造力反映在生活的各方面，它能使人有所创新。
3. 自发性：
   a. 自我实现的人从不伪装自己。
   b. 他们表现得非常自然，没有任何掩饰或做作。
   c. 他们办事得体而有分寸。

基本的诚实与爱心 自我实现的人能够做到对人、对己都非常坦诚并富有爱心，这些品格体现在他们对整个人类的关注和人际交往过程中。

1. 对周围环境的关注：
   a. 自我实现的人关心他人的幸福。
   b. 他们与其他人有很好的交流和沟通。
   c. 他们希望这个世界变得更好。
2. 人际关系：
   a. 自我实现的人能够和他人真心相爱并与之融合。
   b. 他们爱并尊重他人。
   c. 他们能够走出自我以成熟的爱对待他人。
   d. 他们渴望在人际交往中使自己得到成长。
3. 幽默感：
   a. 自我实现的人有自嘲的能力。
   b. 他们也敢于嘲笑所处的环境。
   c. 他们的幽默没有任何恶意。

信任和自主性 自我实现的人相信自己，

也相信别人；他们独立；他们相信自己是对社会有价值的人，他们的生活是有意义的。

1. 寻求目标和意义：
   a. 自我实现的人有一种使命感，他们觉得一定要把自己的潜力充分发挥出来。
   b. 他们通过积极工作寻求社会认同，这对他们的生活具有重要意义。
2. 自主和独立：
   a. 自我实现的人有很强的独立性。
   b. 他们不会盲目顺从他人。
   c. 在做决定时他们不会受传统思想的束缚。
3. 接纳自己和别人：
   a. 自我实现的人不会与现实作对。
   b. 他们接受现实。
   c. 他们能与这个世界和谐相处。

这些对自我实现者大致特征的描述是一种理想状态，我们不可能一次性彻底实现。因此，对我们来讲，讨论自我实现的过程比成为一个自我实现的人更有意义。

自我实现是一个根植于**个人主义**的西方概念，它肯定个体的独特性、自主性、自由和内在价值，并强调个人应对自己的行为和幸福负责，它的终极目标是使个人得到全方位的充分发展。与此相反，东方哲学则基于**集体主义**的思想，侧重于维护和提升整体的幸福感，集体主义思想强调团结、统一、整体和融合，其目标不是自我实现，而是合作、和谐、互相依靠、实现社会范围内团体的目标，以及集体共担责任。在探讨个人成长并鼓励大家通过努力实现自我时，我们应该将东西方思想都予以考虑，个人主义与集体主义并不矛盾，它们互为补充，它们各自的特点可以结合起来构成一个具有创造力的整体。

玛雅·安吉罗（Maya Angelou）

一个获得自我实现者的例子

玛雅·安吉罗的例子很好地反映了一个人自我实现的历程。她是著名的作家和诗人，也经常发表演讲，对人们产生了很大的影响。在她身上有很多马斯洛所描述的特征。在《玛雅·安吉罗：生活的诗》一书中，玛格丽特·考特尼-克拉克（Margaret Courtney-Clarke，1999）用了10个词来形容她：快乐、给予、学习、坚持、创造力、勇气、自尊、精神追求、爱心和敢于冒险。很多人围绕着这些观点给这个特别的女人做出了简短的评价：

快乐 玛雅建议青少年：尽可能多笑！抓住每个机会享受快乐，善于感受生活瞬间的幽默。（Defoy Glenn, p.19）

给予 你无法给别人你没有的东西。玛雅给予别人的爱取之不尽，这也是别人喜欢她的原因，这就像镜子可以反射一样。（Louise Meriwether, p.28）

学习 她对学习如饥似渴，她对任何事情都有兴趣，都想弄明白……（Connie Sutton, p.40）

坚持 玛雅坚信磨难是一件好事，它能迫使你去改变。（Andrew Young, p.62）

创造力 人脑的能量超出人的想象，因此如果你有梦想并相信它的话，那就一定要去追求。正如玛雅所言："人的大脑是个宝

库，它的容量是无限的。"（Defoy Glenn，p.69）

勇气 玛雅讲话时总会谈到勇气，她认为勇气是一种美德。在她的很多作品中都体现了这个观点。她勇敢地说："我们之间的相同之处要多于不同之处。"（Velma Gibson Watts，p.76）

自尊 玛雅常说："我是一个人，和别人没有任何不同。如果别人能做到的事，我就一定能做到，我相信自己有这样的能力。"（Defoy Glenn，p.90）

精神追求 她实在是一位杰出的女性！她给予我们她的大爱，用她的智慧引导我们，用她在诗歌和艺术方面的天赋激励我们。她有着非同寻常的尊严、罕见的勇气、坚定的信仰、顽强的意志力、魅力、正直以及无人能及的慷慨，她是全世界的财富。（Coretta Scott King，p.108）

爱心 如果你想见证20世纪的奇迹，那就看看玛雅·安吉罗吧。她的精神一直感动着世界的各个角落。她的精神中充满着爱、关怀和解放……（Rev. Cecil Williams，p.110）

敢于冒险 玛雅曾说，腐朽是新生的开端，一贯的保守会阻碍事物的发展。因此如果对旧的东西抓得过紧，我们就无法获取新的东西，因为你的手已经满了，拿不了更多的东西了。（Defoy Glenn，p.126）

思考一下在自我实现的过程中你能做些什么。每章结束时安排的练习以及穿插在书中的"思考时间"部分都能对你开启这一毕生的追求有所帮助。

个人成长的选择理论

尽管这本书主要基于人本主义心理学的理论，但在探讨重要问题时，我们也从其他心理学学派中吸取了一些观点。**现实主义疗法**就是其中之一，这是一种认知行为治疗模式。现实主义治疗指导人们如何做出有效的选择来满足他们的基本需要。**选择理论**是在现实主义疗法的实践过程中由心理分析学家威廉·格拉塞提出的，它认为我们做每一件事都是为了试图满足我们的基本需要，即：生存、爱和归属感、能力或成就感、自由或独立以及快乐。我们每个人都有这五个层次的需要，但需要的程度不尽相同。比如，我们所有人都需要爱和归属感，但显然有些人对爱的需要会多于其他人。选择理论基于这样的假设：由于我们天生就是社会动物，所以我们当然需要爱，也会爱别人。选择理论还认为，对爱和归属感的需求之所以重要，是因为我们需要别人帮我们实现其他需要。

格拉塞（1998，2000）在关于采取积极的态度掌控自己的命运方面写了大量文章。他认为很多人不快乐的原因是他们的需要没有得到满足，他们感到对自己的生活无能为力，他建议通过承担责任和对生活采取积极主动的态度来获得掌控感。他劝导前来寻求心理治疗的来访者与其被动地接受抑郁的状态，不如主动应对抑郁、愤怒、头痛或焦虑。他强调只有这样做才能满足自己的需要，并进而掌控对未来的选择。虽然直面这些负面的情绪或想法可能会很难，但你必须学会掌控你的行为。如果你能改变你的行为，你就有可能使自己的情绪和想法也随之改变。比如，如果你对考试失利感到沮丧，径直消除失望确实不容易，你可能会不停地责备自己，但实际上，你也完全可以把时间和精力放在反思上，确保这种情况今后不再发生。换一种方式思考或行动，你很可能会发现你对事情的看法已经发生了改变。

选择理论认为我们的"整体行为"是我们的需要得以满足的最佳路径，所谓**整体行为**就是指我们所有的行为都是由四个密不可分却又各具功能的部分组成的，即：行为、思维、情绪和生理机能，它们包括了我们所有的行动、思想和感觉。行为是有目的的，因为它是我们将需要变为现实的唯一手段，而我们的行为是由内心决定的，因此我们是可以主宰自己命运的。

伍伯丁（2000，2011）是一名现实主义治疗师，他用了一个缩略词来介绍现实主义疗法在实践过程中所采用的几个关键策略，即：**WDEP**，每个字母代表一个策略：Wants＝愿望和需要；Direction＝方向和行动；Evaluation＝自我评估；Planning＝计划。这些策略旨在激发人的改变，对此我们将在后面的章节中反复探讨，这里我们先了解一下每个策略的具体含义。

愿望（探索愿望、需要和认知） 在这本书里我们经常问到的一个重要问题是："你想要什么？"这里还有一些其他有用的问题能帮助你回答这个问题：

▶ 如果你已成为自己希望成为的人，那你会是怎样的人呢？
▶ 如果你已经过上了你所希望的生活，你会做些什么呢？
▶ 你生活中最匮乏的是什么？
▶ 你认为是什么阻碍了你做出改变？

方向和行动 现实主义疗法强调当前的行为，它对过去行为的关注也只是因为它们给来访者当前的行为造成了影响。尽管问题的根源在过去，我们现在要做的是学会通过更好的方法解决它们，得到我们所需要的。问题可以马上解决，也可以通过制订方案留待今后解决，但关键是，"你现在在做什么？"

自我评估 现实主义疗法的核心是引导个体做出这样的自我评估："你现在的行为能使你有机会成为你想要成为的人吗？你现在的行为能把你引向你希望的发展方向吗？"归根结底，对你自己现在行为的评估取决于你自己。除非你确定改变对你是有益的，否则你是不可能改变的，而做出这一选择首先需要你对自己诚实地进行评估。伍伯丁（2000，2011）对此设计了下面这些问题：

▶ 你现在做的事情对你有益还是有害？
▶ 你现在做的事情是你自己想做的吗？
▶ 你的行为对你有帮助吗？
▶ 你的愿望是否现实可行？
▶ 在对自己的愿望充分思考后，你是否依然认为它对你及他人都是最有益处的？

计划和行动 行为改变包括确认满足你愿望和需要的具体方法。一旦来访者确定了自己将在哪些方面做出改变，他们就会制订一个行动计划。这里的关键问题是："你的计划是什么？"制订计划并实施的过程将使你开始有效地掌控你的生活。计划是行动的起点，不过计划是可以根据需要随时调整的。此外计划固然重要，但它一定要在我们对自己做出准确评估并确认自己愿意改变后才有效。

伍伯丁（2000，2011）进而揭示了在改变过程中计划和决心所起的重要作用，他用了另一个缩略词SAMIC来介绍一个好计划的基本要素：简洁（Simple）、易行（Attainable）、可评估（Measurable）、即时（Immediate）、参与（Involved）、可控（Controlled）、投入（Committed）和可持续（Continuously）。具备以下特点的计划，可以使你更有效地控制你的生活：

▶ 计划要符合实际，这点非常重要。问自己这样一个问题：如果想获得更满意的生活，现在可以做出怎样的计划？

▶ 好的计划应该简单明了，有针对性、具体、可评估，但同时也要灵活，可随时修改。

▶ 计划应包含积极的行动过程，它一定要是按你自己的意愿制订的。即使是很小的计划也能使你朝着你希望发生改变的方向稳步前进。

▶ 你能独立地执行和改进你的计划。

▶ 有效率的计划是可重复的，并且最好能每天按此执行。

▶ 计划越早实施越好。问问自己：为了改变生活状况，我今天愿意做点什么？

▶ 在计划实施前，最好与你信任的朋友对它进行一下评估，确保切实可行，如果需要，可进行适当的修改。

在阅读本书的这些内容时，思考一下自己生活中希望改变的地方，制订一个行动计划，并确保自己按照计划逐步完成。每章结尾处都有几页空白页，可记录你的执行日记。

思考时间

书中的这个部分给你提供了一个停下来反思自己亲身经历的机会，它们与书中讨论的话题是紧密相关的。对下面这些问题的回答没有对错之分，但回答这些问题对你是有意义的，因为这样可以让你省察自己的内心，使你对自己有更清晰的认识。千万不要刻意寻找所谓的理想答案，那些与你毫无关系。

1. 你对自己的健康、积极程度的评价如何？你欣赏自己吗？你对自身的价值有质疑吗？回答下面的问题并按照这个计分法算出你的分数：

3 = 这个说法非常适合我。
2 = 这个说法有些适合我。
1 = 这个说法完全不适合我。

____ 我能够思考，并为自己做选择。
____ 我喜欢自己。
____ 我清楚自己在生活中想得到什么。
____ 我有能力得到我想要的。
____ 我相信个人能力。
____ 我接纳改变。
____ 我感到自己与他人是平等的。
____ 我很在意别人的需求。
____ 我关注他人。
____ 我会按照自己的判断采取行动，不会因别人不赞同我而感到内疚。
____ 我不指望借助别人让自己感觉良好。
____ 我能为自己的行为负责。
____ 我会赞美别人。
____ 我也能接受别人的赞美。
____ 我能给予别人爱。
____ 我也能得到他人的爱。
____ 我忠实于自己的家庭。
____ 我对社会有贡献。
____ 我能对周围的环境产生积极影响。
____ 总体来讲，我得到了他人的认可。
____ 当我做得好时，我不吝肯定自己。

____ 我喜欢独处。
____ 我能与他人建立有意义的关系。
____ 我活在当下，不受过去和未来的影响。
____ 我认为自己是有价值的。
____ 即使与令我尊敬的人在一起时，我也不会感到自己渺小。
____ 我相信自己有能力完成那些对我来说有意义的工作。
____ 我愿意向别人学习，包括我的哥哥姐姐。
____ 我对自己的社交能力感到满意。
____ 我对自己在职场和其他与工作有关的环境下的表现感到满意。
____ 我不会因自己的不完美而沮丧。

现在再检查一遍这个测评，找出至少5个阻碍你接纳自我的地方。在这些地方，你能做些什么来改变对自己的看法？比方说，如果你在自己做得好的时候都不能肯定自己的话，你又怎么能意识到低估了自己呢？而当你真的意识到自己又在自我贬低时，请换一种思维方式。

2. 花几分钟时间回顾一下马斯洛的自我实现理论，然后思考以下问题：

▶ 你认为哪种特征对你最有吸引力，为什么？
▶ 你想培养哪种特征？
▶ 你认为马斯洛描述的哪种特征对充实且有意义的生活最重要？
▶ 在你的生活中，谁最接近马斯洛提出的自我实现的标准？

3. 我们建议你在以后的学习过程中，回过头来再看看你的答案，将这个测评重做一遍。对比一下两次的结果，那些不同之处很可能就是你在思维和行为上发生改变的结果。

你是主动型学习者吗？

自我实现的过程会使你成为一个**主动型学习者**，也就是说，你会对自己所受的教育负责；你对面临的问题提出质疑；你用对自己有意义的方式应用所学到的知识。学校的教育体系也许并不鼓励你这样主动学习，你可以回顾一下你在校时的经历，看看自己是不是一个主动学习者。

▶ 我现在做的是我真正想做的吗？
▶ 我所做的能体现我的价值吗？
▶ 我相信自己有权利做选择吗？
▶ 我现在做的事情有意义吗？
▶ 我更想做什么？

把你更想做的事情作为改变的催化剂。当你说"我正在做我真正想做的事情"时，这对你意味着什么？你的价值观可能会根据你的学习、事业、生活重新界定。如果你的目标是自己制订的，而非接受别人的安排时，这个目标会对你更有意义。

我们认为如果现在花些时间回顾一下你以前的经历，你会从你上大学时所受的教育中收获很多。想一想你现在的价值观和观念与你在校时的经历有怎样的关系，选一个非常正面的上学经历，它对你现在的生活有什么影响？你在做学生时有过什么样的经历，它们对你今天的学习方式产生了怎样的影响？如果你很喜欢自己目前的学习方式，或者你的上学经历都很成功，那你在学习本书时，就可以继续以这些积极的方式为基础，并且可以在学习、研究和讨论所读内容时努力发现更好的方法。如果发现你不喜欢的地方，你可以改变你的学习方式。在学习的哪些方面你希望自己与以前相比能有所不同？我们衷心希望你能通过积极投身学习过程而让学习变得对你具有实际意义。如果在阅读时你能养成提出问题并设法自己找到答案的习惯，你就会从中得到最大的收获。

让自己成为一名主动学习者的一个办法是思考一下你为什么选择本书，你对它有怎样的期望。我们希望你能积极参与学习的过程，并将书中所学的内容应用于你的生活。下面的"思考时间"能够帮你清楚地知道自己想从这本书中得到什么。

思 考 时 间

1. 你选这本书的主要原因是什么？你最希望从中收获什么？_____
_____
_____
_____

2. 你想象这本书是怎样的？从下面的说法中找出你的回答。

____ 我想借助这本书讨论对我来讲很重要的一些问题。

____ 我希望这本书帮我找到生活中一些问题的答案。

____ 我希望这本书能让自己成为一个更幸福的人。

____ 我希望这本书能让我在表达自己的情感和想法时不再紧张恐惧。

____ 我想挑战"我为什么是这个样子"这一问题。

____ 我想知道更多有关别人是如何生活的。

____ 我期望在学习结束时我对自己能有一个更深刻的认识。

3. 要成为一个主动型学习者，你愿意做些什么？从下面的说法中选择适合你的。

____ 我愿意参加讨论。

____ 我愿意阅读相关材料，并思考它们与我自身的关系。

____ 我愿意对自己的一些看法和价值观提出问题。

____ 我愿意在阅读之外花时间来反思书中讨论的问题。

____ 我愿意通过记日记的方式，把自己的阅读心得和经历记录下来，并对自己在实现目标和承诺方面取得的进步做出评估。

成为一个主动型学习者，还可以包括一些其他方法：_____
_____
_____

多元智力与多元化的学习风格

前面我们探讨了个人成长和自我实现，它们需要依靠你的自我意识和从生活经历中学习的能力。这种需要自我实现模式的成长类型是无法靠传统的智力概念取得的，因为传统意义上的智力概念只侧重于语言表达。这里讨论的多元智力模式可以用来解释获得成长所需的天赋和技能，我们会探索多元智力这一概念的许多方面，并展示学习和成长方式的多样性。学习没有所谓唯一的最佳方法，通过探索我们自身的能力，我们可以很好地利用和发展适合我们的学习方法。

为了在教育中实现收获的最大化，你需要知道自己的天赋在什么方面，并且知道应该怎样学习。在不同人身上，哪种学习方法最好和哪些知识更容易习得是不尽相同的。比如，听觉敏感的人更容易从别人的讲话中汲取知识；而视觉敏感的人从看到的学习材料中能更有效地获取知识。尽可能多地了解适合自己的学习方法，无论你在大学研习哪门学科，你都能取得最大的成功。

在不同的学习方法背后，起决定作用的是人的智力。智力不是一种单一的、可测量的能力，而是一组能力的综合，学习者可能会发现自己在不同领域都具备优势。多元智力理论是加德纳（1983，1993，2000）在1983年提出的，他是哈佛大学教育学方面的教授，他发现我们具备八种不同类型的智力和学习能力：

- ▶ 语言表达型
- ▶ 音乐节奏型
- ▶ 逻辑数学型
- ▶ 视觉空间型
- ▶ 身体运动型
- ▶ 自我交流型
- ▶ 人际交流型
- ▶ 模仿自然型

戈勒曼（2006）对此做了补充，他加入了情绪智力，他认为它对个人学习能力有着极大影响。情绪智力与控制冲动、同情他人、建立可信赖的人际关系、培养合作的态度和行为、以及发展亲密关系的能力都有着密切关系。戈勒曼认为当情感缺失时，人与人之间就可能产生疏离，并由此引发偏见、自我、侵略性行为，抑郁、成瘾和无法控制自己情绪的现象。在《大脑和情绪智力：新视野》（2011）一书中，戈勒曼借助情感神经科学领域的知识使我们对情绪智力有了更深刻的了解。来自神经成像和病变研究方面大量令人信服的证据表明，情绪智力相关的大脑区域与那些数学、语言和空间能力相关的区域是不同的。情绪智力肯定是学习交际能力的基础，但是它在我们的学校和大学教育体系中并未得到重视。戈勒曼（2006，

》智力并不是简单地通过能力来体现，而是一系列复杂、多方位能力的综合表现。

2007）建议学校把培养学生的一些情绪，诸如同情、好奇、体谅、自控和合作，纳入教学计划。

在加德纳看来（1983，1993，2000），学校更注重语言表达能力和逻辑数学能力的提高，即我们平常所指的IQ，但事实上，其他类型的智力和学习对一个人的成功同样至关重要。因此他认为对那些具有其他智力的人也应当特别加以关注，比如博物学家、音乐家、建筑师、艺术家、设计师、舞蹈家、企业家和治疗师。阿姆斯乔（1993，1994）则认为多元智力理论最伟大的地方在于它为我们理解如何通过八种不同的潜在方法获得学习能力提供了一个框架。对于那些通过传统语言和逻辑方式进行学习有困难的学生来讲，多元智力理论提供了教与学的新途径。

下面让我们了解一下每一种智能的具体特点，然后再来思考它们对学习的影响。

▶ 如果你属于**语言表达类型的学习者**，你就会有很好的听觉能力，喜欢阅读和写作，喜欢玩文字游戏，对名字、时间、地点的记忆力很好；你喜欢讲故事；你擅长清楚地表达自己的意见。你用听、说的方式学习效果最好，倾听和表达的机会会使你的学习更自如。你更喜欢听老师讲课或听录音带，并和别人讨论学到的东西。对于需要阅读的内容，如果之前你已听过一遍的话，你会觉得更容易理解。如果上课时将老师讲课的内容录下来，课后再听几遍，你会取得最佳的学习效果。背诵或是把你所学的东西教给别人，对你的学习也会有帮助。语言表达能力强的人适合成为诗人、作家、发言人、律师、政治家、演说家和教师。

▶ 如果你属于**音乐节奏类型的学习者**，你对周围的声音会很敏感，你喜欢音乐，学习或阅读时也愿意听着音乐。你喜欢声调和节拍，也喜欢自己给自己唱歌。你在优美的音乐旋律中学习的效果最好。具有音乐天赋的人显然适合成为歌唱家、乐队指挥和作曲家，也包括那些喜爱音乐、能体会音乐和运用音乐的人。

▶ 如果你是更侧重**逻辑数学类型的学习者**，你可能会喜欢研究图形和它们的关系，你喜欢从事连贯性的工作。你喜欢数学，喜欢对你不明白的东西进行实验。你喜欢和数字打交道、提问题，研究图形和它们的关系。你会觉得解决问题和运用逻辑推理很具挑战性。对你来讲，将知识分类、利用抽象思维总结出普遍规律是最好的学习方法。逻辑数学能力强的人适合成为数学家、生物学家、医学技术人员、地理学家、工程师、物理学家、科研人员以及其他领域的科学家。

▶ 如果你属于**视觉空间类型的学习者**，你会喜欢通过阅读、看录像和观察演示的方法学习。对你来讲，通过看图和将所学的内容用图表绘制出来的方法学习比只是一味地听老师讲课的效果更好。你喜欢形象思维，如果你提前阅读了课堂讲义，听课时你的收获会更大。针对所学的内容，除了文字，如果能看到图片并在你大脑中形成图像的话，你会学得更好。你是通过看图、看录像和看幻灯片来学习的。你需要依靠文字资料、书籍和其他可视性材料进行学习和复习。视觉空间能力强的人一般适合从事雕塑、美术、外科医生和工程师的职业。

▶ 如果你属于**身体运动类型的学习者**，你需要通过肢体感觉和有技巧地使用你的身体来获取知识。你的平衡感和协调感都很好，你的动手能力也很强。你需要能让你动起来的机会，课堂上如果需要大家运用身体动作或通过动手来学习知识，你的反应肯定是最好的。你希望通过肢体动作来学习，做实验和找出问题的解决办法对你来讲是最好的学习方法。身体运动能力强的人可以当木匠、电视和音响的修理工、机械师、舞蹈演员、体操运动员、游泳运动员和玩杂耍的人。

▶ 如果你属于**自我交流类型的人**，你会愿意沉浸在自我世界中，你喜欢独处，并且非常清楚自己的优点、缺点和各种感受。你有可能是一个独立的、具有创造力的人。你喜欢对问题进行反思，你的行为通常是独立的、自信的、坚定的，并带有很强的目的性。在讨论有争议的问题时，你的意见往往十分强硬。你自己独立学习比与大家在一起学习的效果好。你很看重按自己的意愿行事。内心强大的人适合做企业家、哲学家和心理学家。

▶ 如果你是**交际类型的人**，你会喜欢生活在人群中，和人交谈，结交很多朋友，参与社会活动。你通过在集体环境中叙述、分享和参与所获得的学习效果最好。人际交流能力强的人一般适合从事销售、咨询、社区服务、顾问、教书和救助工作。

▶ 如果你属于**模仿自然类型的学习者**，你具备观察自然规律的能力，能够识别物种并进行归类，你对自然体系和人造系统的特征都非常清楚。专业的博物学家包括农夫、植物学家、猎人、生态学家和园林学家。

▶ 如果你属于**情感类型的学习者**，你会在情感方面具备这样的能力：同情、关心他人、好奇、自我控制、合作、解决冲突的能力、仔细倾听的能力、沟通的技巧和与人交往的能力。你对丰富自己的内心情感和为自己的大脑储备知识一样感兴趣，你愿意发展人与人之间互相依存的关系，你认为它至少和培养自身的独立性一样重要。情感类型的学习者注重互相配合、互相协作的学习方式，他们愿意帮助他人，并愿意将所学的内容发挥出来，以己所能贡献社会，让这个世界变得更美好。

人类身上存在多元智力和多元化学习风格。

多元智力模式能够很好地帮助你找到自己希望从事的工作，思考一下可能适合你的智力类型和学习方法，发现自己的强项以及最感兴趣的发展方向。虽然你可能对某种类型的学习方法更情有独钟，但也不要排斥其他方法中值得借鉴的地方。在阅读本书的过程中，如果你能将情感智力与其他的智力类型和学习方法结合起来实践，定会受益匪浅。你可能会发现在学习过程中将多种方法结合起来使用比单单依靠一种方法效果更好。越把社会看成让你施展才华和提高各方面学习能力的场所，你的生活就越有意义。

在后面的第10章中你还会发现，除了能力（或智力）外，在选择研究领域或择业时，你还需考虑一些其他因素。

固定思维与成长心态

本章的一个目的就是帮助你在自我探索和个人成长的旅程中为成功做好准备。当你开始这段旅程时，请认真思考一下成功对你意味着什么：是为了证明自己的能力，让别人知道你很聪明、有才华和能干吗？如果你这样想的话，你很可能就属于**固定思维**的人；或者你将成功定义为不断努力学习新的东西和提升自己，即使在遇到阻碍和挫折时也仍然勇往直前？如果这样认为的话，你就具备了**成长心态**。在接下来的"思考时间"里，你可以测试自己的心态。

斯坦福大学著名心理学家卡萝·德韦克在2006年写了一本名为《心态：新成功心理学》的书，书中解释了为什么心态能够决定你将成为什么样的人，并能帮助你发挥自己的潜能。如果你认为自己的性格已经不可改变了（典型的固定思维），你就会一遍又一遍地以固定的方式行为处事。如果你承认自己具备一定的智商、个性、情操，那你就必须把它们充分展示出来，如果在这些最基本的方面你自我感觉或表现出缺乏的话，那你就别想成功了。与此相反，如果你具备成长心态，那你就可以通过自己的努力将这些品格发挥到极致。用德韦克的话讲就是，"对提升自己充满激情并能持之以恒——即使（或者尤其）在处境不好的时候——是成长心态的最大特点，这种心态可以使人在生活处于最艰难的时候也能继续成长。"

一直以来，我们对于成功和失败的概念都是在童年时期（很可能是来自用意良好的成年人）就形成了，但如果这些概念对我们成长造成不利影响的话，我们完全可以选择改变。当然，纠正一个业已根深蒂固的想法不是一件容易的事，对任何一个人来讲，放弃自己已经习以为常的东西而去面对可能带来挑战、阻力、批评和失败的新生事物都会让人感到有些惶恐，这是完全可以理解的。正如德韦克所言："你可能认为自己已经形成的固定思维体现了你的优势、个性和理想，你不想变得与他人一样。你这样想很正常，但事实上，不断成长只会让你更能充分发展自我，而绝不会减少这种可能性。"

当你考虑在生活中做出改变时，请务必以成长的心态为出发点。你怎样才能提升自己？为获得渴望的结果，什么样的风险是值得冒的？如果在成长过程中遇到障碍或挫折，你会怎样积极应对它们？为你要完成的任务设计一个具体的方案，这些任务将使你实现自己的目标。这其中最重要的一点是，一定要按方案执行。

思考时间

完成下面这个思维测验，测试一下你的思维模式。

要求：对下面的说法，填上最符合你态度的选项，看看你在多大程度上认同它们或不认同它们。

SA ＝ 完全同意

A ＝ 同意

MA ＝ 大多数时候同意

MD ＝ 大多数时候不同意

D ＝ 不同意

SD ＝ 完全不同意

____1. 你只具备一定的智力水平，对此你真的很难改变。

____2. 你认为你的智力水平几乎是无法改变的。

____3. 无论你是谁，你都可以在很大程度上改变自己的智力水平。

____4. 老实说，你真的认为你无法改变你的智商。

____5. 你能够从根本上改变你的智商。

____6. 你可以学习新的东西，但你不愿意改变你的智力能力。

____7. 无论你的智力水平如何，你总能做出一些改变。

____8. 即使智商水平很一般，你也能做出很大改变。

____9. 你只具备一定的才能，对此你真的很难改变。

____10. 你认为你在某一领域的才能是无法改变的。

____11. 无论你是谁，你都可以在很大程度上改变自己的才能。

____12. 老实说，你真的认为你无法改变你的才能。

____13. 你能够从根本上改变你的才能。

____14. 你可以学习新的东西，但你不愿意改变你的才能。

____15. 无论你的才能如何，你总能做出一些改变。

____16. 即使水平很一般，你也能做出很大改变。

上面一些说法属于固定思维（1，2，4，6，9，10，12，14）；另一些则属于成长心态（3，5，7，8，11，13，15，16）。答案没有对错之分，这个测试的目的是帮助你看清自己偏重哪一种思维模式。

从本书中得到最多的收获：有关个人学习的一些建议

在整本书中，我们既向大家介绍了一些个人经历，也同大家分享了我们是怎样由此得出一些观点和结论的。我们希望在对我们的假设、价值观和倾向有所了解后，你能更准确地对自己的现状做出评估。我们并不建议你完全采纳我们的人生哲学，但希望通过阅读本书可以引发你的思考。因为生活是如此的复杂和千姿百态，而每个人又各有不同的性格特点，所以不可能有简单或统一的答案。有一类自助型图书给出了大量的建议并试图对生活中的问题做出简单的回答，对此我们是有一些担心的，因为观点和建议虽然能起到一定的作用，但是每个人自己的实际问题很少能单靠别人的建议或指导得以解决。从短期效果看，提供建议会有帮助，但它很难指导人们解决所有当前及未来需面对的问题。

在接下来的章节中，我们会提供很多个人的经历供你思考，并希望你以此为参考，对自己的生活做出更好的选择。我们的目的是提出问题引发你的思考，同时可以与他人进行有意义的交流，因此我们鼓励你养成思考问题的习惯，从而使自己的生活变得有意义。不要只是简单地找出问题的答案，而要花时间深刻反思，清楚自己对生活中许多问题的态度；当然也要请教他人，看看他们是如何看待这些问题的，但更重要的还是要学会倾听自己内在的声音。希望这本书能陪伴你成长，提升你对自己生活中重要问题的思考能力。

这本书很可能与你以前读过的这方面的书籍不太一样，因为我们将你作为书的主要参与者。大多数这方面的书籍都是挑战你的智力，但这本书旨在让你将智力与个人成长结合起来。你阅读本书的收获如何在很大程度上取决于你愿意自省的深度，有明确的目标和为之采取的具体步骤是非常重要的。在你阅读本书并与人讨论时，下面这些建议可能会对你积极投身个人成长有所帮助。

1. 准备：阅读本书会使你个人受益，请充分利用书中"思考时间"和"自我成长"两部分，要将你的年龄因素、生活阅历和文化背景都考虑在内，它们很重要。我们是在自己所处的文化背景下写这本书的，但书中涉及的话题却是所有人都要面对的，在与各种文化背景的人交流时，我们不断发现这些话题是跨文化的，它们与每个人的生活息息相关。

2. 直面恐惧：当你主动与人讨论时，经历一些恐惧是很正常的，我们希望你能勇敢地挑战自己，克服对当众讲出自己的一些经历的恐惧。其实学会直面自己的恐惧比试图消除它更重要，因为面对恐惧不仅需要勇气，还需要增强你的自我意识，而这正是拓宽你选择范围的第一步，也是非常重要的一步。

3. 建立信任：你可以主动选择与一些人建立信任关系，这是阅读本书所需要的。建立信任的另一个方法就是与其他阅读本书的人沟通。

4. 操练自我坦露：向他人坦露自己最终会使你更充分地认识自己。有时候在一些有关增强自我意识的练习或实验里，你可能会害怕公开个人隐私，其实你只要判断出何时用何种方式坦露自己的情况是适度的，你就能做到在公开的同时也做好保留。

5. 倾听：要提高真心倾听的技巧，就是当别人讲话时认真听，无须考虑如何作答。有效的倾听需要你向对方完全敞开，认真思考他们所说的内容，但不要急于给出推理或解释。

6. 保持开放的态度：阅读时努力对己对人都保持一种开放的态度，在阅读或听别人讲话时，要学会思考他人与你的想法和观点为什么不一致。

7. 避免自我设定的成见：如果想增强你的改变能力，那你就必须丢掉自我设定的成见，也不能让别人定义你。如果你从一开始就认定自己愚蠢、不可救药或乏味无趣，只会让别人也这样看待你。

8. 平时也需要操练：如果想从这样一本关乎个人成长的书中获取最大的收益，一个重要的方法就是将书中学到的一些方法运用到日常生活中。想想为了得到你所渴望的改变你都愿意做些什么，并与自己签订一份合同（这可以作为本章前面提到的你的行动方案的一部分）。

9. 肯定每一个改变的作用：小的改变会带来大的改变，并使人激发更大的希望。有效的方案并不总能直接解决我们的问题，但有时候一个小小的改变能够带来更大、更多的重要改变，关键是要觉察、肯定并对自己的小改变予以赞赏。

10. 记日记：在一定意义上讲，这是一本未完成的书，你受邀以对你有用的方法来共同完成它。我们建议你在阅读全书的过程中坚持记日记，在每章的结尾处都留出了一些空白页可供你记日记用。你决定记些什么以及怎样利用它们非常重要，为了有助于将来翻看日记时发现自己曾做出过的重要决定和一些曾困扰你的地方，可以考虑记下这些方面的内容：

▶ 我在今天的阅读过程中有什么收获
▶ 我最感兴趣的话题及原因
▶ 我最不感兴趣的话题及原因
▶ 我想讨论的话题
▶ 我想避免讨论的话题
▶ 在本章中对我影响最大的部分或事件及其原因
▶ 阅读本书之后，我现在每天都在做的一些特别的事情
▶ 在态度、价值观和行为方面，我最想改变的一些具体地方
▶ 为了这些改变我愿意做些什么
▶ 在做出改变时我遇到了哪些障碍

最好记下第一时间出现在你脑海中的想法，因为即时反应比深思熟虑后的想法更能体现你的真我。

总　　结

我们不需要按别人为我们设计的计划生活，随着自我意识的成熟，我们完全可以自己绘制蓝图，并做出重要的选择。拥有生活的选择权既会给你带来收获，也会给你带来损失。改变长期养成的行为方式不是一件简单的事，有很多障碍需要克服。但是，自由的生活会使你受益颇多，其中之一就是它能带来个人成长，这是一个需要终生拓展自我意识并迎接新挑战的过程。这样说并不是别人的意见不重要，而是希望你能更充分地发挥自身潜能，这其中也包括关爱他人的能力。不过请铭记，只有当基本需求得到满足后，我们才可能真正考虑成为更完全的人。自我实现不可能孤立完成，它需要借助于良好的人际关系和社会环境，由此我们才能发现并成为我们希望成为的人。不过矛盾的是，只有当我们感到足够安全的时候，才能很好地驾驭自我兴趣，才会成为成功人士。

为自我实现而奋斗并不仅停留在某个年龄段，它是一个渐进的发展过程。与其说自我实现是一个终极目标，不如说它是一个逐渐使自我得到实现的过程。自我实现的人应具备的四个基本特征是：自我意识、自由、基本的诚实和爱心、信任和自主性。这本书是你向人生目标迈进的第一步，也是你达到自我实现并造福社会的第一步。

这一章的主要目的是鼓励你对学习负起责任，让你的学习更有意义。即使过去的学习经历让你成为一个被动的学生，在课堂上从未有过积极的表现，但在认识到学习的责任感后，你会有能力改变自己的学习方式和思维模式。我们希望你能在这本书里找到适合自己的学习方式。

自我成长

在每章的结尾处我们都会给出一些建议，但最终还要由你自己来决定参加哪些活动。你可能会害怕公开做一些练习，而如果在几个熟人面前，你可能就会接受；你也可以自己独立完成或与一个好友一起做。不是所有的练习都得做，你可以选择那些对你当前生活有意义的来做。

1. 这些练习你可以在家里做，也可以和朋友做，它们旨在帮助你关注自己的一些具体行为。我们从大学生们经常反映的一些典型恐惧和关注中选取了这些例子。设身处地地分析每一个场景并思考你会做出何种反应，将你的体验记在日记里。

场景 A：在课堂上你想问一个问题，但你害怕这问题听上去有点蠢，别人会嘲笑你。

讨论：你会控制住自己不问这个问题吗？如果是，你还会继续这种做法吗？尽管可能会感到畏惧，但你愿意尝试把问题提出来吗？如果你把问题提出来，想象一下会发生什么？

场景 B：你与一位权威人士发生冲突，你觉得受到威胁，不敢再发表自己的看法，也不敢再表达自己的观点。

讨论：这样的描述适用于你吗？如果是，你想改变吗？你有没有想过在你与权威关系的问题上，你的态度是怎么产生的？你认为你现在还是老样子吗？

场景 C：你的老师看上去对学生和教学很投入，她欢迎你在有问题时随时去办公室找她。

但当你真的在理解方面遇到困难或在考试和做作业时遇到难题时,你却迟迟不肯去找老师。

讨论:你以前有过类似的经历吗?如果有,是什么阻止你去找老师沟通?如果你发现自己处于这种情况,你愿意在情况还未变得更糟前寻求帮助吗?

2. 复习一下马斯洛提出的自我实现的人的特征,然后回答下面的问题:

a. 在你的性格中,这些性格特征占多大的比例?

b. 你认为马斯洛的自我实现理论适合所有文化、种族背景的人吗?是否有些特征不适合某些特殊的文化背景?

3. 找出你生活中最想改变的5个地方,并描述你目前在改变它们方面所处的状况及潜在可能。是什么阻止你再向前迈进?如果你能改变这些地方的话,你的生活会有什么不同?

4. 解释你的思维模式是怎样形成的,你是属于固定思维模式还是具有成长心态?你的家人是如何看待成功和失败的?他们对你的思维方式有何影响?在你的思维模式形成过程中,还有什么人对你产生过影响吗?如果有,请写出来。

第 2 章

童年和青少年

我们所抗拒的，终将持续。

自我评估

请用这个评分标准来测评你对每个说法的回答：

4 = 我完全赞同这一说法

3 = 我赞同这一说法

2 = 我不赞同这一说法

1 = 我完全不赞同这一说法

- [ ] 1. 我会先反思自己以前所做的决定，然后再做出将对我的生活产生重大改变的新决定。
- [ ] 2. "应该"和"必须"阻碍了我，使我无法按自己希望的方式生活。
- [ ] 3. 童年和青少年时期的经历在很大程度上塑造了现在的我。
- [ ] 4. 当回忆自己的童年时，我仍能体会到那种很安全、被接纳和被爱的感觉。
- [ ] 5. 当我还是个孩子时，我就可以把诸如生气、恐惧、嫉妒这样的情绪表达出来。
- [ ] 6. 在我成长的过程中，我有自己渴望模仿的对象。
- [ ] 7. 回首我刚上学时的经历，我对自己的认识是很积极的，并且我经历的成功要多于失败。
- [ ] 8. 青少年时我经历了一段叛逆期。
- [ ] 9. 我的青少年时代是孤单的。
- [ ] 10. 我在青少年时期很容易被同伴群体影响。

本章和下一章将主要关注我们为获得心理释放、自主所做的毕生努力，它将为本书后面的内容奠定基础。**自主**这个词指的是个体既具备成熟的独立性，又存在与他人之间的相互依赖关系。正如我们在上一章中所言，要成为一个全面发展的人，就必须能够很好地与人交往，并关注他人所需，这就是所谓的与他人相互依存。如果你是一个自主的人，你的行为就无须受别人是否支持和赞同的影响，同时你会对别人的需求很敏感；你也能够有效地满足自己的日常需要；你会在需要时向他人寻求帮助，也会给别人提供支持。总之，你既有能力独自行走，也愿意与他人同行，因为你的内心世界和外部世界协调得非常好。虽然你关注自我需求的满足，但你绝不会为此而伤害周围的人。你很清楚你的行为会带给别人怎样的影响，因此你会在考虑自我发展的同时顾及别人的感受。通过伤害他人而获取的自我发展会带来事与愿违的结果，因为你给别人造成的伤害最终会伤害到你自己。关心他人不仅仅是一种自我牺牲的责任，社会责任感能够让你的自我变得更完善。健康的人际关系需要你不断提升自我并关注他人的幸福。

获取个人自主性是一个持续不断的成长和学习的过程。你关于性别角色、工作、身体、爱、亲密关系、性、孤独、生命意义等的观点——我们将在后面的章节中对这些话题逐一进行探讨——最初都受到你的原生家庭、你的文化背景以及你早期所做的一些决定的影响。人格发展需要毕生的努力，在生命的每个阶段我们都会遇到挑战，因此成长和改变也将伴随我们的一生。在这一章，我们侧重关注从婴儿期到青少年时期这一阶段；在第3章我们则将关注成年的早、中和晚期。

人格发展阶段：预览

从婴儿期到老年期，每个发展心理学家对于各个阶段的认知都存在或多或少的差异。如果绘制一幅人生不同阶段所面临的挑战的图画，我们就可以理解早期的人格发展会怎样影响人们后来的选择。由于这些阶段并不是被精确划分的，并且不同理论对于人们在各个阶段停留时间的看法也略有不同，所以实际上，在某个特定发展阶段，不同个体之间会存在很大差异。你的原生家庭、文化、种族、性别以及社会经济地位都会在很大程度上影响到你在成长过程中的经历。有些人60岁时看上去显得很苍老，他们的思维方式和健康状况也变得很差；而另一些60多岁的人却可能依然活力四射，各方面都显得很年轻。所以，实际年龄并不是划分生理年龄、情感年龄以及社会年龄的唯一标准。在本章和下一章中你会发现，我们的观念和态度与我们自身的活力有很大关系。

有许多理论观点涉及人的发展问题，这本书不可能穷尽所有这些理论模型，但是，我们可以建立一定的理论基础，帮助你思考自己在儿童及青少年阶段中的转折点。当你在阅读有关生命各阶段的详细描述时，看看其中的内容哪些与你的情况相符，哪些与你的情况不符。对自己的生活经验加以反思可以帮助你更好地理解、探讨这些生命阶段的意义。

在这一章里我们会用很大的篇幅来介绍艾

瑞克·埃里克森（Erik Erikson）在1963年创立的人格发展理论模型，同时我们也会涉及另一个发展理论的主要观点，即**情境中的自我**理论，它强调以系统的观点来看待个体的生命周期（McGoldrick，Carter，Garcia Preto，2011b）。**系统观点**是基于这样的假设：要理解个体的发展，最好首先了解个体在其原生家庭中的角色和地位。系统观点认为，如果脱离个体所属的家庭，我们根本无法真正了解这个人。在这章里我们还会引用弗洛伊德精神分析理论中有关个体人格方面的一些基本观念。

西格蒙德·弗洛伊德，**精神分析**之父，他在20世纪初期发展出了最全面的人格理论。他倡导使用新的技术去分析人们的行为，而且他的努力使得有关人格以及心理治疗的理论得到了前所未有的全面发展。弗洛伊德强调无意识的心理过程和早期童年经历的重要性。根据他的观点，我们在性别和社交方面的发展，主要取决于我们出生后最初6年的生活经验，他认为在这段时间里，我们经历了截然不同的发展阶段。我们后期的人格发展往往取决于我们在每个阶段上的需求和矛盾是否能被很好地解决。我们在成年之后会遇到很多令人头疼的问题，它们中的大多数和那些童年时没被解决的矛盾有着一定的联系。

埃里克森继承和发扬了弗洛伊德的观点，他也强调发展中的心理社会因素，他自己的发展理论甚至超越了儿童期。人们认为，是埃里克森把对社会因素的重视引入了当代心理分析理论。尽管理性上他很尊重和感激弗洛伊德，但埃里克森认为，我们应该以更积极的观点来看待人的发展，尤其要关注人的健康和成长。埃里克森的**心理社会发展**理论强调自我的重要性，以及通过与社会和文化环境的接触实现自我发展。在本章的后半部分，我们会更加详细地探讨自我的发展和保护。

埃里克森认为，在生命的各个阶段，我们都面临着要在自我与我们所处的社会之间保持平衡的问题。心理社会发展理论强调生物、心理和社会发展的统一。他的模型为理解下面这些方面提供了理论基础：发展的趋势；每个阶段主要的发展任务；关键需求及其是否能够得到满足；每个阶段做出选择的可能性；重要转折点或发展危机；会导致人格冲突的缺陷型人格发展的起源等。

埃里克森将人的一生发展分为八个阶段，每个阶段都有需要被解决的危机。他认为**危机**可以成为生活中的转折点，在这一刻你可能会在成长的道路上向前迈进，也可能会后退。在这些关键时刻，如果我们成功地解决了矛盾，就可以前行；反之，我们就可能会暂时停滞在这一刻。我们在每个阶段做出的选择将在很大程度上影响我们的生活。

有研究者（McGoldrick，2011b）对埃里克森的有关个体发展的理论提出了批评，认为埃里克森忽视了人际关系以及与他人交往的重要性。在埃里克森的侧重个体的理论中，对人际交往和家庭关系没有给予应有的认可，而其实这些背景因素对于我们形成清晰的自我认知以及与他人构建良好的联结都很重要。情境中的自我理论则很重视种族、社会经济地位、性别、民族、文化这些因素，因为它们对个体的终生发展都有很重要的作用。当选择职业时，性别角色的社会化会对人产生影响。虽然过去传统观点加在一些职业上的性别限制（比如护士或建筑工人）在如今的就业环境里已越来越

» 一个孩子在其生命的第一年里的基本任务就是形成对自己、别人和周围环境的信任感。

失去意义，但如果一位年轻男士立志做一名护士，他的这一选择还是会或多或少遭到一些带有性别偏见的议论，比方肯定有人会说："为什么当护士不当医生呢？"

女权主义观点是一套系统的理论，它强调行为的社会环境和性别对行为的影响，它也对弗洛伊德的精神分析法和埃里克森只聚焦个人的理论展开了批评。20世纪60年代末和70年代初，女权主义作家开始注意到传统精神分析理论和方法的局限性，因为它忽视或误解了女性经历中的很多方面，于是她们开始发展新的理论模型和实践方法，重在强调走出自我建立与他人的联结（Miller & Stiver, 1997）。女权主义思想理论同时关注男性和女性的发展，拓宽了心理动力学的领域，并对埃里克森的心理社会发展理论有所发展，为我们呈现了一个全新的视野。

我们所使用的方法是将埃里克森的心理社会发展理论和情境中的自我理论相结合，将这两者各自的优势结合起来，为理解影响我们毕生都需面对的发展中的重要因素提供一个有意义的理论架构。在这两章中涉及的与人一生发展有关的观点主要来自埃里克森的心理社会发展模型（1982）和麦克戈瑞克及其同事的情境中的自我理论模型（2011b），我们还借鉴了女权主义的人格发展理论中的一些观点，因为它们也适用于人生的各个阶段（Miller & Stiver, 1997）。此外，我们也非常感谢其他一些作家，因为在本章中我们也引用了一些他们的理论。

阿姆斯乔认为对一个人的幸福而言，生命的每一个阶段都同样重要和不可或缺，每个阶段也都会带给这个世界它特别的"礼物"。他还认为我们应该像重视保护环境一样，重视人生各个阶段的健康发展。在他看来，在人生发展的各个阶段给予支持能让他们感到关爱，并有助于他们充分发挥自己的潜能。表2.1从毕生发展的观点向我们展示了人从婴儿期到青少年阶段的主要转折点。

表2.1　从婴儿期到青少年各个阶段发展一览表

阶段	情境中的自我理论观点	埃里克森的心理社会发展观点	潜在的问题
婴儿期（0~2岁）	这段时期是情感的培养期，孩子在这一阶段的主要任务是学会说话、表达需要、学着与他人沟通、认识到自己是一个独立的人和信任别人。他们学坐、站、走、跑和摆弄东西，并学着自己吃饭；他们也开始学习表达愤怒和快乐。	婴儿期的重点是培养对自己、他人和环境的信任。婴儿需要被爱和被关怀。如果这一阶段他们感到缺乏安全感，会导致怀疑以及对人际关系的整体不信任。 **主要冲突**：信任与不信任。 **核心品质**：希望。	婴儿期可能会引发的人格问题包括贪婪、对整个世界的不信任、不敢与人沟通、拒绝感情、对爱和信任的恐惧、自卑、孤立和冷漠、无法形成或保持亲密关系等。
儿童早期（2~6岁）	这一阶段的重点是对相互依存的理解，由于语言和运动能力已经有了显著提高，因此主要任务是开发情感能力，包括学会延迟满足感。儿童开始知觉到自己和他人在性别、种族和能力水平上存在不同。其他任务还有：学习与别人一起玩耍、学会分享、发展同伴关系、开始认识到自己是和周围所处的世界相联系的，以及增强信任他人的能力。	幼儿期是发展自主性的阶段。如果儿童在这个阶段没有完成学会自我控制的任务，将会导致儿童失去自信心，怀疑自己的能力。 **主要冲突**：自我依靠与自我怀疑。 **核心品质**：意志。 学前期以玩为主，渴望角色参与。儿童在这个阶段要建立能力感和主动性。如果不让他们自己做决定，会让他们产生羞愧感。 **主要冲突**：主动性与羞愧感。 **核心品质**：目的。	孩子们在这一阶段可能会表现出一些负面情绪，比如：逆反、气愤、毁坏、生气和仇恨，如果这些情绪不被接纳，他们今后很可能也不会接纳自己的这些情绪。父母的态度可以通过言语或非言语方式表达出来。负面的学习经历可能会导致对冲动的内疚感，而父母过于严厉的教育方法则会给儿童带来刻板、强烈抵触、悔恨和自责的倾向。
儿童中期（6~12岁）	这一阶段孩子们开始学习阅读、写作和算术，他们对于自己的性别、种族、文化和能力等方面有了更深入的认识。同样，他们对于自己和家庭、伙伴以及社区之间的关系也有了更好的了解。这一阶段的关键任务是要学会同情别人，能够接受别人的观点。	在校阶段的主要任务是获得勤奋感，如果做不到这一点，他们就会对自己丧失信心。孩子需要拓展对世界的了解，并继续形成适当的性别角色身份。掌握一些学习技能也是在校成功的基本要素。 **主要冲突**：勤奋与自卑。 **核心品质**：能力。	儿童中期可能引发的问题包括负面的自我认知、在建立社会关系时感到自卑、对不同价值观感到矛盾、混乱的性别角色认同、过度依赖、害怕新挑战和缺乏主动性。
青春期（女孩11~13岁；男孩12~14岁）	在这一阶段，孩子们开始表达自己的见解，并继续发展其独立意识。具体的发展方面包括坚持自己的意见、情感能力的发挥、加深对道德的理解能力、适应身体以及外形上的快速变化、学会处理社会关系、学会与他人协作、对自己和他人的性特征有清晰的认知；在这一阶段，自己与同龄人、家庭和社区的关系也得到进一步拓展。		

表 2.1　从婴儿期到青少年各个阶段发展一览表（续表）

阶段	情境中的自我理论观点	埃里克森的心理社会发展观点	潜在的问题
青少年期 （13～20岁）	这一阶段的重点依然是寻求自我身份认同，继续表述自己的观点，并学着平衡关注自己和关爱他人间的关系。发展主要体现在应对身体的快速变化和体形变化、学会自我管理、建立性别认同感、形成自己关于生活的价值体系、学会处理亲密关系，并进一步理解自己与他人的关系。	这是形成自我认同的关键时期，这个阶段的主要任务有：认清自我身份、生活的目标和意义，个体要将身体的变化与环境的变化结合在一起。面临的压力则主要来自于学业、职业选择、形成亲密关系以及为未来做准备。 **主要冲突**：自我认同与角色混乱。 **核心品质**：忠诚。	这个阶段青少年可能会出现同一性危机。他们在压力、需求以及混乱中容易迷失自己。一旦发生角色混乱，青少年就会在未来的几年中失去目标感。而如果缺乏稳定的价值观体系，他们就很难发展出成熟的、可以指导其生活的价值体系。

婴　儿　期

婴儿需要依靠他人。

从出生到2岁，婴儿开始熟悉他周围的环境，尝试和好奇就出现在这一时期。婴儿期的孩子精力旺盛，不停地动，好像有使不完的劲儿（Armstrong，1997）。发展心理学家认为，婴儿在出生后第一年的主要任务是培养出对自己、他人以及周围环境的信任感。他们需要依靠他人，需要感觉到自己被关怀和照顾，需要认识到世界是一个安全的地方。他们会通过别人对他们的拥抱、抚摸和爱来形成这种感觉。

婴儿在这一时期会形成对所处社会的基本概念。埃里克森将其中的核心问题定义为**信任与不信任**的冲突。在一个婴儿的生活中，如果对他非常重要的外人给他提供了所需的温暖、拥抱和关注，他就会发展出信任感；反之，如果没有得到这些关爱，婴儿就会怀疑和他人之间的相互关系，并会对人与人之间的关系产生不信任感。尽管在这个阶段儿童的人格定位还没有形成，但是和那些被忽视的婴儿相比，在充满爱的环境中长大的孩子将来更可能向良好的方向发展。

戈勒曼（2006）认为，婴儿期是建立情绪智力的开始阶段，因此在这一阶段培养孩子的情绪智力至关重要，可以借助于他们的原生家庭和他们所处的文化背景来实现这一目标。他还认为童年和青少年时期的经验为我们学习人类的各种能力提供了基础，而这些能力在后期将为我们打开"机会之窗"，构筑我们的基本情绪模式，规划我们的人生。

约翰·鲍尔比（John Bowlby，1969，1973，1980，1988）研究了在人的成长过程中依恋、分离和丧失的重要性，并在精神分析理论的基础上发展了**依恋理论**。所谓**依恋**是指个体对能给他带来安全感的他人存在情感依赖（Pistole & Arricale，2003）。鲍尔比（1988）强调婴儿与他人之间的关系，尤其是和自己母亲（或者另一个"依恋对象"）之间的关系非常重要，他认为保持和他人之间的情感关系是人类得以生存的基本条件。婴儿的依恋关系可以大致分为安全型和不安全型，婴儿得到照顾的程度如何将会影响他后期生活中的人际关系（Peluso，White，& Kern，2004）。

安思沃斯等人（1978）设计了一个实验来观察儿童的依恋行为，他们根据观察到的结果将依恋分成三种类型：安全型、焦虑—回避型、焦虑—矛盾型。根据鲍尔比和安思沃斯等人的研究，**安全型**依恋的特征是：婴儿在依恋对象面前会有亲密感、情绪放松以及身体上的安全感，这些孩子和他人之间的关系良好。**焦虑—回避型**的婴儿经历的是不安全的依恋关系，因为他们的依恋对象总是在拒绝他们。这些孩子倾向于利用分离或回避来进行自我保护。他们对于自我的感受是扭曲的，在今后的生活中，他们的人际关系也很可能受此影响。焦虑—矛盾型的婴儿在他们的照料者离开时，会表现出强烈的焦虑，并且即使照料者回来后也无法使他们平静下来。在婴儿期以及童年期被拒绝的经历会对孩子造成的影响有：恐惧、不安全感、嫉妒、好攻击、敌意以及孤立等负面情绪。这种与他人的分离会阻碍孩子学到基本的情绪表达方式，而这些方式本可以帮助他们懂得关心他人，富有同情心，并与他人形成有意义的联结。焦虑—回避型和焦虑—矛盾型这两种依恋类型都符合鲍尔比的观点：即使照料者没有给孩子任何情绪反应，孩子也会形成某种依恋类型。

婴儿期之后会发生什么呢？孩子会将这些早期的依恋经历内化，并成为未来和他人建立关系的基础（Peluso et al，2004）。安思沃斯及其同事认为婴儿对照料者的不安全依恋会给他的童年和青少年时期的行为造成很大影响，这些行为可能表现为：情感疏离、孤独感、喜怒无常以及人际交往中出现问题等。在后期的人际交往中，安全型依恋的个体往往会有积极的自我形象以及对朋友的积极看法。安全型依恋的成人会将朋友看作安全的港湾和自己进行探索的支持系统，并会恰当地依赖他们，同时他们对自己的人际关系也感到非常满意。

婴儿期被爱的感觉是抵御恐惧、不安全感和不足感的最好保障。如果孩子能够感受到父母或其他依恋对象的爱，他们就能很好地接纳自己；反之，如果他们没有感受到爱，甚至感到被拒绝，那么他们就很难接纳自我。此外，被拒绝的孩子往往会对世界充满不信任，认为它会伤害自己。我们可以从下面戴维的经历中看到婴儿期情感的缺失对后期发展所造成的影响。

戴维的故事

我很早就懂得你得依靠自己,因为你不能相信别人,至少我是这样认为的。我是被酗酒的父母养大的(如果那也算"养"的话),他们好像一点感情也没有,对我没有,彼此间也没有。我爸爸工作到很晚才回家,因此大部分时间我和妈妈待在一块儿,她常常从中午就开始喝酒。很多时候我被一个人丢在街上玩,而我妈妈就在街对面的酒吧喝酒,我爸爸上班。有时候她醉得一塌糊涂,甚至忘记带我回家。刚开始,这让我很不安,但后来我就习惯了,并学会了自己照顾自己。我就是这样带着伤痕经历了自己的童年时代,所以后来我总是拒人千里之外,也不能与人保持长久的关系。一旦有个女人想设法亲近我,我立马就会和她分手。我想在她们抛弃我之前先离开她们,这样就能显示自己占了上风。

戴维的例子并不少见。我们遇到过不少这样的早期遭受过情感缺失的个体,他们后来的生活都受到了一定程度的影响。我们发现这会导致很不好的负面结果:降低个体的自爱程度;使得个体在生活中难以形成有意义的人际关系。每个年龄段都有不少人努力想通过爱来学习信任他人,他们无法相信有另一个人会或愿意爱他们,他们害怕被拒绝,甚至害怕被亲近、被接纳和被爱。与戴维一样,他们常常会故意中断与他人建立的关系,以免自己将来被拒绝或抛弃。虽然他们的童年情形不尽相同,但他们都无法充分地相信自己和别人,这就使得他们很脆弱,无法体会爱。艾希莉在两个月大时被现在的父母收养,与戴维的父母不同,他们给予了她很多的爱和关照,可是她依然在后来的生活中遇到了障碍。

艾希莉的故事

我刚20岁时,特别想找到我的亲生母亲。但当我与别人探讨此事时,他们都反对我,因为他们很自然地以为我竭力想找自己的生母是因为我与养父母在一起不开心。这种说法实在很荒谬!我爱我的父母,绝对不会做任何伤害他们的事,可是尽管他们尽了最大努力来培养和照顾我,我始终觉得生活中缺了点什么——我觉得自己就像一个没有开头的故事。我与这种缺失感斗争了很多年,由于我没有那种强烈的自我身份认同感,结果我变得非常自卑,觉得自己不配获得爱。我成了一个特别敏感和内向的人,我知道自己有一些"未做的功课"需要完成(这是我在咨询时学到的一个概念)。人们常对我说,"你的父母收养了你,你多幸运啊!"这话没错,可是我的生母决定放弃我也是事实。在治疗过程中,我终于有机会为失去一个虽然我都不认识的人伤心难过。由于这种缺失是在我能用语言表达我的难过之前就发生了,在治疗过程中我花了相当一段时间才开始接受与遗弃和收养有关的情绪。经过认真思考之后,我决定去找我的生母。对所有被收养的孩子来讲,这或许并不是一个正确的决定,因为你很可能会再一次被抛弃,但是为了继续我的治疗过程,我还是决定要这么做。无论结果如何,我都需要知道自己的故事是怎样开始的,这就是我要这样做的目的。

我们或许都听过类似艾希莉这样的例子，被收养的孩子，哪怕是在他们婴儿时就被收养，长大后都竭力想找到他们的亲生父母。尽管他们很爱自己的养父母，也承认他们是很好的人，但这些孩子成年后有时还是会感到一种空缺，并希望了解他们被收养的详细经过。他们可能会认为他们的亲生父母不愿意要他们或者他们有什么缺陷或毛病。很多人在咨询过程中重新经历了他们童年时受伤害和被抛弃的感受，治愈后的一个明显结果就是他们终于能够理解虽然他们没有得到亲生父母的爱，但这并不意味着其他人现在也不会爱他们。

父母对孩子的关爱程度并不是孩子后期良好人格发展的唯一因素。婴儿时未得到安全型依恋的孩子依然可以构建积极的自我形象和健康的人际关系，特别是如果他们能够得到社会的帮助或找到一位像咨询师、老师或童年时的某一位亲戚这样的导师。除了社会和环境因素外，遗传和生理因素对一个人形成良好的人际关系也有很大影响。一个人的**气质**中既有规律性的东西，也有反应性的成分。"有的孩子比较外向，有的孩子却更愿意待在幕后；有的孩子很容易生气，有的却很少不高兴；有的孩子比较具有攻击性，有的却非常温和"。如果孩子的内在特征与其父母的性格相一致，这肯定会对亲子关系以及孩子发展安全型依恋和积极应对技能产生影响。研究者（Ganibaneeal, 2011）发现孩子的负面情绪与父母的负面情绪有一定关系，但与父母的热情程度无关。有的孩子童年时遭遇困难，在一定程度上是由于他们的性格与他们父母或照顾者的性格截然不同。无论他们痛苦的起因是什么，那些婴儿期或童年早期有过不幸经历的人通常都会努力摆脱其带给他们的阴影。

许多饱受痛苦的孩子展现出适应不幸的能力，这被称为**适应力**。对被收养前曾寄居在孤儿院一段时间的孩子进行的调查（Pignotti, 2011）发现，虽然有一些孩子有严重的问题，但另一些孩子尽管也在早年有过被丢弃的经历，但他们呈现出来的却是适应。与此类似的情形是，许多来自军人家庭的孩子虽然从小就知道父亲处于危险中，甚至有可能不再回来，但他们仍表现出很强的适应力（Lincoln & Sweeten, 2011）。发展心理学家对适应力这一现象非常感兴趣，因为它不是天生的。很多内在和环境的因素，包括智力、性格、社会经济地位和父母对孩子关注的程度等，集合在一起才会对孩子的适应力构成影响。

我们中的大多数人都具备一定程度的适应力，通过他人的帮助和我们自己做出的重大选择，即使童年时有过负面的经历，我们依然能够健康地成长。我们的现在和未来完全不会被过去的不幸所笼罩。

在这里，我们稍做停留，问问自己下面这些问题：

▶ 我对别人有多信任？对自己呢？
▶ 我愿意将自己的生活向一些人敞开吗？
▶ 我能大体上接纳自己吗？还是我需要从外界寻求认可？
▶ 为赢得别人的喜爱，我愿意付出多少？我需要得到所有人的喜爱和认可吗？
▶ 我的生活中有与戴维或艾希莉类似的地方吗？我认识的人中有与他们经历相似的吗？
▶ 我对自己的童年生活有多少了解？从父母和家庭其他成员那儿我听说过哪些有关我婴儿期和童年早期的事？

儿童早期

儿童早期（2～6岁）的孩子需要完成的任务有：学会独立、发现个人潜能、学会处理冲动及攻击性的反应和行为。其核心任务是从被他人照顾到学会自行满足物质需求，并从中寻找自主的道路。按照阿姆斯乔的说法（2007），这一阶段的重点就是尽情玩耍，因为孩子们在玩的时候，其实也在重新创造这个世界，他们可以把既有的东西重新组合成富有创意的新鲜玩意儿。

埃里克森（1963）将这个阶段的年龄界定为1～3岁，他认为，这个阶段的核心冲突是**自主与害羞和怀疑**的冲突。如果孩子没有完成学会自我控制和应对周围环境的任务，那么他们就会感到羞愧，并开始怀疑自己的能力。埃里克森强调，在这个阶段，孩子们会意识到自己日益凸显的能力，并极其渴望把这些能力展示出来。这里我（Marianne，本书作者之一）想举个例子来很好地说明这一点：我女儿海蒂一直是一个很乖巧可爱的孩子，每次我喂她吃饭时，她都会把我喂给她的东西全部吃下去。可是有一天，让我特别吃惊的是，她竟然把嘴里的食物吐到我脸上！无论我怎么劝她继续吃，她就是不肯。这就是海蒂向我表达她要坚持自我的一种方式。在孩子成长的过程中，我既尽可能让他们发展自我的个性，同时也注意给他们一些适当的引导和限制，我努力在这两者间保持平衡。

在儿童早期，孩子在语言和运动机能方面的进步最为明显，同时他们也开始渐渐理解相互依存的意义。戈勒曼（2006）指出了发展情绪能力的重要性，尤其是学会控制和管理自己的冲动和情绪，还包括学会延迟满足。同伴关系在这个阶段也特别重要，孩子需要学会与他人合作和分享。在这一阶段，孩子们开始通过周边的环境来认识自己，他们也会根据性别、种族以及能力来认识"他人"（McGoldrick et al., 2011b）。

埃里克森将学前期（3～6岁）的主要任务界定为玩和角色参与。在这期间，孩子们想知道他们能做的事情到底有多少。他们会模仿他人；开始形成是非观念；认识更多的人；变得更加主动；学会给予和得到爱和感情；能够识别自己的性别特征；开始学习更多更复

》 在上学前的几年，孩子们会认识更多的人，并学到更多较复杂的社会技能。

杂的社会技能；了解有关性的基本知识；他们对语言的理解和使用能力也有所增强。

根据埃里克森的观点，学前期的主要任务就是培养能力和主动性；而核心冲突则是**主动性与内疚感**。由于学前期孩子在生理、心理上都做好了自己做选择的准备，所以他们开始进行一些自主活动。如果他们能得到一定的自由来自己做出一些决定，他们就会形成积极的心态，并表现出对自己的能力充满自信。但是如果他们被过度限制或者他们的选择遭到嘲笑，他们就容易产生内疚感，并最终放弃主动权。我们接待过的一位中年妇女至今仍极其脆弱，总觉得别人认为她很愚蠢。据她回忆，童年的时候，当她试图做一些事时，家里人总是嘲笑她，结果家人传递给她的这些信息被她内化，对她的观念和行为都造成了巨大的影响。直至今日，她还能清楚地记得他们当时的表情和样子，并且从一定程度上讲，这些印象很可能会继续控制她的生活。

父母压制孩子的个性形成或者对孩子的事情干涉过多，对孩子的发展十分不利。父母在进行压制和管理的时候，往往还会拐弯抹角地说，"我们这么做都是为你好，因为你还很笨拙、很迟钝，还没有能力做这些事情。"但是孩子需要实践，他们需要有犯错的机会来帮助他们发现自己的价值。如果父母不尊重或不支持孩子的努力，孩子可能会感到羞耻或者产生不安全感和畏惧感。

有时孩子可能想做超出他们能力的事情。举例来说，我的一个朋友和他5岁的儿子进行了一次徒步旅行。途中男孩要求爸爸让他像大人一样背一个很重的包，爸爸听了什么也没说，卸下了自己的背包递给儿子，但是儿子很快就发现这个背包太重了，他根本背不动。于是男孩就喊着说，"爸爸，这个背包太重了，我背不动。"之后他把背包还给父亲，两个人继续愉快地往前走。父亲用这种安全的方式让儿子通过实践发现自己的确还太小，但同时他也避免了和儿子直接发生争执。

年幼的孩子还必须学习接受自己所有的感觉。他们肯定会有生气的时候，因此要允许他们有这样的情绪，这一点非常重要。孩子无论有什么样的情绪，都应该让他们感受到被爱和被接纳，否则，他们就会为了不失去父母的爱而拼命抑制自己的怒气。如果孩子的愤怒不能被认可或不能表达出来，将会造成非常不利的结果，并且它会通过其他间接的方式显露出来。否认愤怒的一个结果就是孩子可能会对所有的感受包括快乐的感受，都变得很麻木。当然，虽然孩子们可以尽情地表达他们的感受，但还要教导他们学会用尺度和界限来管理和控制自己的感受和情绪。

即使是成年人，我们中也有很多人不愿意承认自己的愤怒，哪怕这种愤怒是完全正当的。我们可能会将愤怒隐藏起来，然后用其他情绪来代替它，因为我们记得当我们还很小的时候，愤怒这种情绪是不能被接受的。孩童时期，我们可能对父母这样吼叫过："我恨你！我再也不想见到你了！"接着我们就会听到父母生气地回答："你怎么敢这么说？我为你做了那么多！我再也不想从你嘴里听到这样的话！"我们很快就能明白这其中的含义："不许生气！永远不要对你爱的人生气！控制好自己！"然后我们就会这样去做，把我们的很多情绪埋在心里，装出一副无所谓的样子。于是，许多人患上偏头痛、胃溃疡、高血压和心脏病，也就不足为奇了。

在这里停一下，看看自己在以下这些方面的现状：

▶ 我能够承认自己的情绪吗，特别是那些不被别人接受的情绪？
▶ 在我的家里，愤怒通常是怎样表达出来的？
▶ 我怎样向那些我爱的人表达愤怒情绪？
▶ 在我的家里，爱通常是怎样表达出来的？
▶ 我怎样平衡依靠他人和依靠自己之间的关系？
▶ 我会让别人知道我想要什么吗？我能够在不具攻击性的情况下坚持自己的主张吗？
▶ 我从父母那里得到过哪些正面或负面的信息？在这些信息中，哪些我可以接受，哪些不可以？
▶ 当童年情绪影响到我现在在人际交往方面所做的选择时，我会有所察觉吗？我能根据自己当前的情感意识来做选择吗？

》父母间的负面关系会对孩子的一生造成影响。

人生最初六年的影响

育儿方式对孩子的早期发展有很大影响。戴安娜·保瑞得（1967，1971，1978）曾认真研究过育儿方式对孩子社交能力和智力能力的影响，她总结出四种培养孩子的方式：命令型、权威型、放任型和忽视型，其中命令型带给孩子成长最积极的行为特征。

命令型父母对孩子的要求很高，但他们也接受和允许孩子在安全的范围内进行自我探索。**权威型父母**极其严格，对孩子有很高的要求，并会使用体罚的威胁手段来控制孩子，他们不倾向于让孩子有自由意识。**放任型父母**很少要求孩子，他们完全纵容孩子的所有想法。**忽视型父母**不能很好地接受孩子，也没有完全投入孩子的生活，但他们会满足孩子的基本需求。

保瑞得发现命令型父母能够帮助培养孩子诸如自力更生、自我控制、应对压力、有目标地行动、获取成功的理想、与人配合的态度以及对生活充满好奇的性格特征。权威型父母则会带给孩子恐惧、忧虑、消极、面对压力时的脆弱、情绪反复无常和做事缺乏目标。放任型父母会让孩子变得叛逆、不能自立、不能自我控制、冲动、没有目标和近乎一事无成。虽然父母在人生最初六年的育儿方式并不能完全决定我们成人后的性格，但它们的确在我们的成长过程和行为塑造方面发挥着重要作用。

最近的研究发现，权威型父母的做法有着非常负面的影响，并且这些做法对后期可能出现的青少年犯罪有着不可推卸的责任（Trinkner, Cohn, Rebellon, & Gundy,

2012)。换句话讲，父母越认为"要么听我的，要么给我滚"，他们在孩子眼里就越缺乏权威性，这些孩子也就越可能在今后参与犯罪。当然，这些童年时期的负面经历后期仍可以视为挑战来解决，并不是决定性的。

有时候父母会过度地渴望成为完美的父母，他们会花大量时间考虑"怎样在合适的时间做正确的事"，并且特别在意自己的方式给孩子造成的影响。这种长期的担心反而会引发问题，因为他们的孩子很快就会感受到自己必须成为"完美的孩子"这样的压力。孩子可以接受和忍耐父母所有的错误，但如果对他们长时间忽视或过度保护却会给他们造成持久的负面影响。

直升飞机式育儿是指美国出生于1982－1995年的那些孩子的父母养育他们的方式。研究者（LeMoyne & Buchanon，2011）认为"那一代孩子是美国历史上最受保护的一代"（p.399），"以前的孩子们会整天骑着自行车在外边和其他孩子玩，完全在父母的视线之外；而现在的父母则会用手机这种电子装备不停地检查孩子的行踪"（p.400）。研究发现，这些学生对自己的感觉更负面，整体幸福感也要差很多，而且，"更有可能患上焦虑症或抑郁症"（p.412）。他们的这些发现在米娅身上表现得淋漓尽致，因为米娅就是一个被父母过度保护的孩子。

米娅的故事

我最近才第一次听说"直升飞机式父母"这个词，但它一下子就触动了我的心弦，因为它用在我父母身上再合适不过了。我是他们唯一的孩子，我常想，如果能有个兄弟姐妹来和我分享父母的关注，我的生活会是什么样子呢？父母对我的保护太过分了，他们几乎替我做了所有的一切。在我的记忆中，妈妈总是不停地为我担心，而爸爸则不是在做事情就是在修理东西。他们辛苦地养育了我，因此我实在不应该抱怨他们，但是他们的爱真的令我窒息。在我成长的过程中，他们对我非常在意。他们认为学校的环境不够好，二年级时就把我带回家，在家里教我，从此我就总是与他们待在一起（爸爸妈妈自己经营小生意，因此两人中总有一个人可以时刻监督和照料我的一切）。我和其他小孩玩只是出于"社交的目的"，我参与的许多活动也都是他们安排好的。我的学习很好，特别是数学。我感觉他们总是担心我自己做决定会偏离正轨，无法发挥我的潜能。他们似乎压力很大。

我离家上大学后，他们的这种过度保护依然如故。我原以为他们能不再这么做了，结果我想得太天真了。每天我都会接到他们打来的三四个电话，第一学期中每周七天天天如此。现在他们还是一周打几次电话，准确地说，是每晚都得打个电话，不过一天只打一次了，这已经很不错了。我马上要上四年级了，我学习成绩很好，可是每当需要做决定时我一点信心也没有，因为以前我从没有机会尝试自己做决定。这听上去好像是件小事，不应该为此发牢骚，但你真不知道在"监控"下长大的滋味。父母的本意是好的，所以我感到很内疚，似乎我不应该为他们剥夺了我自己做决定的机会而生气。由于我一直都感到很焦虑和抑郁，我开始找学校的咨询师寻求辅导。一年后我就要毕业了，可我始终觉得自己在很多方面还像一个处处依赖人的小女孩。

你可能会疑惑，我们为什么要强调人生最初六年成长的重要性。因为在接待来访者的过程中我们发现，早期经历的确会影响成年人的综合能力和行为。许多童年时的经历对他们的现在和未来都产生了深远的影响。如果你根据自己年少时的经验得出了错误的结论，那么后来你仍然很可能根据这些错误结论来行事。如果你在孩提时对自己说"我怎么做爸爸也不满意"，那么，在你长大之后，你会认为你永远无法满足那些对你来讲很重要的人的期许。早期行为不仅会影响我们现在的做法，还会影响到我们的未来，我们为未来设定的目标常常与我们在生命最初六年里应对事情的方法有很大关系。

通过对那些拥有"正常"发展结果且相关机能良好的个体进行咨询，我们发现，他们对其早期经历的新理解往往会引出一定程度的痛苦情绪，然而通过对这些痛苦事件的理解，他们建立了可以获益一生的基础，帮助他们自我超越并避免重蹈覆辙。我们认为健康的人也并没有完全摆脱他们的软弱，比方说，如果你在上学前被离异的父母遗弃，成年后在与他人建立亲密关系时，你很可能还会感到怀疑和恐惧，不过你完全不必为自己的这种不信任情绪而感到沮丧，相反，你要相信自己能够控制这种对爱和信任的恐惧。

回忆自己的童年经历时，你会发现一些方面是你喜欢的，你不想改变它们，你还可能发现一些对你来说非常有意义的东西在生活中延续下来了。但同时如果你能诚实地对待自己，你会意识到也有一些方面是你愿意做出改变的。这种知觉对于整个改变进程来讲，是很重要的第一个阶段。

在我们为来访者进行咨询时，大部分人遇到的典型问题和冲突包括：不能信赖自己和他人；不能自由地去爱和被爱；很难识别和表达自己的全部感受；因对自己爱的人发脾气而感到内疚；难以接受自己的性别角色；找不到生活中的目标和意义；以及缺乏抱负和清晰的自我认同感。这些成年人遇到的问题都与他们早期发展阶段的经历有着直接关系。在大部分情况下，早期学的东西可以得到纠正，但早期的经历，无论是正面的还是负面的，都会对我们现在和今后的重要时期产生影响。

一些人会习得新的价值观，接受新的感觉和观点，从而克服许多过去消极的条件作用，但也有一些人始终拽着过去不放，为自己不做任何改变找借口。我们必须停止因自己的现状而责备他人，否则我们

》 我们早期的经历对我们后期的发展有很大影响。

> 早期生活中被爱的感觉是抵御不安全感和缺失感的最好的防护措施。

就无法做出积极的改变。当我们害怕改变时，我们总是会说"如果当初不是……就好了"。因为自己的现状去责备他人，只会使我们自己一直被困。当我们发现自己一根手指正指向别人时，最好看看其余的四根手指——它们正指着我们自己！如果我们能够像责备他人一样来省察自己，我们就能开始为自己的人生负责了。如果我们能给予他人正能量，最终我们也一定能得到回馈，这是毫无疑问的。发现并运用自己现有的能力，会增添向新路径迈进的选择。

思考时间

1. 闭上眼睛，回想一下你6岁前的记忆。试着找出你最早的一个具体记忆——某件你自己亲历过的而不是听说的事。花几分钟的时间回忆其所有的细节，并再次经历一下与此事相关的感受。

记录下你最早的回忆：_____
_____

你对每位家人的主要记忆是什么？
_____

2. 回忆一下你6岁前最突出的事件，重点回忆你在家中的地位、家人对你的反应以及你对家里每个人的态度。在你看来，儿时你在家中的感受与你现在在社会各种场合里的感受有什么联系？你认为你的家庭对你有什么影响？这些早期的经历对你现在的个性又有什么样的影响？_____
_____

3. 做下面这些自测题。快速回答，给你认为符合你童年时情况的说法打"√"，对不符合你童年经历的则打"×"。

___ 作为一个孩子，我能感到被爱和被接纳。

___ 我基本相信这个世界。

___ 我认为自己是一个被认可、有价值的人。

___ 我觉得我需要为获得别人的赞同而去做一些事情。

___ 孩童时我有过很多内疚和自我怀疑的经历。

___ 我认为表达愤怒是不可以的。

___ 我可以放手自己做事情。

___ 我认为自己对身体和性别角色都有很正常和健康的认知。

___ 孩童时我几乎没有朋友。

___ 我觉得我可以向一些我认为重要的人谈论自己的问题。

检查一下你的反应。它们将告诉你你现在

> 是个什么样的人。如果你可以重新回到童年，你想要如何度过？根据迄今你在本章中读到的内容，你感觉这些信息与你以前对人生最初6年对你性格发展的影响的看法有什么不同？请在本章末的日记页中记下你的反应。

儿童中期

在**儿童中期**（6～12岁），他们需要面对的主要任务有：投入社交活动；增加对客观世界和社会环境的知识和了解；继续学习和扩展对男性和女性的认识；培养价值观；学习新的社交技能；加强读、写、算的能力；学会给予和接受；学会接纳不同文化背景的人；学会容忍事情的不确定性；以及掌握一些运动技能。阿姆斯乔（2007）指出，想象力是这一阶段前半部分的重要天赋，内在的自我主观能动性得到发展，它与从外界得到的印象并存；而在这一阶段的后半部分，敢于尝试新鲜事物应该成为重要的性格特点，随着年龄的增长，他们需要掌握更多的社交和操作技能，以应对日益增加的压力。

这一阶段的重点包括勤奋、娴熟、成就感、社交技能和人际关系敏感度。儿童中期所取得的成就能在很大程度上影响我们发展后期满足需求的能力（Newman & Newman，2012）。麦克戈瑞克和他的同事也发现，在儿童中期，通过性别、种族、文化、能力和自己与家人、同龄人及社区的关系，他们对自我的认识增加了，同时关心他人的能力也加强了。这些作者一致认为在9～12岁期间，孩子们开始对其所属团体的目标、理想和特殊性建立了认同感，这使他们愿意照此思考和行动。孩子在这一阶段的另一个重要的社交能力是关心他人，这意味着他要学会理解别人的感受，接受别人的观点，并尊重他人在看法上与自己的不同。关心他人还需要在没有亲身感受的情况下，依然能体谅身处其中的人，比如那些遭受压迫或生活在贫穷中的人们所受的苦难（Goleman，2006）。

根据埃里克森的观点，儿童中期面对的主要冲突是**勤奋与自卑**。这个阶段的主要任务是培养勤奋的品格，如果做不到这一点，个体就会感到无能和自卑。勤奋集中体现在创造力、生产力以及目标达成这三个方面。当然，去学校读书是这个阶段一件非常重要的事，而上学的头四年对这一阶段的任务能否顺利完成又至关重要。在四年级之前，孩子的自我认知非常脆弱，如果这一阶段老师总是批评孩子的话，会给他造成深远的影响。如果学生在低年级时有过失败的经历，那么他们今后可能还会遇到严重的障碍。如果学生在早期存在学习问题，比如诵读障碍，那么成人后他很可能会感到自己无用，并且这种感觉还会极大地影响他与同伴关系，而伙伴关系在这个阶段也很重要。海伦的经历向我们揭示了孩子在小学阶段经常出现的一些冲突。

海伦的故事

我上学前班的时间比较早，所以我比班里的大多数同学要小一点。刚开始我很想去学前班，但很快我就受不了了。别的同学能做的事情我都做不好，渐渐地，我对简单的事情也开始回避，并为自己的失败找理由。我变得特别害怕出错，我希望自己做的每件事都很完美。

老师觉得我太敏感了，需要多一些鼓励和引导，但我还是继续逃避，因为我认为自己做得不够好。尽管我读了两次学前班，但到小学三年级时，我在阅读方面还是落后其他同学至少一年的水平。由于不能像其他同学那样顺畅地阅读，我觉得自己很笨，特别不好意思，也不敢大声读出来。后来，我被要求接受阅读指导，刚开始我很愿意得到这种关注，但当他们测试我时，我完成得很不好。我讨厌考试，因为我总觉得自己考不好。

要不是很多人帮助我，我可能早就辍学了。我现在上大学了，我依然会对考试感到紧张，但我正学着控制自己的无能感和自我怀疑的情绪，我脑海中长期以来总有声音说我不行，直到现在我还在与它们斗争。

从海伦的故事我们看到：学校生活中早期那几年对儿童的生活、未来以及他们对学校的适应有着多么大的影响。学校的经历会影响她的自我价值，也会影响她和其他儿童之间的关系。

在这里，问一下自己这些问题：

▶ 我在某些方面有与海伦类似的感受吗？
▶ 在形成对自我的认知方面，我经历过哪些纠结？
▶ 海伦让我想起了谁？

形成对自我的认知是儿童中期的一项重要任务，现在让我们更深入地贴近这个领域。

发展自我认知

自我认知是指你对自己的认识。它好比一张你自己的照片，上面有你对自己的评价、你的价值观、你的潜力和能力、你的人际关系、你期望的形象以及你对自己的接纳程度。从6到12岁，你在学校的经历、你与老师和其他同学的关系、你的文化背景，还有你与家人的关系都会影响你的自我认知。其实，这一阶段你的自我认知主要来自别人对你的评价，你发展出积极的自我概念还是消极的自我认知，往往和亲近的人对你的预期有关。当然一个人的自我认知也可能因其所罹患的残障或疾病，比如脑瘫（Nadeau & Tessier, 2011）、聋哑（van Gent, Goedhart, & Treffers, 2011）、诵读困难（Burden, 2008）等，而受到不利的影响。

你对自己的看法会影响你如何将自己呈现给他人，还会影响你与他人在一起时的行为和感受。比方说，当和一些权威人士在一起时，你可能会感到自惭形秽，你会觉得无话可说或者无论你说什么都显得很愚蠢。实际上，很多时候，你传达着言语或非言语的信息——"告诉"别人你是什么样的人，别人会根据这个信息来看待并对待你。你应该管理好传达的有关自己的这些信息，并且要知道，这种信息会长期影响他人如何知觉你的特点。如果你一直在对自己"打折"，那么你周围的人很难对你形成积极的看法。他人凭什么对待你要比你自己对待自己更好呢？相反，那些拥有积极自我认知的人更可能去自信地做事情，他人也就会以积极的方式来对待他们。

一旦我们建立了自我认知，就有很多方法可以帮助我们保护这种自我概念不受外界的干扰。下面我们就探讨一下自我防御机制如何帮助我们应对焦虑。

自我保护——自我防御机制

自我防御机制是一种心理策略，它可以帮助我们保护自己的自我认知不受不良情绪的影响。在我们人生的各个阶段都需要这种保护机制来化解残酷现实的冲击。自我防御一般产生于儿童早期和中期，而其中的一些会在青春期以及成人期被人们的经历强化。有时候我们会带着这些习惯性的反应去解决成人期遇到的焦虑。为了暂时减少这种焦虑，我们有必要发挥自我防御机制，尽管它可能并没有真正反映自我的状况或现实，而且我们常将这种习惯性的反应带入成年期来帮助我们继续应对焦虑，但最终这种做法会阻碍我们成长。

我们通过海伦的事例来说明一些防御机制的性质及其所起的作用。在海伦童年的大部分时间里，她都很难适应学校生活和社交生活。由于她的攻击性和不友好的行为，其他孩子都远离她。她自己也不喜欢她的小学经历，并认为老师对她帮助不够。面对来自学校的压力，她采取的应对方式就是把自己的问题归咎于他人。对于生活的失败，她可能使用了下面所列的自我防御机制中的某一个或几个方法。

压抑 压抑是精神分析理论中最重要的一个部分，同时它也是很多其他自我防御机制的基础。通过把那些危险的或痛苦的想法、感觉排除出我们的知觉系统之外，我们有时可以控制那些情境中产生的内疚感以及冲突的焦虑感。压抑会把压力封锁起来，而这些压力原本可以现实地面对并想出解决办法。海伦没有意识到她与父母对于依赖还是独立的矛盾，她也没有意识到自己失败的惨痛经历如何导致了她的自卑感和不安全感。她已经下意识地无视自己的失败，并且不让它们进入自己的意识层面。

否认 否认与压抑一样，都起着防御的作用，但一般来讲它运行在意识的层面。人在否认时，会竭力抵挡令人不快的现实，用这种方法来篡改自己在面对压力时的真实想法和感受。海伦对自己失败的学校经历就采用了这种"视而不见"的办法，尽管她其实知道自己的学习成绩不够好，但她却拒绝承认。

置换 置换是指把对真实对象的一些情绪冲动（通常是敌意的）转移到替代人或替代物上。其实，置换就是人们为了解决当下的焦虑，把情绪宣泄到了一个"较安全的目标"上。比方说，海伦的姐姐琼就遭到了来自海伦的敌意攻击，琼不明白海伦为什么对她的每一个行为都那么不满。实际上，海伦把琼当成她攻击的目标是因为琼在学校表现很好，大家都很喜欢她。

投射 自我防御的另一种办法就是投射，指自我把那些不能被接受的想法或者冲动归咎于他人。我们可以很清楚地看到别人拥有的一些消极特征，但我们却否认自己也有这些问题，目的是保持自己观点的完整性。典型的投射是把可能会令我们自己感到内疚的行为推诿到别人身上。海伦倾向于把自己学业上、人际关系上的失败归咎于除自己以外的所有人。她抱怨老师对她不公平，总是挑她的毛病；在其他人看来，她做的任何事都不正确；而且他们对她也很不友善。

反向形成　反向形成是对于危险冲动的防御，其方式就是主动地表达出与其冲动相反的形式。也就是说，个体表达出的行为方式和自己的真实感受截然相反。这种防御的特点就是对某种特定观点或行为的过度反应。比方说，当父母和老师主动提出给予她帮助时，海伦总是像刺猬一样难以接近。她坚信她不需要任何人的帮助，如果接受的话，就说明自己的确很笨。

合理化　合理化指的是对于无法令人接受的行为、失败或损失，个体炮制出一个虚假的但听上去"不错"的理由来进行解释和开脱。这样的借口可以帮助受伤的自我得到恢复。海伦很快就为自己遇到的困难找到了诸多理由，其中包括生病使她落后于其他同学；老师教课速度太快；其他同学不愿意和她一起玩；她的兄弟姐妹总是在晚上把她吵醒。

补偿　防御的另一种方法是补偿，个体为了补偿自己的不足，会将自己的弱势隐藏起来，而刻意表现其具有优势的地方。这样做的价值在于：个体通过保证自己在某个领域的优秀，将注意力从自己不擅长的领域转移开来，以保证自己的自尊不受伤害。海伦在学校遇到的学习和人际关系问题越多，她就会越远离他人，而更多地沉浸于独自在家制作工艺品。

退行　遇到压力时，有些人会倒退回以前不成熟的行为。在退行的过程中，他们会试图通过紧抓不当的行为来应对焦虑。海伦在面对自己的人际关系和学业问题时，总是会大声地叫嚷、又哭又闹，冲进自己的房间几个小时也不肯出来。

幻想　幻想是指想象自己实现了现实中未能实现的愿望。当在真实世界中达到目标的愿望落空时，个体就会将现实中不愉快的内容筛选出去，而活在他们幻想的世界中。海伦就有强烈的幻想意识，她把自己想象成一名女演员。她和她的洋娃娃玩，一玩就是好几个小时，而且还会自言自语。在她的幻想中，她觉得自己在演电影，并且被名人包围。

虽然自我防御机制有一定的价值，但过度使用则可能引发问题。自我欺骗会削弱现实的严酷，但事实上，现实是不会因为人们的曲解而改变的，使人感到焦虑的事物将会继续存在。当这些防御机制失效，长期下去会导致更大的焦虑。过度依赖这些机制就会造成恶性循环——当一种办法不能控制个体的焦虑时，个体会立刻求助于其他办法。

不过，并不是所有的自我防御机制都是有害的，它们还是有一定意义的，特别是当压力太大时。在一些危机面前，当个体还未能从当时的情形下或自己身上找到其他有效措施，这些办法至少可以帮助他们暂时有个应对策略。比如，我们鼓励所有年龄的人采取诸如放松、反思和记日记、积极的自我倾诉和正念等主动应对措施。

> **思考时间**
>
> 花点时间回忆一下你童年时使用过的自我防御机制。
>
> **1.** 你在童年时使用的防御机制和你现在有时所用的防御机制之间有什么相似之处吗？
> _____
> _____
> _____
>
> **2.** 列出你使用过的防御机制，思考一下它们对你起到了保护作用还是阻碍作用？
> _____
> _____
> _____
>
> **3.** 如果你从未使用过自我防御机制，你现在的生活会有什么不一样吗？
> _____
> _____
> _____
>
> **4.** 如果不使用自我防御机制，你可能会使用什么其他积极应对措施来帮助你加强自我认知？
> _____
> _____
> _____

青 春 期

11～14岁构成了儿童期和青少年期之间的过渡阶段——**青春期**。对女孩来讲，青春期通常在11～13岁；对男孩来讲，则通常在12～14岁。在这一阶段，男孩和女孩将经历身体、心理和性别方面的重大变化。大多数人都觉得青春期的孩子特别难对付，因为这是一个非常矛盾的时期，一方面此时的他们远未成熟，可另一方面，人们又总期望他们表现出成熟的行为。时尚营销、音乐广告和社交网络也都在宣扬一种伪成熟。通过不断挑战人们强加给他们的种种限制，这个阶段的年轻人极其渴望摆脱对成人的依赖，从而获得自由。处于青春期前期的孩子常常感到恐惧和孤单，但是他们往往会通过叛逆来隐藏自己的情绪，而且还会通过过度强调独立来掩饰他们对别人的依赖需求。他们认为自己对事情已经有了看法，并且希望凡事能按自己的意愿发展。

许多青春期前期当中的叛逆表现在：孩子们企图强调自己是与众不同的，因此应该拥有一个独特的身份。这个时期他们开始表达自己是什么样的人以及想成为什么样的人。随着网络的普及，越来越多青春期的孩子们可以运用技术手段来表达他们的个体特征。在12～13岁的孩子中，55%的孩子已经有了自己的网页（Lenhart, Purcell, Smith, & Zickuhr, 2010），它的好处体现在孩子们有了更多社交和表达自我观点的机会，但是太过频繁地使用这些技术也已引起人们的关注。一些年轻人上网时间太长，这些时间本应用于其他活动，比如学校活动和面对面的交流等（Baker &

White，2010）。现在推特、脸谱及其他网络平台上的信息量越来越大，青春期的孩子们是否注定要经历社交方面的问题？

如同婴儿时我们必须学习信赖自己和他人，在青春期，我们也需要发现生命的意义，并且找到我们认同的成年角色榜样；如同童年时我们通过要求独立来获取自己的权利，在青春期，我们需要做出将影响我们未来的选择；如同在学前期，我们努力获得能力感；在青春期和青少年期，我们需要思考这些问题：我们想从生活中得到什么、我们可能在哪些方面取得成功、我们想接受什么样的教育以及哪些职业适合我们等。青春期的孩子会愈发意识到有选择地交友和培养社交能力的重要性，我们一生中能否建立良好的人际关系就取决于这一阶段奠定的基础。

青 少 年 期

青少年期是指女孩从13岁开始、男孩从14、15岁开始直至20岁前，这是人格发展过程中最重要的一个时期。在这一阶段，人的生理、心理和社会因素交织在一起发挥作用。阿姆斯乔（2007）将人生这一时期最具特点的"天赋"定义为"激情"。青少年时期最显著的变化体现在性能力、情绪、文化、精神追求以及对生活发自内心的热爱。

青少年期年轻人开始寻求自我身份的认同并形成自己的价值观体系。这一时期最重要的一个需求就是感受成功，因为这将带给他们自信和自尊。年轻人需要机会来丰富自己的经历和学会与他人有效地沟通，从而使自己的观点、想法、情感能够被他人理解和接受。他们并不只是寻求满足自己的需求，他们更看重让自己作为个体得到认可。他们希望自己有能力解决不公正的事情，而且他们的同情心也与日俱增，这是通过他们愿意帮助他人表现出来的（Goleman，2006）。

由于这一阶段性和性别特征发育得更为成熟，他们需要学会建立亲密关系和变得更加独立。他们会给自己重新定位，与父母的关系也会发生改变；他们将学到更多的思想和技能，道德和精神层面也得到进一步完善，并继续他们的性别认同过程。青少年在这一时期的一个显著特点是对自我的内心世界和自我意识有了更深层次的发现，他们希望能够掌控自己的生活，并且能够实现独立，包括自己做决定、为自己的选择承担后果和取得一定程度上的财务独立（Newman & Newman，2012）。这种走向独立的迹象对很多年轻人来讲是其发展过程中一个重要的里程碑。

埃里克森（1963）认为，青少年在这个发展阶段面对的主要冲突是要认清自己是怎样的人、要向什么方向发展以及如何实现自己的目标，而其核心则是**自我认同与角色混乱**之间的冲突，如果他们无法获得自我认同就会导致角色混乱。在这一时期，年轻人开始从以自我为中心逐渐发展到能够理解别人的想法、感受和价值观。在反抗不公平的待遇、不正确的评论和苛刻的惩罚时，他们也培养着为他人考虑的能力，并进而获得个人成长和发展。

年轻人可能会在职业选择、人才竞争、自食其力以及与他人建立身体和情感方面的亲密关系时感到很大压力。在西方文化中，理想的状态是年轻人能在父母的支持和帮助下有机会自己在上述方面做出决定。那些父母移民到美国的孩子会发现，他们的同龄人能够自己为自己的行为做出决定，而且学校和媒体也都鼓励他们这样做，可他们自己的父母由于受本族文化的影响，会认为他们对孩子的安排要比孩子自己的愿望重要得多。这种在融入美国主流文化时产生的差异会给移民家庭中的父母和孩子造成很多矛盾冲突，金桑的经历就是一个例子。

金桑的故事

因为我父母认为我和妹妹在美国能够受到更好的教育，我10岁时我们家移民到了波士顿。为了能让我们上有名的私立学校，他们为我们做出了很大的牺牲。由于我是家里的长子，因此在学业上我的压力很大，他们希望我有一天能取得著名医学院，比如哈佛大学或霍普金斯大学的学位。

我发现我的许多美国同学都可以自由地决定生活中想做些什么，说实话，这让我对我的父母有些抱怨，因为当你看到你周边的人可以按自己的意愿而不是照父母的期望行事，你会对自己的生活很不满。我的同学都嘲笑我，因为他们觉得我像个小孩子，不敢面对父母，也不能摆脱他们的束缚。很多时候我被夹在这两种截然不同的文化之间，从父母那里我感到压力，从学校的同学那里我也感到压力。

我真正想做的是成为一名科幻作家，可我从来不敢跟父母讲这个，因为我知道那会让他们觉得很没面子和羞愧，而且我在韩国的整个家族也都会感到失望，并会认为我不懂事，因为父母是为了我才移民到波士顿的，也就是说，我会让全家人都感到丢脸，这对我来说实在是一个很大的负担。现在我还没决定到底该怎样解决这个问题，是为了追逐自己的梦想而让父母失望呢，还是应该为了他们对我的期望而放弃自己的想法？

有这样一种说法：我们在青少年时期所做的选择与我们今后的生活有很大关系，这就使得选择的问题变得更加关键。认同这一说法的年轻人会对自己做出选择感到犹豫，因此他们中很多人迫于压力，不愿过早决定自己要成为什么样的人，也不愿为一些重要的事情做出承诺，结果他们错过了无数其实为他们敞开的可能性。为了解决这一问题，埃里克森（1963）提出了一个**心理暂缓**的方案，即：社会应在一段时期里允许年轻人尝试不同的角色和价值观，以便他们能在真正做出重大决定前先对生活有一些体验。

在摆脱父母独立起来的过程中，同龄人尤为重要。在今天的社会，许多年轻人都是通过手机和互联网在同龄人之间建立联系，高达82%的14～17岁的年轻人在使用脸谱、微博等这样的社交网站（Lenhart et al., 2010）。同龄人对年轻人的影响可以说是最重要和最积极的，远超出父母和其他社会力量对他们的期盼。当然有时候他们的影响也可能是非常负面的，有一些年轻人可能会屈从同龄人的压力，满足他们的期望以致失去自我。如果他们渴望被接纳和喜爱的需要超出他们能够真实面对自己的程度，他们就很可能无法真实地表现自我，而去依赖他人告诉自己该做什么。在社交网络非常普及的今天，可能会造成错误判断的一个潜在危险是：企业主、老师、管理人员、顾问、执法人员和大学录取官员会通过互联网上的信息来了解一个人的性格品行等（Patchin & Hinduja, 2010），结果有些年轻人很可能仅仅因为在网上写了些负面的东西就对他们在现实生活中的重大事件造成了不利的影响，比如求学和求职。

对处于青少年时期的年轻人来讲，社会交往意义重大，他们需要通过这种人际关系来了解自我、世界和他人。如果在社交方面出了问题，他们会感到非常孤独，遇到冲突或产生自我怀疑时，他们会觉得孤单无助。在这段时期，年青人需要得到普遍认同，但同时他们也必须学会将别人的认可与过自己的生活区分开来，这样才能真正走向独立。

自我认知形成过程中最重要的一部分是实现**个性化**，不再依赖家庭，而是基于自己的经历来构建属于自己的东西。这个从心理上摆脱父母捆绑的过程是很痛苦的，但它将为今后的自我发展打下基础。虽然在西方文化中获得心理独立是件很正常的事，但在其他一些文化背景下，即使孩子已经成年，父母依然继续用他们的希望来影响孩子的行为。文化背景对年轻人成长的作用是绝对不能被忽视的，因为在这一阶段，他们会更深层次地探索自己的文化身份对自己所产生的意义。崇尚集体主义的文化鼓励人互相帮助，构建一种彼此依赖的关系，这使得在这种文化背景下长大的孩子的依赖性远远超出了美国主流文化背景下长大的孩子，而且他们并不会因此感到不好意思。

女权主义治疗师认为，青少年早期是增进与父母关系的阶段，而不是"摆脱"父母的阶段（Miller & Stiver, 1997）。他们并不需要脱离父母，而是应改变与父母的关系。如果能与父母保持彼此信任的关系，他们就能更好地应对生活中的其他变化。适应力强的青少年有着很强的社交技能，他们与父母间的关系也是敞开的、健康的。能与家人保持这样的关系对他们今后获得长期成功是至关重要的。

青少年面对的困境和我们社会中老年人遇到的情况有相似之处，他们都需要找到生活的意义来克服无用感。老年人不得不退休，而且要应对工作、活动变化带来的问题；而青少年面临的问题是：他们的学业尚未结束，也没有完全获得工作所需的技能，他们仍处在为未来做准备的过程中。即使在家里，他们有时也会感到自己不被他人需要。

人生观的形成也是青少年时期的一个重要任务，因为他们开始思考自己想成为什么样的人，他们对性、宗教、精神世界、道德和种族也产生了一些新认识（McGoldrick et al., 2011b）。年轻人在寻找自我和形成自己的信仰、目标和人生态度时，制度在其生存环境中（指学校、社区和社会经济地位）起着一定的

>>> 青少年期有自我表达的需求，并渴望建立自己独立的身份。

作用。在这一阶段，年轻人还培养了批判性思维的技能，并开始做出将对其今后人生产生影响的选择。许多年轻人会遇到一系列艰难的选择，比如同龄人会鼓动他们尝试毒品和体验性行为，由于尚未形成完善的认知能力来做出深思熟虑的选择，他们可能会迫于同伴的压力而做出糊涂的决定。他们还需要选择将指引他们今后人生的信仰和价值观，面对这一挑战，他们需要一个好的榜样来帮助他们，因为道德感经常是通过榜样获得的。这一时期他们对表里不一尤其敏感，他们能很快发现有的人说一套做一套。培养他们的价值观应该让他们观察那些正面榜样，并与他们进行坦诚交流，而不是对他们进行简单的说教。当然，不是所有人的形象都是正面的，有时有些年轻人就误将毒贩和其他罪犯当成了榜样，由于和这些人交往导致他们建立了错误的价值观。

今天的青少年还需应付校园暴力，甚至世界范围的暴力。年轻人，甚至小孩，带枪或匕首到学校已经司空见惯，而青少年伤害同学或老师的新闻报道也是屡见不鲜。当今的青少年不仅要面对同伴的压力、父母的压力以及伴随着寻求自我所带来的困惑和痛苦，还要担心被同学伤害或者成为其他暴力或威胁行为的受害者。这种对日常生活不可预知的恐惧常常会让他们对现实生活感到焦虑。

网络欺凌是指通过使用电子交流技术有意识地、持续不断地、广泛地用凶残的行为对他人进行情感伤害（Willard，2011，p.75）。这种电子侵略给年轻人造成了可怕的威胁，并导致校园冲突的加剧，也引发了更多的身体、社会和情感问题，其中包括身体的症状，比如头痛、胃痛、失眠以及丧失自尊、抑郁、逃学、考试失败等，甚至一些无法想象的事情也会发生，比如自杀或杀人，现在校园凶杀案的数量比以前增加了一倍（Anderson et al.，2001）。同样令人震惊的是，研究者（Hinduja & Patchin，2010）发现，遭遇过传统欺辱或网络欺凌的年轻人，无论他们是施暴者还是受害者，都有自杀倾向，并且与那些没有这种经历的同龄人相比，他们更可能试图自杀。近年来流行的通过手机发送裸照的现象也需引起关注，它的危害与网络欺凌同样严重（Willard，2011）。

属于某一种族或文化背景的青少年更容易成为种族主义者针对的目标，他们在学校和社会上都会遇到歧视和压制。"为什么在咖啡馆里所有的黑人小孩都坐在一起？"当一群十几岁的黑人孩子在咖啡馆里坐在一起时，校方管理人员想弄明白为什么会这样以及如何避免这样的事。研究结果是：这种现象是种族主义所造成的环境压力的自然反应。

> 面对压力，与自己的同伴在一起是一种积极的应对策略，有问题的是年轻人对于作为黑人意味着什么的理解很有限，他们的观念大多来自一些陈规老套的文化概念。

这一观点同样适用于来自其他种族或民族的年轻人。在青少年时期，对于有色人种的孩子来讲，种族问题非常突出，他们常会寻求这样一些问题的答案："作为我这个种族的年轻人，这意味着什么？""我应当怎样表现？""我应该做些什么？"这些年轻人吸收了许多主流社会的观念和价值观，他们可能更看重那些主流社会推崇的角色榜样和生活方式，而不是自己种族或文化里的典型代表。由于种族意识的加强，有色人种的年轻人常常必须努力克服种族主义带给他们的困扰。当发现来自自己种族或文化背景的人受制度的影响无法参与主流社会的活动时，他们会表现得非常生气和愤怒，这可能导致反向社会身份认同，它既保护了有色人种年轻人不再因此遭受心理伤害，同时也能对主流社会人群起到抑制作用。

童年经历对青少年时期有着直接的影响，而青少年时期的表现又会对成年后在转折点上对事件的应对能力产生影响。如果在青少年时期没能对自己建立一个清晰的认识，那成年后再去发现生活的意义就会变得很困难。当我们从人生的一个阶段走向下一个阶段时，有时会遇到路障，有时可能会走弯路，并且会经历焦虑、抑郁和疏离，所有这些磨难都是由于我们在上一个阶段没有形成基本的心理能力所导致的。遇到这些困难时，我们可以将它们当作继续前行的路标，或者将其视为发展的契机。研究者（Miller, Stiver, 1997）认为，我们可以通过和他人的联系来把这些障碍"挪开"，而这可以帮助我们发展出健康的自我。

总之，对于大多数人来讲，青少年时期是一个艰难的阶段，这个阶段会有很多的矛盾：他们寻求亲密关系，但又害怕亲密，并且时常会回避它；他们不愿意被控制，却又需要引导和管理；他们虽然拒绝加在他们身上的限制，但又将一些限制看作别人对他们的关心；他们尚未获得完全的自主权，却总是期望能像成熟的成年人那样独立行事；他们极端地以自我为中心，自我意识也很强，而且总是生活在自己的世界中，可是他们也渴望开阔视野，走出自己的世界，帮助解决社会需求；他们得面对和接受现实，但同时他们也总试图找到逃避的出路；他们知道要考虑未来，但却更愿意活在当下，享受生活。

青少年期是生命中动荡又快速前行的阶段，这个阶段的个体经常会有无力感、困惑感以及孤独感。这个阶段是做出重要抉择的关键时期，有的抉择甚至关乎生命的意义和死亡。生活的各个方面都需要我们做出决定，而这些决定在很大程度上将确定我们每个人的身份。青少年时期人的成长和发展非常快，年轻人很想了解他们早期的经历对他们当下的感受和行为带来了怎样的影响。下面的思考时间可以使你有机会回顾一下你在青少年时期所做的一些选择，并意识到其中一些经历直至今日对你仍有影响。

思考时间

回忆一下青少年时期可能面对的选择，特别是那些你曾做过的选择。你认为那些选择对你的今天有怎样的影响？

1. 你青少年时期最挣扎的选择是什么？
_____
_____

2. 你认为你的青少年阶段对你的现在有何影响？
_____
_____
_____

3. 你在青少年阶段获得的哪些正面的力量或技能在你成年之后依然能对你解决问题和

看待周围的环境有所帮助？_____
_____
_____
_____

4. 在你所处的环境中，哪些因素对你青

少年时期的成长产生了影响？_____
_____
_____
_____

总 结

在人生成长的路径中，每个不同的阶段会遇到不同的挑战，也都会有特别的机会，危机完全可以被看作需要应对的挑战而非降临的灾难。一般来讲，每个发展阶段都有一些关键的转折点需要我们做出选择。早期的经历会影响到我们后来所做的选择，而每个阶段都为我们成年后的性格塑造奠定了一定的基础。这些阶段不是断裂的，而是相互融合的，并且我们每个人在每个阶段的经历也是不尽相同的。

我们在儿童早期就开始努力寻求自主和心理上的独立自主，而这种努力在青少年时期和成年早期则成为个体的重要任务，并一直延续到成年后期。个性化及其相关价值观的形成受文化的影响很大。全面施展自己的潜能、学会独立面对生活和帮助他人是我们终生也难以全部实现的目标。虽然童年和青少年时期发生的重大事件会对我们成年后的所思、所感和所行有很大影响，但我们也不是完全被它们左右，相反，我们依然可以改变自己的看法和行为。

我们人生中的关键转折点受到许多生理、心理和社会因素的影响，虽然我们可能无法直接控制成长过程中的一些重要因素，比如早期经历和遗传原因，但我们可以选择如何解释这些经历，并让它们为我们今后的成长发挥作用。

在人生的重要节点上，我们既可能成功地解决一些问题，也可能会在发展的道路上陷入困境。了解自己的童年经历对于增进自我意识和理解自己的成长轨迹非常重要，同时你还能从童年经历中学到不少有益的东西并将其用于自己的成年生活，这会有助于你成为自己生命的主宰。在下一章中我们会看到，如果我们想解决成年生活中出现的问题，了解自己早期遇到过的挑战是很有必要的。

自我成长

1. 在本章末的空白页记录下你人生最初六年里发生的事情，尽管你可能对这段时间里的大部分内容都没什么记忆了。下面的提示可以帮助你。

▶ 记下一些在你幼年时发生的重要的事情。

▶ 找你的家人，问他们一些有关你幼年时的问题。

▶ 搜集能够引发你幼年回忆的东西，特别是照片。

▶ 如果可能，回到你曾经生活过和上学的地方看看。

2. 回忆童年和青少年时期，你那时应对

生活中出现的问题的办法对你的现在有何影响？你那时采用过哪些有效的方法，又采用过哪些不当的方法？

3. 在本章的诸多练习中，选择你愿意采纳的放入你的自助计划中。为了实现你希望的改变，你愿意做些什么？

4. 照片所能体现的往往多于文字，你的照片体现了你的哪些方面？看看你童年和青少年时的照片，有什么特别突出的地方吗？你大多数的照片反映出你对自己是怎样的感觉？拿一些照片给别人看，并让他们告诉你他们认为你那时是怎样的状况。照片也能唤醒失去的记忆，而那些记忆可能蕴含着丰富的情感。当你与他人分享你的照片时，一定确保这不会触碰你的稳私或让你感到不自在。

5. 找出一些适应力很强的人，和一些适应力不太强的人，可以考虑你自己认识的人、名人、媒体关注的人以及传记和自传图书中的人。适应性强的人有哪些共同之处？适应性弱的人呢？

6. 从童年和青少年时期成长至今，毫无疑问，技术革新在这个过程中起到了既积极又负面的作用，与朋友就此展开讨论，看看在今天年轻人的生活中，社会媒体和技术带来了哪些利弊。

第 3 章

成年与自主

独立，意味着你一个人时不觉得孤独。

——伯尼·西格尔

自我评估

请用这个评分标准来测评你对每个说法的回答：

4 = 我完全赞同这一说法

3 = 我赞同这一说法

2 = 我不赞同这一说法

1 = 我完全不赞同这一说法

- [ ] 1. 我的原生家庭对我的信仰和价值观有很大影响。
- [ ] 2. 比较而言，我更独立而不是依赖他人。
- [ ] 3. 我会思考早年间父母对我的教导。
- [ ] 4. 在心理上我已摆脱父母，并成为自己的主宰。
- [ ] 5. 随着年龄的增长，我感到生活的紧迫。
- [ ] 6. 我生活中的大部分时间都在做我不喜欢的事。
- [ ] 7. 对于即将面临的挑战，我期望自己可以乐观并积极应对。
- [ ] 8. 在我年老时，我希望自己能过充实而有意义的生活。
- [ ] 9. 现在有很多事情我无法去做，我期望自己在退休之后可以实现它们。
- [ ] 10. 我害怕变老。

本章将继续有关人生成长的讨论，并且重点关注成年阶段中的转变和转折点。童年和青少年时期的经历已经为我们迎接成年各阶段的挑战打下了一定的基础，但成年期还是要面对许多选择。在分别就青年期、中年期和老年期展开具体分析前，我们先来看一下你是如何变得更加独立同时又更加能与他人友好相处的。在走向自主的过程中，你需要对自己早期做出的决定进行总结，并且认识到如果它们已不再适合当前情形的话，你可以改变它们，而且改变也促使你对童年时得到和接受的一些信息提出质疑。你还可以借此与自己失败的想法和观点展开对话，从而获取更加积极、建设性的观念。

我们将描述一些典型的发展模式，但我们并不打算将你锁定在每个发展阶段的"正常"范围里，因为每个人都会在不同时期以不同方式经历这些阶段，所以只能由你来决定如何应对各个阶段的挑战，并判断你早期的经历对你现在的意义。

你的家庭和文化背景对你应对发展的方式会产生很大影响，因此了解文化和原生家庭对现在的你所产生的作用是非常重要的。在成年过程中，你所做的选择有的是为了满足他人预期，有的则是为了寻找自己的生活方式。你可能发现，开始的时候你让自己去适应他人，或者你往往愿意选择更安全的生活方式而不愿意去尝试有风险的新方式。你可能对自己做出的许多决定感到满意，也可能希望那个时候你做出了不同的决定。成年后，当你对那些关键转折点上自己所做的选择进行反思时，可以把它们与你的童年经历联系起来。当你看清了自己在生活中的选择轨迹后，如果你发现其中一些对你已不再适合，你可以对它们重新修订。当你意识到早期经历对你产生了怎样的影响后，你才可能完善这些决定，让你的生活发生改变。

通往独立与相互依存的道路

我们的文化背景对于我们理解成年的核心任务以及我们如何看待日益增强的责任感和独立性起着很重要的作用。虽然我们可能已离开父母和原生家庭独自生活，但我们并未在心理上真正独立起来，那些曾在我们早年生活中起过重要作用的人仍然或多或少地影响着我们的生活。基于这个原因，你必须清楚地意识到现在的你被哪些因素所影响，并且要知道这些影响对于作为一个成熟成年人的你，究竟是提高了你的生活质量，还是限制了你的发展。可能会有许多人在童年和青少年时期对你产生过影响，但在这一章我们将重点关注父母（或是其他监护人）对你的持续影响，在后面的章节里，我们再更全面地讨论其他关系的作用。

自主或**心理成熟**意味着你要为自己的选择承担后果，而不能让他人为你的选择负责。确定自己独立的身份并不是一次性完成的，通往成熟的道路在童年早期就开始了，并一直贯穿人的一生。

在论述真正成熟时，麦克戈瑞克和他的同事提醒我们，这一终极目标应该是成为一个既成熟独立又懂得相互依存的自我，也就是说，我们要在和他人相互联系的背景下，发展出独一无二的自我。这个观点是基于这样的假设：要达到成熟，我们必须学会同情他人、与人交流、合作和联系、信任和尊重他人。我们与形形色色的人交往程度的深浅主要受我们所处的文化背景、原生家庭和整个社会对他们的态度的影响。

女权主义者强调，在心理发展过程中，人与人之间能否建立关系非常重要。《修复关系：女性如何在治疗和生活中培养关系》（1997）一书对怎样与他人建立联结和关系破裂会对我们的生活产生怎样的影响进行了很好的阐述。作者认为**联结**就是"两人或多人间彼此关心和信任"，而与之相反的**断裂**则意味着"与相互关心和信任背道而驰的关系"。在作者看来，心理问题的根源都是由于断裂或"孩子或成人因为无法参与到正常的彼此关心和信任的互动中而饱受心理断裂"所致，因此个体的目标就是要学习建立和他人之间有意义的联系。健康乐观的心理需要一种建立在彼此关心基础上的关系，而相互信任的关系则体现在交往双方互有好感又能满足彼此的需要，反之，如果一方以牺牲另一方而获取私利，那这种关系注定将会断裂。

文化因素在决定我们的人际关系时也起着重要作用（参见第2章）。有的文化推崇合作，鼓励人与人之间的互助，而不鼓励个体的独立。在这样的文化背景下，父母、家庭和社区对个体的一生都会有重要影响。在许多亚洲和黑人家庭，尊重父母和家人远比追求个人自由得到更多的认同和称颂。

无论你身处什么样的文化背景，在童年和青少年时期，父母都会对你的决定和行为具有一定的影响力。当你开始走向独立并与他人建立关系时，重新审视自己以往的决定，看看它们是否仍适合于你当下的状况，是非常明智的。你可能继承了父母大部分的价值观，但在努力学习成熟的过程中，你仍然需要一定程度的自我引导和自我决定。关系中的自我理论强调的是个体与他人之间的相互依存关系而非个体的独立，下面一段话对此进行了很好的描述：

❱❱ 了解自己的文化和原生家庭的历史非常重要，因为它们对你的成长影响很大。

> 因此，自我发展是在各种人际关系中实现的，而不是远离他人靠自己独立做到的。我们强调在人际关系中双方互动极其重要，也就是说个体既要被理解，也要理解他人；既要被信任，也要信任他人（p.59）。

心理成熟的一个标志就是为你自己想要的生活做出选择并坚持这些选择不动摇；另一个标志则是能与你生活中至关重要的人建立良好的关系。能够与他人形成联系意义重大，但首先你要对自己有清晰的认知并形成成熟的观念。自主比独立的内涵要多得多，我们对于自主概念的理解包含两个部分：关系中的自我和背景下的自我。

很显然，自主绝非"只管做自己的事情"而不顾及给他人造成的影响。相反，一个成熟的人应该有自己明确的价值观，并遵循它生活，而这其中就包括要关注别人的利益。这里，请思考下面几个问题：

- 在哪些方面你认为自己既可享有属于自己的生活，又能顾及他人的期望和需求？
- 在你生活的哪些方面你希望自己能独立行事？自主会对你的情绪和自我认知产生怎样的影响？
- 在哪些方面你希望自己能变得更自主，哪怕这意味着要冒一些风险？

重新评价早期的学习和决定

沟通分析（Transactional Analysis,TA） 为我们提供了一种有效的方法，可以帮助我们了解从儿童到成年期间的学习过程。这是一种人格理论，也是一种咨询方法，它最早由艾瑞克·伯恩（Eric Berne，1975）提出，后来得到一些治疗师的使用和推广。这一理论是基于这样的假设：成年人是基于过去的经历做出决定，而那些经历以前可能适用，但现在已经不再有意义了。它强调人首先需要增强自我意识，明确自己努力改变生活轨迹的目标，这样才能有力量去改变自己早期的决定。通过沟通分析，个体能够了解自己在儿童时期所接受并内化的规则和标准如何影响了自己现在的行为；同时也能察觉自己的生活脚本以及家庭脚本对自己行为的影响，而这些脚本很像一些刚被披露出来的情节。每个个体都应该意识到他现在完全可以改变那些不再有意义的决定，同时保留仍适用的部分。

生活脚本 这一概念是沟通分析中的一个重要内容，它由父母的教导和我们童年时所做的决定两部分组成。通常情况下，我们成年后会按这个脚本来生活。

脚本 始于婴儿时期，来自父母非言语的、细腻的表情。我们其实在很早的时候就开始通过模糊、间接的方式学习和领悟人的价值及自己在生活中的位置了。然后脚本开始变得细腻、直接，这时我们可能会"收到"一些负面的信息："要听大人的话"；"别像个孩子一样"；"我们知道你表现得不错，但我们期望你做到最好，因此别让我们失望"；"永远不要相信别人，要靠自己"；"你太笨了，我们肯定你会一事无成"。这些信息常常是经过包装后传递给我们的。比如，父母从不会直截了当地告诉我们：性的感觉很不好，性接触也不可以。但他们彼此的举动以及他们对待我们的方式会让我们这样认为。而且，通常父母没有讲或没有做的与他们直接说出来的一样重要，比如，他们从不提及性反而恰恰说明性的重要。当然，不是所有的脚本都是负面的内容，父母也会给我们一些有益的正面信息，比如，我们可能也会"收到"："追逐自己的梦想""相信自己""你很有能力""你很聪明""你令我们感到骄傲"等信息。

我们的文化背景所提供的生活脚本中，信息量比来自父母的更大，一些价值观会通过多种途径在家庭中传播，下面就是一些这方面的例子：

▶ 老年人应该得到尊敬和尊重。
▶ 不能让家人丢脸。
▶ 不要在外面谈论家里的事。
▶ 不要当众示爱。
▶ 要永远听父母和祖父母的话。
▶ 妈妈是家里的核心。
▶ 爸爸是家里的头儿。
▶ 在家里不要起冲突，要和谐。
▶ 要为整个家庭的利益而努力工作。

我们的生活脚本同时包含着来自家庭和文化背景的内容，它构成了确立我们身份的核心。我们的经历有时会使我们得出这样的结论："我只有成功了才能得到爱""我最好别相信自己的感觉，因为它们只会给我带来麻烦"等。这样的想法可能会一直伴随我们的生活，影响我们的行为，而且很难被忘却。这些早期对自己形成的看法经常会在潜移默化中反复影响我们后来的生活，而我们对自己的认识有时甚至可能会影响到我们的寿命和生活品质。

我们的经历和环境可能会推动我们把这些脚本变成生活实际。比如，林恩的父亲常对她说："你朗读有问题，太令人尴尬了，你永远也不可能成功。"但是，林恩在学校的实际经历和那些成功的时刻（比如：毕业、获得学位、考试成绩很好）帮她把生活的脚本进行了现实的修正，同时也把父亲对她的看法与她真实的自我区分开来。从根本上讲，我们的经历和环境既可以对我们的脚本产生有益的影响，也可能起到破坏作用。虽然你生活的脚本与你的家庭和文化背景有很大关系，但你依然可以做出超越环境和经历的选择。

我们通过一个人的例子来更好地理解一下早期信息和决定对我们日常生活带来的影响：虽然现在我（Gerald，本书作者之一）很成功，但有很多年我都觉得自己很失败，甚至没什么价值。我没法从生活中完全抹去旧的那个脚本，现在我有时还会产生自我怀疑并感到不安全。我觉得那些感觉太根深蒂固了，我没法通过简单地对自己说"没事了，我现在已经成功了，我已经成为自己希望成为的人"来改变那些想法。我仍在寻找自己生活的意义、现在的行为和我的目标之间的关系。在某种程度上，我努力取得成功就是为了应对觉得自己没有价值的感觉。

我坚信自己追求成功的部分动机是为了得到父母的接纳，特别是父亲的接纳。我父亲在很多方面都没能成功，因此我觉得我努力证明自身价值有一部分原因是为了弥补本应属于他的成功。尽管父亲已经去世多年，但我发现在心理层面上自己有时仍在竭力赢得他的认可，让他为我取得的成就感到骄傲。而且我还认为我有责任在生活中表现得比他更有能力。虽然我目前的外在状况已经比我童年时有了很大改变，但我发现我在工作上一直受到父亲的潜在影响。这并不意味着我得结束自己目前的工作，但意识到自己的生活动力来自何方是很重要的。

虽然我认为我可以改变自己的一些观念，但我无法去除早年学习和决定所产生影响的全部印迹。简言之，我们无须被早期的决定所左右，但我们必须意识到过去形成的东西对我们试图发展新的认知和重塑自我有很大影响。

禁令 让我们来更深入地看看已内化到我们生活中的早期信息的性质，这些信息又叫作**禁令**。针对这些或真实存在或想象的禁令，我们做出了相应的决定，这就使我们必须为这些决定一直影响着我们的生活而承担一定的责任。如果我们想摆脱早期信息的影响，那么首先要弄明白这些"应该"和"必须"是什么，以及我们怎么能允许它们运行在我们的生活中。以下列举的是一些常见的禁令，还有这些禁令可能导致人们做出的决定（Goulding & Goulding, 1978, 1979）。

- "不能出错"：经常听到并且接受这一信息的儿童会害怕冒险，以避免让自己看上去很蠢。在他们看来，犯错就等于失败。

  可能导致的决定："我害怕做出错误的决定，因此我干脆什么决定也不做了。""因为我以前做过很蠢的选择，我不想再在重要的事情上做决定了。""如果我希望被接纳的话，我就得做到完美。"

- "不要那样"：这一致命信息常常不是通过言语表达出来的，而是在父母控制孩子（或不控制）时表现出来的，它的基本含义就是：真希望我没有生你。

  可能导致的决定："我会不断尝试犯错，直到你爱我。"

- "别跟他人太亲近"：这条禁令表达出的含义就是不要相信别人，也不要爱别人。

  可能导致的决定："我只让自己爱一次，如果失败了，我绝不再爱了！""因为与人亲近挺可怕，我还是离别人远点儿。"

- "你不重要"：如果你讲话时总被人贬低，你就可能认为自己无足轻重。

  可能导致的决定："就算我碰巧变得很重要，我也不能表现自己的成就。"

- "别像个孩子似的"：这也就是说永远要表现得像个成年人，不能孩子气，要注意控制自己。

  可能导致的决定："我应该多照顾他人，不能为自己要求太多。""我不能让自己看上去很可笑。"

- "不要长大"：那些不鼓励孩子成长并且为此感到恐惧的家长会给出这样的信息。

  可能导致的决定："我要一直像个孩子一样，这样我才能得到父母的支持。"

- "不要成功"：如果孩子因为失败而得

>>> 童年时代的禁令可能会影响到我们的一生。这个小女孩可能从家中得到"不要有归属感"的信息，结果长大成人后她就会是一个孤独的人。

到强化,他们就可能接受这样的信息而不再寻求成功。

可能导致的决定:"我做任何事都不可能完美,为什么还要努力呢?""无论付出怎样的代价,我都要追求成功。""如果不能成功,那我就无法满足别人对我的期望。"

▶ "不要做你自己":这等于暗示孩子的性别、体形、身高、肤色都有问题,或者他们的想法和感受不能得到父母的接纳。

可能导致的决定:"我要是个男孩(或女孩),他们就会爱我,因此我不可能得到他们的爱。""我要装出男孩(或女孩)的样子。"

▶ "别那么健康"和"别那么健全":有些孩子只有在他们生病或举止异常时才会得到关注。

可能导致的决定:"我要生病,这样才能得到爱。"

▶ "不要属于任何地方任何人":这个禁令表明家庭认为孩子不属于任何地方。

可能导致的决定:"我永远都是一个孤独的人""我永远不会有归属感。"

克服禁令 我(Marianne)想和大家分享我从小到大所听到的东西,这段个人的经历可以帮助你理解人们是怎样挣扎在父母和社会的禁令中的。我在德国的一个小村庄出生,并且在那里度过了我的童年期和青少年期。那时虽然不是通过明显的语言,但我还是得到了这样一些信息:"你什么也做不了。""情况会变得更糟,因此不要抱怨现在的状况了。""接受你所有的,不要期盼你没有的。""不要与众不同,要合群,照别人的样子做。""对现在的生活你该知足了。"

虽然童年时我在许多方面都不错,并且我对那时的生活也基本满意,但我仍不满足于就这样待在村子里,按别人的意愿生活,我希望能得到更多。于是,为了不屈从于别人的期望,我进行了持续的努力,而且有一些成人挑战禁令的范例激励着我,使我能够勇敢地与那些加在我身上的信息抗争。8岁时我就变得很大胆,想与众不同,希望有一天能去美国。虽然有时我也会对这样的想法产生怀疑,但我依然省吃俭用地攒钱。终于在我19岁时,我请求父亲同意我乘船去美国,当我告诉他我已经攒够了船票钱时,他大吃一惊。

虽然遇到了不少障碍,但我的确从8岁时就开始追逐梦想,并按自己的决定行事。到美国后,我继续上学以实现我的下一个梦想,当然这意味着我要挑战下一个禁令。我在年少时勇于抗争是因为我不想向困难屈服,我告诫自己不能满足于接受别人为你生活做出的有限选择,我要为自己书写新的生活脚本。我不想做环境的傀儡,我愿意接受挑战来换取自己想要的,并且还要努力实现自己的梦想和目标。尽管我在那么小的时候就开始与禁令斗争,但它们至今依然存在,因此我还要继续应对它们,绝对不能让它们控制我作为一个成年人的生活。

发现并承认自己以前那些自我挫败的想法,然后试着用新的、积极的想法去取代它们的确不是件容易的事。下面这些问题可以帮助你评估一下自己童年时做过的一些决定:

▶ 我听过并接受过哪些含蓄的和直截了当的信息?

▶ 这些信息有多少合理性?

- 我对自己说过哪些自我挫败的话？
- 我的主要观念对我产生过哪些影响？
- 我应该怎样挑战自己曾做过的一些决定，重新做一些新的并能将我引向积极道路的选择？
- 如果我能成功地用更现实的观念取代一些过时的想法，我的生活会有怎样的不同？

一旦能意识到自己身上已经内化的那些"应该"和"不应该"的观念，你就能很理性地鉴别这些信息，并确定你是否依然愿意按它们生活。你可以先从观察自己不断重复的那些禁令开始，进而对它们做出评价，然后再决定你将对它们做出什么样的反应。可能你已经被这些禁令捆绑得太紧，以致你觉得自己对它们无能为力，但是只要你确定它们已不再适合你，你就可以让它们成为历史，不让它们继续影响你现在的生活。你完全可以理性地选择你想成为什么样的人以及你希望你的人生脚本如何影响你的情感、思想和行为。下面是一些与早期信息抗争的方法。

学会抵抗自我挫败的想法

处在童年和青少年时期时，我们会不假思索地接受一些有关生活和自我价值的观念。**理性情绪行为疗法（Rational Emotive Behavior Therapy，REBT）**以及其他认知行为疗法是基于这样一个假设：情绪和行为方面的问题都源自个体在童年阶段对于重要他人的习得过程。别人给了我们一些不正确的观念，我们不假思索地就接受了，而且还通过自我暗示和自我重复的方式把这些错误的观念加以保留（Ellis，2001）。自我挫败的想法就是在我们一次又一次重复那些错误观念的过程中在我们的脑海中扎了根，比如："如果我不能得到所有人的爱和认同，那我就不会幸福""如果我犯了错，那就说明我是个失败者。"

阿尔伯特·艾利斯（Albert Ellis，2001）是理性情绪行为疗法的发明人，他描述了一些人们最常用的方式，这些方式让人们不停地把那些不正确的观念加在自己身上，结果使自己的生活变得一塌糊涂。他认为情绪不安和痛苦都是由于错误的想法造成的，而不是来自真实的生活事件。他还认为我们完全有能力控制自己的情绪反应，并建议当我们感到不安时，应该首先省察自己内心隐藏的"必须"、"应当"和"绝对应该"一类的惯性思维。

艾利斯的 **A-B-C 人格理论**很好地解释了人们是如何形成对自己的负面评价的。比方说，萨拉因年幼时被父母抛弃而感到痛苦（这是 A，引发事件），她可能由此产生抑郁、没有价值、被拒绝和没有人爱等情绪反应（这是 C，情绪的结果），但艾利斯认为并不是 A（她的父母抛弃了她）造成了萨拉感觉被拒绝和没有人爱，而是她自己的观念系统（B）导致了她丧失自尊。当萨拉告诉自己父母抛弃她一定是因为她做错了什么事情，她就已经犯了一个错误，她的错误观念就是来自这样的认知，比如，"父母所做的一切，责任在我"，"要是我再可爱一点，他们可能就不会抛弃我了"，这样的想法导致她陷入心理困境。

REBT 可以用来帮助人们抵抗那些阻碍自己积极生活的错误观念，我们现在就试着将它用于上述那个例子。萨拉用不着继续认为自己不可爱，不要再认为父母丢弃她是因为她做错了什么，她应该开始抵抗这种自我挫败的想法，并换一个角度思考这个问题，比如："父母不要我了,这让我很难过,不过,他们可能遇到了什么问题,使他们没有能力抚养我";"可能我父母不喜欢我,但这并不代表没有人喜欢我";"在成长过程中没有父母陪伴的确很不幸,但这并不能破坏我的生活,我不会让自己被这种感觉控制"。

研究者(Donald Meichenbaum,2007,2008)发明的**自我指令培训**也可以帮助来访者意识到他们对于自己过于负面的看法。许多对生活不满的人通过省察自己内心的想法而发生改变,从而获得了积极应对的方法。先纠正我们内心不正确的想法,我们才能够获得改变自己生活的力量和方法。

我们治疗小组的一位成员塞缪尔一直怀疑自己无法与他人建立长期稳定的关系,通过小组治疗,他懂得了如何关注自己的内心想法,并意识到那些想法对他的行为和感受所造成的影响。下面就是他讲述的自己的经历。

塞缪尔的故事

我父母在我9岁时离婚了,我对他们最早的记忆就是吵架。离婚后我妈妈很快就再婚了,但没过几个月,她就又开始与我继父吵架,那段婚姻最多维持了几年。在她起诉离婚期间,她开始与另一个男人约会,这个人后来成为她的第三任丈夫。你猜怎么着?还是吵架,一切都和以前一样。关于她和男人相处时的各种失常行为,我能跟你说上好几天,而且问题是这严重影响到我对成人间关系的看法。我至今仍记得,当我还是孩子时,我总在想:我永远也不要结婚,因为它能带给人的就是吵架,不会有什么好的结果。

这些年来我搞砸了所有的关系,我总对自己说:女人不好、不可信;要是满足她们的要求,你就会显得太软弱。不用说,傻瓜也能看出我对女人的这种看法肯定不会带来什么好结果。现在我年纪大了,也变得聪明一些了(希望真是如此),我意识到是我的想法出了问题。我想我已经做好准备接受一段稳定的感情了,不过,要让事情进展顺利,首先我需要改变自己以前对女人和自己的负面看法。比方说,最近我一直在提醒自己,有些女人还是非常真诚和可靠的,并且两人交往时做出一些妥协并不是软弱的表现。我告诫自己,我不必重复我母亲失败的婚姻,我完全可以享受建立关系带来的快乐。我的内心开始改变了,但我仍需每天提醒自己认真省察。

在通过发现内心自我挫败的想法来改变生活方面,塞缪尔是一个很好的例子。艾利斯强调,你的感觉在很大程度上来自你对自己的看法,因此,如果你希望改变负面的形象,那首先就要学会减少给自己不断输入不恰当的评价,并试着改变那些你已经接受的错误的认识,此外,你还需要用正面的观念去取代那些自我挫败的想法。

普遍认知扭曲

与艾利斯强调非理性思考过程相反,阿伦·贝克(Aaron Beck)提出了认知疗法,他认为自我挫败的看法是不准确的,而非不理性的。他让来访者进行行为实验来检测他们想法的准确性(Hollon & DiGiuseppe,2011)。这一理论的假设是出现情绪障碍的人会犯扭曲现实的"逻辑错误",而这种在推理时出现的系统错误会导致被称为**认知扭曲**的错误概念和想象（J.Beck，2011；Beck & Weishaar，2011）。在阅读下面这部分时，请思考你是否有犯这些认知错误的时候：

- **极端思维**：即把自己的经历归入非此即彼的极端范围，对事情进行极端的归类，你不给自己留有犯错余地。只要你不是名列前茅的学生，你就会认为自己是差学生，是失败者。
- **抽象提取**：指仅基于事情的一部分，而未关注其他内容并忽视了整个背景，就片面得出结论。由于看事情时只看其出错或不足的地方，你衡量自身的价值时也就只看到有错误和缺陷的方面，而不是已取得的成就。如果你是个演员，演出时不小心说错了一句台词，你就认为自己的整个演出彻底失败，哪怕你在谢幕时得到了观众长时间的掌声和许多好评。
- **随意推断**：即缺乏足够证据时就得出结论。灾难性结局是一种常见的随意推断，即凡事都认为结局会非常恐怖和糟糕。即使你一直与他人相处得不错，你也不会主动去结识新朋友，因为你肯定别人不喜欢你，他们会发现你所有的毛病。
- **过度归纳**：指仅基于一件事就形成极端的看法，并将它推及其他并不相关的事情。比如你考试那天因为生病没考好，你很可能由此得出结论，你所有的考试都考不好，即使你考试时没有生病。
- **针对个人**：指有些个体总将外在的事情与自己联系起来，即使它们之间并无直接关系。比如你的一位同事宣布她要辞职，开始做一份新工作，你也许会认为是自己的原因导致她决定辞职，但事实上，她的决定和你的行为没有任何关系。
- **夸大和减少**：这是指在思考一件事时，总是将其想得比实际状况严重或简单。如果你的配偶有一两次回家晚了，你可能会过分放大这件事，并指责他或她靠不住；与此相反的另一种情况是，如果你的配偶总是晚回家，指望不上，你却将此看作很正常的事，那你对事态就太不重视了。
- **归类和错归**：指基于以前的错误或缺憾给自己定位，并以此作为自己真实的状况。如果你以前经历过痛苦的分手或离婚，感到自己很失败，你很可能会认为自己在建立亲密关系方面永远都是个失败者。

找出生活中所有影响你满意度的认知扭曲想法，并将这些习惯性的想法与现实进行对比，发现它们存在的合理之处和不合理之处。我们将在接下来的思考时间提供一些练习供你反思。

学会挑战你内心的批判性思维

我们先来看一些有关交互分析和理性情绪行为疗法的基本概念，并讨论一些有关挑战早期信息和走向自主方面的观念。**内在父母**这一术语是指我们直接从父母或父母的替代者身上获得的有关对自己和他人的态度和观念。在成长过程中，我们会倾向于把从父母和权威人士那里得到的信息进行内化。而当我们想质疑和挑战我们内化的一些负面声音时，这标志着我们开始走向成熟。来自父母大量的苛责信息会给我们留下抹不去的印记，使我们很难建立健康的自尊感。雷切尔的经历就很能说明这一点。

雷切尔的故事

我最近开始看心理医生来克服我的不适和自我厌恶感。在成长的过程中，我的自尊感一直很差，我从父母那儿得到的非常清晰的信息就是"除非你完美，否则你就不会被接纳"。在学校我只比一般同学学得好一点儿，这完全没有达到他们的期望，而他们对我的失望也被我自己深深内化。我总是被拿来与我哥哥丹相比较，他是我们家的明星，从来没有做过错事。我经常听到这样的话："你在学校为什么不能像你哥哥表现那样好？你做事情为什么不能像你哥哥那么快？你为什么不能像你哥哥那样容易交到朋友？"这让我觉得自己在所有事情上都很失败。

成年后，我试图不再拿自己跟别人比较。比方说，我有一位同事，几乎每天都受到老板的表扬，因为我没有得到像他那么多的正面评价，我的内心总是不自觉地告诉我，我的老板肯定认为我很差。后来我意识到这样的想法很可笑，我恨自己为什么要这样想！可我始终改不了这个毛病。我的这种自我批判的内心想法简直要把我毁了，不过我一直在努力纠正自己。我知道这不是件容易的事，但我正从一点一滴做起，并尽可能对自己保持耐心。

我们从父母那里吸收和内化了很多好的品质，对我们的行为有很好的指导作用，因此，毫无疑问，很多过去的事情和我们所拥有的好品质具有重要联系，而且我们喜欢自己身上的许多地方也与早期身边一些重要的人的影响密不可分。但是，成熟的一个标志就是：要对我们获取价值观的过程进行更深入细致的探索，因为我们以前在获取某些价值观的时候，可能并没有经过深思熟虑。

如何学习理解早期信息对我们的持续影响作用？首先就是要思考我们获得价值观和信念的来源。观察自己愿意做什么，不愿意做什么，然后再分析一下其中的原因。比方说，你发现自己不想报考大学，是因为很久以前你就把自己归入"不够聪明"的一类人，你对自己说，你永远也不可能考上大学，干吗还去费那个劲儿呢？在这种情形下，你在早期对自己智商做出的判断阻碍了你进行新的努力，但是，你也可以选择不受这个阻碍的影响，你可以这样问自己："谁说我很笨？即使老师以前讲过这样的话，他的话就一定是真的吗？我为什么要不加思考地接受这种说法呢？我一定要亲自验证一下，看看结果如何。"通过与自己进行这样的对话，你就可以开始改变对自己的认知。

研究者（Hal & Sidra Stone，1993）研究出了一种治疗方法，旨在改变这种**内心批判性思维**，将其化敌为友。内心批判性思维就是我们的内心有一个声音，总是在批评我们，并持续不断地对我们的价值观进行判断。我们在很小的时候就已经形成了这种人格内容，并且吸引了我们所处环境中他人对我们进行类似判断。这种内心批判性思维影响我们的想法，控制我们的行为，扼杀我们的创造力和主动性，并且会让我们感到羞愧、焦虑、抑郁、疲惫和丧失自尊。在早期生活中，这个声音反映了家长、老师以及重要他人对我们的关注，当别人发现我们不像"应该"的那么好，我们会为此感到痛苦和羞愧，而这种内部声音则可以保护我们，避免让我们出现这种消极感受。下面是这种内心批判性思维的一些特征：

当你意识到自己处在负面的自我对话状态时，挑战你内心充满批评的声音是很有用的。

- 它压抑了你的创造性。
- 它使你不愿冒险。
- 它让你变得非常脆弱，害怕出错和失败。
- 它警告你永远不要让自己看上去很蠢。
- 它让你的生活变得无趣。
- 它使你对别人的判断非常敏感。

在不同的文化背景下，由于价值观体系的差异，内心批判性思维的内容也有所不同，但它是普遍存在的，并会削弱人们的能力，使人变得不愿意积极进取。研究者认为，要减少这种自我挫败的内在声音的消极影响，要转变这种负面力量的作用，我们非常需要培养一个类似内在父母的内在支持体系，以保护你和你的创造力。你无须通过消灭它来战胜这种内心批判性思维，相反，你可以通过拥抱它来削弱它给你造成的影响。

挑战你的内心批判性思维的另一途径是通过一种被称为**正念**的过程，它需要你具备很强的观察能力，充分意识到内、外部对你当前状况的影响，并以一种开放的态度来接纳当下而不做任何评判（Kabat-Zinn，1994；Segal，Williams，& Teasdale，2002）。它是一种衡量我们成长、治愈和自爱能力的方法（Kabat-Zinn，1995）。当我们以正念的方式去生活时，我们就能提升自己更专注于当下的能力，"正念很重要，因为它意味着警醒并关注自己的生活"（p.110）。研究者强调，我们都应该只活在当下，当某人不这样认为时，他就处在机械状态，完全不清醒。"如果你处在那样的状况，你对事情就会有不同的看法，行动也会不一样"（p.112）。**悦纳**意味着带着好奇和善意全盘接受你目前的处境，而没有任何判断或自我批评，并且非常清楚自己大脑每时每刻的想法（Germer，Siegel & Fulton，2005）。通过操练正念和悦纳，我们能提升对当下生活的满意度。在第5章，我们还会将正念作为一种自我关怀和应对压力的方法进行讨论。

在与父母的关系方面，我们中很多人都因早期的一些经历而遭遇心理创伤，我们常常无法忘记过去，总认为父母应该为出现的问题负责。我们不应该把指责的手指指向父母，作为一个成年人，我们可以自己获取那些希望从父母那里获得的东西。如果不能停止指责他们，我们就会发展出对他们的怨恨；如果我们紧抓着怨恨不放，期待他们有所改变，或者一定要等到他们的认同，那我们就只能持久地陷在痛苦的回忆和经历中；如果我们总是对父母心怀怨恨，并把精力都放在改变他们身上，那我们就无法建设性地对待自己的生活。如果我们能对那种怨恨和遗憾释怀，就能把自己从过去中解救出来。只有精力足够时，我们才能享受现在的生活。

如果你想与自己的父亲建立更亲密的关系，并坚持要他多与你沟通、赞同你，那你很可能会感到失望，因为他可能不会按你希望的那样去做。如果你把改变他作为中心目标，你会在很多方面感到无能为力。你没有能力控制父亲的观点和行为，然而，你可以选择如何和他相处。只要你陷在责备他人的模式中不走出来，你就无法发现自己身上还具有改变他对你生活施加影响的能力。你可以先问自己这样的问题，"我要说的或做的事能让我们之间的关系更亲密吗？"如果不能，那你就不必去说或做了。当你在与他沟通或相处的方面做出重大改变时，你会惊讶地发现他是怎样随之改变的，这时他做你希望他做的事的可能性也会大大增加。

要想获得内心平静，你就要丢掉怨恨，排除愤怒，并不再指责别人，因为这些情绪不仅会破坏你与他人的关系，对你本人也极为不利。只有当你自己内心感到平静时，你才可能与他人建立和谐的关系。在这方面你是完全可以选择的！即使你的家庭现状与你的理想相距甚远，你也可以重新选择对以往经历的态度，并发现过去的哪些经历仍然在影响着你现在的生活。如果你愿意为现在的自己负起责任，那你就开始主宰自己的生活了。

实践自我探索的方法有很多，并没有什么最佳方案。要让自己在情感方面走向成熟，你需要确定对以往的经历应该持怎样的态度，其中之一就是要明确你允许早期对自己的认知在你成年后的生活中占据怎样的地位。

思考时间

这个自我测评的前半部分旨在加强你对内化禁令的了解，并帮助你辨别这些信息的合理性；后半部分则要求你对一些扭曲的认知进行反思。

1. 在以下"别……"的禁令中，在每个你认为适合你的选项前打"✓"。

____ 别做你自己。
____ 别思考。
____ 别有什么感受。
____ 别太亲密。
____ 别相信别人。
____ 别太性感。
____ 别失败。
____ 别那么蠢。
____ 别自以为是。
____ 别吹嘘。
____ 别让我们失望。
____ 别改变。

列出其他你内化的禁令：_____
_____
_____

2. 检查一下你是不是有时会被这些"要……"束缚：

____ 要追求完美。
____ 要只说好的事情。
____ 要有超出自己能力的表现。
____ 要服从。
____ 要发挥你的潜力。
____ 在任何时候都要务实。
____ 要听权威人士的话。
____ 要全力以赴。
____ 要先人后己。
____ 要做而不只是说。

列出其他你所拥有的自我指令：_____

3. 在以下方面你都接受过怎样的信息？

你的自我价值：＿＿＿＿＿＿＿＿＿＿＿＿

你能否成功：＿＿＿＿＿＿＿＿＿＿＿＿＿

你的性别角色：＿＿＿＿＿＿＿＿＿＿＿＿

你的智商：＿＿＿＿＿＿＿＿＿＿＿＿＿＿

你的自信：＿＿＿＿＿＿＿＿＿＿＿＿＿＿

你对别人的信任程度：＿＿＿＿＿＿＿＿＿

你是否脆弱：＿＿＿＿＿＿＿＿＿＿＿＿＿

你是否感到安全：＿＿＿＿＿＿＿＿＿＿＿

你的活力：＿＿＿＿＿＿＿＿＿＿＿＿＿＿

你的创造能力：＿＿＿＿＿＿＿＿＿＿＿＿

你是否被爱：＿＿＿＿＿＿＿＿＿＿＿＿＿

你给予他人爱的能力：＿＿＿＿＿＿＿＿＿

4. 由于你对自己的看法会严重影响你的人际关系，因此请仔细思考一下你对自己的一些看法，并且想想这些看法是如何形成的。可以参考下面这些问题：

　　a. 你现在怎样看待自己？用尽可能多的形容词来描述你自己。＿＿＿＿＿＿＿＿＿＿＿
＿＿＿＿＿＿＿＿＿＿＿＿＿＿＿＿＿＿＿＿
＿＿＿＿＿＿＿＿＿＿＿＿＿＿＿＿＿＿＿＿

　　b. 别人对你的看法和你自己的看法一样吗？哪些方面别人对你的看法与你自己的看法不同？＿＿＿＿＿＿＿＿＿＿＿＿＿＿＿＿＿
＿＿＿＿＿＿＿＿＿＿＿＿＿＿＿＿＿＿＿＿
＿＿＿＿＿＿＿＿＿＿＿＿＿＿＿＿＿＿＿＿

　　c. 在你的生活中，谁对你自我认知的形成影响最大？他或她如何影响了你？＿＿＿＿＿
＿＿＿＿＿＿＿＿＿＿＿＿＿＿＿＿＿＿＿＿
＿＿＿＿＿＿＿＿＿＿＿＿＿＿＿＿＿＿＿＿

5. 列出一些你持有的扭曲认知。你采取过什么措施来纠正这些认知错误？这些措施起作用了吗？＿＿＿＿＿＿＿＿＿＿＿＿＿＿＿＿
＿＿＿＿＿＿＿＿＿＿＿＿＿＿＿＿＿＿＿＿
＿＿＿＿＿＿＿＿＿＿＿＿＿＿＿＿＿＿＿＿
＿＿＿＿＿＿＿＿＿＿＿＿＿＿＿＿＿＿＿＿

6. 为每一个你已觉察的扭曲认知设计一种检测方法，看看它们是否支持你的想法。
＿＿＿＿＿＿＿＿＿＿＿＿＿＿＿＿＿＿＿＿
＿＿＿＿＿＿＿＿＿＿＿＿＿＿＿＿＿＿＿＿
＿＿＿＿＿＿＿＿＿＿＿＿＿＿＿＿＿＿＿＿
＿＿＿＿＿＿＿＿＿＿＿＿＿＿＿＿＿＿＿＿

7. 检查一下你在这个练习中的回答，看看你希望在哪些方面有所改变。在本章末的日记里列出一些有关你将如何开始省察你的自我认知的想法，以及你将如何抵制那些对你有着破坏性影响的信息。

成 年 阶 段

一些发展理论家认为，成人的发展是高度个性化的，所以不应该对成人期的阶段进行明确划分，其他研究人员则大体上按照一般发展阶段来划分人的一生。我们将继续讨论埃里克森的心理社会发展理论以及情境中的自我理论，并重点聚焦个体从成年早期到成年晚期的核心冲突和选择（参见表3.1）。研究者（Levinson，1996）对45位女性进行了深入

表 3.1　从青年期到老年期各发展阶段一览表

发展阶段	情境中的自我理论观点	埃里克森的心理社会发展观点	潜在的问题
青年期 (21～34岁)	这一阶段的重点是能够建立亲密关系，并找到满意的工作。与成长相关的事情还包括：关爱自己和他人、找到长期的人生目标、培养与他人身体和情感方面的关系、找到生活的意义、增强为达到长远目标而延迟满足感的忍耐力。	个体身份再次在建立亲密关系时面临挑战，因为建立亲密关系的能力取决于对自我的清晰把握。 **主要冲突**：亲密与孤独 **核心品质**：爱	这一时期的挑战是在保持自我的同时与他人建立亲密关系，如果不能掌握好平衡关系，会导致过度以自我为中心或者全然关注他人的需求。如果没有形成亲密关系，会导致个体的疏离感和孤独感。
中年期 (35～55岁)	这个阶段个体要"走出自我"，个体会再评估自己的工作满意度、社会活动参与程度以及自己对人生的选择，也会进一步巩固自己的人生价值体系。这个阶段的任务是：养育孩子、支持伴侣和关怀家中的老人，面临的一个挑战是既要认可自己取得的成就，也要接受自己的不足。	个体开始思考死亡并质疑自己的生活是否真的幸福。这一阶段人生处于十字路口，需要重新思考。 **主要冲突**：繁殖与停滞 **核心品质**：关爱	可能引发的问题：如果没能繁殖后代就会停滞。当个体发现自己的实际和梦想之间存在差距，就会有痛苦感。
中年后期 (56～69岁)	这个阶段个体才真正开始走向睿智，主要工作包括：帮助他人、服务社区、将自己的经验和价值传授给别人；此外，这个阶段个体要开始面对身体和智商的渐渐衰退、学会对生活妥协、计划退休后的生活、承认自己在工作和社区活动中已处于年长者的角色，并要接受父母离世的现实。		
老年期 (70岁以后)	这个人生最后阶段的主题是悲伤、丧失、适应、回忆以及成长。在这一阶段，个体将找到生活的新意义，并积极肯定自己所取得的成就。这一时期的任务包括：应对丧失和变化、保持和他人的联系、向死亡妥协、考虑还能为自己和他人做些什么、回顾人生、接受自己对他人依赖性的增强、接受配偶或所爱的人的离世、接受自己对生活的控制能力不断减弱的现实。	如果个体认为自己没什么遗憾、自己的人生是富有意义的、自己既经历了成功又经历了失败的话，那么他就实现了自我完善。这一时期的主要任务是：适应丧失、他人的离世、保持对外界的兴趣和适应退休后的生活。 **主要冲突**：完善与失望 **核心品质**：智慧	如果不能达到自我圆满，个体往往会有无助感、内疚感、怨恨感以及自我排斥。如果个体过去有未完成的事情，那么这种虚度人生的感受就会导致个体对死亡的恐惧。

的访谈，结果发现，女性和男性具有相同的成长轨迹，而且每个阶段所处的年龄也差不多，这就说明我们对整个人类发展进程的基本顺序的理解是准确的。不过，尽管人的发展周期基本一致，但个体间因性别、阶级、种族、文化、历史时代、特定环境和遗传方面的差异，发展过程中也存在着极大的不同。总之，无论相同性别、不同性别，还是不同个体，发展方式都不尽相同。因此在我们观察成年阶段时，一定要时刻牢记这种个体之间的差异性。

在《新中年主张》(*New Passages*)中，加尔·希伊（1995）为成年生活的各发展阶段描绘了一幅新的图画。她认为我们需要对人生各阶段重新进行定义，那种我们仍在沿用的过去的划分方法——认为成年期始于21岁，在65岁时终结——显然已经完全不适合了(p.7)。现在20岁、30岁和40岁的人遇到的问题和20年前的人们已经有了很大不同。今天，50多岁的人们所面临的问题可能是几十年前40多岁的人们所需要解决的。希伊搜集了成年人面对"第二次成年"（45岁以后）挑战时的各样经历，得出了这样的结论："已经不再有标准的生命周期，人们正在逐渐使自己的人生周期更具个性化。"(p.16)

青 年 期

青年期从21岁至34岁，在成年期的这一阶段，个体会经历许多变化，并做出对未来意义深远的决定。阿姆斯乔在2007年曾指出，人生这一阶段的一个重要特征是意识到进取精神的重要性，因为对青年人来讲，要完成人生的诸多任务（比如找到住所、找到伴侣和开创事业），进取心都是必不可少的。当我们走向世界并希望有所作为时，任何时候进取精神都是助我们成功的坚实力量。根据埃里克森的理论（1963，1968），在成功地解决了青少年时期的自我认同与角色混乱的冲突后，我们就进入了成年期，但是在成年期面临**亲密与孤独**的挑战，我们的自我身份将再次接受考验。

人走向心理成熟的一大标志就是能够与他人建立亲密关系，但在此之前，我们必须先对自我有一个清晰的认识。亲密关系包括：分享、付出、不因为他人的能力强大而追随他们、希望和他人一起成长。如果不能与他人构建亲密关系，人就会感到孤立和疏离；可是如果我们仅仅是为了摆脱孤独感而勉强与他人在一起，这样的关系也不可能带给我们快乐。在第7章你会看到，亲密关系有很多种，包括与父母的关系、与伴侣的关系和与好朋友的关系。只要你拥有了其中一种亲密关系，即使它不是那种与伴侣长期相守的关系，你也会感受到幸福。

麦克戈瑞克和他的同事根据情境中的自我理论将青年期定位在21岁至34岁。这一阶段的主要任务是发展建立亲密关系的能力和找到满意的工作，并且这种亲密关系要有利于彼此的发展。他们认为，在这个阶段个体会因文化、种族、性别、阶级以及性取向的不同而产生不同的发展路径，不过，总的来说，他们都要面对建立家庭、工作和养育孩子这几件大事，但是，如果他们在正常发展过程中遇到障碍的话，比如因种族、性别、阶级或性取向受到歧视，他们的发展潜力就会大受影响。比方说，同性恋的男女青年在这一阶段就会遇到不少困难，因为社会不认可他们这种关系，或者他们不得不隐瞒自己真实的性取向。社会标准对人的影响特别大，尤其是在人生经历的初期。男、女同性恋和双性恋作为父母常会遇到这样的误解：他们的同性行为会影响孩子的性别角色认同、性别模仿和性取向。不过，研究也表明，完全没有理由担心这些同性父母养育的孩子的性取向与他们有任何关系（Haldeman，2001）。

成人初显期

十多岁到二十出头的年轻人的特点是开始探索和改变未来生活的方向。阿内特在2000年提出了一个有关人生发展的新理论，专门聚焦从18～25岁这一阶段，他将这一时期称为**成人初显期**，初显的特点有：充满活力、丰富、复杂、多变和不固定。他这样说：

> 成人初显期是人生的这样一个阶段：一切皆有可能；对未来可以有无限的选择；相比人生的其他阶段，对多数人来讲，他们在这一阶段独立探索的能力是最强的。

在这一阶段，最重要的是具备三种能力：独立承担责任、自己做出决定和实现财务自由。成为一个自给自足的人的概念有些类似我们在本章前面讨论过的自主性的概念。

阿内特（2000，2011）认为，对于发达社会的大多数年轻人来讲，这是一个探索和改变的阶段——他们会在这一时期寻找自己的爱情和工作，并形成属于自己的世界观：

- **爱情**：这个阶段对爱情的探索要比青少年阶段对亲密关系的认识更加深入，这个阶段的个体会思考自己是什么样的人，同时希望找一个什么样的人共度一生。
- **工作**：刚步入成年的青少年会思考怎样的工作经验能为其一生的职业打好基础。寻求工作的可能性和其身份认同紧密相关。他们会问的典型问题是："什么样的工作最适合我这样的人？""从长远看，什么样的工作令人满意？""怎样才能确保我在最适合我的领域找到工作？"
- **世界观**：这个阶段的个体会对自己在童年和青少年时期形成的世界观有所质疑，很多年轻人会重新思考其儿时的信仰以及价值观。这样的反思过程有时会产生出新的价值观体系，但通常情况下，个体往往会否定以前的体系，却没有形成一个新的价值观体系。

我们必须在特定的文化背景下去理解刚步入成年的个体，因为个体在这一阶段的种种表现都取决于他们所处的文化对他们在十几到二十几岁时长期进行独立探索的允许程度。相比人生的其他阶段，多数人在这一时期对个性自由的追求和探索是最多的。

二十岁之后

二十几岁时，年轻人面临着许多重大选择。他们要离开家这个安全的港湾，在走向独立的道路上，要面对未来的不确定性。这段时间通常会伴随着大量的焦虑、激动和变化。

处在这个年龄段，你肯定要面临如何生活的抉择。你可能会问自己这样的问题："我是应该选择安全地待在家里，还是应该为了独立生活，而去面对经济和心理方面的挑战呢？""我是应该保持单身，还是寻找伴侣建立一种关系呢?""我是应该全心全意在大学读书,还是应该开始考虑工作呢?""我的梦想是什么?我怎样才能实现自己的梦想呢?""现阶段我最想做的事是什么?我怎样才能找到生活的意义呢?"你可以把自己想问的其他问题也列在这里。

杰森的故事

24岁之前我一直认为自己能够独立生活,我想我能上完大学,找到份不错的工作,自己养活自己。但事情的发展并不像我想的那样,我还在读书,一切顺利的话,至少也还得再读一年才能毕业。因为现在的经济形势太糟糕,毕业后我也不敢指望能找到好工作。事实上,毕业后我很可能得搬回去与父母同住,这样我才可能偿还学生贷款。我的父母很新潮,但我还是不愿与他们住在一起。我希望生活能向前发展,而不是后退,可现在的状况很让人纠结。

有些年轻人在20岁之后仍选择与父母同住,还有些人这样做是出于所处文化背景的期望,但杰森的想法与这些都不一样。我们在考虑每个人的情况时,一定要考虑到他或她所处的文化背景。杰森和与他经历类似的年轻人不愿意对生活看不到希望或感到自己无能为力。虽然人在遇到困境时都会有意志消沉的可能,但对于刚步入成年的年轻人来讲,通过不懈努力来实现自己的目标和重塑自我是非常重要的(Shulman & Nurmi, 2010)。

二十岁到三十岁之间

对大多数人来讲,20岁到30岁之间是价值观和信仰发生变化的时期。在这一阶段,有些人虽然内心依然充满矛盾,但已开始与异性确定关系,并开始工作;也有些人会以各种理由拒绝承担自己应担负责任,而家庭往往会推迟要孩子的计划,直到他们快40岁的时候才会有所改变。

在这一过渡期里,人们通常会重新思考自己的长远打算,重新制订计划,并做出重大改变。有些人意识到他们的梦想可能无法实现,这会令他们感到焦虑,但这也可能使他们重新设定自己的目标,并努力去实现。下面是帕姆的经历,从中我们可以看到她是怎样努力实现自己的梦想的。

帕姆的故事

在我成长的那个年代,女孩子上大学几乎是不可能的。家里人认为,作为一个女孩子,我就该长大、结婚、生孩子、靠丈夫养活。

17岁时,我上了大学,在学校念了两年书,但我没有认真学。后来我结婚了,但很快我和丈夫的关系就出现了问题,最终我们离婚了。现实变得与我小时候的梦想大相径庭。

二十多岁时,我开始重新思考自己的生活,我意识到我想从事一份有意义的工作,我想实现财务自由,并且有一个温馨的家来养育孩子。这时我已经又结婚了,但我不想重复上次的错误了:依靠他人来实现自己的理想和通过他人来保证自己未来的安全。对我来说,教育似乎是实现这一切的关键,于是,在30岁时,我重回大学，完成了自己后两年的学业，并取得了学分绩点平均4分的好成绩。

通过自己的经历我明白了一点：只要努力，梦想就能变为现实。更早的时候我不理解教育的重要性和大学教育如何能够改变我的生活并帮助我实现理想，但现在我看一切都与以前不同了。我意识到生活不能靠运气，而是要通过行动、选择、责任感和艰苦的努力，唯有这样，才能过上自己向往的生活。

思考时间

1. 思考一下你刚步入成年时经历的一些重大转折点，写下其中最重要的两个，然后写出为什么你认为它们很重要？你在这些转折点所做的决定给你的生活带来了怎样的影响？

转折点：_____
_____

决定带给你的影响：_____
_____

转折点：_____
_____

决定带给你的影响：_____
_____

2. 用第一个出现在你脑海中的想法来完成下面的句子：

a. 对我来说，成为一个独立的人意味着___
_____。

b. 如果我能改变过去的一件事，我会改变
_____。

c. 我害怕独立是因为_____
_____。

d. 我最希望我的孩子做的一件事是_____
_____。

e. 有时我发现很难做自己，这种情况往往是_____
_____。

f. 我感到最自由的时候是_____
_____。

g. 我认为独立最重要的是_____
_____。

3. 在你成年以后，回顾起那些你从小就被灌输并且深信不疑的东西，哪些与现实的差距最大？_____
_____
_____

中　年　期

35～55岁这一阶段被称做"走出自我的世界"的时期,处于这个阶段的**中年人**再次审视自己的生活,并在这一过程中重新设计自己在工作和参与社区活动时的表现以适应变化的形势(McGoldrick et al., 2011b)。阿姆斯乔(2007)将这种"反思"称为中年期的"天赋",因为只有人到中年,才能够更深层次地理解生命的意义,而这其实是任何年龄段的人都需要用以丰富人生的重要源泉。同时,在这一阶段,个体也重新对其早年间做出的决定进行反思,并根据现在的生活改变那些他们想改变的选择。中年期的任务非常复杂,需要相当的恒心和忍耐,在这一时期人们还需将自我价值更多地与他们对家庭、工作和社区活动的责任和义务联系起来(Newman & Newman, 2012)。中年是我们生活中最具创造力的时期,但这同时也意味着我们的人生已达到顶峰,因此我们需意识到我们要开始走下坡路了。此外,我们还可能痛苦地发现,我们年轻时的梦想与严酷的现实之间存在着太大的距离!

三十多岁

三十多岁的个体常常会有疑惑,并会再次审视自己生活的重要方面。他们在这一时期经历危机是很普遍的现象,危机主要表现在对自己早期的承诺产生怀疑以及担心被自己所做的选择束缚而无法向新领域拓展。在这个不安、失望和质疑的阶段,个体经常会修改自己生活中的一些规则和标准,还会认识到:如果只被动地期待事情发生的话,那么理想就无法实现,因此必须积极地去努力实现那些目标。

在生命的这个阶段,即使以前的选择看上去似乎没什么不妥,我们还是会期望做出一些改变,因此,这是一个做出新选择的阶段,也可以在这一时期对过去的承诺进行修订或者深化。我们会回顾自己对工作、婚姻、子女、朋友和生活中那些重要事件曾做出的承诺。由于还有许多机会来修改以前的承诺和目标,因此,这一时期我们工作中和家庭角色中的过渡性非常明显,同时我们还需要处理更多的关系,并承担一些新的责任(Newman & Newman, 2012)。因为已经体会到时光的飞逝,我们常常会重新认真思考自己所花费的时间和精力。此外,我们还认识到不可能有无限的时间去实现自己的目标,这是一个积极的认知,它能让我们在面对人生的各种可能时有一种紧迫感。

这一时期我们可能会问自己这样一些问题:"这就是生活的全部吗?""我想在余生做些什么?""我现在的生活中缺少什么?""我对自己现在的生活感到兴奋吗?"职业妇女在这一阶段可能会更希望与家人和孩子在一起;而那些大部分时间都在做家庭主妇的女人则可能想走出家门开始工作。你会在下面玛丽亚的经历中看到这一点,她就有着很多非常复杂且难以实现的想法。男人会质疑自己所从事的职业,并思考怎样才能让自己的工作变得更有意义。对待成功他们可能也会很纠结,一方面,他们会很在意成功与否,因为这往往是别人评价他们的标准,但这很可能会影响到他们生活的品质;另一方面,他们也开始思考为成功所付出的代价,并从更深的层次去探究成功的真正意义。

> **玛丽亚的故事**
>
> 迄今为至，我对自己的生活挺满意。我妈妈上大学时完全没有得到她父母的经济支持和精神鼓励，而我的情况却截然不同。我妈妈和我继父都百分之百地支持我想上学的决定，包括我想学法律的想法。我今年37岁了，有自己的律师事务所，业务开展得也不错。对我来讲，美中不足的是我还是单身，但我很想要个孩子。时间一天天过去，我感到压力很大。当然我可以领养个孩子，我有这个经济能力，但我从来没想过当个单身妈妈，可是既要经营自己的事业，又要花时间约会找丈夫也很困难。我现在就处在这样一个十字路口。

四十多岁

按照埃里克森的理论，人到中年面临的核心问题是**繁殖与停滞**。广义的**繁殖**是富有成效，比如：在工作和休闲活动中依然富有活力；积极教导和关爱他人；从事有意义的志愿者工作。这样的成年人拥有两个基本特征：爱的能力和工作的能力；而缺乏成效的中年人则已开始产生心理死亡的感觉。

步入中年时，我们来到了人生的十字路口。三十多岁到四十几岁这一时期，我们可能已开始思考自己的余生想做些什么。我们面对的既有危险也有机遇：危险是生活完全陷入一成不变的日常琐事；而机遇则是改写人生前半段局限性的可能。

在中年阶段，我们认识到生命的不确定性，也更清楚地发现自己其实很孤单。随着年龄的增长，我们会失去一些过往的东西，这可能会让我们很伤感；但同时我们也会对自己有重新的认识和整合，并且这次不再是基于别人的期望，这能给我们的生活带来积极的改变。下面是一些看似负面的地方，但却可能使我们的生活因此改变。

▶ 我们可能会意识到我们年轻时的一些梦想永远也无法实现了。

▶ 我们开始感到时间的压力，并意识到一定要尽快实现自己的目标。

▶ 我们既认可自己取得的成就，也能接纳自己的不足。

▶ 我们认识到生活不是公平、公正的，我们也无法得到所有自己所期望的，但我们可以就如何最充分地利用自己所拥有的做出选择。

▶ 婚姻可能出现问题，配偶可能陷入婚外情或要求离婚。但这种危机也可能反而能加深伴侣间的关系，使婚姻进入一个新天地。

▶ 对很多人来讲，面对和接受渐渐变老以及身体不再像年轻时强壮的事实不是件容易事。

▶ 这个阶段孩子已经长大并离家，一直与他们住在一起的父母会感到家里变得冷清，但也有很多人由于有了更多属于自己的时间而焕发了青春。

▶ 在照料孩子或孩子开始离家时，我们要面对的另一个任务是照顾开始步入老年的父母。

▶ 父母去世是一个令人很难接受的事实，

它会让我们开始担心自己的健康状况，并注意自己的生活方式。

在这一阶段，我们除了要面对这些可能引发危机的方面，也还会面临下面这些新选择：

- ▶ 我们可能会决定重回学校读书或者换一份工作。
- ▶ 我们可能会更看重朋友间的友情。
- ▶ 我们可能会培养新的能力或有了一些新的爱好。
- ▶ 我们可能会不断问自己下半生到底最想干什么，并开始做自己想做的事。

在第1章时我们介绍过，卡尔·荣格是现代提出解决成人人格发展各种可能性的第一人（Schultz & Schultz, 2013）。他认为青少年期和青年期之后，人格发展的进展不会太快。在他看来，在35岁至40岁，我们开始经历人生的后半段，这时我们会遇到一些重大转变。对许多人来讲，这个时候需要对自己的人生观再次做出选择。他的来访者们普遍经历了重大的中年危机，虽然他们中的一些人取得了世人认可的成功，但他们却不再认为自己所从事的事情有意义。他的许多来访者都在试图摆脱对生活感到空虚和乏味的感觉。

荣格认为在人生的这一阶段，面对重大转折是不可避免和非常正常的事情。尽管人生逐渐失去趣味，但这其实也是帮助我们寻找必要、健康改变的催化剂。要适应这些转变，心理有些方面难免有所丧失，我们就可以有新的、更大范围的、更深入的成长。为了努力达到荣格所谓的**个性化**，即将个体的潜意识和意识以及心理平衡整合在一起，中年人必须首先愿意放弃一些支配他们前半生的观念和生活方式，敞开接纳自己的潜意识，并深化自己对人生意义的理解。

荣格说人们可以通过关注自己的梦和幻想来知觉自己潜意识层面的东西，同样，他们在诗歌、文学作品、音乐和艺术中对自己的描述也可以作为参考。个体必须承认在人生前半段引导他们的理性思维模式只是生命存在的一种方式，到了中年，如果你想让自己的生命更完整，就要接受来自潜意识层面的信息，它也是心理健康的组成部分（Schultz & Schultz, 2013）。

你现在可能距离中年还有一段时间，但你同样可以思考一下自己所形成的生活方式并设想自己人到中年时会是怎样的。为了完成这个设想，你可以参考那些你认识的四十多岁人的

>>> 在人生的后半程，生命的活力更加旺盛。

生活。在决定你的人生方向时，你有什么可效仿的榜样吗？有哪些是你肯定不希望自己经历的？下面琳达的经历可以反映出中年人要面对的一些问题。

琳达的故事

年轻时，我努力地想成为一个贤惠的妻子、慈爱的妈妈、孝顺的女儿和他人的知心朋友。我扮演着一个和平的角色，非常安静，总是待在角落中，帮助别人发光。我总是为他人着想，有时甚至忽略了自己的需求。我把太多的精力放在做事情上，几乎没有功夫享受当下。但经过心理咨询和其他相关学习后，我发现我想改变自己。我开始接纳真实的自我，也会冒险去做一些事情，我变得健谈，并愿意参与活动。我开始注意自己身上的闪光点，并且不再对自己说那些自我贬低的话。我看到了希望。

中年后期

50岁至70岁这段时间被称为**中年后期**，这时人已开始走向衰老。在这一阶段，许多成年人已开始考虑退休、寻找新的兴趣爱好以及余生该做些什么这样的问题。这个阶段的特点是人变得智慧并且感受到相互依存的重要性，他们会乐意帮助别人并将自己的经验传授给他人。社会要繁荣兴旺，需要中年一代努力为下一代创造好的生活环境；而个体要成长，也需要社会提供机会来助其将有价值的努力变为现实。在人生的这一阶段，个体和社会的发展是交织在一起的 (Newman & Newman, 2012)。

五十多岁

人们在五十多岁时就开始为老年做准备了。很多人在这一时期达到了地位和能力的顶峰，对生活状况很满意。他们不需要像以前那样拼命工作，也不再需要满足别人的期望，他们开始享受长年付出的回报，而再也不用努力证明自己了。此时，工作和养育孩子的任务都已接近尾声。成年人在这一阶段常常会对生活进行反思、再聚焦和重新评价，以发现新的方向。

不要把注意力都集中在五十多岁的衰退方面，而应该看看生活中好的方面，这样可以帮助我们提高生活的水平。虽然许多女人将这一阶段看作令人兴奋的时期，但她们常常需要面对由于更年期引发的身体和心理调整的挑战。有些女性会因担心更年期意味着青春已逝而陷入抑郁的状态。

对于男性，五十多岁可能是再次激发他们创造力的时候，因为此时他们不再刻意追求成功，很多人会展现出他们超出理性而更率真的一面,这能令他们的生活更加丰富多彩。但是，男人也同样面临寻找生活新意义的挑战，因为过去那些曾令他们感到骄人的成绩现在已不再那么耀眼了。有些男人，如同下面故事中的布兰特一样，当他们意识到自己所追求的是一场虚空时，会变得抑郁。他们可能已经实现了曾给自己设定的目标，结果却发现其实那并不是他们真正想要的。对于五十多岁的男人和女人来讲，弄清楚什么是自己最需要的可以帮助他们做出如何度过余生的新决定。

布兰特的故事

我当会计师已经很多年了，我的工作使我能支付生活中所需的一切，因此，我没什么好抱怨的。这份工作不仅让我能养家，还能让我支付儿子的大学学费，这在今天的经济环境下真是很不错了。我对此感到很满足，但这份工作不再让我振奋，可如果转行的话，对我来说又似乎太晚了，这样的想法常出现在我脑中，让我感到很困扰。我希望当我回首自己的工作时，我能够说我的工作给别人的生活带去了改变。

六十多岁

步入老年时，人的身体和心理会发生许多变化，而如何适应这些变化与我们以往的经历、适应能力、对改变的看法和性格特点都有很大关系。许多人在六十多岁时无论身体还是大脑都还很不错，完全可以独立应对一切。这一阶段的一大挑战是要学会妥协，接受早年设定的一些目标已无法实现的事实，个体必须能够放弃一些梦想，承认自己的不足，不再纠结自己做不了的事，而只专注在自己能做的事情上（McGoldrick et al., 2011b）。如同下面尤金的例子，这一时期人们其实仍可有很多期待。成熟的中年人此时都已事业有成，也完成了养家和抚育孩子以及通过各种方式贡献社会的责任。在阿姆斯乔看来，这一阶段的"天赋"应该是"慈善"，将自己身上优秀的品行传承给下一代，使他们能够继往开来，努力将我们生活的世界建设得更美好。

尤金的故事

明年我就将从邮政服务行业退休了，对此我很期待。刚开始干这一行时，我只想干上几年。我有更远大的理想，但正如那句话所说的："生活就是这样。"我的计划全变了。不过这也没什么，一切证明都挺好。在这里工作可以让我生活无忧，收入也很好，我没什么后悔的。工作中我遇到了许多很令人称颂的人。我以前曾给一个专为无家可归的人服务的非营利组织送邮件，明年我退休后，我希望也能在那里从事志愿者工作，这将使我的生命呈现出新的意义。

> **思考时间**
>
> 如果你已步入中年，那就在本章末的日记里写下你对下面这些问题的回答，它们对你来说很有意义；如果你尚未进入中年，那就请思考当你人到中年时可能会对这些问题给出怎样的回答。要实现自己的愿望，现在应该做些什么？你是否认识一些中年人可以作为你的榜样？
>
> - 这段时间对你来讲，是"繁殖"还是"停滞"？想想你在这段时间做了哪些你认为最了不起的事。
> - 你觉得自己取得了一些成就吗？如果有，在哪些方面？
> - 你生活中有什么地方是你现在绝对想改变的，又是什么阻止了你去做出改变？
> - 你经历过中年危机吗？如果经历过，它带给你怎样的影响？它对你生活中其他重要的人有影响吗？
> - 你有过失去亲人的经历吗？
> - 这一阶段你做过的一些最重要的决定是什么？
> - 你对余生有哪些期待？
> - 如果让你回忆迄今生活中最成功的地方，它们会是什么？

老 年 期

老年期是指70岁以后的岁月，但是，我们不能严格按照年龄来划分这个阶段，那是不准确的。纽曼等人（2012）写了一篇有关长寿的论文，提出了**非常老的老年人**这样一个新心理发展阶段，用来指75岁以上的老人。在这个人生的最后阶段，个体的表现迥异。现在许多老年人的身体都不错，在美国及其他一些工业发达国家，70岁的人在人口总数中所占的比例增长最快，而不少75岁以上的老人仍像中年人一样精力充沛。老年人的观点和感受已经与身体状况无关，而更多地反映着他们的人生态度。在很大程度上，人的生命力受其心智的影响，而非其实际年龄的影响。

当我（Gerald）读到75岁以上这个新心理阶段的提法时，吃了一惊，因为我发现自己恰好属于这个阶段，但我并不认为自己已经"非常老"，而且我也不认为许多描述老年人的特征适用于我。根据我个人的观点，人生各阶段的特点都只是一些简单笼统的概括，而不是什么准确的发展标志。或许是我不服老，但我的确认为自己现在仍能做那些50岁时做的事情，只是时间花得稍长了一点儿。我的家人对我不服老的态度也很接纳，他们说我"永远年轻"。

老年期的主要问题

父母的离世以及失去朋友和亲戚使我们开始要为自己有一天的离开做准备。老年生活的一个重要任务就是完成对生活的回顾，我们要总结自己的一生，接纳自我以及这辈子所做的一切。 老年时我们的精神生活又有了新的内容，尽管在身体方面越来越需要依赖他人，但我们依然有自己的使命感（McGoldrick et al., 2011b)。

处在这一阶段的老人面临的主要问题有：丧失、孤独和脱离社会、觉得不再被需要、寻求生命的意义、依靠他人、感到无用、失去希望、绝望、恐惧死亡、因他人的离世而难过、对自己身体和记忆的衰退感到悲伤和对以前发生的一些事情感到遗憾。现在，与那些六十多岁和七十多岁的人相比，这些问题在八十多岁的人身上更为常见。老年人仍然有机会尝试未知的领域，事实上，有些人甚至会认为"生命从80岁开始"，因为对这个阶段的老人来说，他们已经无须在意什么行为准则了，他们可以随心所欲地做自己想做的事了（Newman & Newman，2012）。

按照埃里克森的观点，这一时期的核心问题是**完善与绝望**。那些成功实现**自我完善**的老年人会感到他们的生命很有价值和成就，他们既能面对成功，也能面对失败，他们对自己的生命历程很满意，不会去纠结那些无法改变的事实，或陷入应该怎样的想法中不能自拔。回首往事时，他们没有埋怨和遗憾，而是感到知足和完满。他们接受自己和自己所成就的一切，也能接纳他人，并且认为自己的现状在很大程度上都是自我选择的结果。步入老年时他们感到完整、平衡和充实，他们能够坦然地面对死亡，并把活着的每一天过得丰富和精彩。老年人能呈现出这样的生活状态是非常重要的，原因之一是它能够向年轻人传递希望，让他们感到生活是值得好好过的。

但不幸的是，有些老年人做不到这样，他们惧怕死亡，会有自我厌恶感和绝望，并以一种破碎的心态步入老年。他们时常感觉对发生的事缺乏控制能力，甚至不能接受自己的一生，因为觉得自己做的所有事情都很"不够"，而且还有许多事情没有完成。他们渴望能再活一次，尽管他们也知道这是根本不可能的。他们不满足，无法接受自己，因为他们认为自己浪费了生命，让宝贵的时间白白溜走了。有些老人可能会在这一时期进入一个新的社会团体，当他们搬到养老院这类助老服务机构时，他们会与周围的人建立新的关系，这对他们是很有益的。老年病学的研究领域也在不断发展，现在的老年人比以前的老人有了更多的选择机会。

根据阿姆斯乔（2007）提出的理论，老年人的"天赋"是智慧。老年人身上有着每个人都需要的智慧源泉，它能帮助我们避免出错和学到人生的经验。在很多传统社会里，当社会出现问题时，他们都会向最年长者寻求智慧和教导。现在有一个称为"长者"的新国际组织，是由全球一些著名领导人组成的，他们在一起为和平和人权工作，这个组织的目标就是要促进社会变革。事实上，一位长者通过他的智慧和影响力可以为社会发展起到促进作用，并能激励其他人也行动起来。因此，在一定意义上讲，他继续充当着改革者的角色。这个"长者"组织是由纳尔逊·曼德拉发起成立的，它的成员都在为减轻人类痛苦的根源贡献着自己的智慧和经验，下面是他们中的一些成员，他们的名字想必大家都耳熟能详：

- 纳尔逊·曼德拉：前南非总统，诺贝尔和平奖获得者，一位毕生致力于反种族斗争、倡导民主和平等的领袖，这个组织的创始人。
- 格拉萨·米谢尔：国际妇女和儿童权利倡导者，津巴布韦首任教育部部长。

- 格罗·布伦特兰：挪威首位女首相，医学博士，倡导将健康列入人权范围；提出将可持续发展列入国际议程。
- 艾拉·布哈特：提出"温柔革命"的理念；是女权运动和绿色发展的先驱者；在印度创建了妇女个体经营协会，该协会有一百多万名妇女参加。
- 德斯蒙德·图图：开普敦名誉大主教；诺贝尔和平奖获得者；"长者"组织负责人，反种族主义社会活动家、和平运动倡导者；被称为"南非的道德良心"。

老年人不一定非要参加这个组织才能分享他们的智慧和经验，这个组织认为每个人都可以用自己的方式为社会发挥作用和带来改变。

对老年期的成见

改变对老年人的印象对我们来说不是件容易的事，因为它们由来已久，很多人对老年人都持有偏见，无法将他们看成具有很大改变力的个体。

老龄歧视指的是，仅仅出于对"老"的认知，就对这一年龄段的人持有偏见或成见（APA，2004）。老龄歧视会让我们先入为主地对老年人产生成见，并因为他们的年龄而回避或不考虑他们的利益。下面是一些需要引起注意的对老年人的成见：

- 所有老年人最终都会表现出衰老的特征。
- 老年人再婚很丢人。
- 老年人没有创造能力了。
- 衰老过程中肯定会出现严重的身体和情绪问题。
- 老年人往往按照自己的一套生活，思维和行动都已固定僵化并且很难改变。
- 当人们老了以后，就不能学习了，也不会有什么贡献了。
- 配偶去世后，另一半也会很快离世。
- 大多数老年人都与社会隔绝。
- 老年人不再对性生活和亲密关系感兴趣。
- 抑郁是衰老的正常结果。
- 老年人普遍都特别在意死亡。

这些负面的认知和对老年人的偏见在我们的社会中很常见。老年人对于衰老的态度极其重要，并且与年轻人一样，老年人也会因别人的看法而产生无用感，他们很容易接受别人的观念并使其变成自己实际发展的预言。老年

>>> 应当挑战对老年人的成见。

人会牢记这些带有歧视的态度和偏见（APA，2004），而且由于他们确信这些错误的看法而真的变得很无助。但其实老年人完全可以对这些成见持批判的态度，并用行动来挑战它们。

挑战成见

我们大可不必以惶恐或无可奈何的心态来看待老年，老年也不一定就伴随着痛苦。但是，在我们的社会中，的确有许多老年人充满怨恨，而我们通常也会忽略他们，只把他们当作不受欢迎的、只能忍耐的少数群体。事实上，老年人绝对可以为社会做出贡献，而我们不仅无视他们的贡献，还把他们当作累赘，这对他们会造成双重的伤害。

老年人有着丰富的人生阅历和应对能力，如果觉得别人对他们真正感兴趣的话，他们很愿意把这些智慧分享出来。很多老年人其实仍有很强的能力，但年轻人的偏见常常会使我们意识不到他们为社会贡献的价值。

你是否认识一些老年人，他们用自己的生活经历证明了步入老年并不意味着生命的结束？你认识的老年人中是否有人拒绝接受有关衰老的成见？下面这几位老人用自己的生活经历证明年龄的增长并不代表着衰老的加剧。

玛丽婶婶　我们通常会认为八九十岁的老人肯定就只能待在养老院或康复医院了，其实有许多老人依然在独立生活，并且把自己照顾得非常好。比如，我（Marianne）偶而会去拜访一下 Gerald 的一位已 101 岁高龄的婶婶，我们会在一起谈论有关过去和现在的话题。玛丽婶婶的记忆力超好，并且对世界上发生的一切都感兴趣。直到她去世前几个月，她还在干着园艺、缝纫和收拾的活儿。有时候，她不肯服老，但后来她还是同意接受一些必要的帮助，让自己的生活更舒适点儿。她有很虔诚的宗教信仰，这给了她战胜困难的力量。她充满活力的另一个原因是她愿意与自己的孩子们、孙子们以及重孙们在一起。每次拜访过她之后，我都会很兴奋，会对衰老充满了积极的看法，我对自己说："如果我能有幸活到 100 岁，我希望自己也能对生活如此乐观。"

阿特　阿特在几年前开始鳏居，单从外表看，没人会相信他已经 88 岁了。妻子过世后，他离开住了 30 年的家，搬到 160 公里以外的地方与家中的其他人一起生活。他的职业是木匠，虽然已退休多年，但他仍积极为自己和别人干这干那，就在最近，他开始教一些身陷困境的青年人和曾经的黑帮成员学习木工手艺。一个年轻人承认，他从阿特身上不仅学到了木工手艺，也学到了人生的智慧。阿特依然充满活力，他会像年轻人一样哭和笑，而且两年前，他又结婚了。

鲍勃和贝蒂　这对九十多岁的夫妇已经结婚 70 年了，但他们依然非常相爱。他们不仅是夫妻，也是独立的个体；他们身体都不错，在自己家里独立生活，也同一大家人保持联系，他们有许多孙子和重孙，他们还在负责教会的工作。每天他们都会出去散步至少一公里，还花大量时间做义工。他们会定期去墨西哥，在那里传教，并为当地的一所孤儿院和一个教会提供帮助。所有认识他们的人都很敬佩他们应对压力的能力，因为他们得花大量的时间从事教会的工作。他们身上最难能可贵的是他们对家庭的爱和他们坚定的宗教信仰。贝蒂的安静和温柔与鲍勃惊人的睿智和幽默表现得珠连璧合，相得益彰。

德兰妮姐妹　在这本由两姊妹创作的鼓舞人心的《我们的发言权》（Delany & Delany, 1993）一书中，她们向我们证明，即使在102岁和104岁这样的高龄，她们仍然能引起世界对她们的关注。这两位女性为我们提供了年迈时实现自我完善的光辉典范。她们两位都是黑人，也都是职业妇女，一位是教师，一位是牙医。她们总结了长寿的经验，给了我们很多真知灼见。虽然她们也对自己能这样长寿感到惊讶，但她们的生活方式，包括锻炼和饮食的确很健康。姐妹俩互相帮助，虽然也需要依靠家人对她们的照顾，但她们仍能保持一定的独立性。对衰老带来的挑战，她们是这样说的：

> 衰老后生活会遇到困难，因为你不再能够做所有你想做的事。当你变得像我们一样老时，你必须努力去享有自由和独立。有很多朋友和家人照顾我们，但我们尽量不依靠任何人（p238）。

许多看过她们的书或听过她们访谈的人都对她们广泛的兴趣和对当下时政清晰的见解赞叹不已。德兰妮姐妹在如何年过百岁依然活力四射方面为我们树立了极好的榜样。

许多八九十岁老人的生活都对我们起到了榜样的作用。威尔·史考特是一位气象播报员，他常在早间新闻中向那些年届百岁甚至年过百岁的老人表达敬意，这些老人的生活都是充满生机的，这说明衰老其实只是心态问题。德兰妮姐妹和其他那些长寿并拥有充实生活的老人们为我们提供了长寿的秘诀：

▶ 非常幸运拥有好的基因。
▶ 有让他们感到有意义和成就感的工作。
▶ 与家人和朋友保持联系。
▶ 乐于助人。
▶ 积极参与生活而不是远离生活。
▶ 有幽默感。
▶ 有经受失去的能力。
▶ 更愿意宽恕别人而不是心怀怨恨。
▶ 把愤怒释放出来而不是憋在心里。
▶ 对自己感到满意。
▶ 坚持锻炼。
▶ 养成良好的生活习惯。

上述几位老人身上都不存在那些对老人的成见，他们用自己活生生的经历证明人在走向衰老时同样可以享有既充实又精彩的生活。优雅而有尊严地变老并没有固定的规律可循，但其中的一个方法就是：在早些年就做出恰当的选择，它们能为你的晚年生活打下基础。因此，也许你还没到老年，但我们希望你不要忽视思考最终会变老这件事。仔细观察周围老年人的生活，这可以帮助你了解年老后大概会是什么样子，并且通过观察，你可以先勾画出自己向往的老年生活。

思考时间

将自己想象成一个老年人，思考你会有什么样的恐惧，对于生活你会说些什么：你的快乐、你的成就和你的遗憾。回答下面的问题可以帮助你思考：

- 当你年老时，你最希望取得什么成就？
- 对于衰老，你最大的恐惧是什么？
- 你现在做的什么事会影响到你的老年生活？
- 在你认识的年长者中，是否有人可以成为你效仿的榜样？如果有，他或她的什么方面最突出？
- 晚年时你希望做些什么事情？你认为自己会怎样适应退休生活？
- 你希望自己怎样面对身体的衰老？在生活方式方面，你认为你会怎样应对日益下降的健康状况及身体的不适？
- 年老时，你最想怎样评价自己和自己的生活？

在本章末的日记中写下你希望自己老年时的样子以及你对衰老的恐惧。

总　　结

成年时期我们需要为实现自主努力，也就是说，我们需要认识自己，同时也能够与他人建立良好的联系，这种追求自主和成熟的努力是终生的。成年各个阶段面临的任务是不同的，但只有成功解决了前一个阶段的任务，才能完成后面阶段的任务。在此过程中，有一个重要的内容就是学会对早期的决定进行评估，并了解这些决定对当下生活的影响。

沟通分析可以帮助我们重新认识早期的学习和决定。父母灌输给我们的信息以及我们对父母禁令所做出的反应组成了我们的生活脚本。童年发生的事情以及青少年阶段的一些事情也会进入我们的生活脚本。在成年之后，我们会依据这个脚本来生活、做事。我们对自己的生活脚本认识得越深，就越有可能去改变它。也就是说，我们可以根据过去改变未来，而不是无助地被童年阶段的经历所辖制。总之，我们完全可以主动地设计我们的未来，而不是被动地被早期的经历束缚。

在青年期，学会培养亲密关系非常重要。要发展这种亲密关系，必须克服青少年时期特有的一切以自我为中心的状态。这个时期，我们的生理和心理能量都达到了最佳状态，我们可以充分利用这些能力来为自己全方位地奠定基础。此时我们做出的关乎教育、工作和生活方式方面的选择将会对我们未来的生活产生深刻影响。

接近中年时，我们来到了人生的十字路口，因为中年期是潜在危险和新机遇并存的阶段。在这个阶段，我们可以认为"太晚了，已经无法改变了"；但我们也可以在这个阶段做出重大的改变。我们有机会转换职业，也可以发现新的休闲方式，并尝试新的生活路径。

晚年生活既可以非常享受，也可能会在回

首往事时，对那些自己未能完成或经历的事感到遗憾。这一时期的关键任务是对生活进行总结，重新认识生活中的转折点和重大事件。晚年生活的品质取决于早期的一些重大选择，意识到这一点非常重要。

在每个发展阶段的经历和事件，可以在很大程度上帮助我们决定生命中重要领域的态度、信念、价值观和行动，这些领域包括性别角色认同、工作、身体、爱情、性、亲密关系、寂寞和孤独、死亡和丧失，以及人生的意义和价值观，我们会在后面的章节对它们逐一进行讨论。由于这个原因，我们花了大量的精力来关注这些选择的基础。当然，我们也承认，社会环境，比如当前较为困难的经济形势，也会限制我们的选择范围，并影响我们在不同发展阶段的过渡。了解我们怎样走到今天是决定我们未来将如何发展的极其重要的第一步。

自我成长

1. 回忆你生活中一些至关重要的转折点，在日记中画一张表格，写下迄今你在不同时期的经历，并列出你的主要成就、快乐、失败、冲突以及对每一阶段的回忆。在日记中写下因为做出新的决定而给你的生活带来重大改变的例子。

2. 在完成对自己生活中重要事件的描述后，继续记录你针对每次事件做出的抉择。这些事件对你的生活造成了怎样的影响？通过这样的思考，你有哪些收获？所有这些说明现在的你是怎样一个人？

3. 如果想扩展自己对不同文化、种族的人们发展情况的了解，你可以找一个从儿时起就生活在与你完全不同的环境中的人聊天。通过与他或她分享你的一些经历，看看你们之间有哪些不同之处，试着从中发现这些不同是否导致你们的价值观也出现了差异。这样做有助于你对自己的价值观进行再思考。

4. 和一些比你年长许多的人交流。比方说，如果你是二十几岁，那就去找一个中年人或年龄更大的人谈谈。尽量让他们主动讲出他们的经历。他们对自己的生活怎样看？他们遇到过哪些重要转折点？他们对过去记忆最深刻的是什么地方？你甚至可以建议他们读一下本章中与他们年龄相关的部分，看看他们对那些说法有何反应。

5. 你已对人生各个阶段有所了解，现在，思考一下这些阶段对你意味着什么。如果你尚未步入某些年龄段，可以思考一下现在你能做些什么，以确保今后你能享有你希望的生活品质。

第 4 章

身体与健康

健康强调的是完全良好的状态,而不仅仅是不生病。

自我评估

请用这个评分标准来测评你对每个说法的回答:

4 = 我完全赞同这一说法

3 = 我赞同这一说法

2 = 我不赞同这一说法

1 = 我完全不赞同这一说法

- ☐ 1. 我很少考虑通过改变生活方式来提高我的健康水平。
- ☐ 2. 我对待身体的方式表达了我感知自我的方式。
- ☐ 3. 照镜子时,我对自己的外表很满意。
- ☐ 4. 感到不舒服时,我希望马上得到医治。
- ☐ 5. 我喜欢拥抱别人,也愿意得到别人的拥抱。
- ☐ 6. 我的饮食中快餐占很大一部分。
- ☐ 7. 运动是我生活中最重要的部分。
- ☐ 8. 在各方面我都想把自己照顾好。
- ☐ 9. 我有足够的时间休息和睡眠。
- ☐ 10. 我很关注自己的身体和情感需要。

本章将从探究健康的一般状态开始，努力全面地阐述生命所有方面在内的健康。我们着眼于个体对身体的感知会影响到自我意象这一过程。同时，我们也要研究身体认同是如何影响个体的信仰、决定以及自我感受的，这里身体认同包括个体体验自我以及通过身体来表达自我的方式。

思考一下这些问题：你在意自己的身体状况吗？你的身体感觉怎样？你对自己身体的感受和态度对你的自我价值判断、性生活和爱情有影响吗？你能意识到你的情绪对你的身体有怎样的影响吗？你的人际交往对你的身体健康有怎样的影响？

我们还将探究健康作为一种生活方式对人身体和智力所起的积极作用，包括如何安排休息、怎样运动、合理饮食和学习对自己的身体负责。虽然我们大多数人都很肯定地说自己把身体健康作为个人追求的目标，但很多人在追求这一目标的过程中都会遇到阻挠和挫折。健康不会从天而降，它是我们针对自己的身体状况所做出的各种选择的结果。健康也不仅仅是不得病，在很大程度上，医疗只关注去除病症，却忽视了人整体的健康，这是对健康狭隘的理解。医生常常也不注意患者的生活方式，而有时恰恰是这些生活方式导致了患者生病。

检查一下自己在有关身体和整体健康方面所做的选择很有必要，因为它能在很大程度上反映你对生活的态度。我们要对自己的健康负责，而生活方式则会影响到我们的身体和心理健康，这包括要留意自己的饮食、运动以及应对压力的方法（关于压力及其应对方法将在第5章中详细探究）。

身体会向我们发出重要信号，这些信号可能会引起我们的关注，也可能会被忽视或否认。如果留意身体发出的信息，你就能做出有利于提高生命品质的选择。在阅读本章的过程中，请同时思考这些问题：现阶段，你最关注自己身体的哪些方面？对那些已经影响到你健康的生活方式，你应该通过怎样的方式来纠正它们？如果你没有很好地照顾自己，你认为是什么样的观念和思想影响了你？我们现在要面对的一个重要挑战就是：怎样才能改掉那些习惯性的、不健康的行为，并代之以健康的生活方式？本章的目的就是希望你能思考你所有的选择来帮助自己保持健康。

健康与生活选择

传统医学关注的是查出疾病的症状并治愈疾病，它在任何时候的目的都是消除疾病和病源，尽管有时候它最多只能做到缓解病情。相比之下，**整体健康**关注的是人体功能的各个方面，包括我们要对自己的健康承担责任。**健康**其实是选择不同生活方式的结果，它需要我们随时关注自己体内各功能的需要。健康人士在生活中注意照顾自己身体的需求，不断开发自己的智商，充分表达内心的情绪，拥有有价值的人际关系，并一直寻求能够给生活指明方向的生命的意义。健康的定义是这样的(Hales, 2013)：

> 健康是有意义的、快乐的生活，或者更确切地讲，它是一种经过深

思熟虑后所选择的生活方式，它的特点是个体要为自己的身体负责，并努力实现身、心、灵的整体健康。(p.4)

健康不只是不生病，而且是有意识地使自己的身体和心理都能处于健康的状态，它是不断做出选择的过程，这些选择会使我们总是充满热情、平和、活力和快乐。

在2004年的《健康手册》中，作者将健康形容成一座由自我责任和爱这两个支柱支撑的桥。他们在书中写道：自我责任和爱源于我们认识到身体不是分离的，个体也不是各部分的总和，健康其实是一种旨在充分发挥我们潜能的生活方式，它将我们的身、心、灵紧密地结合在一起。

健康方案包括确定自己的目标、给目标和价值观排序、识别可能阻止你达到目标的障碍、制订出行动计划、严格按照计划执行直至达到目标。这些看似简单的内容却并不容易做到，许多人虽然希望自己健康，但却不愿付诸行动，做出改变。我们建议你重温一下第一章中提到的有关制订行动方案的部分，并将那些原则运用在你打算改变的与健康相关的行为上。

健康与负责任的选择

虽然很多人都知道该怎样做，但我们却总是难以付诸行动。我们可能会否认自己的作用，认为生病是我们无法控制的事。虽然我们拥有很多关于健康的知识，但更重要的是将它们充分有效地运用在自己身上。

幸福感是诸多因素共同作用形成的，因此，我们需要关注生活方式的各个方面：怎样工作和休闲、怎样放松、吃什么和怎样吃、如何思考和感受、怎样保持合适的体重、我们与他人的关系、我们的价值观和信仰以及我们的精神需求和行动。如果我们的生活出了问题，那一定是我们未能照顾好上述某个或几个方面。

伯尼·西格（1988）是一位专注心理和精神病方面的医生，他通过观察病人的心理和精神生活来了解他们患病的原因，然后帮助他们恢复健康。他认为，作为一名医生，他的职责不只是简单地治病，而是要帮助患者解决情绪问题，找出患病的内在原因，进而释放自我治愈的能力。

他在著作中指出，我们有能力保持健康并能够自愈，现在有不少自助书籍和音像制品能够在压力管理、运动、冥想、饮食、营养、体重控制、减少烟酒和保健品方面提供帮助。社会也已经开始意识到预防医学的重要性，因此，近些年健康诊所、营养中心和健身俱乐部变得非常流行。由于学生的整体健康和幸福状况与他们的学习成绩有着直接的关系，许多大学都新建或翻新了其配套设施，将一流的学生娱乐和健身中心与学校的健康中心合并，为学生的健康和健美提供了一站式服务（Fullerton，2011，p.63）。

虽然社会已经加强了对全民整体健康状况的关注度，但消除不健康生活方式的战斗还远未结束。儿童肥胖就是挑战美国一整代年轻人的一大严重问题，为此，美国第一夫人米歇尔·奥巴马号召和引领了"让我们动起来"这一专门针对儿童肥胖问题的运动。虽然健康不单指饮食和体重，但如果在这两方面的生活方式有问题，那肯定会给今后的生活造成严重的后果。一些较为严重的疾病，包括糖尿病、心脏病、哮喘、高血压和癌症都与儿童期肥胖有关,更不用说由此可能对心理和情绪方面造成的影响。还有另一个令人吃惊的现状是,目前美国的一些中学,竟然由于经费有限和其他因素,没有开设体育课。

请花点时间思考一下,你在身体和心理健康方面最关注的地方。

个人健康方案

凯文是我们治疗小组的一员,初次见到他时,他看上去非常封闭、刻板、冷漠、拒人千里之外。很长时间以来,他只专注于自己的律师事业,他的家庭关系非常紧张,他常与妻子争吵,他总是试图通过投身于工作并在事业上取得成就来回避家庭矛盾。他的经历说明了一个事实:我们大多数人在身体尚未出现严重问题前是不会主动改变自己的生活方式的。下面就是他的经历。

凯文的故事

当我步入中年时,我开始思考应该怎样度过下半生。我父亲有严重的心脏病,我眼看着他的身体日渐衰弱,这让我很恐慌地意识到我父亲和我的时间都是有限的。终于我去做了早该做的体检,结果发现我有高血压,我的胆固醇也特别高,我确有患上心脏病的风险。后来我又得知我的几位亲戚都是死于心脏病,于是我决定改变自己非常不健康的生活方式。我决定从几个方面去改变。我吃得过多,而且饮食结构很不均衡,我喝酒太多,睡眠不够,我也没有任何运动。我的新决定是恢复与朋友们的联系,并开始定期学习打网球和乒乓球。我还开始跑步,现在如果早晨不跑步,我一整天都会觉得没精打采。在医生的建议下,我彻底改变了自己的饮食结构,结果没有吃药,我的胆固醇和血压都降下来了;我还减了10千克体重,现在我的体形非常好。定期咨询心理医生对我的帮助也很大,因为医生帮我扭转了一些对生活和事情的基本认识。

让我们再强调一下凯文例子中的几个关键点。首先,他花时间对自己的人生方向进行了认真的思考,他不再自欺欺人了;然后他承认自己的生活方式的确不够健康;在发现家庭具有心脏病史后,他没有不当回事,而是决定积极主动地从生活的各方面做出改变。

在心理咨询师的帮助下,凯文意识到自己为抑制伤害、痛苦、愤怒、内疚和快乐这些情绪所付出的代价。虽然他不会为此放弃自己的逻辑思维和分析能力,但他开始释放自己的情感。他明白了得不到释放的情绪最终会通过身体生病或其他形式表现出来。不过在思考工作和生活的意义时,他依然非常理性。此外,他开始与他人建立联结,并让那些对他来说很重要的人知道他愿意接近他们。凯文成功地应对了挑战,他对自己的生活进行了反思,并懂得了怎样做才能让生活变得更有意义,他在对生活做出一些基本改变时采取了积极主动的态度。或许他的经历能够启发你对自己的生活,包括你所做出的选择也进行一下反思。

接受对身体的责任

现在美国民众对运动、饮食和舒缓压力的认识日益提高,很多健康保险公司把钱花在预防医学和矫正方面。一些公司要求客户填写生活方式问卷,以帮助他们发现影响其整体健康水平的一些正面和负面的习惯。许多社区也提供了各种各样的方案,旨在通过适合他们的运动方式来帮助他们提高生活质量。

医生报告说,患者更愿意通过服药来去除疾病的症状,却不愿改变他们压力很大的生活方式。在谈到这一现象时,一位积极心理学家(Tal Ben-Shahar, 2011)讲了这样一件事,"上学期,我的一个学生在得了有生以来第一个B之后完全崩溃了,他在医生办公室待了30分钟——这是他第一次看心理医生——医生给他开了抗抑郁的药"(p.188)。有些人只认为自己是疾病的受害者,却不愿为此承担责任。不过,随着人们对药物副作用的关注越来越多,很多病人开始自学有关处方药的知识,并且向医生咨询所开药物的情况。接下来,会有越来越多的患者通过互联网来获取有关健康保健的知识,这将成为很平常的事情(Wymer, 2010, p.187)。

随着知识的增加,我们对药物作用的认识也在发生改变。以前我们以为服用降低胆固醇的药能够减少患心脏病和脑中风的风险,但现在我们知道这些药有很强的副作用,会对器官造成很大的伤害。有些药刚上市时被渲染成救命的药,但几年之后却因其严重的副作用甚至可能导致死亡而不得不下架。但是,仍有不少人更愿意相信医生的权威性,或相信医药公司提供的信息是可信的、全面的、准确的,而不去考虑他们之间其实存在着利益冲突(Wymer, 2010)。不过越来越多的人在对待自身的健康问题时开始采取积极主动的态度,他们愿意为自己的健康负起责任来。

侧重心理因素的医生尤其强调选择和责任的重要性,他们认为这是确保我们身体和心理健康的关键。他们会邀请患者来了解缺乏运动、饮食不当以及其他一些有害的行为会给自己的身体带来怎样的后果。虽然他们也会给患者开药来降低过高的血压或胆固醇,但他们会告知患者药物的疗效是有限的,更重要的是改变生活习惯。他们会鼓励患者一同担负起维护健康的重任。

当然,我们无法控制自己整体健康的各个方面,我们能够承担的责任也是有限的。看看下面克里斯塔遭遇的各类疾病,她与它们抗争了很多年。尽管她的情况很严重,但她还是在力所能及的范围内设法改善自己的健康状况。

克里斯塔的故事

我最近刚完成一件我以前做梦也想不到自己能做的事。22岁时,我从大学毕业,这在现在看来没什么特别之处,但你要知道,我从幼年时就开始面对一个又一个疾病,因此,能完成大学学业对我来说真的不容易。多年来我饱受各种疾病的困扰,而且我的脑子里还曾长过两个瘤(一个在童年时期,另一个在青少年时期),所幸它们都被成功地摘除了。就在最近,我又被查出患上了肾病。可以说这就是我的生活状况,但我拒绝接受命运的安排。不过,有的时候,感觉真的很难。我服用的一些药带来的副作用就是体重剧增,当我看着自己的体形感到沮丧时,我就安慰自己胖一点儿比起发病来算不上什么,能活着比超重更重要。我非常注意自己的饮食,并且每周都要运动几次，但当我实在无法坚持按要求吃东西和运动时，我也不想太难为自己。我的身体已经遭受了太多的痛苦，因此我不想因自己的控制能力有限再苛责自己。

如果你认为自己能够在维护健康方面发挥积极作用，那意义就非同寻常。反之，如果你认为自己只不过是感冒或者运气不好才生病；如果你认为对身体生病自己无能为力，那你的身体就无法得到你的帮助。但如果你认为你的生活方式与你的身体和心理健康有着相当直接的关系，你就能更好地掌控自己的健康。心理因素在增进身体健康和预防疾病方面能够起到很重要的作用，同样，身体健康也会影响我们的心理状态。下面思考时间中的练习可以帮助你回答这个问题："谁在为我的身体和健康负责？"

思考时间

1. 下面是一些人们为了不改变对身体构成影响的行为模式而使用的合理化解释。看看这些说法是否有一些适用于你。

____ 我没有时间每周运动几次。
____ 无论我怎样努力减肥，都没有效果。
____ 在减肥方面，我自己坚持不下来，别人也没有给予我帮助。
____ 我会尽快戒烟。
____ 当我休假时，我会放松一下。
____ 我喝酒很多，但这会让我平静下来，喝酒并没有影响我的生活。
____ 我需要通过饮酒或抽烟来让自己放松。
____ 食物对我来说并不重要。
____ 我没有时间来确保一日三餐都吃到均衡的饮食。
____ 如果戒烟的话，我的体重肯定会增加。
____ 我不喝几杯咖啡就没法工作。
____ 如果不戒烟，我可能会得肺癌或死得早一些，但人早晚都会死的。

你还有什么其他说法吗？有的话，可列在这里：_____

2. 用你脑海中出现的第一个词来完成下面的句子：

a. 我照顾自己身体的一个方法是_____。

b. 我忽略自己身体的一个方面是_____。

c. 当别人注意我的外表时，我认为_____。

d. 当我在镜子里看自己时，我_____。

e. 我能够更健康一些，如果_____。

f. 我生活中减轻压力的一个方法是_____。

g. 如果我能改变身体的一个方面，我希望它是_____。

h. 我让自己放松的一个办法是_____。

i. 我对自己的饮食这样描述_____。

j. 对我来说，运动就是_____。

3. 当你检查自己对这个练习的回答时，你是否愿意做出一些改变？你愿意采取怎样的步骤来促成这些改变呢？_____

保持良好的健康习惯

保持一种平衡的生活需要我们满足自己对身体、情绪、社交、智商和精神各方面的需求，养成良好的与睡眠、饮食、运动和培养精神追求有关的习惯是所有健康计划的基础。在读下面内容时，反思一下你自己在休息和睡眠、运动和健身、饮食和营养以及精神生活方面的习惯，并思考你想做出哪些改变。

休息和睡眠

睡眠是保持身体健康的基础，而休息则可以恢复体力。在睡眠中，我们的体力得到恢复，我们可以从白天经历的压力中解脱出来，同时我们能够获得能量来有效应付第二天将要面对的挑战。如果每晚能睡6~9小时，我们就处于正常状态。睡眠方面的专家告诉我们，睡眠质量的好坏比睡眠时间的长短更重要，每个人的正常睡眠时间可以有很大差异，重要的是关注身体的反应，并根据需要调整睡眠习惯。

睡眠剥夺会导致强烈的情绪不安，使人更容易受到压力负面结果的影响。韦腾在2013年指出，研究人员已经对睡眠被剥夺会严重影响人的健康这一观点进行了调查，并得出结论，证明睡眠受损的确会给人的心理造成影响，进而损害人的健康，个体的注意力、运动协调能力、对事情的反应和做出决定的能力都会受到影响。"如果我们的睡眠经常被剥夺，而只能靠化学刺激来保持清醒的话，我们的创造能力和办事效率都会降低，而与此同时，抑郁和焦虑的风险却会加大。"（Ben-Shahar，2011，p.145）

不同的人对睡眠被剥夺的敏感程度很不一样，但研究人员发现，长时间睡眠不足7小时或超出8小时的人群都表现出明显的死亡风险，那些睡眠超过10小时的人面临尤其高的死亡率（Weiten，2013）。在最近进行的一次研究中，杨百翰大学的研究人员（Eide & Mark Showalter，2012）发现，16～18岁的年轻人如果希望在标准化测试中取得好成绩的话，需要7小时的睡眠，而不是普遍建议的8至9小时。而对于12岁的孩子来说，最佳的睡眠时间是8至8个半小时；10岁的孩子们则应该保证9至9个半小时的睡眠。他们的研究是基于对来自美国小学和中学的1724名学生的抽样调查，调查的结果证明，随着年龄的增长，人所需的睡眠时间会减少。

睡眠的需求会随着年龄改变，并且每个人的情况又不尽相同，因此，如何才能知道你的睡眠时间够不够、睡眠质量好不好？如果睡眠不足，你可能会表现出这些迹象：情绪变化无常、疲倦、注意力无法集中以及在课堂上或想学习时反而睡着。睡眠受到影响或睡眠不足都会导致易怒、无法集中注意力、记忆力下降、

> 得到适当的睡眠是健康的一个重要方面。

身体和情绪变得异常紧张和对批评过分敏感。失眠可能是由于压力造成的,它常常是当你想睡觉时,却不能停止思考的结果。因此如果你希望自己能有好的睡眠,那就努力把那些问题或麻烦从脑海中挪去,大脑持续运转是导致失眠的主要原因之一。

对睡眠进行监控,了解你所需的最佳睡眠时间和睡眠质量是个不错的主意。睡眠最大的一个问题就是**失眠**,它是指长期无法得到足够的睡眠。我们大多数人偶尔会失眠,这种偶发性的失眠常常是由于一件困扰我们的事情或经历了一些压力引起的。睡眠紊乱会导致高度紧张、应激激素上升、心跳不规律和容易发炎(Hales, 2013)。如果睡不着觉成了长期问题,那就得采取措施加以纠正了。如果你无法得到足够睡眠已成为很严重的问题,则应该找医生、学校诊所或睡眠专家进行咨询。

运动和健康

在今天的社会,人们更愿意坐着而不愿去运动,但过去可不是这样:

> 30年前,人们的生活方式可以使他们保持健康的体重,孩子们上、下学都是走着去学校,课间休息时也总是跑来跑去,上体育课,下课后吃饭前会玩上好几个小时……
>
> 可现在孩子们的生活方式全变了,走路去学校变成了乘校车或公交车,体育课和课后的运动时间也被大大缩短了……
>
> 8~18岁的年轻人平均一天有7个半小时用于媒体娱乐,包括看电视、玩电脑、玩游戏机、玩手机和看电影,只有1/3的高中生参加学校推荐的体育活动。("How Did We Get Here?", 2012)。

坐着的生活方式对健康是有害的,它会影响人的寿命,其死亡率占美国全国每年死亡率的10%(Hales, 2013)。因为不运动而引发心脏病的风险与抽烟、高血压和高胆固醇引发的风险一样高,它还会让心血管疾病、糖尿病和肥胖的风险加倍,并增加癌症、高血压、骨质疏松、抑郁和焦虑的风险。

定期运动是保持健康和健美的重要因素,它能预防疾病,也能使人长寿。定期运动能够提升健康状况,改善人的心情,并减少患上各种疾病的风险(Whitney, DeBruyne, Pinna, & Rolfes, 2011)。运动可以很自然地减轻压力带来的负面作用。大多数人都可以从事的一种运动就是有规律地散步,一天快步走30分钟对心脏、肺和循环系统都大有好处,走路还能控制体重,减缓压力,并使身体和大脑充满活力。走路的好处与跑步差不多,但不用担心关节受损,坚持长期走路一定会减少压力,并有效地预防各类疾病。选择一项自己喜欢的、能坚持下来的、符合你兴趣的运动是很重要的，你也可以考虑与他人一同运动，其好处是会让你感到开心，并且能使你有动力坚持下去。

运动有许多益处，比如：
- 更好的睡眠
- 身体能够得到更多滋养
- 提升骨密度
- 对感冒和其他传染病的抵抗力加强
- 降低患上癌症的风险
- 降低患上心脏病的风险
- 循环系统和肺活量增强
- 减少患上两类糖尿病的风险
- 减少抑郁和焦虑现象的发生
- 晚年能够享受长寿和高品质的生活

定期体育锻炼的其他好处还有：
- 释放压力、愤怒、紧张和焦虑
- 提升幸福感、自尊感和自我认知
- 预防高度紧张
- 提高工作效率
- 减少负面情绪
- 感受到快乐

虽然运动对保持身体健康有很多好处，但运动时也要注意一些可能的风险。运动过度会对身体和心理产生不好的影响，体育运动可能会引发的危险包括：运动成瘾、由运动引发的损伤、过分在意自己的体形以及运动时猝死（Brannon & Feist, 2004）。有些人是被迫参与运动的，这会大大减弱它潜在的益处。我们可能受到某种激励才去运动，结果发现由于目标定得过高无法实现，很快就灰心泄气。我们应该牢记专家的告诫：只有适度的运动才会带来益处。慢跑也会有危险，特别会对肌肉和骨骼造成伤害。适度是我们要遵循的准则。在开始一个较高强度的运动前，与医生讨论一下你的运动方案很有必要。

我们要认真设计运动方案，使危险最小化而对全面健康的好处最大化。此外，还要牢记：运动永远都不会太晚。在这方面，来自英国的巴斯特·马丁为我们树立了一个很好的榜样。他决定参加马拉松比赛，于是便为此开始训练。也许这听起来没什么特别，但事实是巴斯特第一次参赛时用了10小时，而当时他已101岁了（2008年4月13日，NBC晚间新闻对此进行了报道）。与他一起跑的记者问他为什么这个年纪了才开始跑步，他回答说以前由于工作忙没有时间。辛格是另一位百岁老人，他在2011年9月参加多伦多马拉松比赛时用8小时跑了42公里，完成了他这辈子的最大心愿。他在八十多岁时失去了妻子和孩子，之后他开始跑步，并已先后获得了八个世界级别的奖项（Casey, 2011）。这些例子都告诉我们，挑战那些限制我们参与体育运动的想法是非常有必要的。

我（Gerald）直到二十多岁时才开始考虑运动，虽然并没有什么特别的原因使我决定开

>>> 每周步履轻松地走上几次，每次20至30分钟，是一种简单有益、保持健康的运动方法。

始运动，但我发现自己总是没有精神，需要运动来增强自身的能量。开始在中学执教后，我决定每天骑车从家去学校，这让我感到很舒服，我觉得自己更有活力了，但我当时没想到我会坚持骑车达五十多年。这么多年来，我一直坚持每天留出时间运动：散步、远足和骑自行车，风雨无阻！保持身体健康对我来说是最重要的事。我(Marianne)也养成了坚持运动的习惯，我选择了自己喜欢的运动。Gerald和我几年前开始竞赛，我们各自记录自己每天运动的时间，我得承认他做得比我好。

对很多人来讲，设计一个适当并令人愿意执行的运动方案并不容易。如果你身体状况不太好，刚开始锻炼时可能会很痛苦，很沮丧，你很可能会中途放弃，因此我们建议你找到适合自己的并且是你喜欢的运动方式，你设计的方案应该能让你的身体动起来，你的心也能投入进去。如果运动方式是你不喜欢的，那就对你没什么益处，而且你很可能坚持不下来。选择适合自己年龄、身体状况和生命循环规律的运动方式能够增加你成功地坚持下去的可能性——尝试那些你愿意使其成为你生活的一部分的运动吧！

为你的运动计划制订一个既健康又可行的目标，每完成一个目标就奖励自己一下。要欣赏自己已经完成的部分，对那些没能实现的部分也不要过分苛责。如果你把运动当作一件迫不得已的事，它就会变成你对自己的一项要求，进而增加你的压力。运动与休息一样，是让你在工作的重压下休息一会儿，为你注入新的活力。

饮食和营养

俗话说，"吃什么补什么"。在可控的范围内，日常饮食对你健康的长久影响远超出了其他因素。"饮食，就像健康一样，是一种精神状态。饮食其实是你与你所选择的食物之间的一种关系，它是你对所吃的食物的想法和感受。"(Brenner，2002)

在遗传学设定的范围内，我们选择的食物与健康有着很大关系。营养学家建议吃所有能为身体提供营养的食品，而书店里这方面的书籍也是琳琅满目（Whitney, et al., 2011）。但究竟哪种方式是最佳的？有的书推荐一些特别要吃的食物，认为它们对身体非常有益，而另一些书则可能建议不要吃这些东西。有的说法认为必须摄入足够的维生素来强健身体，但又有说法告诉我们不要这么做。我们常常会感到困惑，不知道什么才是理想的营养方案，到底该吃什么，不该吃什么。

如果饮食结构不够好，日常所需的能量就会不足，而饮食不规律也是与营养相关的一大问题。我们常听到有学生说他们没有时间吃饭，

>> 你的饮食体现了你与所选择的食物之间的关系。

由于不良习惯的后果不会马上显现出来，因此人们往往不注意养成良好的饮食和营养习惯。其实健康又有营养的饮食习惯并不需要花大量的时间，特别是当你养成习惯后，均衡的饮食会成为你日常生活的一部分。

通过学习如何吃得智慧、如何控制体重和如何保持健康，你能够获得终生的健康。我们中有许多人吃糖、盐和脂肪过多，特别是饱和脂肪，如果能够意识到这一点，我们就能为提升健康水平做出改变。在饮食和营养方面做出健康的选择需要我们对所吃的东西有所了解，这样才能吃得智慧。吃饭不仅是为了活着，也是为了提高我们对生活的满意度。

健康的饮食与快乐的饮食并不矛盾。吃得好意味着用食物来影响健康和幸福，同时食物也能满足人的感觉，带来愉悦和舒适。吃对身体最有益的东西，并从食物中获取快感是完全可以同时做到的。吃什么和怎样吃直接关系到我们的感受和我们会怎样变老，而对于各种常见病来讲，食疗和药物一样有功效。

研究者向医生和健康专家传授生活方式疗法，这种疗法主要是用来预防疾病。人们应该在没有患病以前就改变生活习惯。吃得好是生活方式的一个方面，但它仅仅是保持健康的诸多变量之一。决定健康的因素有很多，包括遗传和很多环境、心理及精神的因素，饮食是其中我们可自行控制的一个因素。我们不能改变自己的基因，无法控制空气的质量，也不能完全避免日常生活中的压力，但我们可以决定自己吃什么、不吃什么。

精神世界和生活的目的

精神生活是均衡生活中的另一个重要因素，也是健康和幸福的一个重要方面。根据Hales（2012）的理论，精神世界能带给人内在的力量和镇定，并提升你的幸福感。精神世界像一根指南针，指引你做出生活的选择。"精神健康的个体知道自己生活的基本目的，他们能够学会体会爱、快乐、平和与满足感，他们能帮助自己及他人实现其最大潜质。"(p.5)

精神有着多重含义，它在不同人的生活中发挥着或大或小的作用。精神包括我们与世界的关系，是我们找到人生意义和目的的通道。精神超出了身体范围的体验，帮助我们发现世界中的协调。精神的一个定义就是忘掉外界的喧嚣，而专注于内在的自我。**宗教**是精神世界的一个重要方面，但也有很多非宗教的人拥有深邃的精神世界。宗教是指将我们与一个更高力量联结起来的信仰体系。在很多人看来，去宗教场所是他们表达自己宗教信仰的一种有组织的形式，它包含着三种爱：爱神、爱人、爱己。除了宗教仪式外，冥想、正念和活在当下也是丰富精神世界的方法。

有些人认为应当将精神世界看作一个发展的过程，比如，信仰发展理论就提出了一套精神领域发展模式，强调人应该有适当的信仰。无论一个人的具体信仰是什么，都有助于他在遇到危机时平稳度过。

我们很欣赏沃特·沙弗的个人定向哲学，它平衡了自我关注和社会责任。他这样认为：真正的健康应该关心他人的幸福并愿意为公共利益承担责任，这是精神世界的现实表现。他请读者思考他的四部分哲学：

1. 始终抱有想象和梦想，因为很多想象和梦想都具有社会意义，它们能够使他人受益。

2. 努力工作，至少和他人进行一部分合作，把这些梦想变成现实。
3. 平衡好工作与娱乐、身心关注、亲密关系、友谊以及健康的爱好之间的关系。
4. 享受过程。

在我们看来，具备这样的个人哲学是健康的核心。寻求生命的意义和目的是一个永恒的追求精神生活的过程。对整体健康来讲，滋养灵魂与滋养身体一样重要。滋养灵魂的方式有许多种，其中包括花时间安静地思考、默默地欣赏自然之美、躺在地上看天上飘浮的云、探望病人、在花园里种些花、做义工、亲吻和拥抱你爱的人、写信给你许久未见的朋友、读一些励志或精神生活的书籍、祝福自己或他人、写日记和看一部鼓舞人心的电影。回忆一下上一次你做过的满足自己或他人精神需要的事情。你是怎么做的？精神世界对你来讲有多重要？下一章我们还会继续探讨有关精神追求和生命意义的话题。

在后面的章节中我们会讨论关于健康的其他基本因素，包括我们给予爱和获取爱的能力（第6章）；我们人际关系的质量（第7章）；我们对待工作和休闲活动的态度（第10章）；生命的意义（第13章）等。这些因素都会对我们的整体健康产生重要影响。

反思一下你生活中的平衡关系，有什么方面你想做出修正吗？下面的"思考时间"中的问题将有助于你评估自己生活中的平衡程度。

思考时间

1. 你的睡眠够吗？你想对自己的睡眠模式做哪些改变？_____
_____
_____

2. 你最喜欢哪些运动，关于运动有你想改变的地方吗？_____
_____
_____

3. 你愿意在你的食物、营养和饮食习惯方面做出一些改变吗？_____
_____
_____

4. 反思一下你的精神生活，你想怎样定义它？你生活的目的是什么？_____
_____
_____

5. 你对平衡自我关注和社会责任感有什么想法？你认为个人健康在多大程度上与关注他人的幸福有关？_____
_____
_____

6. 在保持平衡的生活方面，你认为还有哪些方面也是很重要的？_____
_____
_____

身体认同

我们无法随心所欲不限制地改造自己的身体，但是我们仍能在现有的条件下为自己的身体做很多事。首先，我们必须知道自己要通过身体表达什么，然后我们就能够决定是否要改变对身体的认同，这包括提高我们对于个体是怎样通过触摸和活动来感知身体的认识。

在这部分，想想你对自己的身体有多少了解以及你对自己身体的满意程度，然后如果愿意的话，你可以决定改变自己的身体形象。

通过身体来感受和表达自己

对一些人来讲，身体不过是他们的一个载体。如果有人问我们怎样认为，我们会马上给出答案，但如果问到我们对自己的身体有什么感受或经历时，我们则可能会不知如何表达。其实我们的身体可以清楚地展示出我们是怎样的人，我们的很多生活经历都是通过身体表现出来的。我们可以从人的脸上看出他的压力和疲倦。有些人说话时下巴总是紧绷着，似乎在努力抵制自己的感受；有些人则总是拖着脚走路，好像表达出他们正犹豫是否要把自己展示给外人。人通过身体表达出的内容甚至超过言语的交流。你的身体说出了你的哪些经历？下面是你的身体表达内在自我的一些方式：

▶ 你的眼睛能表达你是激动还是空虚。

▶ 你的嘴能表达你是紧张还是从容。

▶ 你的颈部能表现出你在控制愤怒或恐惧，也能显示出你的紧张情绪。

▶ 你的胸部能像盔甲一样防护你随意地哭泣、大笑或喘息。

▶ 你的横膈膜能阻止你表达生气和痛苦。

▶ 你的腹部对防护恐惧的侵扰很有作用。

没有表达出来的情绪并不会自动消失。长期"隐藏"的情绪会给身体带来损害，并通过一些身体症状表现出来，如剧烈的头痛、溃疡、消化问题和一系列其他的身体功能紊乱。如果人们把自己的某种情绪封锁起来，如悲伤和愤怒，他们也就无法体会到强烈的快乐。"那些没有撕心裂肺痛哭过的人也不知道该怎样开怀大笑"。我们一定要活得鲜活，能够接纳自己的各种情绪（Ben-Shahar, 2011）：

> 有时候，掩饰自己的情绪不被人发现是必要的（当我们与他人在一起时），但根本不允许自己有这种情绪却是有害的（当我们独自一人时）。我们从小就被灌输当众表现出焦虑或哭泣是不妥的，结果我们即使独处时也拼命控制自己的情绪。愤怒不会为我们带来朋友，可是长期抑制愤怒会让我们最终完全失去表达和体验愤怒的能力。我们为了让自己显得容易与他人相处，把焦虑、恐惧、愤怒统统掩盖起来，长此以往，即使得到了他人的接纳，我们却会变得自我厌恶。(p.42)

把难过痛苦的情绪自然随意地表达出来，可以缓解压力，然后这些情绪会慢慢减弱；而如果压抑了这些情绪，则如同能量被阻塞一样是非常有害的。

让我们更近距离地看看通过身体感知自我意味着什么。

感受身体 感受自己身体的一个方法就是注意你的触觉、味觉、嗅觉、视觉和听觉。停下来，花点时间去感受身体是如何与环境融合的，这有助于我们学会与环境建立更好的联系。比方说，你多久会真正品尝和闻一下你吃的食物？你多久会检查一下自己身体的紧张状况？你有过多少次停下来去闻闻花香或触摸一下它？你多久会听听鸟叫或自然界的其他声音？

我们经常忘记欣赏或享受自己的身体。比如：做一次按摩不仅能够令人感到舒服和愉悦，而且还能让我们体会到自己身体的活力；唱歌和跳舞也是我们享受身体和感受自我的途径；跳舞是一种非常普遍的、能够让人感到完全"拥有"自己身体并非常协调地运用它的方法；参加体育运动和各种锻炼也能让我们获得与唱歌和跳舞同样的乐趣。这些方法都能让你更将自己的身体当作朋友而不是陌生人。

抚摸的重要性 有些人很愿意抚摸别人，同时也愿意被人抚摸，他们觉得一定的抚摸能让人感到身体与情感的联结。但也有不少人觉得抚摸自己会不自在，他们也不愿意与别人有身体接触。如果不小心碰到别人，他们的身体马上变得很僵硬，他们会赶快躲开。如果这样一个人被别人拥抱，他或她的身体很可能会很僵，不会做出反应。比如，在 Gerald 的原生家庭，家人之间就很少抚摸，而 Marianne 在一个德国家庭长大，家人间常会情不自禁地抚摸和拥抱。

在成长过程中有一些时期身体触摸对人的正常成长尤其必要。在大多数文化环境中，触摸对人身体、心理、社交和智商的发展都很重要。"触摸是人与人之间互相交往时的一个普遍现象，不过，人们之间的具体做法却有着很大不同，这与文化背景、性别甚至年龄都有关系。"（Dibiase & Gunnoe，2004，p.49）在有的文化背景下，抚摸是一种自然的感情流露；而在另一些文化背景下，抚摸可能很少发生，并需因情况而定。有的文化甚至有许多禁忌，不允许触碰陌生人、不允许触碰同性别的人、不允许触碰异性或者不可以在公众场合有身体接触，等等。尽管存在着这些个体和文化的差异，但研究已经证明，身体接触对人身心的健康发展绝对有好处。

身体形象

身体形象不单指你的体重和身高，健康的身体和身材能带给你愉悦，也能有助于你做自己想做的事。你可以问问自己，你的身体是否阻碍了你做你想要做的事。如果是的话，那你就应该考虑一下为了改变这种情况，你愿意做些什么。自我评判和自我责备都不能带来改变，接纳自己身体的状况，并决定为提升它的形象做你能够也愿意做的事才是改变的开始。

很多人对他们的体型不满，有些人甚至不能容忍自己看上去有一点不完美，还有不少人非常在意自己的体重、身体各部位的比例、肤色以及牙齿是否整齐和足够白。在我

≫ 我们的身体能够准确地反映出我们是怎样的人。

们国家，每年都有人花大量的钱来使自己看上去更年轻或改变自己的外在形象，许多人忍着痛苦和副作用的危害，付上昂贵的代价去整容、除皱或改变自己的一些身体特征，在鼻、耳处穿洞和文身是当今社会越来越流行的现象（Tiggemann & Hopkins, 2011）。确实有很多人非常在意自己的形象和别人怎样看他们。

其实了解自己的身体并不是件简单的事，在说"我不喜欢自己的身材"的人和那些不断努力控制体重的人之间，存在着很大的差异。评判自己和对自己取得的进步不满意并不能让你了解自己的身体状况，因为一旦你对自己形成了某种评价，你就会限制自己接受正向的反馈，即使有些反馈超出了你自己的看法，也只能让你高兴一会儿，却无法长久。在改变身体形象方面，最重要的因素是你的自我认知，这是你改变方案的起点。

你对自己身体的看法和你为此做出的决定与你在生活中其他领域的选择关系密切。有些人认为自己没有魅力、不吸引人或者长得不够好看，这样的一些自我认知很可能会影响到他们生活的其他方面，他们可能会说：

- ▶ 如果我能有个好身材，我就会快乐。
- ▶ 如果我的身材能再迷人些，人们就会喜欢我。
- ▶ 我看起来总是不好。
- ▶ 我对自己的身体有太多的不满，要改变的地方实在太多了。

如果你认为自己没有魅力，你就会对自己说，别人会因为看到你的缺点而不愿意和你在一起。你传递的信息促成了他人对你的反应。他们会认为你孤傲、冷漠和爱批评人。尽管你其实想与他人接近，但一想到与人接触，你就会感到紧张和害怕。

你可能会说自己没办法改变身体的一些特征，比如身高和体形，但你可以检查一下自己对这些地方的态度。它们对你的自我认知有多重要？文化背景如何影响了你对理想身材这一观念的认识？如果毫不犹豫地接受一些有关身体的传统观念，我们可能会对自己的身体产生羞耻感。有时候这样的羞耻感会一直影响我们到成年。下面两个简短描述代表了这类典型障碍：

- ▶ 丹娜很痛苦地回忆起她的青少年时期，那时她比别的同龄孩子高出许多，发育得也比其他同学快，她经常成为班上男女同学的笑柄。虽然现在她不再比身边的人高了，可她走路的时候依旧是含胸驼背，因为她仍然对自己的身体很敏感，总是有不自在的感觉。
- ▶ 赫伯特是一个身材很迷人的小伙子，他对自己的身体高度敏感，甚至让认识他的人都很吃惊。他身材很好，可是，如果体重增加哪怕一磅，他也会非常焦虑。这是因为小时候他体重过重，让他觉得自己是个"小胖子"。虽然后来他的体形完全改变了，但对肥胖的恐惧依然挥之不去。

思考一下你自己是否也在小时候或青少年时期对自己的身体有过一些看法，并且它们至今仍在对你产生影响。你是否对自己身体的某个特征感到不好意思？即使别人认为你现在是一个很有吸引力的人，你也会对此表示怀疑。如果你继续跟自己说你的身体有缺陷，那你可能也需要像丹娜和赫伯特那样努力去改变你的自我认知。

体重和身体形象

通过多年阅读学生日记和为来访者做咨询，我们发现许多人心目中都有自己的"理想体重"。有的人觉得自己太瘦，努力想变得胖一点儿，但更多的人则是在寻找减轻体重的有效方法。现在的年轻人整天都被不现实的理想身材所困扰，有电视报道说，年轻的女大学生们反对启用一些与她们有太大差别的模特去展示完全不现实的理想身材，她们对时下有关健美和迷人身材不现实的标准颇有异议，她们建议广告更应该用那些接近普通人群的模特。

你可能也属于这样的人，对所谓迷人身材的社会标准持不同意见；你也可能认为你的体重已严重影响了你对自己身体的看法。下面这几个说法你听上去是不是觉得很耳熟？

▶ 所有的节食方案我都试过了，可没有一个我能坚持下来。
▶ 我学业繁重，没时间考虑减肥的事。
▶ 我喜欢吃，不爱运动。

在去德国和挪威旅行期间，我们注意到不同文化对理想体重的看法有很大差异。一个在美国被认为很迷人的非常瘦的人在德国可能就会被看成营养不良，因为在德国，偏胖一点儿的人被普遍认为更健康和富有魅力。一个年轻的极其注意自己体形并拼命减肥的美国女人告诉我们，当她在挪威时，她一点也不觉得自己的身材有什么问题，因为那里的很多人都认为她充满活力，可是当她回到美国家中后，她又开始在意自己的外表了。

这让我们意识到关于理想体重不切实际的社会标准会导致个体长久地以为自己的身材不够好。比如，我们的社会认为女性应该瘦一点儿，这就让许多女性受到极大压力。媒体给出的信息也是瘦即意味着美，结果许多女性接受了这样的认知，并因此变得抑郁和失去自尊，甚至付出了健康的代价。男人也同样希望自己能有个好身材。安德鲁生命中的大部分时间都在为自己的体重犯愁，他节食，并从事各种体育运动，常常把自己弄得筋疲力尽。他的医生很担心体重减得太多会对他的身体造成影响。他常做噩梦，梦到体重又增加了。他对完美身材的痴迷也影响到他的社交生活。后来在医生的帮助下，他为自己的饮食和运动制订的方案趋于现实了，不过，对他来讲，保持身体健美仍然是他每天最关注的事。

身体形象的话题适用于男性和女性，不过，在实际生活中，女性为追求理想的体重所面对的压力更大，这使得她们不得不非常在意自己的体重和身材。在一定程度上，迫使女性过分关注拥有"完美"身材是对她们的一种压迫。许多女性在饮食方面出现的问题都与她们已经内化的"不够瘦"这种愤怒感有关。看看下面凯特的例子，她在体重和身体形象方面的亲身经历很让人同情。

凯特的故事

虽然我尽量克服对自己身体的厌恶，但我仍然要为接受它而苦恼。我和上一个男朋友分手就是因为他对我的身材不满，我这辈子都不会忘记他说过的那些刺伤我的话。

尽管我承认人们对我身材做出的负面评价有一部分是事实，但我觉得也有很大部分缘自所谓的社会标准。这虽然不能为他们的说法开脱，但使我明白我们所有人都是社会标准的牺牲品。作为一个女人，我糟糕的身材就像穿在身上的一套盔甲，很多时候，它阻碍了我观察自己生活中的其他方面。

我在克服饮食问题时遇到的挑战是多方面的。我们当中仍饱受这些问题之苦的人需要继续勇敢地问问自己，我们能否接受自己的现状。最近几个月来，我渐渐意识到，对自己体形的负面印象不仅与社会文化因素有关，也与我的自我认知有关，我已经习惯于因自己的体形被解雇或拒绝。很可笑，这成了我感受痛苦的一种安全方式。挑战依然存在，我还需继续面对自己的那些感受，不过我知道这些感受其实与我的体重以及我的腿和腹部的形状并无关系。

凯特的经历说明了一个女人为接受自己身体所面临的挣扎，但别人却是按照社会上最吸引人和最理想的身材标准来衡量她。在极端情况下，这会造成人的饮食紊乱。虽然饮食紊乱多发生在女性身上，但越来越多的研究文献表明，它也可能出现在男性身上（Bayes & Madden, 2011; Darcy et al., 2012; Reyes-Rodriguez et al., 2011），还有证据证明饮食紊乱也与和社会名流攀比有一定关系（Shorter, Brown, Quinton, & Hinton, 2008）。厌食症和暴食症往往与内化不切实际的标准有关，因为这些标准会导致消极的自我认知以及对自己体形的负面看法。纳奥米讲述的她与厌食症抗争的经历说明，过分追求身形完美会带给人怎样毁灭性的打击。

纳奥米的故事

高中时，我凭着奖学金上了一所寄宿学校，因为我们家乡的高中太差了，所以父母认为能上寄宿学校对我来讲是最理想的。我的新同学绝大多数都来自富裕家庭，很奢侈，而我的家庭却只能算是中产家庭，家境一点儿也不宽裕。我穿的是姐姐穿过的衣服，而学校里的女同学都是在精品店里买衣服。外在形象对她们来说胜过一切，如果你没有一个Coach钱包，你就会被看成失败者！显然，我不适合这样的环境，我感到很压抑。我一点儿也看不上那些女孩，觉得她们很低俗。她们开始在"脸谱"上恶搞我，说我又胖又丑。我特别想离开这所学校回家去，可我又不愿意让父母失望，因为他们一直为我能上这所学校感到骄傲，并且，我也不想让他们为我担心，因此，每次和他们交流时，我都装出一切挺好的样子。

到了第二年，我的自尊更加一落千丈，我变得愈发孤单。我一点儿食欲也没有，但我并不在意，因为我希望自己能减掉一些体重。在减了10磅后，我又疯狂地想要再减去更多的重量，我已经不由自主了。我开始强迫自己运动，有时为了运动我甚至会逃课。这时候我满脑子想的都是食物（因为我太饿了），以致周围的人都无法忍受我了，连我自己也不能忍受自己！三年级时，我已经瘦得不成样子了，父母不得不把我从学校接出来送进医院治疗。我竭力想掌控自己的生活，结果却完全失控了。

对自我持批判性的评价很容易让人陷入自我毁灭的模式中。真正健康和感到健康——选择自己真正需要的——的确是一个很大的挑战。

虽然体重是健康的一个重要因素，但营养和运动对整体健康也非常重要。先别急着决定你是需要增加或者减轻体重，还是需要改变饮食习惯，在此之前，你最好先咨询一下医生或当地的营养保健中心。如果你决定要改变体重，有很多不错的支持小组和自助方案是专门为此而设计的。如果对用认知疗法帮助你减轻体重感兴趣的话，你可以读一些这方面的书，如《贝克完全饮食手册》。此外，许多大学的咨询中心也都有为控制体重和饮食紊乱的人设立的小组。

在成功解决体重问题方面，态度和生活方式的改变是最为重要的。体重有问题的人群吃东西时并不是因为饥饿，他们通常会对周围环境中的外在暗示极其敏感。如果对自己身体传递出来的信息不满意，你可以选择是否做些改变，这完全取决于你自己。如果你决定不做改变，也没有关系，没有谁要求你必须改变。

如果你对自己的身体状况不满已经有一段时间了，但就是不能够做出改变，那也可能是由于一些来自遗传和身体的因素使你几乎无法控制自己的体重。对一些人来讲，即便经常运动并注意营养健康，某些病史也可能阻止他们很好地控制体重。此外，有些人由于神经生物学方面的因素，确实先天具有发展成饮食紊乱的基因（Kaye，Wagner，Fudge，& Paulus，2011）。在控制体重方面，需要考虑的因素的确很多，对这一复杂问题，没有简单的解决办法。你可以先对自己的情况有所了解，然后再尝试采取一些步骤做出适当的改变。在真正开始健身或减肥方案时，一定要考虑清楚自己的实际状况，并与医生提前探讨其他替代方案。

很多人会在减肥问题上陷入困境，因为太在意社会对理想体重和体形的认知标准。对此，我们希望你能提高自己的认识，并鼓励你勇敢地去挑战那些所谓的社会标准。下面"思考时间"中的练习旨在帮助你明确对自己身体的认识，你可以问自己这两个问题："我对自己的身体有多满意？""我怎样才能提高自我接纳的程度？"

思考时间

1. 你对自己的身体持怎样的态度？花些时间研究一下自己的身体，了解你对自己的看法以及你觉得自己的身体是什么样子的。试着站在一面镜子前思考下面的问题：

▶ 看着你的脸，它告诉你什么？
▶ 你的眼睛向你传递出什么样的信息？
▶ 你能看到自己在微笑吗？
▶ 你的身体一般情况下是绷紧的还是放松的？你感到哪些地方是绷紧的？
▶ 你对你身体的哪些地方感到羞耻而想将其隐藏起来？
▶ 你最想改变自己身体的哪些地方？你最满意哪些部位？

每完成一个问题，记录下你自己的表情，并在日记里写下你的反应。

2. 如果你通过穿洞、文身或整容手术对身体的某个部位做了整形，它对你的自我认知会有怎样的改变？当你看到别人对身体的某个部位进行整形后，你会有什么样的想法和感觉？

3. 想象自己看上去更像你希望的样子，如果真是那样,你可能会有什么不同?你的生活又会有什么不同?

4. 阅读过本章并做了这些练习后,你打算采取哪些行动来更好地照顾自己?_____
_____
_____

总　　结

本章的目的在于鼓励你思考如何对待自己的身体以及如何保持身体和心理的健康。即使现在可能尚未遇到健康方面的问题,但你肯定会发现对自己的身体你有着一些不满意的地方。本章的一个主题是查明究竟是什么原因阻止了你去真正关爱自己的身体或者阻止了你采取必要的行动来确保健康。这不仅仅是抽烟还是不抽烟、运动还是不运动的问题,这个基本的选择关系到你如何感觉你的身体和生命。当你有了对身体和生命的感受与态度,并打算对它们负责时,你就会感到自由而不再感觉被身体拖累。

我们可以通过视觉、听觉、嗅觉、味觉和触觉来更好地体验周边的世界,我们也可以通过放松、跳舞和运动来进一步了解自己的身体。触觉是尤其重要的,因为身体和心理要得到健康的发展,都需要与这个世界的接触。

请记住你是一个立体的人,包括身体、情感、社交、智力以及精神等多个维度。忽视了其中任何一个方面,你都会感到它给其他几个方面造成的影响。花点儿时间认真想想,你是否在好好照顾自己的身体?你为自己的健康做了哪些努力?要很好地照顾自己,你需要操练这些方法:冥想、放松练习、关注自己的精神生活、保持良好的饮食习惯、确保足够的睡眠和休息以及定期参加体育运动。

在生活方式上做出改变是一个过程,而不是单一的一件事。如果发现自己确有不健康的生活方式,你完全可以做出选择。你可以选择继续保持那些不良的习惯,当然这可能不会让你活得太久;你也可以选择改变你的生活方式,从而健康、长寿地生活。

自我成长

1. 健康对不同的人意味着不同的内容,当你思考健康时,你想到的主要是哪些方面?你现在做的哪些事情能够让你保持健康的状态?你对健康有多重视?

2. 评估一下运动(或缺少运动)对你身体和心理的影响,以及对你缓解压力的影响。如果对从事一些有规律的体育活动感兴趣,那就确定你喜欢的运动项目。开始时可以小运动量以避免过度劳累,但要坚持至少2到4周,然后,看看你是否已经开始感觉到一些变化。

3. 在日记中记下一周里所有对你身体有益或有害的活动。可以列出你吃了什么、是否吸烟或喝酒、睡觉的方式以及你做了哪些运动和放松练习。然后,仔细研究这个列表,从中选出一个或几个未来几个月你仍愿意继续的项目。为自己的健康设计一套行动方案并坚持执行。利用本章后的日记页写下适用于你的有关健康的事项。

第 5 章

压力管理

要么你控制压力,要么压力控制你。

自我评估

请用这个评分标准来测评你对每个说法的回答:

4 = 我完全赞同这一说法

3 = 我赞同这一说法

2 = 我不赞同这一说法

1 = 我完全不赞同这一说法

- [ ] 1. 我的生活充满压力
- [ ] 2. 我依赖药物或酒度过困难的时候,但是我并不滥用这些东西。
- [ ] 3. 对我来说,完全放松是比较容易的事情。
- [ ] 4. 由于我的生活方式,我有时担心自己会得心脏病。
- [ ] 5. 我能意识到我的一些想法给自己造成了压力。
- [ ] 6. 压力有时会让我生病。
- [ ] 7. 我相信如果我不能控制压力,那么压力就会控制我。
- [ ] 8. 我通过冥想来缓解压力。
- [ ] 9. 我真担心我的精力会耗尽。
- [ ] 10. 我觉得我需要学习更多压力管理的方法。

压力是一个或者一系列导致紧张的事件，它经常会使人的身体和心理健康出现问题。压力包括威胁我们幸福的外在因素、内在因素以及我们面对内在和外在需求时的身体反应。我们每天在生活中都得应对挫折、矛盾、压力和变化，而我们这辈子还会遇到一些更为严重的压力环境：亲人或好友的离世、国家陷入危机、自然灾害、失业、个人经历的失败或身体受伤。甚至有时一些好的改变，比如得到升职、迁入新居或结婚，也会让我们感到压力，并需经过一段适应期。

汉斯·塞利 (1974) 是压力研究方面的先驱人物，他认为压力既有正面作用，也有负面作用，他把压力分为"良性压力"(eustress) 和"负性压力"(distress)。**良性压力**其实就是指好的压力，它能够让我们为日常生活中遇到的问题想出创造性的解决办法，面对这样的挑战时，我们可以获得一种包括成就、意义和平衡在内的感觉。而**负性压力**则是指压力带给人的负面影响，它对我们起着消耗、破碎和损伤的作用，会让我们感到无助和精疲力竭，使我们的身体和心理都处在负面状态中。

压力是生活中不可避免的一部分，我们无法彻底消除它，但可以学着关注和控制它带给我们身体和心理方面的影响。身体和大脑可能会通过一些信号告诉我们生活中有些地方需要改变，这些信号包括：孤独、不安全感、无法集中注意力、记忆力减退、感觉疲劳却入睡困难、情绪多变、不耐烦、焦躁不安、狂热工作、没有食欲和害怕寂寞。它们的出现提醒我们需要留意一下目前的生活，并想出一些应对之策。应对压力的第一步是承认我们可能会对它做出无效甚至有害的反应。如果希望有一个健康的生活，那么提高压力管理技能并使之成为我们生活方式的一部分是非常有必要的（参见第4章）。

虽然大部分压力来自外部，但我们对压力的认识和反应却是主观的、内在的，因此，我们的重要任务就是承认压力，并针对压力源做出积极的反应而不是试图消除它。本章提到的一些进行压力管理的积极措施包括：学习管理时间、挑战自我挫败的想法和负面的自我认知、培养幽默感、注意自己的情绪、操练冥想和其他专注练习以及学习放松。

压 力 源

在人生发展的各个阶段都会遇到这样那样的压力（参见第2章、第3章），正如我们在第四章中所述，健康是应对压力的缓冲器。我们经历的一些压力是自找的，比如，我们不断地给自己提要求，以致无法承受。在这种情形下，我们对压力的控制能力已经超出了我们所能承受的范围。还有一些压力，虽然我们对它们几乎无法控制，但它们却会对我们产生重要的影响，这就迫使我们必须学会用积极的方法去应对它们。这方面的一个重要例子就是恐怖主义危险，很不幸，它已成为今日世界的一个生活现状。在对压力施加控制前，我们必须先确定压力的来源。环境因素和心理因素是压力的两个主要来源。

压力的环境源

我们日常生活中的许多压力来自于外部环境，比如：居住在拥挤的环境里、噪声、交通拥堵和污染。它也可能来自整日一刻不停的各种消息、信息的狂轰滥炸。在手机流行前，人们不用一年365天、一周7天、一天24小时地与他人联系，可是随着社交网络的普及，一切都变了。就像《困惑：新新闻时代和专注的结局》一书提出的："在这个极速发展的时代，我们还能很好地掌握、过滤和反思每天排山倒海般涌来的信息吗？"（p.27）

作为一名学生，你可能会遇到很多的外在压力，特别是在新学期开学初。你可能会碰到在校园找停车位的困难；你得排长队，还得应付延误等其他麻烦；你想选的课名额可能已经满了；想把要上的课程安排得合理些，但就是做不到；你没法把打工的时间与上课的时间协调好，并且这些事可能由于朋友、家人和其他社会成员的要求而变得更加复杂。财务和必须靠工作来养活自己的压力（甚至可能还得养家）会使学生感到负担沉重。研究者（Guo, Wang, Johnson, & Diaz, 2011）指出，大学生面临着近在眼前的两大压力：未来的工作和当前的经济负担，它们都属于高强度的压力，此外还有来自学业方面的压力——论文的提交期限和各类竞争——也是他们必须应对的。而要将所有这些安排在同一时间段解决更是让他们感到难上加难。大学及此后，你会面对许多关键性的抉择，它们对你未来的职业会产生很大影响，因此要做出正确的选择也是一件颇具难度的事情。

我们的大脑和身体也会深受更直接的生理压力的影响。疾病、环境污染、不当的饮食、缺乏运动、糟糕的睡眠习惯以及其他虐待自己身体的方式都会给我们带来损害。

也不能忘记来自社会的压力，没有人会否认我们正生活在一个充满纷争的政治、经济和社会环境中。虽然人的认识有所提高，但很多人在生活中还是遭受着基于种族、国家、年龄、性别、社会经济地位或性取向引起的歧视压力。而对于那些移民来说，除了歧视外，他们还得面对适应新的文化环境的压力。

许多国家正在面临的经济危机已经造成了失业率、住房被没收和企业破产数量的大幅攀升，也让许多家庭的美国梦破灭了。处于经济压力中的人们普遍感到失望，负债累累让他们对未来极其恐慌。新闻里充斥着战争和暴力引发的灾难，电视里也经常曝光政治家们和公众人物只为一己之私，而很少考虑民众的真正利益，所有这些都对我们的心理和身体造成了不良的影响。"9·11"事件令大多数美国人的恐惧感骤增，因为它让我们感到人是多么的脆弱。在过去的10年里，我们见证了"9·11"带给美国人的创伤，并且我们几乎每天都需面对这

>>> 我们日常遇到的许多压力源于外界。

样的事实：不要以为自己是安全的。以前我们是不会这样认为的。这种不确定感就是一种压力源，它严重影响了美国人的心理，也在全球造成了影响。

压力的心理源

我们觉察到的威胁我们健康的任何环境事件都会给我们的应对能力带来压力，它存在于我们的脑中，而我们对压力事件的评估也是极其主观的。在生活中，我们怎样定义、解释、思考和应对事件，与我们认为这些事件是否对我们构成压力有很大关系。韦腾和他的同事在2012年将挫败、矛盾、变化和压迫感定义为心理压力的四种主要成分。下面我们具体看一下这四种压力源，同时请思考它们是否适用于你和你的生活。

挫败源于阻碍你实现自己的需求和目标的事件。外部的挫败源（所有的这些都包含心理成分）包括失败、丧失、工作中受歧视、意外事故、延误、交通拥堵、伤害性的人际关系、孤独和孤立。此外，一些内部因素也会阻碍你达到目标，包括缺少基本技能、身体残疾、缺少自信以及其他所有自己设置的阻碍你实现目标的障碍。你经历过哪些主要的挫败？你是怎样应对它们的？

矛盾是另一种压力源，由于两种或者更多冲突的动机或者行为冲动出现竞争而产生，它可以分为双趋模式、双避模式和趋避模式三种类型。

▶ **双趋模式**：指需要在两个或多个具有吸引力的或令人都想得到的选择中做出抉择。这种纠结是不可避免的，因为时间有限，我们不可能做所有想做的事，或去所有想去的地方。这种模式的一个典型例子就是不得不在两份工作中做出选择，尽管你可能对两个都很心仪。

▶ **双避模式**：指当两个或多个不令人喜欢或不想要的结果出现时必须从中挑选一个。这种矛盾是最令人不快的，也是压力最大的。比如，你得在失业和接受一份你不喜欢的工作中做出选择，虽然两者都令你感到不快。

▶ **趋避模式**：指必须在两个或者多个相关的目标中做出选择，而每个目标既有吸引人的地方也有不令人喜欢的因素。比如，你遇到一份很有挑战性的工作，你很喜欢，可是这份工作需要你经常出差，而这对你来说有点儿困难。

你遇到过多少次这样的局面：要在两个或多个都想得到的选项中选择一个？又有多少次你得在都不满意的现实中被迫选择一个呢？其实最主要的矛盾是你对生活方式的选择。比如，你是否纠结过应该独自做决定还是让别人替你选择？究竟是过自己想要的生活还是按别人的期望生活？用几分钟的时间考虑一下你最近遇到的主要矛盾，这些矛盾对你造成了怎样的影响？对于价值观方面出现的矛盾，你一般如何应对它带给你的压力？

变化会加重压力，特别是当生活发生变化，需要我们重新调整适应环境时。人际关系的变化、工作的变化和经济状况的变化通常都会给人带来压力，即使这些变化是正面和积极的（Holmes & Rahe, 1967）。因此，如果你在一段很短的时间里结婚、迁入新居、有了自己的家，这其中任何一个变化都会带给你压力，而当它们叠加在一起时，你感受到的压力就会更强烈。适应这些生活变化比这些生活变化本身更重要。

压迫感是渴望按一定的方式生活，并对此有很高的期望，它是现代生活中"忙碌病"的一部分。我们不断地给自己施加压力，许多人对自己的要求非常高，他们不断地督促自己，从来不对自己所做的、所能的或所拥有的感到满足。他们不仅努力达到别人的期望，而且自己又给自己添加了一些极其苛刻的要求，这样做的结果必然会给自己造成压力。如果你发现自己已处于这样的情形中，那就要思考一下自己那些错误和不切实际的想法。你是不是让自己太超负荷了？这会不会让你的精力枯竭？你这样紧逼自己是为了什么又或是为了谁？在日常生活中你是如何经历和应对压力的？

压力的影响

压力对人身体是有害的，每天为生活奔波时，我们的身体都会经历**应战还是逃避的反应**。我们的身体总是保持警觉状态，随时准备采取攻击性行动去迎战遇到的"敌人"。如果遭受的压力过多，在"应战还是逃避的反应"中我们就会出现生化变化，这会导致我们长期处在压力和焦虑的状况中，身体也会变得疲惫和损耗，进而引发各类身心和心理的紊乱，这些都不是我们想要得到的结果。**身心疾病**主要是指来自身体方面的病症，比如溃疡、高度紧张和哮喘，它们在一定程度上都是由于情绪因素和长期压力引发并加重的，它们属于身体失调的表现，其症状包括从很轻微的不适到有生命危险的状况。

研究报告（Hales，2012，2013）指出，压力导致了一系列非常严重的身体疾病，其中包括：心血管疾病、癌症、内分泌和新陈代谢疾病、皮疹、胃溃疡、偏头痛和紧张性头痛、情绪失调、与肌肉骨骼相关的疾病、感染性疾病、乳腺囊肿和经前期综合征。回想一下当你身体出现不适时，它们是否其实是压力的反映，问问你自己如果你身体没有这些症状，你的生活是不是会有不同。

艾伦·阿博特（一位家庭保健医生）和克劳妮·阿博特（一位护士）是我们的朋友，他们曾在秘鲁给当地人诊病，这一经历使他们对压力影响身体的方式产生了兴趣，他们夫妇尤其对引发冠心病的那些生活方式感兴趣，因为那都是北美人典型的生活方式。北美人最主要的死因就是心血管疾病和癌症（阿博特认为这些病与压力有关）。但是，秘鲁的印第安人却很少因患这两种病而死亡，因为他们的生活压力相对较小。

根据阿博特的观点，我们的身体为充满物质和压力的生活付出了高昂的代价。据他估计，约75%他接诊的北美病例都在心理上或行为上与压力有关。他说作为一个医生，他对患者在心理方面的帮助已经超出了对他们身体的帮助，并且他认为信赖医生和医生的治疗过程对患者的痊愈极为重要。验一下血、做个X光检查、打一针或与医生简单聊几句都对患者的康复有帮助。事实上，信任医生及其对你身体的治疗的确对病人的痊愈大有裨益。

如同我们在第4章中所探讨的那样，人的身体与大脑之间有着密切的联系，如果刻意抵制情绪就会导致疾病的发生。但是，如果以为所有的疾病都是因我们自己而起,那这种看法也未免过于简单了。研究者不同意"自作自受"的说法,"责任并不意味着你与你得的病之间有着直接的因果关系,也不意味着你该因此责备自己"。虽然知道我们对疾病应承担一定的责任是有益处的,但千万不要为此而责备自己。

在做咨询工作期间,我们确实找到了在压力和心身失调之间存在关系的证据。我们经常会遇到一些来访者,他们总是通过否认或压抑的方式处理自己出现的情绪问题,或是通过其他一些间接方式来宣泄。看看罗尔的情况,他是个年轻人,患有偶发性哮喘,在治疗过程中,他发现自己每当遇到情绪压力或紧张时就会哮喘发作,但令他惊讶的是,当他把自己的情绪释放出来或讲出让他不安的事后,他就能控制自己的症状了。于是,在继续用药物控制哮喘的同时,他学着更全面地了解自己在情绪方面的障碍,结果,他的身体状况有了明显好转。当释放出愤怒、恐惧和痛苦后,他又能够自在呼吸了。

灵活应对压力

有些人的适应能力好像特别强,他们应对生活中的压力一点也不费劲。这些人不仅能够应对压力,而且能够通过战胜压力来发掘自己以前不曾察觉的潜能。**适应**是人的一种能力,它能将重大压力造成的负面影响减至最小。经研究证明,性格在人们应对与压力有关的疾病时能够发挥极其重要的作用,这一研究解答了什么样的人活得健康及其原因为何。有一种被称为**勇气**的性格,有勇气的人就能成功地应对变化而不会生病。勇气就是要愿意面对挑战、敢于承担、对自我有清晰的认知和目标,并且能够掌控自己的生活。对一些虽经受着高强度压力却仍保持身体健康的高层管理人员进行的调查表明,他们都具备这样一些性格特征:

- **愿意接受挑战**:有勇气的管理人员愿意寻求并积极应对挑战,他们将变化看作很刺激的事,认为变化给他们创造了成长的机会。他们不愿意固守过去,他们喜欢挑战并将其视为激发他们创造力的动力,而那些缺乏勇气的管理人员却将变化看成一种威胁。
- **强烈的使命感**:有使命感的人都有着很强的自尊心、对自我有清醒的认识、对生活有热情并且追求生命的意义。那些能够抵御压力的管理人员具备非常清楚的价值观、明确的目标和为实现目标而竭尽全力的担当。相反,缺乏勇气的管理人员没有方向感,对自己的价值观念体系也不具备献身精神。
- **内控能力**:具有内控能力的个体相信他们可以对发生的事情产生影响并发挥作用。这样的个体愿意为自己的行动承担责任,他们认为成功与失败都是由内因决定的,如能力和行为。外控型的人却认为发生在他们身上的事是由外因决定的,如运气、命运或机遇。有勇气的个体会呈现自己的内控能力,而不能抵抗压力的人在压力出现时会显得无能为力。

这一工作推动了对性格影响健康和忍受压力的能力方面的研究,表明了在应对因变化带来的压力时,勇气所能起到的作用。其实勇气的特征在其他相关领域的研究中也有显现,比如，有研究发现勇气是适应的关键因素，它不仅能让你忍受压力，还能使你在压力中成长（Maddi，2002）。勇气能通过赋予人胆量和能力将逆境转换为契机，进而带给你工作业绩、领袖才能、充沛的精力以及身体和心理的健康。

其他研究人员还强调了适应能力的重要性。为了解决军队中普遍存在的心理或人际交往方面的问题，宾西法尼亚大学的心理学家率先在美国部队中开设了提升适应力的课程，为军士们传授有关适应力方面的技能。根据积极心理学的原则和宾西法尼亚大学的适应力培训方案（这个方案最初是为儿童和青少年设计的在校培训方案）创立的这个课程，为军士们学习适应力技能打下了基础，之后这些技能被传授给了战士们（Reivich，Seligman，& McBride，2011）。这一课程后来成为士兵综合健康方案（Comprehensive Soldier Fitness，CSF）的一个重要部分，它的目的就是"提升整个美国军队的心理健康水平和积极表现，减少不良反应的发生……CSF 是预防性的，而不是要等到有人因压力出现了负面情绪时再去解决，它为部队全体人员提供了改进适应能力的方法"（Cornum，Matthews，& Seligman，2011，p.4）。

思考时间

1. 什么事情让你感到压力最大？ _____
_____
_____

2. 为了管理压力，你尝试做过什么吗？这些方法起到什么作用了吗？ _____
_____
_____

3. 你还能采取什么措施来更有效地管理你的压力？ _____
_____
_____

4. 在本章中我们鼓励你在压力影响身体方面自己承担责任，如果你为身体中出现的症状（比如胃疼、头疼和肌肉紧张）承担了责任，你的生活会有怎样的不同？ _____
_____

5. 在应对变化和压力时，如你能具备"有勇气的性格"可以帮助你保持健康的状态，在面对充满压力的环境时，你的哪些性格和态度会有帮助或者是有阻碍？你对适应力有怎样的看法？ _____
_____
_____

应对压力无效的方法

对压力的反应既可能是有效和适应的，也可能是无效和不适应的。如果我们应对压力的反应长期无效，则人的身体和心理就会受到损害。无效的方法包括精力枯竭、防御性行为和滥用药品或酒精。

长期压力导致的精力枯竭

精力枯竭是一种身体、情绪、智力和精神上的疲惫，它的特点是感到无助和无望。它是一种综合征，会让你觉得没有成就感、筋疲力尽和丧失个性（Maslach，2003）。它是长期饱受压力的结果，通常与长时间从事高强度的工作有关。拼命争取不切实际的目标也会让人感到失败和受挫，而人在精疲力竭时身体的各方面都会枯竭，虽然他们也愿意帮助别人，但实际上他们连自己都照顾不了。

枯竭的感觉也会出现在学生身上，这让他们自己也感到吃惊。通常他们没有意识到自己太过匆忙的生活方式，也没有注意到身体发出的警告信号：他们已经把自己逼到了极端的边缘。许多学生把大部分时间用于学习和工作，忽视了朋友间的友谊，没有时间关注家庭，也没有任何休闲娱乐活动。到了学期末，他们的身体和情感都已非常疲惫。看看下面道格的例子，由于没有照顾好自己，他心力交瘁。

道格的故事

除了上学外，我还要打两份工，一周三次我在一个通宵饭店当服务员，另几个晚上则在酒吧里当招待。挣的钱还行，而且不影响我白天上课。我是学心理学的，准备读研究生，同时还志愿帮教授做研究，我还要准备 GRE 考试。要做这么多事情，因此我每天能睡 5 个小时就非常幸运了。有时候我太累了，一点儿食欲也没有，常常忘记吃饭。虽然理智告诉我要调整好自己，否则我会被累垮的，可是，当我又得工作，又得上学，还要准备考试时，我又怎么能调整呢？我要求自己要在 30 岁前读完博士，如果把节奏放缓的话，我就没法实现自己的目标了。

身心疲惫时，我们能做些什么呢？一旦觉得自己总是很疲劳和缺乏活力，同时非常想改变这种状态时，我们可以学得"聪明些"，即：改变我们的工作方法，从而减少压力（参见第 10 章）。疲劳真正的原因是没有足够的时间从工作状态中恢复过来。大多数人可以聚精会神地工作两小时，但这之后，效率肯定就降低了（Ben-Shahar，2011）。因此，我们应该像短跑运动员那样，在高强度工作一段时间后，一定要休息一会儿。在他看来，我们需要**多层面的恢复**，这其中包括细微方面的（在一整天的工作中定时休息一会儿，可以运动、冥想、听音乐）；中等层面的（夜间得到足够的睡眠）和大范围的（每年休假 1~4 周）。

如果我们能给自己制订一个切实可行的目标并有足够的恢复时间，那我们就可以表现得更高效，也能减少无助感，从而避免因过度疲劳造成的烦躁和愤怒。我们需要学会放松，哪怕只是一小会儿。对工作也要有一个更客观的认识，无须亲自去处理遇到的所有问题。最重要的是，一定要学会关爱自己，这与关爱别人一样重要。

虽然学习一些应对技巧对处理枯竭的影响是有帮助的，但我们更应将注意力放在防止这种情况的发生上。我们要学会重新安排生活，使自己不会感到疲惫。预防性的方法包括：对身体表现出的疲劳信号要非常敏感，同时还要找到能使自己总是精力充沛的方法。学会利用休闲时间来让自己得到放松也很重要。引起疲劳的原因很复杂，我们必须找到适用于自己的方法并学会关爱自己，这样才能提升我们对生活的热爱。

防御性行为

如果经受的压力源于学习或工作中的失败，我们可能会以否认事实的方式来为自己辩解。尽管防御性行为有时候的确能够起到调节的作用并减少压力造成的影响，但从长远来看，这种行为还是会加强压力的强度。如果更多地关注保护自己而不是面对现实，我们就不

▶▶ 学会利用业余时间丰富我们的生活非常重要。

可能采取必要的措施来真正解决问题。过分依赖防御性行为会引发的一个问题是越使用防御机制，就会越焦虑，一旦出现这种局面，我们的防御行动就触礁了，并且会导致一个很难打破的恶性循环，最终令解决压力变得异常困难。我们建议你花点时间复习一下第2章中讨论过的自我防御机制，并反思自己在应对生活中的压力时使用防御性行为的程度。

药物和酒精

很多人头痛时会吃阿斯匹林；紧张时吃镇定药；学期快结束时，为了不睡觉喝功能性饮料；还服用各种不同的药物来减轻身体其他的症状和情感压力。前段时间，我（Gerald）在一段崎岖不平的山路上骑了很长时间的自行车，回家后就开始头痛，这对我来说并不常见，我没有意识到这是由于自己太劳累了，休息一下就行了，而是立即服用了阿斯匹林，然后继续日常的工作。我的身体已经给我发出了重要且清楚的信号，可我却很麻木地对此视而不见。估计大多数人在类似情形下也会选择迅速消除症状的办法，而不是认识到这是在提醒我们需要改变一些生活方式了。我们都太依赖药物来减轻压力症状，却不去思考引发压力的根源。

我们实在太容易倒向药物了，因为药物能帮我们消除疼痛。想想你是否有过试图用合法甚至不合法的药物来解决问题的经历？当饱受羞愧、倦怠、焦虑、抑郁或压力困扰时，我们可能会依靠化学药物来缓解这些症状，这些药物的一个副作用就是让我们的身体和心理都变得麻木。我们不去注意自己身体发出的不好的信号，反而自以为是地认为自己可以掌控生活。

可是当药物或酒精不再起作用后,我们还是得面对之前企图回避的疼痛。药物和酒精无法改变现状,却会阻碍我们发现应对压力更直接有效的方法,最终造成的结果是压力控制了我们,而不是我们控制住压力。

当为了减轻痛苦的症状而过量服用药物或酒精时,解决问题的"方法"就演变成了另一个问题。一旦对药物形成耐药性后,就只能加大剂量,最终很可能会导致药物成瘾。彼得给我们讲述了他多年依赖药物的生活。

彼得的故事

在滥用毒品和酒精很多年后,我很庆幸自己已有两年的时间能够保持清醒了。我的身体在地狱中待了那么多年还能活下来的确很幸运。我因在驾照暂时被吊销期间仍然酒后驾车而被判处短期监禁,那时我的生活跌入谷底,我意识到我再也不能继续这样下去了。我加入了匿名戒酒会,找到了一位很好的辅导老师,并定期参加聚会——现在我仍坚持这样做。

我从11岁时就开始使用毒品和酒精,17岁时已经完全上瘾,我吸的是冰毒。吸毒时我觉得自己无所不能,那种亢奋的情绪令人难以想象,直至毒品的作用消失;因此我越吸越多。不吸毒时,我就酗酒。你们可能会感到奇怪,我怎么能在父母眼皮底下做这些呢?因为我的父母也酗酒,他们每晚都去酒吧,他们认为这很正常。他们每天晚上很晚才从酒吧回来,一回来倒床就睡,这样他们根本注意不到我吸毒已经成瘾。他们知道我喝啤酒,不过他们觉得这没什么。事实上,在我们家每个人都喝酒。如果你不喝,反倒有些另类。我的姐姐戴西就因为不满家人的做法并拒绝喝酒,和我们几乎没有任何往来。这让我感觉很不好受,因为现在我能明白她为了保护自己,不得不与家人断绝联系有多么痛苦。我想她可能还不知道我已不再酗酒了。等我有足够的勇气时,我会发邮件给她,看她是否愿意见我。我要为自己以前对她说过的不好的话向她道歉,我希望她能重新回到我的生活中,因为她是我的姐姐,我爱她。我们是家中仅有的不酗酒的人,我想,至少我希望,她能为我现在的生活感到骄傲。

因为以前的经历,我知道自己面对压力时会很脆弱,因此我采纳了一个匿名戒酒会的朋友的建议,开始练瑜伽。我一直在坚持,它能够帮助我变得专注和平静。通过参加聚会、练瑜伽和注意自己的饮食,我已经能够很好地控制压力了。过去面对压力时我只能靠药物或毒品,但现在我再也不用那么做了。

无论是毒品成瘾还是酒精成瘾,一旦成为一种生活方式,最终都会毁了我们。就像上面彼得的经历,连他们的家庭关系都被破坏了。酒精可能是最容易让人上瘾的东西了,因为它是合法、容易买到并且被社会接纳的。但酗酒非常危险,它会让人变得很虚弱,而且它给人造成的影响通常不会马上显现。酗酒的人会越喝越多,如此才能提振他们的情绪或缓解他们的痛苦。那些希望能戒酒的人也想通过与他人的接触来代替饮酒或吸毒,但这常常让他们感到更孤立。许多饱受酗酒之苦的人也努力想掌控自己的生活,但他们不愿公开承认已经酗酒成瘾这件事。由于不能或不愿采取治疗措施,他们很可能让自己的状况发展到更严重的阶段,直至酿成大祸。许多人说他们只有跌至谷底才最终意识到自己对生活已完全失去控制,对酒精也无能为力了。数以千计的正在恢复中的酗酒者常常说他们的生活需要彻底改变,他们需要别人来帮助他们应对这一问题。但不幸的是,有些酗酒或吸毒成瘾的人却不愿接受帮助,以致失去了战胜酒瘾或毒瘾的机会,下面克莱尔的经历就是这样一个例子。

克莱尔的故事

我的哥哥理查德酗酒成瘾,5年前,他52岁时死于酒精中毒。很长时间里我都无法接受是他自己的选择最终导致了他的死亡这一事实。我父母在他去世时已经不在了,我有点庆幸他们没有看到自己的孩子由于无法掌控生活而走上了一条不归路。他们活着的时候已经知道他喝酒很厉害,但他们认为这很正常,因为男人总是需要交际应酬。他没有告诉他们他已经因酗酒被解雇了。我哥哥很聪明,也有才华,但他不能应对压力。遇到压力时,他不愿向他人求助,他觉得应该自己应对一切,否则就会被人看成太过软弱。他靠喝酒来缓解压力,结果没想到,这反倒要了他的命。

我至今仍保留着他的一张照片,照片上他还很年轻,我拉着他的手,他很开心,意气风发。这是我想永远记住的理查德,而不是他去世前不久我见到他的样子,他瘫在一张被尿浸湿的沙发里,四周是一堆空酒瓶。看到你爱的人已经变得完全没有往日的样子,那种难过和揪心的感觉真是无以言说。

尽管酒精和毒品可能会暂时帮你应对痛苦或压力,但很显然,最终它们是没有任何益处的。依靠它们非但不能解决问题,反而会使问题变得更加严重。在极端的情况下,比如流行音乐天后惠特尼·休斯顿,她公开宣布自己已经与毒品抗争几年了,但结果还是很悲惨。众所周知,现在滥用处方药的现象也已经很普遍。研究者(Fenton, Keyes, Martins, & Hasin, 2010)提供的一份报告中指出,抗焦虑的处方药的非医疗使用正在不断增加,这是很危险的,甚至是致命的。与此类似,在被诊断出患有多动症(ADHD)的青少年中滥用处方药的现象也在增加。"国家药物控制政策办公室和国家药物滥用研究院都已发现,除了大麻,处方药已经成为美国青少年中使用最多的药物。"(Setlik, Bond, & Ho, 2009, p.876)

除了滥用酒精和药物,其他一些问题行为也会因压力而加剧。它们中有的也已被定义为成瘾,包括赌博、强迫性暴饮暴食和疯狂购物。虽然这些行为可能会起到自我安慰的作用,但最终它们还是会让人陷入恶性循环的状况里。

有许多很好的渠道可以帮助那些在某个方面成瘾的人,也有很多治疗方法能够帮他们治

毒品和酒精会摧毁我们的生活,阻碍我们找到直接有效的方法来应对压力。

愈这一毛病，其中之一就是学会新的应对压力的策略。如果想了解更多有关酗酒方面的内容，我们推荐你读这本经典著作：《匿名戒酒会》(*Alcoholics Anonymous World Services*, 2001)。

创伤后应激障碍

创伤性事件是非常有压力的，它对我们的身体、心理、社交、智商和精神都有着重大影响。**创伤后应激障碍（PTSD）** 指由于创伤性事件引发的焦虑失调，并伴随这样一些症状：感觉再次经历创伤、回避和麻木、极度亢奋（美国精神病学协会，2000）。2001年9月11日恐怖袭击事件发生后，很多人都出现了PTSD的症状，而那些直接面对该事件的人们，包括营救人员和退役的消防员，在事后很长时间里甚至出现了症状加重的现象。"过去10年进行的研究发现，与'9·11'事件相关的PTSD在短期和长期都给人们造成了重大影响。"(Neria, DiGrande, & Adams, 2011, p.440) 与此类似的是，近两年从伊拉克和阿富汗回国的退役老兵中，患上PTSD的比例也在增加 (Friedman, 2006)，而且自2001年以来，正在服役的士兵中因患上PTSD而自杀的人数也在大幅上升，这已经迫使医护人员准备了早期干预性措施来确保他们的安全和稳定，并对潜在的症状进行治疗。(Jakupcak & Varra, 2011)

对于创伤后引起的压力在其他领域和其他人群中的研究也在加强，这其中包括针对一些大的自然灾害，比如卡特里娜飓风 (Sprung & Harris, 2010; Wagner et al., 2009)；造成大面积破坏的亚洲东南部的海啸 (Hussain, Weisaeth, & Heir, 2011) 以及发生在美国中西部和南部的龙卷风 (Houlihan, Ries, Polusny, & Hanson, 2008; Polusny et al., 2011) 的幸存者的研究。我们还打算对2010年发生在海地的强烈地震以及2011年日本发生的三起灾难（地震、海啸和福岛第一核电站的核泄漏危机）所造成的后果进行研究。创伤性压力也会出现在各种严重的汽车、火车事故和飞机失事后，而那些遭受侵袭、暴力犯罪、儿童性虐待、强奸、性侵害、家庭暴力、父母虐待、绑架、枪击事件或痛失亲人的人也都极易出现PTSD的症状，亲眼目睹死亡或严重损伤的人也有可能经历PTSD。还有救援人员、警察、消防员、医务工作者以及其他得在第一时间赶往危机现场的工作人员，他们同样需要对因工作带给他们的压力做出反应。毫无疑问，创伤性压力对人的身、心、灵都会造成伤害。

Naparstek（2006）明确指出，有关PTSD的研究发现已经让我们明白这一综合征对我们身体、情绪、认知和行为的影响。她在报告中说，儿童比成人更容易经历PTSD，孩子越小，越容易遭受PTSD，并且症状越严重。她发现PTSD常见的症状有：侵入性想法、大脑不断闪回创伤场景或在夜里做相关噩梦、与人疏远、不愿再提那次经历、坐立不安、极度亢奋、感情变得麻木、失眠、注意力出现问题、恐慌、人际交往受到影响、生气和发怒、抑郁、焦虑、感到羞耻和内疚,把自己从行为和心理上封闭起来。虽然总的说来,随着时间的推移,这些创伤后的压力症状会逐渐减弱,但在很多情况下,症状持续的时间相当长。

Tolin 和 Foa 对创伤及其造成的精神失调在男性和女性身上的不同反应进行了长达25年的研究。2006年他们对其研究进行了总结,结果发现当面对相同类型的创伤时,女性遭受 PTSD 的概率高于男性。这种由性别引发的差异表明文化背景在其中所发挥的作用,也同时解释了为什么有些人会经历 PTSD;而另一些人却不会(Knight,2009)。那些曾数次经历创伤的人在遇到新的创伤时会更脆弱,因为以前的那些症状又会出现在他们身上。

虽然 PTSD 是人们在经历创伤时的一种普遍反应,但多数人并不会因此患上 PTSD。不过所有创伤的幸存者都需面对由此带来的压力,而这会影响到他们生活的多个方面。有时候,他们可能会怀疑是否还能再相信别人、自己是否还能再快乐起来,甚至质疑自己原有的信仰。幸存者的世界观会因自己的经历而产生变化,他们可能会从此认为世界是不公平的、残酷的、不安全的和无法预测的(Schwartz & Flowers,2008)。有些幸存者会在经历一次创伤后变得处处设防,比如下面雅拉·卡瓦拉的经历。

雅拉·卡瓦拉的故事

我的国家利比利亚的内战把我彻底击垮了,它令我崩溃,严重影响了我每天的正常生活。我会忘记吃东西,开车时不知道自己要去哪里,脑子里总是负面的想法,有时简直想自杀。我试着找一些解决办法,但都是不健康的。比如,为了不让自己脑子里总是闪现那些创伤的情景,我开始与人进行不必要的争执或辩论。当关心我的人建议我去找咨询师时,我的反应却是给自己建一堵墙,把所有的人和所有的事都拒之墙外,我不给任何人机会进入我给自己建的牢笼。我不敢去寻求咨询,因为我知道咨询师会让我回忆那些我竭力想忘却的可怕的记忆。

我为自己设计了属于我的信仰或神学体系。在我自建的牢笼里,我并不舒服,但这是我唯一可控制的地方,我与所有试图进来或想拉我出去的人作对。当我后来终于投降,愿意接受咨询后,我的咨询经历和信仰在我身上产生了出人意料的疗效。我开始步入一段漫长而痛苦的旅程,但我觉得这是值得的。我现在不再有那些负面的想法了,也不再感到恐惧、焦虑或总是陷在可怕的回忆中。当然,记忆依然存在,但它们无法再摧毁我了。

我受到激励,开始读心理咨询方面的硕士学位,并写了两本书:《光照不到的地方》和《光带给你的安慰》,它们都是关于我患上 PTSD 和得到医治的经历的。

每一个经历过创伤的人都应该在事件发生后尽快寻求专业帮助,从而在治疗过程中获得最大的益处。如果能在事件发生后的24至72小时内获得帮助,患上 PTSD 的可能性会大大降低(Everly & Mitchell,1997,2008)。如果你想了解你曾经历过的创伤所引发出的症状的严重性和持续性,可以向受过培训的专业人士寻求帮助。

创伤经历挥之不去的记忆常常会让人很难将过去的创伤与当下的现状区分开来（van der Kolk，2008）。由于仍处在压力中，创伤受害者的感觉或行动就好似他们还在经历创伤。对许多饱受PTSD困扰的人来讲，在社会交往过程中，创伤的重现是他们需要面对的一大问题。Knight在2009年强调说，曾经受过创伤的成年幸存者不可避免地会将过去的创伤与现在的问题联系起来，因此他认为作为咨询师，了解幸存者过去的痛苦和现在的状况并将它们联系起来是非常重要的。童年时遭遇过创伤的成年幸存者一定要把他们以前的经历讲出来，而要想使他们得到医治，就必须知道和理解他们的这些经历。对这些成年幸存者来说，在治疗过程中小组疗法尤其有帮助。对此，Knight说："虽然从童年的创伤中走向恢复和医治的征途很艰难，但在行程中与有类似经历的人分享，能让这一过程变得容易些，并可减少一点孤独感。"

应对创伤后果的治疗方案有很多，其中一个最全面并且最值得推荐的方法就是将自己的身、心、灵都专注在重获健康和幸福这一目标上。此外，还有一些方法也值得尝试，如：个体心理疗法、小组疗法、关怀小组以及其他各种各样的危机干预方案。积极心理学在帮助软弱的个体将自己的创伤公开时也极具价值（Cornum, Matthews, & Seligman, 2011）。正面教育和强调适应性是士兵综合健康方案的中心，它们有助于减少美国军队里创伤后应激障碍的发生（Seligman & Fowler, 2011）。

性　利　用

在这部分我们将讨论三个与性利用有关并导致创伤的话题：乱伦、强奸和性侵害。无论在哪种性利用中，权力都被错误地使用，信任关系也遭到破坏，目的只是为了获得对另一个个体的控制，或者为了凌辱、压迫、胁迫和利用对方。个体在这一过程中被剥夺了选择权——除了当被侵害时选择如何应对。乱伦、强奸和性侵害都属于滥用权力、强制、破坏和暴力的行径，因此，它们都是不正当的。在所有这些性利用行为中，一个普遍的特点就是受害人不愿意把他们受辱的经过讲出来。事实上，很多受害人会有一种不应有的负罪感，他们认为自己对所发生的事负有责任。这种负罪感会因为社会因素而加剧，最终会让受害人因自责和他人的指责而患上综合征。受害人不应该再遭到侮辱了，不应认为是他们配合或促使了发生在他们身上的暴力事件。

遭受性侵害和儿童时期性虐待的女性比男性更多，但是有过性创伤经历的受害人，无论男性还是女性，都饱受心理的痛苦和压力（Tolin & Foa, 2006）。儿童时期经历的创伤，特别是如果它与性虐待有关的话，通常会造成严重且长期持续的后果（Kinght, 2009）。对女性来讲，相比其他类型的创伤，性创伤会引起更多的心理问题，并更可能造成PTSD。由于男性性别角色在社会上的普遍定位，男性受害者在遭受性创伤后，往往在寻求帮助时会有心理障碍。遭遇过各种类型性利用或性胁迫创伤的男性和女性都会因这些经历而在心理上留下很深的伤痕，并且这会影响到他们的整体情绪、与他人发展关系和生活中的许多其他方面。

在今天的社会，性利用仍然是对儿童和青少年幸福构成严重威胁的一个主要因素，因此，我们需要加强努力来保护年轻人不再成为性侵的受害者。虽然我们下面讨论的部分将重点聚焦在家庭范围内的性虐待，但如果我们未指出由任何一个本来很信赖的人或一个陌生人实施的性虐待同样是错误的并会给受害人带来毁灭性的后果，那我们就是不负责任的。

乱伦带来的创伤

乱伦是指两个有血缘关系的人之间任何类型的不正当性行为或性接触，其中一个往往是孩子，这是世界上普遍绝对禁止的性行为。它发生在各个社会经济阶层，无论参与者处于哪个年龄段，它都是不合法的（Crooks & Baur，2011）。乱伦是一种对信任的背叛，也是对能力的滥用，它没有任何的合理性，当事人永远难辞其咎。

遭到家人侵害的儿童会感到被玩弄，从此对一切可能利用他们的人都会充满不信任。性侵害是发生在交流有障碍的家庭中的一个问题，这样的家庭还会出现暴力行为、情感伤害、忽视、酗酒等其他问题。这些孩子一般不会意识到他们的家庭环境给家庭中所有的成员带来了怎样严重的心理伤害。

虽然更多时候女性是乱伦的牺牲品，但男性有时也会遭遇乱伦的伤害。母子间的乱伦通常显得很微妙，有时与正常的母亲关爱孩子的行为很难区分开来，但有此遭遇的男性所受到的创伤往往会比其他方式的性虐待带给他们的伤害更严重（Carroll，2013）。我们接待过一些成年男性来访者，他们在童年或青少年时期曾是乱伦的受害者，这些男性表现出的交际障碍与那些有过性虐待创伤的女性的状况完全一样。无论男性还是女性，无论他们处于怎样的文化背景下，遭遇乱伦后的心理动力学过程都是类似的，因此，针对男性和女性的疗愈过程也基本是一样的。

乱伦的幸存者通常会因遭受性和情感的利用而感到内疚、受伤害、愤怒和不解，他们觉得自己是受害者，可是有些人又认为自己好像也是同谋。女性常常因无法向他人倾诉她们受到的这一创伤而陷入巨大的压力。许多女性在

》 乱伦是对信任的背叛以及对权力和控制的滥用。

接受心理咨询时才第一次讲出她们因遭受乱伦所受的伤害。她们认为自己也应受到谴责，而且他人的确也有这样的看法。尽管那是一种性行为，但她们可能以为这其中也有爱的成分。而孩子则会认为大人有权威，他们应当顺从，哪怕觉得那些做法有些怪异。典型的情况就是，这种现象发生在儿童和青少年时期，成年后她们记得自己当时感到很无助，不知道该怎样阻止对方这么做，也不敢告诉任何人。孩子们不敢讲这种事的原因还包括：不知道对方这么做是错的；感到很羞耻；害怕告诉别人后的结果；自责感；觉得别人可能不会相信会发生这样的事；害怕报复；害怕从此失去家人和朋友的爱。一些幸存者终于开始寻求帮助是因为他们害怕自己的兄弟姐妹也会经历同样的遭遇（Carroll，2013）。只有当性侵害的幸存者把过去的经历讲出来，被禁锢的、强烈的情感才能得以释放，治愈的过程也就开始了。

个体间对性虐待的反应虽然会有不同，但性虐待所造成的长期影响会带给人很多心理问题（Carroll，2013）。现在我们来更深入地看一下童年性虐待给女性带来的影响。这样的女性会因以前的遭遇致使其多年来无法得到满意的性生活。她会对男人充满怨恨和不信任，总是把他们与当初对她进行过性虐待的父亲或其他男人联系起来。如果她连自己的父亲（或祖父、叔叔、兄弟）都无法相信，那她还能相信其他男人吗？即使对爱慕她的男人，她也很难相信他们，认为他们一定别有用心，肯定会伤害或侵犯她，因此她感到必须控制他们之间关系的发展。她不让自己向他们敞开心扉，即使在交往过程中，她也无法体验性的愉悦，她担心如果自己完全放松，很可能会再次受到伤害。

她对性的罪孽感和她整个人的负面状况使得她无法享受一段令人满意的性关系。她因自己的罪孽感以及被玩弄和成为受害者的遭遇而责怪所有的男人。在建立和保持亲密关系方面，她会遇到严重的障碍，不仅对她的伴侣，甚至对她的孩子也是如此。成年后，她会担心自己所嫁的男人今后又可能性侵自己的孩子，于是童年的经历在她成年后仍会像幽灵伴随着她。

研究者将一组有过性虐待遭遇的女性与另一组没有这种经历的女性做了比较，结果发现童年时有过性虐待经历的女性缺乏自尊，有很多性方面的问题，对与伴侣的性生活不满意，对性生活没有兴趣，性幻想时总是出现暴力的场景，并对自己的这些性幻想有很强的罪孽感。她们中很多女性无法在与伴侣同房时达到性高潮，只能靠自慰。这一研究表明，遭遇过性虐待的女性始终陷在自己的负面经历中，当她们有性冲动时，却总是想起那些性虐待的场面。当她们终于找到一个较稳定的伴侣时，他们之间的性生活却总是触发她们以前的记忆以及创伤后因压力引发的症状，这当然会影响到他们继续保持满意的亲密关系。

我们已经发现，对大多数有过性虐待经历的男性和女性来讲，在一个安全的环境中，把自己的经历讲出来是有疗效的。在一个充满支持、信任、关爱、尊重的气氛里，这些个体可以开启走向痊愈的过程，并能最终彻底消除伤害。治疗中很重要的一个环节就是接受现实，承认自己是受害者，但所受的创伤绝不是因自己引起的，这完全是施暴人的责任。治疗的另一个目的就是帮助受害人把他们负罪、愤怒、耻辱、伤害、恐惧和混乱的感觉全都释放出来，让他们从此不再有责任和罪孽的负担。

通过心理治疗，幸存者能够重新看待以前的经历，虽然可能永远也忘不掉那些经历，但她可以丢掉自责的感觉，并最终不再让这些过往的经历辖制自己的生活，这样她就能使自己从那些痛苦的创伤经历中摆脱出来，并有能力与伴侣建立亲密关系。

如果你经历过某种程度的性虐待，我们建议你寻找咨询师帮助。一般人们在遭受性虐待的当时都不愿把自己的经历告诉别人，而总是要等到一段时间后才能把这段回忆和感受讲出来。咨询能够为你提供机会去面对那些挥之不去的经历，并使问题得以解决。支持小组也会对那些乱伦的幸存者大有裨益。

约会强奸和熟人强奸

在与学生接触的过程中，我们发现，在校园里约会时遭遇强奸的事情司空见惯。**强奸**是指被迫与他人发生身体或心理上的性关系，而**熟人强奸**则是指受害人遭遇一个自己认识的人的性侵袭，这个认识的人可能是朋友、同事、邻居或亲戚。**约会强奸**是指一个人在约会时被迫与另一个人发生性交。强奸是一种带有侵略性的性行为，也可称为性侵害或性胁迫，都是一个人错误地使用自己的力量去控制另一个人。许多遭遇强奸的受害人都表现出不同程度的创伤后应激障碍。

无论是约会时遭遇强奸还是被认识的人强奸，都是对信任的玩弄，与乱伦相似。当一个人被迫与他人发生性关系时，他或她作为人的尊严都遭到了严重侵犯。强奸多数情况下发生在男人针对女人身上，不过也有不少男人受到过一定程度的性侵害，强奸还可能发生在同性之间。因此，男性和女性都既有可能向他人施暴，也有可能成为受害者。有人认为强奸案的作案人大多是陌生人，这种想法也是错误的，事实上，只有一小部分强奸案是陌生人实施的，而半数以上这样的案件发生在双方约会时（Weiten, et al., 2012）。

约会时遭遇强奸带给人的情感伤害与乱伦带给人的伤害差不多，和那些乱伦的受害人一样，被自己认识的人强奸的男性和女性常常觉得自己也有责任，并因发生的事件责备自己，他们通常会感到很尴尬，害怕把这种事讲出来。有研究者认为在美国强奸属于最少被披露出来的犯罪案件之一（Carroll, 2013; Crooks & Baur, 2011）。人们不愿意报案的原因包括：不认为这是非常严重的犯罪案件；希望保密；不知道法律能做些什么；害怕遭报复；对这种事情感到羞耻和有罪孽感（Carroll, 2013）。当听说学校发生强奸案时，很多学生会感到很紧张、极度恐慌，并担心这种事也会发生在自己身上，特别是如果作案人仍逍遥法外时。很显然，强奸带给人的压力和创伤是非常严重的，与其他创伤一样，心理治疗是帮助幸存者走向治愈的重要渠道之一。

许多大学为学生提供有关预防约会强奸的教育，它主要强调对你约会的对象要保持坚定并清晰的立场：什么是你愿意做的；什么是你不愿意做的；并且要求对方必须同意你的要求；同时也告知学生哪些因素可能会导致在约会时遭遇强奸。预防强奸的各种方案在不断增多，这些方案有针对男性的，有针对女性的，也有同时适用于男性和女性的。针对女性的方案重点在加强女性对环境和行为的风险意识，并指导她们如何自卫；而针对男性的方案则强调对女性的责任与尊重。同时，无论男性还是女性，在应对约会强奸和预防性暴力方面，也都要承担起自己的责任来。校园预防性方案需要既针对女生也针对男生。男性和女性都可以从小组讨论或预防强奸工作坊中得到帮助，因为这些方案主要聚焦在人际交往和预测可能出现问题的方面。

凯特琳的故事

我上大学时刚满18岁，我记得当时想到住在宿舍里，见到新的同学，可以独立生活，我就特别兴奋。和其他同龄人一样，我迫不及待地想独立，想自己解决一切问题。上二年级时，有一次我去参加了一个聚会，玩得很累，一个一直和我聊天的男生主动提出送我回宿舍，我同意了。他很迷人，也很风趣，我觉得我们很聊得来。现在我很后悔和自责，因为那天晚上他强奸了我。虽然我记得我告诉过他不要这样做，但由于当时我的判断力不是很清楚，我不敢肯定自己是不是竭尽了全力去阻止他的行为。

你或许以为我讲述的这件事发生在近期，其实不是，这是三年前的事了，但对我来讲，它依然像是昨天才发生过的，我始终放不下罪孽感。我没法原谅自己当时喝那么多酒，完全失去了控制。我认为如果当时我能坚决拒绝的话，他就不会那么做了，因此我始终无法原谅自己。现在我只好来找咨询师进行辅导，我希望自己能从这件事中解脱出来。

凯特琳遇到的这种情况在校园里屡屡发生，带给其他人同样的困扰。一些研究人员注意到，"受害人在喝酒后遭遇性侵害的概率非常高，这一现象值得引起严重关注"（Lawyer, Resnick, Von Bakanic, Burkett, & Kilpatrick, 2010, p.453）。他们的研究表明，校园里发生的与毒品有关的性侵害远高于其他类型的性暴力，并且这些性侵事件发生前，受害人都喝了不少酒。这项研究并不是意指这些案件中的受害人要为此承担责任，无论他们当时的精神状况如何，他们都不应为成为性侵害的受害人而遭到责备。

性骚扰

性骚扰是指通过暗示性的言语、手势、玩笑或身体接触不断地向对方传递性意图的行为。这种现象在学术领域、工作场所和军队都已引起极大的关注。女性经历性骚扰远多于男性。性骚扰属于对两人之间权力差异的滥用。1964年通过的《民权法案》第七部分明确禁止性骚扰，雇员可以因其受到的强迫性行为而起诉公司。

你可能听说过甚至经历过下面某些性骚扰行为：

- ▶ 议论某人的身材或衣服。
- ▶ 带有性倾向的身体或言语行为。
- ▶ 带有性或性别特征的玩笑。
- ▶ 不停地发出带有性倾向的眼神、言语或提议。
- ▶ 贬损对方的性别。
- ▶ 带有性倾向地触摸或注视对方。
- ▶ 带有性暗示的谈话。
- ▶ 询问对方有关其性行为的问题。

男人有时以为女人愿意得到性关注，但事实并非如此。性骚扰剥夺了女性的选择权，因此当然不会令人喜欢。骚扰是对对方的不尊重，会让对方受到创伤并产生压力。性骚扰也许不像其他类型的性胁迫那么令人震惊和有害，但它给个体造成的影响同样是创伤性的，并且让受害人长期处于痛苦中（Carroll，2013）。施行性骚扰的人也许不认为自己的行为有什么问题，甚至可能认为这不过是开开玩笑而已，但它绝对不是什么好玩的事。受到性骚扰的那些人常会觉得他们也有责任，但实际上，与乱伦和约会强奸的情况一样，受害人绝不应受到责备。

许多性骚扰事件没有被披露，因为当事人害怕说出来后的结果，比如被解雇、得不到提升、被降级、或者在职场中遇到阻力，而害怕遭报复是最主要的原因。但是不把事情讲出来会引发问题，因为遭到性骚扰的个体在那样一个充满敌意的环境下是无法充分发挥自身能力的。

如果遇到自己拒绝接受的行为，你并不是无能为力的，因为性骚扰在任何时候都是不当的，你完全有理由严厉制止。首先，要意识到你遇到了性骚扰的问题；接下来，要明确地告诉那个对你进行性骚扰的人，你不能接受他或她的这种行为，希望他或她马上停止。如果他或她不肯罢手，或者你觉得直接面对此人风险太大，你可以将这件事告诉别人。如果这种冒犯性的行为仍未停止，那就将所发生的一切清楚地记录下来，这在起诉时能发挥重要作用。

大多数工作场所和学校都针对性骚扰投诉制定了相关的规定。如果你的权利受到侵害，你不是在孤军奋战。当你反映这类事情后，一定会有人帮助你对此予以解决。与面对乱伦一样，把性骚扰这种事隐瞒下去是没有好处的，而当你告诉了别人，你不仅得到了释放，并且也卸下了压在心中的负担。

替 代 创 伤

如果你打算成为一个对他人有帮助的专业人员，很重要的一点就是保护好自己，不要遭遇**替代创伤**的危险（McCann & Pearlman，1990）。在投入地接待来访者时，由于努力让自己产生与他们同样的感受，你很可能会因此也受到创伤，因为来访者都是有过上述创伤经历的，比如性侵害、乱伦、强奸、性骚扰、痛苦、自然或人为的灾难等。替代创伤的症状包括：焦虑、怀疑、抑郁、身体不适、受搅扰的想法和感觉、回避、情感麻木或泛滥以及脆弱感加剧（Culver，McKinney，& Paradise，2011，p.34）。创伤性受害者常常被认为是最具挑战性的来访者，因为要了解他们的经历并帮助他们解决问题，需要花费更多的时间和投入更多的精力。在帮助新奥尔良地区受卡特里娜飓风影响的幸存者们解决心理问题的过程中，心理医生 Culver 和她的同事们发现，他们对他人的认知以及自己的世界观都受到了负面的影响。

尽管这一信息听上去有些令人吃惊，但心理医生毕竟受过专业培训，因此你完全可以凭借所学的知识和技能来应对一系列复杂的情形。如果觉得承受不了了，你可以向同事和督导寻求援助和咨询。不仅咨询师会遇到替代性创伤的情况,在危急情况下,大量第一时间参与救助的人也会有此反应,比如公共服务和安全方面的工作人员。你可以通过下一部分有关积极应对压力的措施来构建自己的防护设施以应对工作中出现的压力。

思考时间

1. 在什么方面,你无法有效地应对压力,你愿意做些什么来改变你的方法?＿＿＿＿＿
＿＿＿＿＿＿＿＿＿＿＿＿＿＿＿＿＿＿
＿＿＿＿＿＿＿＿＿＿＿＿＿＿＿＿＿＿

2. 如果你曾经历过创伤,你是怎样解决的?你现在从创伤中恢复的状况怎样?在哪些方面它仍然影响着你的生活?＿＿＿＿＿
＿＿＿＿＿＿＿＿＿＿＿＿＿＿＿＿＿＿
＿＿＿＿＿＿＿＿＿＿＿＿＿＿＿＿＿＿

3. 如果你认识的或关爱的某个人曾经历过创伤,这对他们与他人(包括你)交往造成了怎样的影响?这让你有怎样的感觉?＿＿＿＿＿
＿＿＿＿＿＿＿＿＿＿＿＿＿＿＿＿＿＿
＿＿＿＿＿＿＿＿＿＿＿＿＿＿＿＿＿＿

4. 如果你打算进入咨询专业,你对替代性创伤有哪些担心?你会采取哪些步骤来消除与创伤幸存者在一起时可能带给你的负面影响?
＿＿＿＿＿＿＿＿＿＿＿＿＿＿＿＿＿＿
＿＿＿＿＿＿＿＿＿＿＿＿＿＿＿＿＿＿
＿＿＿＿＿＿＿＿＿＿＿＿＿＿＿＿＿＿

应对压力的积极方案

迄今我们已经讨论过应对压力的无效反应、创伤压力源、各种类型的创伤后应激障碍以及与压力有关的性利用和性骚扰,现在我们要将注意力转向应对压力的积极方案,以帮助你有效地解决压力问题。应对压力的有效方法有许多种,但其中首要的是清楚了解压力产生的基本原因,如果希望通过长久且根本性改变生活的方式来管理压力,就需要有深层次的洞察力和自我发现的能力。随着认识的加深,我们可以改变其中一些基本因素,并同时运用一些积极的应对措施。

Weiten、Dunn 和 Hammer(2012)推荐了下面这些**积极措施作为应对压力**的反应,这些措施是健康的:

▶ 直面问题。
▶ 对处于压力中的状况进行准确并且客观的分析,而不要有任何刻意的歪曲。
▶ 学会承认压力引起的负面情绪并设法有效地管理它。
▶ 面对压力时,学着通过行为来控制它。

除此以外,还有其他三个积极应对压力的方法:察觉并纠正你对自己的看法、学着经常微笑并培养幽默感和变压力为动力。在本章的后面,我们还将讨论其他管理压力的健康方式,在这里我们先详细探讨一下刚才提到的这三个方法。

纠正自我挫败的想法

你的想法和你告诉自己的话会对你的压力体验产生影响。例如，这些有关使用时间的想法会带给你压力："当我花时间玩乐时，我会觉得内疚"；"我做事情一向风风火火，因为我总是对自己说应该做得更多、干得更快"；"如果一天有更多的小时，我会找更多的事情做，即使这会带给我更大的压力"。

在第3章，我们讨论过挑战父母禁令、文化理念和早期决定的方法，这些原则也能有效地应用在应对压力的消极影响上。大部分压力来自于对生活的认知，例如有时你可能会经历需要执行或遵守外部标准的压力，当你对自己说"我必须完美地完成这项工作"时，你会感到压力更大。你可以使用第3章介绍的认知技术来应对那些关于"应该"、"应当"、"必须"等不合理想法。如果你能改变那些为了满足外界期望而导致的自我挫败的想法，来自周围的压力自然就减轻了。虽然外界的环境很难改变，但你完全可以改变自己的看法，这样做可以减轻你所体验到的压力。通过省察自己的内心，你会发现那些带给你压力的想法。

在我（Gerald）看来，要改变一些已经被内化的想法的确很难。了解我的人都会在我身上看到：全身心投入工作、缺乏耐心、一个时间段里同时做好几件事、必须按自己规定的期限完成工作以及恨不得自己能掌控整个宇宙！经过这些年后，我已经意识到不能一年到头全是工作，总让自己处在压力中，而且我也期望能有个假期让自己彻底放松一下。虽然在这方面的改善有些缓慢，但几年前，我的确已经感觉到需要找到一些方法来减少导致压力的情境，并用不同的方式应对那些不可避免的压力。然后我开始有意识地对自己的行为做一些选择，因为不同的选择可能会带给我压力或者内心的平静。我已经明白改变自己的思维和行为是一个自我省察并做出选择的持续过程。还有，一些人说自己的生活没有太多的压力，可是却给别人造成了压力！

要有幽默感

有些人太严肃了，不懂得应该怎样享受生活。如果过于严肃，我们就无法表达自身的喜悦，嘲笑一下自己做过的一些荒唐事、自相矛盾和自以为是的地方，这对身体是很有益处的。当然，幽默不应该是取笑或贬损他人。如果我们能和他人一起开心地大笑，这对增进我们之

>> 笑声具有治疗的功能，幽默是应对身体疾病和压力的特效药。

间的关系是非常好的。花点时间娱乐或笑一笑是应对压力带给人的负面效应的良药。如果能让自己轻松一些,那身上的压力就会减轻。笑声是一种有疗效的力量,而幽默则能有效减轻身体上的疾病和压力。

幽默不仅能缓解压力,而且还为挫折和愤怒提供了发泄渠道。它能激发我们的创造力和执行力,并使我们能够换一个角度看待压力。Hales(2012)指出,幽默是"应对人生起伏最健康的方法,笑声对心脏、大脑和呼吸系统都有益处,同时可以降低痛苦的程度,减少与压力有关的激素释放,并强化我们的免疫系统"(p.35)。总之,幽默可以被看成治疗的转换器,它是以一种新的观点来理解压力情境的方法。

管理压力的建议

压力不一定是坏事,你可以通过采取有创意的应对方法将压力变成动力。尽管许多减轻压力的措施都是基于一些常识性的原则,但要将它们变为实际行动并不容易。不过,你为减轻压力所付出的努力一定是值得的,就像下面这些人所说的那样:

▶ "大约一年前我就意识到,追求完美的性格已经对我造成了负面影响,因为我的行动传递出这样一个信息,就是我没有一件事做得足够好。现在我已开始学着接纳自己和他人的不完美,并且能够客观地看待每件事。去除自己不理性的想法是我在减轻压力方面最有效的一个方法,我现在的态度还改善了整个办公室的气氛,当然也让我自己的生活变得容易了许多。"(列昂)

▶ "我有个毛病,每件事都要安排到极致。一旦计划出现偏差,我就会极其紧张,完全失控。为此我寻求心理治疗,获益不少。我的咨询老师每周都给我布置作业,包括关注自己焦虑的时候和原因,并把它们记录下来。他还让我每天晚上都留出一点时间来冥想。"(桑得拉)

▶ "无论在哪儿,我都可以做一些简单的放松练习,这能够帮助我减轻压力,因为我一天到晚忙个不停。我整天不是在开会,就是在看电脑,要不就是在开车,于是我找到了一些放松的方法,可以坐在桌边练习,而且不会引起别人的注意。"(伊桑)

▶ "大约一年前,由于一直头痛,我不得不去接受治疗。我已经因病开始缺课,因此虽然我不愿意看病,但我必须寻求帮助。我最大的担心是我脑子里长了肿瘤,但实际上,我头疼的原因是因为压力太大,这对我是一个警醒。一个朋友推荐我扎针灸,我按他说的做了,效果不错。现在我还通过饮食和运动来控制自己的压力。"(恩里克)

要在生活中操练减压的方法,你可以把自己最喜欢的方法写在一张卡片上,并随身带着提醒自己。每天不时地停下来问问自己,你所做的是在增压还是减压,检查一下你的想法,记着让自己多一些新的、更积极的想法。

在管理生活中的压力时,各种各样的减压方法都会对你有所帮助,下面将详细介绍一些缓解压力的方法,它们在应对压力方面都具有积极效果。

时 间 管 理

所有人拥有的时间是一样的：一天24小时；一周168小时；一年8760小时，但人们对时间的使用各不相同。我们应当将时间看作一种极宝贵的资源，它能使我们在活着的时候做自己想做的事情。从你怎样安排自己的时间可以看出你更看重哪些方面。如果你希望充分利用好自己的时间，那你首先就要掌控好它。当你非常清楚自己怎样安排时间时，你就能够做出合理的选择，确保最有效地利用时间。在安排时间方面没有什么最佳方案，你得找出适合自己的。**时间管理**本身不是目的，如果你的时间管理方案开始辖制你的生活了，那就意味着你需要再考虑一下，并重新定位自己的优先顺序。

智慧地使用时间与平衡的生活密切相关，也是健康生活的一部分。问问自己下面这些问题：

- ▶ 我在生活的各方面都留出时间来关照自己了吗？
- ▶ 我知道下几个月和今后几年自己想去什么地方吗？
- ▶ 总的说来，我每天都能完成自己的计划吗？这是我所希望的吗？
- ▶ 我能平衡好娱乐与工作的关系吗？我是否告诉自己我没有时间娱乐？
- ▶ 我总是感到很匆忙吗？
- ▶ 我是否留出时间来维持一些重要的人际交往？如果我对自己说，我没有时间约会朋友，这传递了怎样的信息？
- ▶ 我是否留出时间来满足自己的精神追求？我是否愿意花时间来反思什么是自己生活中最重要的？
- ▶ 总的说来，我对自己安排时间的方式满意吗？有哪些方面我希望自己能做得更多一些？日常事务里哪些地方我希望能够少花点时间？
- ▶ 我希望昨天能过得不一样吗？上周呢？上个月呢？

时间管理是管理压力的一个关键方面。事实上，我们每天经历的许多压力可能都是由于我们同时在做太多的事，或者是由于拖延和没有有效地使用时间。拖延事情，特别是那些需要立即解决的事情，是造成压力的直接原因。虽然拖延能让你短时间里有所放松，但从长远看，它会使你对自己失望，感到失败、焦虑，并增加压力。如果想改变这一做法，就首先问问自己正在拖延做的事是否有意义，如果没有意义，就干脆放弃它。

下面这些建议可以让你采取积极行动来有效地管理时间：

- ▶ 思考一下你的长期目标，为实现这些目标，你首先要采取哪些步骤。确定清晰并能够实现的目标，并定期对它们重新进行评估。
- ▶ 把你的长期目标分成一些小目标，并为这些小目标制订出行动方案，它有助于将项目细化，并在每个特定的时间里完成一部分。
- ▶ 比较现实地确定你能在某一段时间内完成的工作。
- ▶ 在接受一个新项目前，先认真考虑一下你的计划中是否还能再加入新的工作。把自己放在驾驶员的位置上，不要让别人来影响你的安排。

- 为自己想要完成的事制订一个日程表，列出每天、每周、每月和每年的计划，写下每天必做的事，不要让自己超负荷。
- 不要每件事都亲力亲为，要学会向他人求助或安排别人办理。
- 你不可能每时每刻都那么高效，一定要在日程表上留出时间来放松、运动、记日记、冥想、社交和休闲。
- 尽可能在一段时间里只专注做一件事。

在学习管理自己的时间时，你肯定会遇到一些问题。你可能会低估完成一个项目所需的时间；一些意想不到的事情会侵占你的学习时间；或者外界因素搅乱了你的计划，遇到这样的问题时要学会忍耐和包容。管理时间的技巧是需要花时间才能掌握的，就如下面托尼在大学时的经历。可能在你耳边还会响起以前的声音，告诉你你永远完成不了一些对你非常重要的事情。学着与这些在脑海中挡在你和你的目标之间的声音进行斗争。

托尼的故事

我现在在读研究生第二学期，我这样说的时候似乎很轻松。大学毕业时，我和我父母也都认为我肯定能接着读MBA，但实际上，我在上大三时遇到了一些问题，它们差点把我的计划毁了。那时其他许多大学生都很松懈，我在学校却很活跃，选了很多课，还打一份工。因为这之前我在读高中时就参与了许多活动，并且每件事都完成得很好，为此有时我甚至不能按时完成作业，不过我的成绩依然不错，我保持了生活的平衡；我以为上大学后我还可以这样，但我错了！

大学的头两年我读得很吃力，因为我没有改变既要学习又要工作的习惯，不过结果还算可以。我的成绩不是最好，但也高于平均分，因此我觉得没必要做什么调整。到了三年级，压力开始加大，学习和社交的要求都增加了，我以为自己还能够应付，但我不行了。由于校园里常有一些有趣的活动，我开始拖延完成作业的时间。已经记不清有多少次了，我迟迟不能启动一个项目，以致最后几乎无法在截止期限前完成，而不得不挑灯夜战。

那时，我已经根本不考虑作业的质量了，只想着能交差就行。我的成绩开始下降，我以为情况也就这样了，不会再坏到哪里去，但更糟的事情还是发生了！有一份作业距离交稿时间只剩下一天了，我本打算用这最后一天一夜的时间来完成它，可没想到我又突然被叫去工作，我不敢跟老板说我去不了，于是我去工作了，结果我的作业得了一个很低的分数，我终于体会到了拖延带来的后果。

现在，我很感激我还能有机会纠正自己，我比以前成熟了，我明白自己在一定的时间范围里只能完成一些事情，而不是所有的事情。我也不再像上大学时那样拖延了，我感觉很好，也没么多压力了，但学到这一课真的不容易！

冥　想

有时候我们的脑子里会充满各种各样乱七八糟的想法：紧张、遗憾、负面认知、回忆、反应、希望、恐惧，等等，我们会身陷其中，无法自拔。**冥想**就是一个引导我们注意力朝向一个单一的、不变的或重复出现的刺激的过程，这一过程可能包括重复一个词、一个声音、一个短语或一个祈祷，但它的主要目的是消除头脑中的各种杂念，并让身体放松下来。冥想能够让你摆脱混乱，享受安静的感觉，还能让我们只聚焦正面的想法和发现自身的正面形象。

冥想能集中注意力，提高思维能力，它旨在改变我们的整体状态。在醒着的大部分时间里，我们总在不停地想这想那，和别人说话，也和自己说话，很难安静下来，尤其是没法让大脑安静下来。我们已经不习惯一次只做一件事或者全神贯注于一件事，我们还常常会忘记当下，而去想昨天发生的事或者明天乃至明年要干什么。冥想是一种方法，可以增强意识感，让注意力更加集中，也能更加关注自己的内心世界。在进入冥想时，注意力是集中的，我们只关注一件事，并且它让我们只在意当下。由于排除了杂念，心无旁骛，我们可以以全新的视角关注现状，这样在冥想时虽然我们只聚焦一件事，但感悟却增加了。

冥想能够让我们在短时间里有效地深度放松下来，进入冥想状态后，不仅能够彻底放松，还可以消除身体和心理的紧张和疲乏。它的益处有很多，它可以帮助人们减轻焦虑和与压力有关的疾病。长期坚持练习冥想的人能够明显感觉到与压力有关的症状大为缓解，而且人的身体状况也能通过冥想得以改善，比如不再失眠、血压下降、充满活力、心情舒畅以及疼痛得到缓解（Fontana，1999）。各种研究均已表明，冥想对各类人群的健康都是大有裨益的。不过它对一些与压力相关的疾病尤其有帮助，比如心脏病、高血压以及免疫系统出现的问题（Hales，2012）。冥想对人的心理也很有益处，它能让人变得更平静、有耐心、提升注意力和记忆能力、增强理解能力，并且对他人也能更有爱心。它带给人的好处与我们在第4章中提到的有规律地运动的好处是很类似的。

不同的人的冥想方式是不一样的，有的人每天早晨用一个小时的时间来沉思和聚焦自己的内心，有的人却发现他们可以在走路、跑步、骑自行车或打太极拳的时候进入冥想状态。你也不必一定要穿着特别的衣服盘坐练习冥想，只要静静地坐着，让自己的思绪慢慢游走或者关注自己的内在就可以进入冥想状态了。

为了聚焦自己的注意力，可以不断地重复说一些祈祷文，我（Gerald）最喜欢说的一句祈祷文就是：Om Namah Shivaya，它需要说得非常慢，一次一个音节，就像这样：Om-Na-Mah-Shi-Va-Ya。它的意思是"我向我内心的神性表达敬意"（Gillbert，2006，p.120）。我的家人发现了一件非常有意思的事：有时候我能让我的孙子们通过听这句祈祷文安静下来。无论如何，我们每个人都能通过找到让自己注意力集中并提升自己思考能力的方法而受益。

有些人可能觉得早上没有时间安排冥想，但如果不这样做，就很可能一天都被发生在身上的事情所烦扰。为了让冥想成为生活中的一部分，我们需要付出努力并坚持下去。很多关于冥想的书籍建议每天早晨拿出20到30分钟的时间操练冥想，但对许多人来讲，这也许有点不太现实，不过我们可以对这个建议根据自己的实际情况略做调整，你会发现为此付出的时间绝对是值得的。

冥想时最好坐着而不要躺着，并且要空腹，这样可以使冥想进入更深的状态。冥想需要操练至少一个月才能感受到效果。

正　念

"同时干几件事已经成为我们的生活习惯，人们常常一边在手机上讲话一边打电脑；或者一边浏览新闻一边回邮件。但是，在这样匆忙做事的状态下，人们很容易忘记当下。"为了追求成就和高效，我们有时会忽略感受眼前正在发生的一切，由于重视"做"，而忽视了"存在"。改变这种支离破碎的生活的一个办法就是练习**正念**，它能够减轻痛苦，使生活变得丰富而有意义。

正念可以使我们处在此时此地，关注"是什么"而不是"如果……"如果能够活在当下，那你就不会老去想过去的事，也不会担心未来。活在当下还能让你全力关注正在做的事情，或者当你与某人在一起时，你也会只在意与他同在，而这正是正念的精髓。只有当我们停止考虑未来、抱怨过去、同时做几件事时，我们才能够把当下这一时刻变成最美妙的时刻。正念当下的生活并不意味着彻底忘掉过去或未来，"当你触摸现在时，你明白它是由过去构成的，并将创造未来。因此，触摸现在其实也就是同时在触摸过去和未来了。"（p.123）

正念与冥想的目的一样，都是为了清空大脑，并让身体安静下来。它是一种积极的关注状态，让你不带评判地只聚焦此时此地。如果我们希望运用正念的方式生活的话，就应该放慢节奏。而如果我们总是忙个不停、同时做着几件事、步履匆匆，那我们就会像机器人一样，几乎没有自由和选择。他认为如果渴望自由的行动、与他人关系良好、身体健康、充满活力并且头脑冷静清晰，那我们首先就要慢下来。正念可以让我们的意识更加清醒，思维更敏捷，更能感受到他人的需求，不带评判地关注自己的身体、情绪和大脑活动，还能让我们更清楚地知道应该怎么说和怎么做。正念的要害在于："正念的时候，我们全身心聚焦在当下，既不纠缠过去，也不拒绝正在发生的事，这样做的结果就是我们感到更自由、更真实、更有能量、头脑也更清晰。"（Schwartz & Flowers，2008）

在操练正念时，需要具备这样一些基本态度（Jon Kabat-Zinn，1990）：

▶ 不作判断，正念你脑海中自动出现的想法。
▶ 时刻保持开放的姿态，明白有些事情是急不得的。
▶ 对待每件事情都如同第一次遇到一样。
▶ 学习相信自己的直觉。
▶ 与其为结果努力，不如关注接受事态本身。
▶ 培养凡事接纳的态度。
▶ 释放，不要控制自己，让你的思绪自由游走。

正念并不仅限于操练，它完全可以发展成为一种生活方式，我们可以在生活中随时随地运用它。

深度放松

不能让一些身心问题发展成你生活的一部分，如消化不良、背痛、失眠和头痛等，如果能真的放松下来，并通过一种积极健康的方式照顾好自己，你就能改善自己和身边人的生活质量。

停止我们近乎疯狂的节奏的最好方式之一就是学会并运用深呼吸，深呼吸是一种有效控制不快、不安、恐惧、焦虑和愤怒的方法。现在就拿出一点时间来感觉自己的呼吸吧。呼吸是我们最自然的本能，但是许多人都不知道怎样正确地呼吸。重新学习如何呼吸对健康很有帮助，它也能提升放松的能力。如果能够正确地呼吸，我们就能让自己更加放松。

想想你是怎样放松的？你会定期操练一些放松方法吗？你认为怎样才算放松？如果让你增加放松的时间、改进放松的质量，你会做些什么？

渐进式肌肉放松练习是一种深度放松方法，它只需要10～20分钟的时间。不过，首先你需要做到：

- 放松自己，安静下来，闭上眼睛。
- 关注自己的呼吸，用鼻子慢慢地吸气，再用嘴慢慢地呼气。
- 绷紧和放松自己的肌肉，让身体的每个部分绷紧和放松两次或多次，吸气时绷紧，呼气时放松。
- 让每一个肌肉群持续进行绷紧和放松。

赫伯特·本森(1976，1984)是哈佛大学的心脏病专家，他提供了一种简单的调节方法来帮助人应对压力。实验显示，通过运用他称之为**放松反应的练习**，人们有可能控制自己的血压、身体温度、呼吸频率、心跳频率和氧气消耗，而他的工作也证明，在预防与压力有关的疾病时，使用自我管理、非入侵式的方法是行之有效的。他研究的参与者们都通过重复某个词(使用一个词的目的是为了专注注意力，比如om)进入了深度放松的状态。下面是他认为要达到这种状态所要具备的三个非常重要的因素：

- 找一个外部干扰最少、最安静的地方，因为安静的地方可以不让人分心，有助于有效地重复某个词或短语。
- 把注意力集中在一个物体或一个词上，让思绪随意掠过。将注意力只集中在一件事情上非常重要，因此一定要学会排除内在和外在的让你分心的东西。
- 采取顺其自然的态度，让思绪和令你分心的东西飘过，再重新回到你所专注的物体上。顺其自然的态度意味着愿意不再评价自己，同时也避免惯常的思考和计划。

在今天这个纷繁复杂的社会里，要达到完全放松非常不容易，因此，所有深度放松的方法都需要个体有很强大的责任感去支撑。对多数人来讲，紧张的状态是多年形成的，所以不要期望马上就能得到一种不再紧张的生活方式，那是不现实的。我们需要付出努力，并坚持不懈地战胜多年形成的不健康的心理和身体的习惯做法。即使在繁忙的日程表中抽出一点时间来放松，你的大脑中都可能会马上涌现对过去或将来事情的思考。另一个问题是一定要找到一个安静私密的地方，让你能够真正放松下来，并确保在这段时间里不受到干扰。

瑜　　伽

在过去的三十多年里，瑜伽在西方社会已经非常流行，它吸引了各年龄段的人群，从儿童到老年人，包括各种体力水平的人。

瑜伽不是一种简单的柔软体操、冥想方法，或宗教形式，与冥想和正念一样，它是一种生活方式。瑜伽起源于印度，它在梵语中的意思就是"统一"，意指人身、心、灵的统一。瑜伽强调呼吸、身体和注意力集中。瑜伽的定义是这样的（Gilbert，2006）：

> 瑜伽就是让你一心一意地努力把自己从对过去无尽的纠缠和对未来不停的担心中挣脱出来，这样你才能够找到真正永恒的存在，实现你与周边环境的和谐共处。(p.122)

练瑜伽时只要尽自己可能就行，不要拿自己与别人比。作为一种非竞赛类的活动，它只是让你找到自己的优势，并在此基础上更好地发挥。

练瑜伽的人都有自己的个人目标，其中一些目标就是为了通过练瑜伽来减压、强健身体、开阔认知、追求精神生活或者变得更灵活。研究证明（Satyapriya, Nagendra, Nagarathna, & Padmalatha, 2009），瑜伽的确能够帮助人减轻压力，并且能够改善孕期妇女的自主神经系统反射，除此以外，它在预防和治疗疾病方面也有诸多益处。多年来，东方人早已认识到练瑜伽带给人的健康益处，现在西方的医生也开始承认瑜伽的重要性。这些益处包括降低血压、增加身体的灵活性、改善循环系统、保护骨关节、提高骨密度、降低糖尿病人身体的血糖含量和减少身体患有各种慢性病病人的疼痛感（Hales，2012）。瑜伽对于那些诊断出患有卵巢癌和乳腺癌的病人也有帮助。对参与了一个为期10周的瑜伽训练的人群进行的调查发现，他们在抑郁、负面感受、焦虑、脑健康和生活品质方面都得到了明显的改善，同时现在已有越来越多的研究文献证明，瑜伽对癌症患者也可以起到作用。

目前，可供选择和练习的瑜伽种类很多，不过它们都是基于同样的体式，只是侧重点不同而已。有些类型的瑜伽是慢节奏的、舒缓的，重在掌握瑜伽的基本体式；动感更强类型的瑜

» 瑜伽是获得健康和幸福的一种方法。

伽则需要将动作与呼吸配合起来；还有一种类型的瑜伽侧重身体的校正，需要你在每个姿式上保持较长的时间。不同类型的瑜伽对人体内、外在器官以及肌肉和骨骼系统所起的作用是不同的，因此没有什么所谓的最佳方法，应该根据自己的目标、性格、兴趣和需求来选择。

随着瑜伽越来越流行，各种自学录影带也随处可见，这导致了不少因练瑜伽不当而受伤的情况。为了避免受伤，初学者一定要跟着有经验的指导老师练习，他能给你提供具体指导，也能保护你的安全（Benjamin, 2008）。千万不要认为"没有痛苦，就没有收获"，更恰当的标准是："既无痛苦，也无损伤。"（p.11）

治疗性按摩

在很多欧洲国家以及东方文化里，按摩是一种众所周知的改善健康的方法。实际上，医生经常推荐按摩治疗和矿物沐浴来缓解压力造成的负面影响。按摩是保持健康和应对压力的一种有效方法，不过，在选择按摩师时一定要谨慎。

前面我们提到过通过抚摸来保持身体和大脑的健康，也提到身体是如何告诉我们真实信息的。按摩是一种可以满足这种抚摸需要的方式，它也能发现因压力引起的紧张的来源和原因。研究过身体疗法和治疗性按摩的按摩师们认为，如果希望产生长久性的心理改变，身体必须做出改变。

按摩疗法可以被看作药物治疗的替代方式，它能让人情绪平复、体力恢复，而且坚持按摩还有不少益处。研究者（Sturgeon, Wetta-Hall, Hart, Good, & Dakhil, 2009）评估了治疗性按摩对正在治疗中的乳腺癌患者的作用，经过仅仅三个星期的按摩治疗，患者的焦虑程度、睡眠问题、生活质量和身体各项功能都得到了显著的改善。

通过治疗性按摩，你可以清楚地感受到紧张与放松的巨大差别，并学会在遇到压力时试着放松自己绷紧的肌肉，它也是一种教会你接受他人的抚摸的好方法。不过，按摩疗法的费用较高，而且医疗保险公司也不会愿意支付这笔费用。对比治疗性按摩与费用较低的其他方法（比如放松疗法）的效果，它们在治疗焦虑紊乱方面的差别并不十分明显。

思考时间

1. 幽默被认为是缓解压力的方法之一，面对生活的起起伏伏，你还能保持幽默感吗？你能让你的生活变得再有趣一些吗？＿＿＿＿＿
＿＿＿＿＿＿＿＿＿＿＿＿＿＿＿＿＿＿＿

2. 按照从1（低）到5（高）的分级，看看你在下面减压练习方面的参与程度分别是怎样的？

＿＿＿ 使用更有效的时间管理策略
＿＿＿ 对自己及别人的负面想法持批判性态度
＿＿＿ 操练冥想
＿＿＿ 操练正念
＿＿＿ 寻求替代药物的其他治疗方法（比如治疗性按摩和针灸）

___ 操练渐进式肌肉放松练习

___ 上瑜伽课

___ 定期参加体育运动

3. 这份时间管理清单能帮助你确定自己的时间管理能力。判断下面这些说法是否适用于你，如果符合就填 T，如果不符合就填 F。

___ 由于我是唯一能做所有事的人，我常常要承担许多事情。

___ 由于我尽量用最少的时间做尽可能多的事情，因此我常常感到精疲力竭。

___ 无论做多少事情，我觉得自己总是落在后面，赶不上别人的进度。

___ 我经常无法按期完成任务。

___ 我有拖延的毛病。

___ 我是个完美主义者，这使我很少能享有成就感。

___ 在做一些重要的工作时，我常会被许多突如其来的事打断，这让我很恼火。

___ 很多时候我都是匆匆忙忙的，总是感觉很急迫。

___ 完成重要的事情对我来说比较难，我也很难坚持下去。

4. 为了更好地管理你的时间，你愿意采取哪些措施？_____
_____

5. 哪些想法或态度让你觉得应对压力很困难？换句话讲，有时候你对自己说的哪些话会增加你的压力？_____
_____

6. 你愿意用哪些方法来使自己更好地控制生活中的压力？_____
_____

现在你已经阅读完了本章，并做了以上这些练习，请考虑你能够用来管理压力的方法，并且通过各种练习，更好地关照自己。问问你自己，你的日常行为是否证明你很在意自己的身体、心理、社交和精神需求。做完这样的测评后，找出你愿意做出改进的方面。

总　　结

不能指望从生活中完全消除压力，那是不现实的，但我们可以改变自己的思维方式和行为模式来减轻压力并有效地管理压力。如何处理日常生活中的压力与我们的心态有很大关系。压力对我们的身体和心理都有影响。

战胜压力的负面影响需要我们愿意对自己的身体负责，要仔细倾听身体传递出的各种信息。如果感到压力已经对身体造成了影响，那就要注意了，并要试着改变我们的一些想法和做法。

要记住你是一个整体，是你身体、情绪、社交、心理和精神各方面的整合，如果忽视了其中任何一个方面，它都会对你的其他方面造成影响。反省一下在所有这些方面你是怎样照顾自己的，问问自己是否非常清楚哪些方面对你来讲尤为重要，你又是怎么做的。

应对压力的无效方法包括防御性行为以及滥用药物和酒精。创伤性事件会造成受害人创伤后应激障碍，有时甚至会波及那些前去给予帮助的人。不过，并不是所有的创伤都一定会导致创伤后应激障碍。越来越多的全球性自然灾害和人为灾害以及创伤性事件已经引起人们的注意,我们必须学会有效地应对压力。一些基于性利用引发的特殊创伤,包括儿童性虐待、约会强奸和性骚扰的受害人,会认为自己要为此负责,继而产生负罪感,并不再愿意相信他人,因此,对他们来讲,寻求诸如心理辅导这样的帮助来疗伤是很有必要的。

在本章中,我们也提供了一些有效管理压力的方法。没有一种绝对正确的应对压力的方式,这意味着你必须根据自己的实际情况设计适合你的方法,愿意向他人寻求帮助是更为有效的应对压力的方式之一。虽然不可能完全消除生活中的压力,但你依然可以采取很多办法来有效管理压力。你可以尝试本章中提到的一些方法来实现自我关照,找到适合自己的方法,并持之以恒地在生活中的各种情形下使用它们。

自我成长

1. 你是如何应对压力的?在日记中记下你在一周里遇到的压力情境,并在每一项之后记下这些内容:在多大程度上压力是由于你对事情的思考、信念和看法引起的?你受到了怎样的影响?你找到应对这些压力更有效的方法了吗?

2. 你是如何使用你的时间的?列表看看你是怎样使用时间的,坚持记下自己所做的每件事,至少记一个星期(最好是两个星期)。随身带一个小笔记本,记下每小时里你所做的事情。一周后,将你用在个人生活、社交、工作和学习方面的时间分别累加起来,然后问自己下面这些问题:

- ▶ 我愿意这样支配时间吗?
- ▶ 每天我能完成自己设定的工作目标吗?这是我想做的吗?
- ▶ 我是否有急迫感?
- ▶ 我看电视的时间是不是太多了?
- ▶ 我能够平衡好我必须做的事和我喜欢做的事吗?
- ▶ 对于上周的时间,如果可能,我会做出别样的安排吗?
- ▶ 我目前在管理时间方面做得怎样?

3. 遇到压力时,列出3至5件你能够做到并让你感觉好起来的事(冥想、深呼吸、运动、与朋友交流等)。把这张单子放在你容易看到的地方,用它来提醒你有应对压力的办法。

4. 找出一些可能引发压力的环境因素或其他外部因素,比如找停车位、交通高峰期开车、噪声等,在日记里记下你会怎样应对它们,看看在哪些方面由于你想法或态度的改变使外部压力对你造成的影响也发生了改变。

5. 压力对你的身体有什么影响?记录下至少一周时间里(最好两周)承受压力在你身体上的反应。你头疼吗?肌肉疼吗?睡眠有问题吗?压力影响到你的食欲吗?

6. 考虑一下本章中提到的有效应对压力的方法,它们中的一些会对你摆脱压力有帮助吗?如果你能从中选择出2到3个方法,那从现在就开始有规律地操练它们吧(比如放松练习和冥想),你有效抑制压力的能力很有可能就此得到极大提升。为操练这些方法制订一份计划,并向一个朋友许诺你将做些什么以更好地应对压力。

第 6 章

爱

> 如果有爱,就不会有阵痛;即使有阵痛,那也是爱的阵痛。
> ——圣·奥古斯丁

自我评估

请用这个评分标准来测评你对每个说法的回答:

4 = 我完全赞同这一说法

3 = 我赞同这一说法

2 = 我不赞同这一说法

1 = 我完全不赞同这一说法

☐ 1. 我的父母表现出健康的恋爱方式。
☐ 2. 我害怕失去别人的爱和被拒绝。
☐ 3. 在爱中受到伤害或挫折后,我发现我很难再相信或爱别人了。
☐ 4. 我会郑重其事地向我爱的人表达自己的心意,我对亲密关系也感到很舒服。
☐ 5. 我能够向同性表达爱的情感。
☐ 6. 我能够接受那些在我生命中处于重要地位的人向我示爱的方式。
☐ 7. 我觉得恋爱既有风险也有快乐。
☐ 8. 在恋爱中,我感受到的是信任,没有恐惧。
☐ 9. 我接受那些我爱的人本身,并不要求他们为我而改变。
☐ 10. 我需要与我爱的那些人保持持续的亲近和亲密关系。

有多少人经历爱情，对爱情就有多少种定义，而人们表达爱的方式会受其所处的文化背景的影响。在世界各地，爱情都对人们产生着重大影响。虽然对待爱情你会有自己的看法，但我们在这一章里所讨论的爱的方式可能有助于你省察一下自己的爱情观念。在你的生活中，爱情意味着什么？你是如何表达和接受爱的？你认为爱情、亲密关系和性能力是相关的吗？对你来讲，什么是真正的爱情？你能够创造怎样的环境来培育爱情？

"坠入爱河"这个说法描述的是爱情的情感特征，两个强烈感受到身体和感情吸引的人通常都能体验到这种情感。爱的关系需要有爱的行为，也就是说，言语上的"我爱你"与我实际怎样对待你应该是一致的。这种爱情存在于所有的恋爱关系当中，而恋爱行为使得爱情体验增强并持续下去。我们重点关注爱的行为，因为恋爱关系既产生于此，也消失于此。说到自爱，我们指的是在自我世界里我们如何欣赏自己，我们也很满意自己对待别人的方式，特别是那些我们爱着的人。如果不能拥有对自己的喜爱，那今后我们肯定也无法接受来自别人对我们的爱、尊重和欣赏。

主动关心他人并使他们的生活变得更好是非常有意义的。爱需要承诺，它是真爱关系的基础。虽然承诺并不能确保关系的成功，但它是培养和发展关系的诸多因素中最重要的一个。

爱的关系有很多种，包括父母与孩子之间的爱、兄弟姊妹之间的爱、朋友间的爱以及恋人间的亲密关系。这些不同类型的爱虽然彼此之间有一定的差异，但各种类型的真爱都具有一些我们描述过的特征。

本章的目的之一就是帮你理清对爱情的观点和认知。在阅读时，请尽量将我们的讨论与你自己爱的经历结合起来，并且考虑你对自己欣赏和爱的程度。回顾自己对爱的渴望和恐惧，你内心有什么阻止了你充分体验爱吗？

爱十分重要

要想成为一个完全的人并享受有意义的人生，就要既关爱他人，又能得到他人的爱。罗宾斯（1996）认为爱是生命中最重要的组成部分，他说，"我们生命的意义以及我们对世界和彼此的影响是由我们心中爱和开放的程度决定的。"（p.145-146）对爱的需求包括需要知道我们的存在对别人是有意义的。爱和亲密关系对我们的整体健康有直接影响。在第4章中我们已经知道食物、休息和运动是生活的基本需求；而爱对身体和心理的健康也是必不可少的。给予爱和收获爱对生活的各方面都会产生重大影响，包括我们的生理机能。

没有爱的生活是孤立和疏离的。我们常常让自己显得很强硬，为的是表现出我们可以不需要爱。我们远离他人，从不与别人交流，也不相信别人，不愿意让自己看上去比较脆弱；我们甚至可能会一直固守年轻时的认知，觉得自己不值得爱。无论是哪种情况，我们都会为此付上代价。因为，拒绝与他人身体和情感的亲近，实际上是对自己进行身体和情感的剥夺。

我们对他人的爱或他人对我们的爱是我们愿意活下去的原因所在，哪怕是在极其艰难的条件下。当弗兰克（1963）被囚在集中营时，发现那些总想着他们爱着的人的样子并保持希望的人总能设法活下去，而那些放弃了与所爱的人团聚希望的人则无法幸免于难。

爱的表达方法有许多种，看看下面这些说法：

- ▶ 我的生活中需要一个我在意的人，我需要他明白是他使我的生活变得有意义，同时我也需要知道我令他的生活有所不同。
- ▶ 我希望能感受到爱，希望别人能接受我本人，而不是让我满足他们的期望。
- ▶ 虽然我有与他人交往的需求，但我也很享受自己独处的时间。
- ▶ 我发现自己给予别人的能力超出我原本以为的。
- ▶ 我开始意识到虽然我可能是不完美的，但我要更全面地爱和欣赏自己，如果我能接受真实的自我，那我可能也能接受来自别人的爱。
- ▶ 在某些特殊时期，我非常想与他人分享

> 如果希望有意义地活着，我们就需要关爱别人，也需要别人关爱我们。

我的快乐、梦想、焦虑和不确定，如果能够被倾听，我就能感受到爱。

在畅销书《爱的五种语言》中，查普曼探讨了爱是如何通过肯定的话语、美妙的相处时光、礼物、帮助的行为和身体的抚摸表达出来的。大多数时候，人们使用的爱的语言是不一样的，就如同说英语的人要明白一个讲中文的人所说的话的意思会有很大困难，使用不同的爱的语言的人之间也很难互相理解。理想的状况是，在爱中成长时，我们能够学会对方的语言，并且能够接纳他给予爱和接受爱的方式。

学会爱和欣赏自己

在咨询中，当我们问来访者他们最喜欢自己的哪些方面时，他们有时会显得很惊讶，甚至会感到不自在和尴尬，但如果问他们"如果你最好的朋友在这儿，他们会怎样形容你？""他们认为你有哪些特征？""他们为什么选择你做朋友？"他们会很容易地讲出自己的长处。

有些人从小到大一直以为自爱是自我中心的表现，但事实上，除非我们学会爱自己，否则我们就无法爱别人，也无法接受别人的爱，因为我们不可能给予别人我们自己不具备的东西。如果能够欣赏自己的价值，我们就可以更好地接受来自他人的爱，这其中甚至包括爱一个敌人。自爱是爱他人的先决条件，"如果你不能爱自己，你就不能爱你的敌人。而当你能够爱自己时，你就会爱任何人。"（Thich Nhat Hanh，1997）

爱自己并不意味着夸大自己的重要性，或

> 主动去爱是我们可以选择与他人分享的东西。

将自己置于他人之上，或以自我为一切的中心。不能将自爱与自恋混为一谈，自恋是一种不正确的、完全自我陶醉式的自我认知（Twenge & Campbell，2009）。自爱是指我们要尊重自己，尽管我们并不完美。它能使我们关注自己的生活，并努力使成为自己所希望成为的人。

很多作家都强调过自爱是爱他人的必要条件。在《爱的艺术》一书中，弗洛姆（1956）将自爱描述为尊重自己的完整性和独特性，它与爱和理解别人密不可分。我们经常问那些只付出和难以为自己索取的来访者："你这样无私地给予他人值得吗？""如果你自己都是枯竭的，你又拿什么给予他人呢？"我们无法给予别人我们自己还没有学会和体验过的东西。莫尔（1994）写道：那些竭力想得到别人的爱的人之所以不能成功，是因为他们没有意识到他们必须首先学会像爱别人一样爱自己，然后才能够得到别人的爱。

随着我们学会越来越尊重自己，我们全面接受他人想要给予我们爱的能力也增强了；与此同时，我们也具备了去真正爱别人的基础。关心自己和关心他人是密切相关的。

真实的爱和虚假的爱

真爱能够让我们和我们所爱的人变得强大。建立并保持爱的关系不是件容易的事，需要应对不少挑战。首先，我们必须非常清楚自己希望在一段长期的亲密关系中得到什么。持久的爱应该具备这些因素：自我接纳、被同伴接纳、彼此欣赏、平等做决定、有效沟通、彼此忠实、对对方的期望切合实际、兴趣相投、积极解决矛盾的能力。用这些标准与下面的爱带给我们的积极意义进行一下比较：

爱意味着我终于理解了我所爱的人。我了解了他的各个方面，不仅是好的方面，而且也包括他的局限性和缺点。我能够洞察他的感受和思想，体会到他内心深处的一些东西，还能够透过他的表面从更深层次了解他。爱也使别人能够了解我，而有意义的自我表达对建立恋爱关系是非常必要的，特别是袒露自己内心深处真正的想法。

爱意味着我很在乎我所爱的人的幸福，并愿意主动表现出对他的关注。如果我的爱是真实的，那么我对他的关心不会让他感到窒息，我也不是要占有他；相反，我的爱对我们两人都是有益的。如果我爱你，我就会关心你的成长，我也希望你能实现自己的发展目标。我们不会只谈论彼此如何在意对方，我们会用行动证明自己的爱，因为行动比言语更有力。我们都希望能更多地给予对方，也希望对方能够幸福、能够实现理想。

爱意味着尊重我所爱的人的尊严。如果我

爱你，我会视你为独立的人，有自己的价值、思想和感受，我不会坚持要你放弃自己的观念而服从于我的期望。面对你的独立，我不会感到威胁，我也不会把你当成一件物品或让你完全满足我的需要。

爱意味着对我所爱的人有责任感，但并不是要为对方负责。如果我爱你，我就会对你的需求做出回应。我很清楚我和我所做的对你产生的影响，我也非常在意你的快乐和悲伤。真爱就要接受对方的弱点，对这个人有足够的耐心，能够理解他并帮助他做出生活中的重大改变。

爱能够让我和我所爱的人都得到成长。如果我爱你，我会因我对你的爱而成长，因为你会鼓励我活得更充实。同时我对你的爱也会让你获得成长。在关爱和被关爱的过程中，我们彼此都能成长，并共享使我们受益的经历。

爱意味着要对我所爱的人做出承诺。对另一个人的承诺是有风险的，但它是亲密关系的基本条件，它意味着做出承诺的人已经将他们的将来投资在了一起，而且他们愿意在面临险境和冲突时与对方在一起。承诺需要人们在痛苦、疑惑、挣扎、绝望以及平静和享乐的时候都愿意与对方在一起。承诺的一个重要组成部分就是要对所爱的人诚实，哪怕有时候这样做很难。或许对有些人来说，对亲密关系的恐惧阻碍了他们对爱做出承诺的勇气。爱和被爱既让人兴奋也令人害怕，我们可能注定要在这个问题上挣扎，那就是我们能够为爱忍受多少焦虑。

爱意味着我是脆弱的。它会使你对我变得很重要，我害怕失去你。你可能会伤害到我，我也同样可能会伤害到你，没有什么能够保证我们的爱会持续。我对你的爱意味着我想要与你共度时光，并将我生命中有意义的方面与你分享。

爱意味着信任所爱的人。如果我爱你，我会相信你将接受我的关心和爱，不会故意伤害我。我会相信你觉得我是可爱的，并且愿意与我在一起。我相信我们之间的爱是相互的。如果我们彼此信任，我们就会愿意向对方敞开心扉，丢掉伪装，袒露真实的自我。

爱意味着相信自己。在恋爱当中很重要的是信任所爱的人，但实际上，相信自己也同样重要。如果我对自己的信心动摇了，我就不会去相信你想要与我分享的爱。

爱允许不完美的存在。尽管我们的恋爱关系有时会变得紧张，我们也想过要放弃，但我们都努力安然度过这些具有挑战性的时期。真爱并不意味着完美的幸福状态。我们会记得我们曾经共同经历过的事情，也能够想象我们即将共同经历的事情。

爱是无条件的给予。我对你的爱不会因为你是否能够满足我对你的期望而改变。真正的爱不是"当你变得完美或当你变成我所期望的那样时，我才会爱你"，真爱是没有附加条件的。

爱是广阔的。如果我爱你，我会鼓励你走出去发展其他的关系。虽然我们相互的爱和承诺会约束我们与其他人的一些行为，但我们并没有完全地、独占地结合在一起。只有虚假的爱才会让两个人黏在一起，以至彼此不给对方任何空间去建立其他有意义的关系。

爱意味着虽然我在生活中需要你，但离开你我同样可以安排好自己的生活。如果没有了你生活就失去了意义，那么，我就会强烈要求你时刻陪伴我。如果我爱你，而你却离开了我，我会很难过，但我不会因此被击垮。如果我在生活中过于依赖你，我就无法自由地面对我们的关系。

爱意味着认同我所爱的人。如果我爱你，我就会移情于你，会通过你的眼睛来看待这个世界并接纳你。这种亲密关系并不是说两个人总要待在一起，因为距离和分离是恋爱关系的组成部分。距离能够加深我们的感情，有助于我们更好地重新发现自己，这样当我们再相聚时就会有许多新的内容。

爱意味着要看到所爱的人身上的潜质。如果我爱你，我就既希望你成为我希望的样子，又能接纳你现在的状况。歌德讲过一句类似的话："如果认为人们只能像原来一样，那么他们会变得更加糟糕；但如果将他们看作他们应该成为的那样的人，他们就会变得更好。"

爱意味着丢掉完全控制我们自己、别人和环境的幻想。越是想要掌控一切，就越会彻底失去控制。爱意味着放弃控制，并敞开接纳生活中发生的一切，这样你会随时随处发现惊喜。

我们已经讨论了真爱对我们所具有的意义，下面让我们用阿西西·圣弗朗西斯的祷告作为这一讨论的结束，因为它体现了真爱的精髓。圣弗朗西斯出生于1181年，是方济会的创始人，他倡导所有的人都要热爱自然与和平。Maier（1991）称阿西西·圣弗朗西斯的祷告完美地诠释了一颗充满无条件的爱的心。无论一个人有着怎样的宗教信仰和精神追求，都能从这个祷告中发现其深刻的含义：

> 主啊，使我成为你和平的器皿，
> 在仇恨的地方，让我播种仁爱；
> 在伤害的地方，让我播种饶恕；
> 在怀疑的地方，让我播种信心；
> 在绝望的地方，让我播种希望；
> 在黑暗的地方，让我播种光明；
> 在悲伤的地方，让我播种欢乐。
> 哦，神圣的大主宰，
> 让我寻求安慰人，甚于被安慰；
> 寻求理解人，甚于被理解；
> 寻求爱人，甚于被爱。
> 因为在给予中，我们获得；
> 在饶恕中，我们得饶恕；
> 在死亡中，我们得永生。

我们已经讨论了对真爱的看法，现在让我们来看看不真实的或虚假的爱有什么特点。虚假的爱会对我们所爱的人产生不利影响。下面所列的并不是绝对的，但它可以为你提供一些

婚姻是表达承诺的一种方式。

观点用于考察你的爱的质量。根据我们的认知，虚假的爱是这样的：

- ▶ 需要控制他人和为他人做决定。
- ▶ 对他人有苛刻和不切实际的期望，认为他人必须按照自己的期望行动才值得去爱。
- ▶ 为爱情附加条件并有条件地去爱。
- ▶ 不信任恋爱关系。
- ▶ 认为个人的改变会威胁到恋爱关系的延续。
- ▶ 占有欲强。
- ▶ 依赖他人填补生活的空虚。
- ▶ 不愿做出承诺。
- ▶ 不愿意分享有关恋爱关系的重要看法和情感。

我们当中大部分人都会在我们的恋爱关系中发现一些虚假的成分，然而，这并不意味着我们的爱一定是虚假的。例如，有时你可能不愿意让另一个人了解你的私生活；你也许会对某个人抱有过度的期望；或者你会试图将自己的安排强加于他人。关键是你要诚实地面对自己，并在没有表达真爱时予以承认，这样你才能选择改变这些做法。

思考时间

1. 列出爱对你有哪些意义。_____
_____
_____

2. 回想一个你曾爱过的人，你爱他的哪些方面？然后列出你没能向他展示爱的原因。
_____
_____

3. 你会采用一些什么样的方法来让他人更加完全地爱你？_____
_____

4. 你会采用哪些方式来向他人表达你的爱？
_____
_____

5. 回想一下阿西西·圣弗朗西斯的祷告，找出其中你认为积极爱他人的精髓之处。这个祷告对你个人有什么启发？_____
_____
_____

爱 的 理 论

"爱是什么？"这个问题已经被作家、诗人、哲学家、神学家甚至电视真人秀节目反复探讨过，因此，心理学家们对它也感兴趣就不足为奇了。

斯腾伯格肯定会用他的**爱的双层理论**来回应这一问题，因为这一理论反映了爱的本性中的两个基本因素（Sternberg & Weis, 2006；Weis & Sternberg, 2008）。第一个因素被他称为"爱的三角形次级理论",即爱的结构。按照他的观点,爱是由这三要素中的一个或几个组成的:亲密关系、激情、决定或承诺。当恋爱关系呈现出热情、亲近和结合的特点时,这就意味着两个人之间已经建立起了亲密关系。激情指的是一个人的内心冲动,它会带给人身体的吸引、浪漫和性行为。决定或承诺则包括决定爱上某人的短期目标和承诺保持这种爱的关系的长期目标。如同当配料增添或减少时食物的口味会发生变化,在一段特定的关系中,爱情也会随着上述要素的存在或缺失而呈现出不同的状况。斯滕伯格理论的第二部分被他称为"爱作为一种经历的次级理论",它涉及的是爱情的发展。它描述了各种各样的爱(由亲密关系、激情、决定或承诺三方面的不同组合而形成)是如何发展的。如果两个人之间只有激情却没有另两个要素,那他们爱的经历(昏头昏脑的爱)就与那些拥有三个要素的夫妻之间的爱的经历(完美的爱)有着很大的不同。我们可以看看下面杰瑞琳讲述的她与前夫马迪和与现在的伴侣韦恩之间的关系。

杰瑞琳的故事

我和马迪离婚已经7年了,现在我与韦恩保持着稳定的关系,并且我确信我们最终会结婚。马迪和韦恩毫无相同之处,或者说是我与他们之间的关系完全不同。我与马迪几乎是一见钟情,我们很快建立了充满强烈激情的关系,并在认识仅四个月之后就私奔了。我们去了意大利,在那儿结了婚,这似乎是我们做过的最浪漫的事。我们度过了一段美好的时光,但当我们回到现实中来的时候,我们之间的关系出现了问题,正如人们所说的那样,蜜月结束了。

与此不同的是,我与韦恩的关系却一直在随着时间的推移而发展着,虽然我们之间没有那种我与马迪在一起时的激情,但韦恩很迷人,我们相处得非常好。我可以与韦恩进行充满深情的亲密沟通,而与马迪在一起时我从未这样做过。我与马迪的关系更多地是建立在性关系上,但我现在与韦恩的关系却远不止这些,我觉得韦恩真正了解我,而且无论发生什么事,他都能与我站在一起。我们之间有一种非常深厚的关系,这在我与马蒂的婚姻中是没有的。

我花了相当长的时间才从离婚的打击中走出来,但现在我意识到我和马迪之间的确不合适。过去我因为离婚而生他的气,不过事实证明一切都在朝好的方向发展。

对"爱是什么?"这个问题的另一种回应方法就是检查爱与依恋之间的关联。鲍尔比和安思沃斯被认为是依恋理论的先锋人物,他们发现早期的依恋方式会对未来的人际关系产生重要影响,这为其他学者在这一领域的研究铺平了道路。哈赞和夏弗将恋爱关系视为一种依恋方式,在对其过程的研究中,他们得出了这样的看法:成年人其实与婴儿一样,也可被划归为三种类型:安全型、回避型或者焦虑—摇摆型。他们的这一观点已经得到了时间的证明,最近发表的一份纵向研究的结果也非常认同他们的看法,即:父母与孩子的早期关系对成年人建立安全的依恋关系起着重要作用。在近期的另一项研究中,研究人员也发现安全的依恋在恋爱关系中对爱情的发展能够产生积极的影响,而与此相反,回避型依恋方式会对爱情造成非常负面的影响。

对于那些属于焦虑—摇摆型依恋的人，研究又有怎样的发现呢？一项研究发现焦虑依恋关系与对伴侣的感情感到非常不安和对彼此之间的关系非常不满意之间有着密切关系；而另一项研究则表明焦虑依恋型的人群更倾向于依赖他们的伴侣。将这两项研究汇总起来后他们发现，焦虑依恋型的个体在做出承诺方面会遇到相互矛盾的压力，这种压力来自他们自身，这也是为什么他们会感到不确定并且在关系上会出现混乱的原因。

在思考自己的生活时，请你同时考虑依恋理论和斯腾伯格的双层理论，这会有助于你解释自己在有关爱和关系方面所做出的一些选择。回忆一下自己的童年经历以及成年后的人际关系，你能从中找出一些规律吗？如果要你说出你的依恋类型，你觉得你属于安全型还是回避型，或者是焦虑—摇摆型？你的爱情经历又是怎样的呢？

迪伦的故事

我的朋友们常常认为我与乔的关系就像坐过山车。我是两年前在一次聚会上遇到他的，从那时开始我们断断续续地约会，这是我经历的最长的一次恋爱。我现在已经二十多岁了，在我所生活的那个州同性婚姻是不合法的，虽然我支持那些想结婚的同性恋伴侣，但实际情况是我很高兴我没有感到要结婚的压力。因为乔的一些习惯，比如抽烟和喝酒太多，让我无法接受。这让我们之间的关系变得很紧张，有时甚至到了要分手的地步。但分手后我又会变得很疯狂，我会不停地给他打电话或发短信，直至他最终回应我。他安慰我说他绝不会欺骗我，他只是需要一点自己的空间，但我还是充满怀疑，我把自己弄得很狼狈。这样做好吗？当然不好，对此我很清楚，可我就是控制不住自己。我知道我必须停止这种疯狂的做法，通过心理咨询来解决我对他的猜疑和依赖，否则的话，我们就会一直这样恶性循环下去。

无论是否承认自己具有焦虑—摇摆型依恋特征，许多人都像迪伦一样，与其伴侣的关系存在着很大问题。如果你身上有迪伦的影子，那你就不难从自己身上找出弄僵甚至毁掉你与伴侣间关系的行为。对你发现的每一种这样的行为，设法找到更具建设性和更健康的替代做法，这样你才有可能获得一个令你满意的结果。

爱和被爱的障碍

关于爱情的错觉和误解

文化对我们有关联系、爱情、亲密关系以及恋爱关系都有着极大的影响，我们从家庭、朋友和社区中所获取的信息能够提高我们给予或接受爱的能力，但我们也会得到一些令我们很难感受到爱的信息。我们的文化特别是媒体，影响了我们对爱的看法。如果想要挑战这些错觉，那我们就必须对社会上各种有关爱的本质的说法采取审慎的态度。在下面几段中，我们会对一些我们认为值得探究的普遍观点表达我们的看法。

永恒的爱的误解　认为爱会永远不变是不现实的，因为我们对爱的感受会随着时间而发生变化，恋爱初期的感觉也会因着两人在一起相当时间后有所改变。爱情是件非常复杂的事情，既有快乐的感受，也会经历困难的时期，并且你对爱情的强烈感受也会随着你的变化而改变。你会经历爱情的不同阶段，在这个过程中你的爱可能会加深并愈加丰富，也可能会变得迟钝，曾经的爱可能会逐渐减弱。

爱意味着一直保持密切关系的误解　贝蒂娜和路易斯从初中时就开始约会，一直持续到高中，然后他们上了同一所大学，因为他们彼此谁也离不开谁。他们都没有交新的朋友，无论是同性的还是异性的，而且当他们中有一方表现出哪怕是一点想与他人在一起的兴趣时，另一个就会醋意大发。后来，由于他们实在无法平衡好彼此相处与社交的时间，只能选择分手。他们失败的原因在于错误地以为如果彼此相爱，就不再需要发展其他人际关系了。

我们中的许多人只能容忍一定程度的亲近，并且有时候我们需要与他人保持一些距离。对这一问题的另一种看法就是，我们既需要与他人保持亲近，又需要有独处的时间。纪伯伦在《先知》一书中所说的话现在仍未过时："站在一起，但不要太近；因为庙宇的柱子就是分开的，橡树和柏树也不会生长在对方的影子里面。"

有时候，与我们所爱的人暂时分开一会儿是有益的。此时我们既可以重温对对方的渴望，又能够再次做回自我。看看马丁的例子：他拒绝过没有妻子和孩子的周末，尽管其实他非常渴望有一些自己独处的时间。关于爱的持续亲近和一直待在一起的误解阻止了马丁获得个人独处的时间。这也可能掩盖了他的某些担心，如果发现妻子和孩子在没有他时也过得非常好，他会怎么想？如果发现自己不能忍受一个人待上好几天，"待在一起"的原因只是为了不让自己感觉孤单，他又会怎么想？

坠入爱河和放弃爱情的误解　人们普遍认为，当合适的人出现在我们的生活中时，我们就会"坠入爱河"。巴卡利（1992）对这种说法予以了反驳，他认为更准确的说法应该是我们"在爱中成长"，因为它包含着选择和努力。我们放弃爱情的时候不会多于我们坠入爱河的时候。当爱情终止了，伴侣中的一方或双方都会忘却它，而且也不会去设法补救或恢复它。其实就像其他任何活着并生长的事物一样，爱情也需要我们付出努力去确保它能健康成长。虽然坠入爱河的现象很容易发生，但在这方面，大多数严肃的作者都否认它是持续和有意义的恋爱关系的基础。

说出"我爱你"很容易，但与此同时，要将这种爱真正呈现出来并非易事，而且话说得太多就毫无意义了，被爱的人更愿意相信行动而不是话语。在接待前来进行咨询的夫妇时，我们发现他们对另一方普遍感到非常失望，并且会有很多抱怨。我们常问他们："如果情况如你所述，那你们为什么还要待在一起呢？"常见的回答是："我爱他（她）。"可是他们却不愿为爱付出行动。巴卡利指出，只有通过行为，爱才能真正得以彰显。他说："如果真的想爱，我们就必须向前迈进，去向对方展现我们的爱。"

爱的独占性误解　你或许会认为你只能爱

一个人，也就是说，只有一个人适合你。但实际上，两个人选择不与其他人发生性行为是因为认识到这样做会影响彼此敞开心扉和互相信任。不过，在性方面的绝对忠诚并不必然意味着真爱。真爱的一个标志就是它是开放的，而不是独占的。当你敞开心扉去爱众人时，你反而会更深切地爱其中的某一个人。

独占感通常伴随着嫉妒。例如，当德鲁发现他的妻子阿德瑞娜与其他男人保持朋友关系时，他感到不安。即便阿德瑞娜再三保证没有和其他人发生性关系，德鲁还是对阿德瑞娜和其他男人保持朋友关系感到威胁和愤怒。他会做出错误的推理："我到底怎么了，阿德瑞娜为什么要出去交这些朋友？她对其他男人有兴趣肯定是因为我做错了什么！"在德鲁的例子当中，他的嫉妒根植于他不能真正地喜爱和接受自己。他会对阿德瑞娜让其他人出现在她的生活中感到威胁。同样，认为没有嫉妒就没有爱的观点也是错误的。

真爱是无私的误解 莉莉是一位母亲，她为孩子付出了许多，可她却从不让他们知道她对他们的需求，然而她却会向她的朋友们抱怨孩子们不懂得体贴她。她抱怨说如果她不去看孩子，他们从不会主动来看她，但是她从未向孩子们讲过她的感受，也没有告诉过他们她希望他们能常来看望她。在她看来，如果他们真的爱她，他们就该明白她的需求，而不用她去告诉他们。

像莉莉这样的人属于**受伤的奉献者**，就是说，他们非常愿意照顾别人，却似乎不能让别人知晓他们的需求。他们制造了一种不平等：接受者会感到愧疚，因为他们没有机会回报。虽然这些接受者可能感到羞愧和生气，但他们这样的感受似乎是不应当的——他们怎么能对为他们做了这么多事情的人感到生气呢？同时，受伤的奉献者可能会对这些总是从他那里索取的人感到怨恨，而没有意识到其实那些人在接受的时候感到多么为难。

认为真爱是无私的是一种误解，因为爱包含着给予和得到。如果你不索取或不允许别人给予你，那么，你很可能会变得枯竭或愤恨。给予他人的确满足了许多我们自己的需要，只要承认这一点，那么获得就绝对无可厚非。比如，有一位母亲，她从不限制孩子，而且很少拒绝孩子的要求，那么，她可能没有意识到她的做法形成了孩子依靠她的条件反射。他们可能意识不到她也有自己的需要，因为她隐藏得太好了。实际上，她隐藏自己的需要不是为了体现自己的价值，换句话讲，她的"付出"实际上是她想要当好妈妈的需要的结果，而不仅仅是向孩子们表达爱。在《随心所欲》（1994）中，莫尔提到了无私这个观念。他的一个来访者说："我不能自私，我从小所受的信仰教育我绝不能自私。"但莫尔观察到，尽管她坚持她的无私，可她其实相当关注自己。无私的人通常需要依靠别人来维持他们无私的感觉。

为别人付出或渴望向别人表达我们的爱本身并没有问题，但是，重要的是要认识到自己的需求，并允许别人照顾我们和回报我们给予他们的爱。

我（Marianne）现在终于懂得了接受他人的爱是非常重要的。一直以来，对我来说，向别人表达善意和照顾别人非常容易，但接受别人的帮助却比较困难。我很能干，从来都是自力更生，因此我不愿意向别人寻求帮助，唯恐给他人添麻烦。我将自己看作一个给予者，也不想改变这一点，不过我不想让自己的生活中出现给予和接受的不平衡。有好多次，当我真的寻求帮助时，我得到的回应并不多，因为我把周围的人照顾得太好了，所以他们在我面前总是表现得很无助，甚至那些本来很能干的人在我这里也显得很无助。于是我开始努力改变我身上的已经根深蒂固的当一个无私给予者的想法，现在我知道我能够给予他人的一个前提就是允许别人也可以时常帮助我。

爱和怨恨不能共存的误解　许多人认为如果爱某个人，他们就不应该对他动怒，因此当他们对对方产生怒气时，他们会否认这种情绪或将其间接地表现出来。愤怒和爱其实是分不开的，如果对别人感到怨恨，我们就很难感受到对他们的爱。未能表达出来的感受会对我们的关系造成负面影响，并使我们之间产生距离，而被否认的或未表达出的怨恨会给亲密关系带来更多损害。愤怒可以用尊重对方的方式表达出来，这样它就不会带有批判性或破坏性。

自我怀疑和缺乏自爱

虽然需要爱，但我们还是会在给予爱和接受爱方面设置障碍。一个普遍的障碍是我们传递给别人的关于我们自己的信息。如果不清楚自己的可爱之处，那么我们和别人建立关系时就会将这个信息不经意地传递给别人。我们制造了自我实现的预言：由于我们不能以爱的方式去接近别人，于是，我们将自己所担心的事情变成了现实。

如果你认为没有人会爱你，这个想法可能与你童年或少年的经历有关。你可能曾经觉得自己不会被爱，除非你做到了某件你期望的事情或者你实现了别人为你设计的生活。比如"我只有成功了，才会得到别人的爱。要得到爱，我必须取得好成绩，获得成功并让自己的生活充实"。这样的想法会使你很难接受别人想给予你的爱。

杰从小就试图尽力去迎合别人的期望并获得他们的接纳，他竭尽全力取悦他人，设法让别人喜欢他，但始终没能成功。虽然他拼命企图赢得喜爱，但他却把别人越推越远。尽管他认为他做的每件事都是正确的，但人们对他的行事方式却感到不自在。现在他总是很消沉，抱怨生活不容易。他寻求同情却被拒绝，他需要持续不断的安慰，然而当他真的被接受并感到安慰时，他却对此视而不见，最终，了解他的人都感到沮丧并不再与他交往。他可能从来没有认识到是他自己制造了被拒绝的恶性循环。在一些重要方面，他依然认为无论自己怎么做或者多么努力，人们还是不喜欢他、不爱他，他就在这样的认知下生活。杰如果要做出改变，最核心的就是找出外界因素对他这些想法的影响，因为我们的任何想法都不可能凭空产生。为了理解我们的早期经历是如何影响我们现在的行为和选择的，我们需要反思这些经历。一旦找到我们对爱持有的态度的源头，我

》 爱有一种无条件的特质。

们就能够为自己的思想和行为做出新的决定。

如果你认为你只是因为某一特点而受到别人的喜爱，这会限制你接受来自他人的爱的能力，因此对这种想法提出挑战对你是非常有益的。比如，如果你对某人说"你仅仅是因为我长得迷人才爱我"，那么你可能会觉得长得迷人是你唯一的资本。你可以学着欣赏自己的这一优势，但不要将它视为你的全部。如果觉得除此以外很难发现自己的其他长处，你就无法敞开接受关于你其他方面的评价。当你只依赖于某一个特质作为获得别人的（或你自己的）爱的来源时，那么，你被爱的能力就只能限制在那个特质上面，而且难以深入，这会使别人很难爱上你。

我们对爱的恐惧

对孤立的恐惧 虽然需要爱，但我们又常常会害怕爱和被爱。恐惧会导致我们否认自己需要爱，它也会让我们关心他人的能力变得迟钝。在一些家庭中，亲人之间会多年互不说话，这种躲避行为一般是故意的，目的是为了控制和孤立那些不遵守行为规范的人，而那些被躲避的人通常会感觉自己像不存在一样。在阿米什文化中，故意躲避的方法被用来惩罚那些违反某种规范和宗教价值观的成员，故意躲避的最严厉方式几乎完全切断了个体与团体的互动，其他成员不会和那些被躲避的人在一张桌子上面吃饭，不会和他们做买卖，也不会和他们进行任何社交活动。

由于情感被阻隔而产生的对孤立的恐惧的影响非常强大，导致许多人甚至不敢想象违背自己所处的文化规范。对爱和接纳的需求可能远远超出表达个人愿望的期盼。你曾经有过情感被阻隔的经历吗？如果有过，那是一种怎样的体验？你会因为你在意的人回避你或把你视为隐身人而感到被孤立吗？

对被了解的恐惧 有一些人担心如果与他人太亲近，他们会发现自己真实的样子。我们可能会想，从最深的层面看，我们其实一无是处。我们可能会怀疑来自别人的积极评价，并很难相信别人真的重视我们。我们戴着面具，让别人了解不到我们的真实面目。但其实这让我们处于一种尴尬的境地，因为如果别人爱的是戴面具的你，你就会以为他们不喜欢面具后真实的你，这样你就无法相信他们的爱。我们常听到伴侣中的一位抱怨："我再也找不到我最初遇到的那个人了，他完全变了样。"由于害怕别人不再喜欢自己，很多人不敢做真正的自己。

对爱的不确定 爱是没有保障的。巴卡利提醒我们，如果非要在确信能够得到爱的回报后才相信爱情，那我们很可能会永远地等下去。我们不能确定别人会一直爱我们，并且我们确实会失去我们所爱的人。如果选择接纳爱情，那就要做好受伤害的准备，因为我们所爱的人可能会离世或患重病，也可能会离开我们，这些都会让我们的心理受到伤害。但是如果因此而回避爱，那也会导致另一种痛苦：没有爱情的生活是很痛苦的。

大部分对爱的风险的担心都是与拒绝、失去、未能互相给予或者强烈的不安联系在一起的。下面是这种担心的一些表达形式：

▶ 我曾在爱情中深受伤害，因此我不想再爱了。
▶ 我害怕自己爱上别人，因为我担心他们会受重伤、患重病，或者离我而去。

- 我不想让自己陷得太深，这样，即使我失去他们，我也不会太受伤。
- 我害怕爱上别人，因为他们从我这里索取的可能会多于我愿意付出的，那样的话，我会感到窒息。
- 我担心自己不够可爱，因此当别人真正了解我后，他们会不愿再与我交往。
- 如果有人告诉我他在意我，我会感到压力很大，因为我害怕自己会让他失望。
- 我从未真正思考过我是否能够去爱，我的担心是，如果对自己进行深度探索，我会发现自己没什么地方值得别人去爱。

变化世界中的爱

在今天这样的时代，社会媒体、电视真人秀、手机短信等即时联系的社交方式极其普遍，它们对人们如何示爱有什么影响吗？在一些方面，技术的进步无疑是非常了不起的，它增进了人与人的交流和沟通。比如，我（marianne）以前从未想过我可以坐在自己的电脑前，通过视频与我在德国的亲戚聊天，也可以与我的孙子们聊天。但是，在其他一些方面，技术也可能对建立有意义的人际关系形成障碍。

在智能手机上发送短信、推特聊天和查阅邮件已经占据了人们的生活，变成了一份职业，

这就阻碍了你与近在咫尺的人进行交流。如果你常常这样做，设想一下当你专注于与那些并不在场的人联系时，那些就在你身边的人会怎么想。如果你常与这样一些人在一起，你又如何与他们交流？虽然这些电子玩意儿并不是在任何情况下都成为问题，但它们的确可能成为你建立重要的亲密关系的障碍。

当人们使用这些电子设备来取代与密友、伴侣和家庭成员进行面对面的交流时，富有情感的亲密关系就很难建立起来。就如一位咨询师指出的那样："我听到来访者们说到在一些关键时刻，他们的家人没有打电话给他们，也没有亲自与他们交流，而只是给发个短信，或在'脸谱'上留个言，这让他们感到很受伤害。"

我们非常希望能常与孙子们保持联系，但当我们给他们打电话时，却经常找不到他们。有一次我们为此向7岁的孙女抱怨，她说我们可以给她发短信，这样她肯定能收到。当我们告诉她我们不会发短信时，她说："噢，那很简单，我可以教你们。"但至今，我们依然拒绝发短信，而是愿意通过电话交流，因为我们觉得电话让人感觉更亲切。

技术的进步非常了不起，它能增进人际交往，但它也可能阻碍人与人之间有意义的交流。

> **思考时间**
>
> 1. 关于爱，你在原生家庭中学到了什么？通过其他渠道，比如媒体，你又学到了什么？_____
> _____
> _____
> _____
>
> 2. 你是如何向他人示爱的？_____
> _____
> _____
> _____
>
> 3. 你是如何让别人知道你对得到爱、情感和关爱的需求的？_____
> _____
> _____
> _____
>
> 4. 列出一些你在爱别人方面的担心。
> _____
> _____
> _____
>
> 5. 什么阻碍别人爱你或你完全接受别人的爱？_____
> _____
> _____
> _____
>
> 6. 列出一些你拥有的可爱的地方。____
> _____
> _____
> _____
>
> 7. 通过什么样的方法可以使你变成更加可爱的人？_____
> _____
> _____
> _____
>
> 8. 在你的生活中，爱在哪些方面发挥了积极的作用？_____
> _____
> _____
> _____

值得去爱吗？

我们常听到人们说："我当然需要爱和被爱，可那真的值得吗？"这个问题下面还隐藏着一系列其他问题："我们值得去冒被拒绝和失去爱的风险吗？""我们敞开心扉后得到的收获会和风险一样大吗？"

如果这些问题能有一个固定的答案，那还是很鼓舞人的，但事实是我们每个人都必须亲自决定是否值得去爱。我们要做的第一件事就是确定自己是否愿意选择孤独而放弃建立亲密关系。当然，我们不是要在绝对孤独和绝对亲密间做非此即彼的选择，只是有所侧重而已，但是我们确实需要决定是否愿意尝试扩展我们狭小的世界来接纳比较重要的外人。我们能越来越向别人敞开自己，并发现爱对自己而言究竟意味着什么；也有另一种可能，那就是我们认为人基本上都是不可靠的，还是独处更安全些,虽然这意味着情感的缺失。

也许你对爱的了解很少,但是愿意学习与他人建立亲密关系,那么你首先需要对自己承认这一事实,同时也要向那些你希望与之建立亲密关系的人承认这一点。这是你必须迈出的非常重要的第一步。

在回答是否值得去爱这一问题时,你可以挑战一些关于接受和拒绝方面的观念和看法。你可以这样问自己:被拒绝比过一种没有爱的生活更糟糕吗?被拒绝当然不是什么愉快的经历,但我们希望这种可能性不会阻止你允许自己去爱别人。如果一段恋爱关系终止了,你确实有必要诚实地分析导致这种情况出现的自身原因,但千万不要过度自责。伊莲娜在恋爱中饱受伤害后不得不学习重新信任他人。

伊莲娜的故事

我和蒙特保持着恋爱关系,但我大部分的朋友都无法理解我为什么还要继续发展这种关系。我想我把蒙特理想化了,总是试图为他不体贴寻找借口。我变得极其依赖他,总是不惜一切代价地取悦他,尽管这意味着我得时常牺牲自己的幸福。我的朋友们告诉我,他们对我的这种做法很担心并竭力说服我,因为他们认为我应该得到更好的对待。但我的反应却是与朋友断交,这样我就不用理会他们的那些说法了。可是,最终蒙特还是背叛了我,这导致了一场危机。我终止了和蒙特的关系,但我非常害怕再次去爱,而且每次当我遇见一个新的男人后,旧的伤口就会被重新撕开。在建立新的关系时我总是带着恐惧和不信任,这让我很难再坠入爱河了。

通过自身的努力,伊莲娜开始意识到停留在过去阻碍了她接受爱和发展友情。伊莲娜的最初反应是逃避亲近,不过她意识到被拒绝的风险并非一定会让她变得无助和戒备,于是,她开始挑战自己的恐惧。

> 如果不能爱自己,我们就无法爱别人。

作为成年人,我们不是无助的,我们完全有能力应对拒绝和伤害。我们可以选择挑战人与人的关系,甚至也可以放弃这些关系。我们能够学会摆脱痛苦,而且,被拒绝不意味着我们就没有了希望。在生活中,我们可以选择一次又一次经历爱情,并敞开心怀迎接爱和被爱所带给我们的欢愉。

总　结

我们有爱和被爱的需要，但是在满足这些需要时会遇到很多障碍，认为自己没有价值是阻碍我们爱别人和接受别人的爱的最大障碍。那些曾深感自己毫无价值，甚至有时会自我厌恶的人可能在其早期与照顾他们的家人有过不愉快的经历，这导致他们在成年后发展成回避型或者焦虑—摇摆型的人际关系。学会给予别人爱和从别人那里得到爱需要具备一种安全的依恋关系，并且首先要学会爱和欣赏自己，因为如果连自己都不爱，怎么可能去爱别人呢？我们怎么可能给予别人自己都不具备的东西呢？

对爱的恐惧是阻止我们去爱的另一主要障碍。虽然大多数人愿意承诺他们对某人的爱会持续终生，但事实上这是不可能的。我们需要认识到爱和对不确定性的焦虑是同时存在的，因此即使有恐惧也要学着去爱，这对成长是非常有益的。

对爱的神化和误解使得人们很难轻易给予和接受爱。有关爱的误解包括爱是永恒的、爱就必须永远在一起、爱的独有性、真爱是无私的以及陷入永恒的爱等。虽然真爱能够让双方都得到成长，但有些"爱"则会让人感到窒息。有不少秀出来的爱其实并不是真实的，这点在很多电视真人秀节目中都得到了证实。我们需要面对的一个重要挑战就是我们自己必须清楚地知道真爱对我们来讲意味着什么，因为只有明确对爱的态度，我们才更有能力在爱的关系中选择正确的方式。随着技术的进步和社会媒体的发展，我们有了更多的方式与他人进行即时沟通和交流，这让我们与所爱的人发展关系变得既便捷但同时又颇具挑战。

自我成长

1. 思考一下你在爱与被爱方面早期做过的一些决定，你是否有过这样一些想法？
- ▶ 除非我能达到别人的期望，否则我就是不可爱的。
- ▶ 因为我是这样一个人，所以我值得爱。
- ▶ 由于害怕被拒绝，我不会去爱别人。
- ▶ 爱使生活变得有意义。

写下一些你可能未加分析就接受的信息。你从你的原生家庭中获得过哪些信息？你感受爱和给予爱的能力是否因这些信息和决定而受到影响？

2. 至少用一周时间，密切关注来自媒体的有关爱的信息。你通过电视对爱得到了怎样的印象？流行歌曲和电影又是怎样描述爱的？网络和各种网站对爱又传递了怎样的信息？列出一些你认为的媒体对爱常见的神化和误解。

3. 你是否认同这一观点：除非你首先爱自己，否则你无法完全地爱别人。这对你意味着什么？在本章末的日记中记下你不欣赏自己的地方，同时也记下你看重和认同自己的时候和方面。

4. 你对斯腾伯格关于爱的双层理论有何看法？对于依恋方式是爱的关系的基础这一观点，你又有怎样的认识？如果让你来提出关于爱的观点，你会侧重哪些方面？

第 7 章

人际关系

> 我们需要付出想象和努力去寻找改善我们关系的途径，唯有这样，关系才能具有活力。

自我评估

请用下面的评分标准来测评你对每个说法的回答：

4 = 我完全赞同这一说法

3 = 我赞同这一说法

2 = 我不赞同这一说法

1 = 我完全不赞同这一说法

☐ 1. 我认为没有冲突和危机是和谐关系的标志。

☐ 2. 对我来说，同时保持几段亲密关系是困难的。

☐ 3. 我认为交流技巧是我处理人际关系中的一个强项。

☐ 4. 我认为一个成功的人际关系应该是，不论是否与对方在一起，我都感到很幸福。

☐ 5. 我更愿意通过媒介或发短信的方式与他人联系，而不是面对面接触。

☐ 6. 有时候，向对方索取太多会让我在维持这段关系时出现困难。

☐ 7. 我很自信自己在人际关系中能提供对方所需。

☐ 8. 我觉得我在人际关系方面所花费的精力是恰当的。

☐ 9. 我对自己与别人的关系感到满意。

☐ 10. 我能够做到在情感上和一个人很亲密的同时，不需要与之保持身体上的亲密关系。

人际关系在我们的生活中扮演着重要的角色。在这章里我们会涉及各类关系——朋友关系、婚姻关系、未婚人士之间的亲密关系、约会关系、父母与孩子的关系以及其他各种人际关系。爱是亲密关系中的一个重要组成部分，第6章所讨论的内容与本章所讨论的关系有着密切联系。

无论你是否选择结婚，也无论你主要是与同性保持亲密关系还是与异性保持亲密关系，你都会在与人相处时遇到很多挑战。本章会让你思考，你希望在与人相处时得到什么，并省察一下你在处理人际关系时的表现。所有的人际关系都需经历成长的过程，也都会遇到挑战，在重新思考人际关系对你的重要性并明确你的选择时，可以用本章中的一些观点作为参照。

亲密关系的种类

建立亲密关系是青年期的主要任务。能够与人分享你生活中重要的方面、了解可能阻碍亲密关系的障碍、学习增进亲密关系的方法，这些都可以帮助你更好地理解生活中形形色色的人际关系。

我们与另一个人分享的亲密关系可以是情感方面的、智慧方面的、身体方面的、精神层面的，也可以是这些方面的任意组合。它可以是排他的，也可以是包容的；可以是长期的，也可以是短暂的。比如，我们指导的个人成长小组中的许多成员，会彼此发展出真诚的亲密关系，尽管在小组活动结束后他们可能不再联系彼此。这种亲密关系并不是自动产生的，小组的参与者们通过更加开放的互动方式才建立起了这种关系。在这里他们不像平时那样隐藏自己的想法、情绪和反应，而是与小组内的人分享。当他们发现彼此的感受相似时，就会愿意分享自己的痛苦、愤怒、失望以及快乐，这时他们也就容易达成一致。我们希望那些参与治疗小组的来访者们能够把他们学到的有关建立亲密关系的方法运用到实际的人际交往中。

当我们避免建立亲密关系时，我们其实是剥夺了自己令生活丰富多彩的能力。我们可能会错过结识邻居和新同事的机会，仅仅因为害怕他们有一天可能会搬走或者友谊有一天会结束。我们也不愿与那些患病或垂死的人建立亲密关系，因为不想经受失去他们的痛苦。虽然这样的恐惧是有理由的，但我们常常会因此失去了真诚地亲近一个人所带给我们的人生体验，因为在充分关爱他人和与他人相处时，我们自己也能得到提升。

我们可以选择自己希望得到的关系，只要花点时间认真考虑一下我们可以怎样改善与他人交往的方式，我们就可以在人际交往方面注

构建亲密关系的一大挑战来自年轻时的经历。

人活力。在这一章里，我们会要求你思考如何看待自己的人际关系以及怎样才能使你的人际关系变得有价值。如果你愿意改善与他人的关系，那么自己首先做出改变比坚持要求别人改变更容易获得成功。

在阅读本章后面的章节时，先花点时间回顾一下你生活中经历过的亲密关系：你对自己的人际关系满意吗？你愿意改善现在的人际关系吗？下面"思考时间"里的练习能够让你有机会回答这些问题，并对自己的人际关系有个清晰的认识。

思考时间

1. 是什么使你愿意和一个人建立亲密关系？按下面的标准给每项内容打分：

1 = 这个方面对我来说很重要
2 = 这个方面对我来说有些重要
3 = 这个方面对我来说不重要

____ 智力
____ 性格（强烈的价值感）
____ 经济实力
____ 有声望和地位
____ 强烈的自我认同感
____ 幽默感
____ 关心他人、敏感
____ 情绪稳定
____ 独立
____ 安静
____ 外向的性格
____ 决断力
____ 愿意与别人配合做决定
____ 我可以依赖
____ 工作努力，严于律己
____ 爱玩且风趣
____ 有类似或可兼容的价值观

现在请列出当你想与某人建立亲密关系时，你认为最重要的三个方面：_____
_____
_____
_____

2. 你吸引别人的地方是什么？列出其中一些。_____
_____
_____
_____
_____

3. 确定迄今为止在你的生活中已经建立的亲密关系的类型。你从中学到了什么？如果你至今仍未建立起亲密关系，那么究竟是什么阻碍了你？_____
_____
_____
_____
_____

4. 在一段重要的关系中你遇到的挑战和困扰有哪些？你从这段重要关系中得到了什么？
_____
_____
_____

有意义的关系：个人观点

在这部分我们想分享一些我们认为有意义的人际关系的指导原则。虽然它们更符合夫妻间的关系，但它们也适用于其他人际关系。比方说，有意义的人际关系的一条原则是：人际交往中的个体愿意努力使他们之间的关系呈现健康的状态。父母和孩子常常会彼此不够重视对方，很少花时间在一起，并且他们都希望对方在关系中多承担些责任。这条原则也同样适用于朋友之间或刚开始交往的恋人之间。在了解下面这些原则时，请将它们运用到你自己的生活中，但同时也不要忘记自己所处的文化背景，因为它对你的人际交往有着重要影响。同时，你还需问问自己哪些原则对你来说是最重要的。

我们认为最有意义的人际关系应该是发展的而不是停滞的，每一段关系里都会有快乐和激动人心的时刻，也会有痛苦和出现距离的阶段。只要关系中的个体愿意接受这一现实，他们的关系就有可能得到改善。在我们看来，下面这些方面是人际交往中最重要的部分：

关系中的每一个人都有独立的自我认知。如果能够平衡好分离和团聚的时间，人们就有可能建立长久的关系。如果在一起相处的时间不够，人们就会感到孤独，也无法分享彼此的感受和经历；但如果没有足够的独处时间，他们就很容易失去自我和对自己生活的掌控，会付出过多努力去满足对方的期望。

交往中的每个人都能开诚布公地说出自己的想法。两个人都可以公开表达自己内心的不满，也可以让对方知道他所渴望的改变。主动寻求想得到的，而不是等着对方察觉他的想法。

假设你对自己与妈妈相处的状况不满意，你可以主动但很诚实地告诉她你希望能够与她有更私人化的交往。你可以更多地告诉她在你们的关系中你是怎么做的，而不要指出她是怎样做的；不要把话题集中在你不希望她怎样，而是更多地告诉她你希望她怎样。

每个人都应为自己的快乐承担责任，并且不要在不高兴的时候责备对方。在亲密关系和朋友间的友谊中，一方的不快注定会影响到另一方，你不能因此指望对方让你开心、满足或兴奋。虽然别人的感受会影响你的生活，但你无须对此做出反应。靠依赖他人来让你达到满足和获得承认只会对你的人际关系产生负面影响。与他人建立稳固关系的最佳方法是努力不断地提升自我，因为最终你的生活目标要靠自己实现，只有通过不断做出正确的选择才能使你自己的生活得以改善。当发现自己不开心时，你有足够的能力去掌控你的生活。

两个人都会为了维持关系的健康发展而不断努力。如果希望保持富有活力的关系，我们就必须时常重新评估和改善对待彼此的方法。思考一下，这条原则是否适用于你与朋友的交往。如果你不重视与一位好友的关系，也没有兴趣为保持你们的友谊付出努力，那对方肯定很快就会有所感觉，并会诧异怎么会有你这样的朋友。有时候我们会按以前的方法处理当前的人际关系，但那些方法很可能已不再适用，无法增进现在的关系了。

两个人在一起时很开心，能玩到一块，也非常愿意一起做事情。有时我们没能花些时间与自己所爱的人一起享受快乐，表达爱意。改变不完满关系的一个方法就是找出是什么阻碍了关系的发展、阻碍了彼此共享美好时光。这条原则不仅适用于亲密关系，也适用于朋友之间的交往。

如果这段关系与性有关，那么双方都要为保持浪漫关系承担责任并付出努力。虽然性伴侣在关系发展过程中的亲密程度各不相同，但他们都应该设法继续营造浪漫和亲密的氛围。做爱时他们应非常清楚对方的需要和喜好，同时也仍要注意询问对方的其他意愿和感受。性生活是关系的晴雨表。

关系中的两个人是平等的。当一个人感到自己总是扮演"给予者"的角色，而当自己有需求的时候，另一半却总不见踪影，就会对这种不平等的关系产生质疑。在一些关系中，其中一个人可能会被迫感受到对方处于强势地位——比如，愿意聆听并给出建议，却不愿意给别人讲自己的困难或显露自己的软弱。这时双方都应该看到这种不平等，并且愿意去协商改变。

每个人都应该在关系之外找到意义和营养源。有时人们会在关系中表现出很强的占有欲，

》》 在一段有意义的关系里，人们要共同努力使关系总是保持活力。

健康关系的一个标志就是每个人都避免表现出对他人的占有感，虽然有时人们难免会对一些事感到嫉妒，但不能因此要求对方停止与别人的交往。

每个人都要沿着自己觉得有意义的生活方向前行。人们会对自己的生活和工作内容感到兴奋。对于夫妻而言，这条原则意味着尽管两个人在关系中都能感到自己的需求得到满足，但同时也会投入地工作、娱乐以及与其他朋友和家人联系。

如果已经建立了彼此承诺的稳定关系，那么双方应出于自愿来维护这段关系，而不是因为责任或仅仅为了方便。人们选择彼此长久地在一起，即使遇到困难，甚至有时会经历痛苦。因为他们有着共同的目标和价值观，他们愿意发现关系中的缺陷，并努力改变不尽如人意的地方。

能够处理关系中产生的冲突。夫妻常常会求助于婚姻咨询顾问，期望能学会消除所有冲突的方法，但这种想法是不切实际的。比消除冲突更重要的是能够积极应对冲突，学会建议性地表达反对意见。在家庭关系和友情方面，找到解决冲突和愤怒的有效办法是极其重要的。

不期待别人替他们做那些他们能够自己完成的事情，也不期待对方为他们带来快乐、赶走烦恼、承担风险或者通过对方来觉得自己是有价值的、重要的。每个人都应努力树立真正的自己，这样，谁也不会依赖对方获得认可，也不会活在对方的影子里。他们通过努力让自己的生活丰富多彩，同时也给对方带来快乐。

彼此鼓励，去实现自己人生的最大可能，而不是试图控制对方。人们常常会阻止自己所

爱的人做出改变。出于害怕，他们企图控制自己的伴侣，结果使得对方很难展露出本真的自我。承认害怕是消除控制他人意图的第一步。

汤姆的经历很好地说明了控制做法是怎样破坏了他生活中一段重要的关系。

汤姆的故事

10个月前，我与交往了5年的女朋友分手了。这些日子我一直在思考我到底哪里做错了。以前我很认真地以为凯特就是我要娶的女人，因此当她告诉我她不想再见我时，我感到很震惊。我现在在努力接受这一现实，这样生活才能继续，并且今后不再犯类似的错误。以前凯特常说我的控制欲太强，而我则始终认为她对事情反应过度。凯特想读研究生，拿到MBA学位，可我却觉得大学毕业后花些时间一起去旅游的想法更好。她为什么就不能等我们一起旅游后再去读书，或者等我们结婚成立家庭后再读书呢？那时候我不认为自己的想法有什么错误，但现在我的看法改变了，我意识到对凯特来讲，支持她去追求自己的梦想是非常重要的，而不应该是我对她做出安排。出于某些原因，我不愿意改变自己的计划，可我却忽略了考虑凯特的追求和理想，这是我必须改进的地方。凯特现在已经有了新的恋人，虽然我们已不可能再回到从前，但我已下定决心要在今后的恋爱关系中纠正自己，要学会给予对方更多的支持和鼓励。

汤姆的这种控制欲虽然没有给他与凯特的关系造成暴力伤害，但它的确有发展成虐待的潜在危险。我们将在本章后面有关亲密伴侣间暴力倾向的部分中谈及关于通过使用权力和控制来支配甚至恐吓对方的问题。

建立和维系友谊特别是亲密关系，是很多大学生的主要兴趣所在。在这方面没有什么单一的或者简单的成功法则，发展一段有意义的关系必须双方都有意愿为此做出努力。有些大学生认为他们没有足够的时间去维系友谊或者其他关系。如果你也这样认为，就必须明白，如果你忽视你的关系和友谊，它们肯定会出现问题。事实上，你完全可以做出选择来增加维系长久友谊的机会：

- 接受你与朋友之间的差异。
- 时刻对你们之间的冲突保持清醒，并积极解决它们。
- 愿意让对方知道你们的关系带给你怎样的影响。
- 努力保持关系、增进交流，即使你内心害怕被拒绝。
- 省察自己对别人的看法，千万不要自以为是地判断他们是怎样想的、怎样感觉的。
- 让自己变得既柔弱，又敢于冒风险。
- 避免活在别人对你的期望中，要活出真实的自己。

约翰·高特曼是高特曼人际关系研究院的合作创始人和负责人之一，他曾进行了大量的研究来确定成功婚姻关系所需具备的因素。在《有效婚姻的七原则》一书中，高特曼和南·丝弗（1999）提到了成功关系的一些关键点：

- ▶ 熟悉亲密：夫妻知道彼此的目标、关心的事情以及希望。
- ▶ 爱和尊重：彼此敬重的夫妻能够使他们之间的关系更具活力。
- ▶ 意义联结：当个体间彼此尊重时，他们就能懂得欣赏和理解对方。
- ▶ 权力共享：当夫妻间出现分歧时，他们会努力寻求共同点，而不是坚持认为自己的观点是绝对正确的。
- ▶ 目标共享：伴侣们应该把自己的人生目标与其所建立的亲密关系结合起来考虑。
- ▶ 开诚布公：关系中的每个个体都应该充分并坦诚地表达自己的观点和看法。

对于亲密关系中人们所追求的东西，男女之间有差别吗？女性通常比较看重对方的经济状况和职业；而男性则对对方的外表更在意。男性和女性都认为在寻找伴侣时最重要的方面是漂亮的外表和稳定的收入。人们一般都倾向于喜欢和爱上与自己类似的他人，当然这个人也要表现出爱意，外表还得是迷人的。

发展有价值的亲密关系需要时间、努力和共渡难关的意愿，此外，要想成为别人的好朋友，你必须首先成为自己的好朋友，也就是说，你要了解自己和爱惜自己。在下面的"思考时间"里，请你尽可能地使用各种方法将自己看作一个极富生命力的、自主的人，因为这是建立有价值关系的基础。

思考时间

1. 在一段关系中，你是如何看待自己的？ _____

2. 你是否坚持你已经习惯的交友方式不愿做出改变，尽管这些方式已经过时？你不肯放弃的方式是什么？ _____

3. 怎样的朋友让你最容易改变或者拒绝改变？ _____

4. 如果你处在一段已经做出了承诺的关系中，你认为怎样的方式能够让你们的关系更紧密？哪些做法会让你们渐行渐远？ _____

5. 你对你刚才描述的关系满意吗？如果不满意，什么是你最想改变的？你愿意与你的伴侣讨论这些问题吗？ _____

6. 如果你拥有一段和你父母非常相似的婚姻，你会开心吗？解释一下原因。 _____

7. 除了与他人建立起的关系外，你在哪些方面仍能保持自我？你需要或依赖对方的程度如何？设想一下，如果对方不再出现在你的生活中，你的生活会有哪些不同。 _____

建议：如果你正处在一段关系中，请你的伴侣也在另一张纸上回答这些问题。然后把你们的答案加以对比，并对其相同和不同之处进行讨论。

关系中的愤怒和冲突

"我们从来不吵架！"有些人很骄傲地这样描述他们已建立的长久关系，也许这是事实，但夫妻间不吵架的原因却很复杂。愤怒是一种很强烈的情绪；激情是生活的驱动力，但它也可能会带来愤怒的结果。花点时间思考一下你是怎样看待愤怒的。当你还是个孩子时，你看到大人们是如何表达愤怒的？谁爱生气？因为什么？解决冲突和愤怒会让人们变得更加亲密还是更加疏远？你现在是如何面对愤怒的？你的朋友们如何看待你发脾气？你应对愤怒的方式是否影响到你与他人的相处？你一般多久发一次脾气？

积极应对愤怒、冲突和矛盾

由于你所经历的以及你被告知的关于愤怒、冲突和矛盾的说法，表达愤怒或应对冲突对你而言也许很难。你可能会被要求不能生气；你可能目睹过有害的、毁灭性的愤怒所造成的后果，因此过早地告诫自己永远不要发怒（参见第3章讨论的有关禁令和早期决定部分）；你可能亲身经历过最负面和最恐怖的冲突情形。如果是这样，那你就很有必要重新反思一下原生家庭带给你的关于愤怒的感受和表达的信息。

一般来讲，将心存很久的愤怒表达出来远比假装它没有发生过更有用。不过一旦你把愤怒表达出来了，就要把它彻底忘却，而不能再耿耿于怀了，这点非常重要。最理想的处理方式是清楚地发现生气的原因，并将其直接和诚恳地表达出来。但在表达愤怒时，必须确信对方能够理解和接受你的这种情绪。如果不能确定对方能否接受你的行为，很可能你就不会愿意向他敞开自己。在我们看来，健康关系的一个标志就是人们能够彼此自由地表达感受和想法，但在表达时绝对不能伤害对方的人格。

对于很多人来说，愤怒的表达常常会演变成一种越来越加剧的条件反射行为。它不假思索就爆发了，并且需要做出很大努力才能让它平复。你或许已经发现愤怒会削弱一个人的爱。我们的一位同事还提到了冷暴力的问题，这也是一种破坏性的愤怒，因为用沉默的方式来应对愤怒是不能解决问题的，相反，双方都会因压抑自己的感受而付出代价。回避愤怒的情绪在短时间里也许可行，但时间长了，它会令关系变得更糟糕。"石墙"——保持沉默，对伴侣不采取任何回应——是婚姻出现问题并可能走向离婚的迹象（Gottman & Silver, 1999）。

毫无疑问，处在亲密关系中的人们面对的一大挑战，就是要学会如何用可行又恰当的方式来应对愤怒。只要我们避免妄下结论，避免精神上和身体上的虐待，那么愤怒并不一定会破坏关系。一旦冲突被意识到并且得到妥善的处理，修复关系完全是可能的，而且这种开诚布公的沟通方式会让感情变得更加深厚。

问问自己，你和你的伴侣是怎样应对愤怒和冲突的。意识到问题的存在是带来改变的第一步。你是否意识到自己或伴侣有下面的这些问题？

▶ 你所说的与你的真实感受并不相符，比方说，你跟对方讲你很好，但其实你感到很愤怒。

▶ 当别人对你说了一些让你很难接受的话时，你会反应过度。

- 你总是在遇到冲突情形时采取回避的态度。
- 你总是不假思索地做出回应，过后又常常为你所说的话感到后悔。
- 你经常会有一些身体上的反应，如头疼和胃疼。
- 你知道你伤害了对方，却不愿意公开承认。
- 你很少真正解决冲突，因为你认为时间会解决一切。
- 你总是盯住别人的错误不放，而很少注意到自己的缺点。
- 争吵的时候，你会翻旧账。
- 你总是对内心的怨恨耿耿于怀，并且不想忘却它们。

不清楚的东西就很难改变，当你清楚了之后，你就可以发现你的固有模式，并且开始改变你的言行。相对于那些已经不再奏效的方法，你确有必要认真思考一下下面的这些方法：

- 意识到冲突可能是个体差异的正常体现，同时也是一段良好关系中的重要组成部分。关系中的两个人可能都很强势，当这导致分歧时，没有必要去追究哪一方是对的、哪一方是错的，双方都应清楚他们只是在用不同的方式看问题。
- 将矛盾视为对对方的关心和在意，而不是攻击。如果你在意一个人，可以与他当面争执，只是要让对方知道你这样做是出于爱。矛盾并不代表攻击，它可以是有关你们关系的一次谈话。即使谈话过程中难免会有自我保护和指责他人的倾向，也一定要尽可能地去聆听和理解对方所讲的话，同时要用一种你希望别人跟你讲话的方式去向别人表达你的想法，因为带着对对方的尊重表达自己的思想才能让对方乐于倾听。你当时的情绪可能不太好，但冲突时仍能尊重对方就是一种爱的体现。
- 在别人说话的时候，克制住做出下一个反应的冲动，因为成功解决冲突并不是要确定谁赢谁输，而是要让所有的参与方都能保持自己的尊严。
- 确与某人有矛盾时，先要清楚自己的动机。你这样做是出于关心吗？你是否期待改善与对方的关系？你的动机是公正的吗？你希望你们的关系变得更好吗？
- 当你与某人有矛盾并期望他明白你的意图时，你首先要清楚自己的意图。当人认为自己遭到攻击时，其戒备心理肯定会很强，因此当你想向他表达你对他所说或所做事情的关心时，一定要尽可能地意思明确；而如果你处于矛盾的另一方时，则一定要先问清楚对方对你生气或恼怒的原因。
- 对自己的感觉负责。当你因自己的感觉而责备他人时，你必须有清楚的认识。有时候人们很容易责备自己身边的人，仅仅因为他们就在身边，因此要主动省察自己感觉的源头。虽然有时你的情绪是被别人引发的，但那并不等于他们应该为你的情绪承担责任。
- 与他人产生矛盾时，尽量不要因此对他做出武断的评价。不要评论他们本人，只讲他们的行为对你造成的影响就行了，因为我们往往很容易对他人做出评价，并对他们所做的所有的事发表看法，却不愿聚焦自己和自己的行为。

- 告诉别人你与他们有冲突的地方。很多时候我们不愿正视导致一个过激行为的原因，而只是给出我们的结论，我们会说："你也太不在意了，你一点也不重视我们之间的关系。"其实你应当让别人知道导致你这样认为的事由，在说出事情的原委后，你才可能得到别人的注意和倾听。

- 不要回避冲突。回避冲突并不能解决问题。但是，当情绪激动而你又无法解决冲突时，最好的办法可能是先停一停，稍过些时候再讨论它，但不要装作问题已得到解决。你们可以达成协议，在晚些时候当彼此都能听进去对方所说的话时再继续讨论有分歧的地方。

- 意识到原谅那些伤害过你的人的重要性。如果你渴望与一个人亲密相处，揪住怨恨和痛苦不放会抑制亲密感的发展。放下过去的恩怨并原谅对方是保持亲密关系的重要因素。原谅并不意味着彻底忘却别人对你做过的事，而是让自己不要继续陷在怨恨中，也不要试图寻求公平。原谅是一种聚焦情绪的解决方式，它可以减少健康的风险，增强身体的适应能力（Worthington & Scherer, 2004），与提升个体的幸福感也有着密切的关系（McCullough & Witvliet, 2002）。原谅不是一次性的，它是一个过程，需要经历各种不同的阶段。原谅的目的就是要把我们从过往对他人的怨恨中释放出来。"我们可以把原谅看作跨越一座想象中的桥，它把我们从一个来回打转的愤怒的圈子中拯救出来，并将我们带往一个和平宁静的地方。"通过原谅，我们可以丢掉恐惧和愤怒，原谅的过程能够医治那些由于历史的积怨带给我们的伤痛。

- 意识到原谅自己同样也是非常重要的。有时候别人愿意原谅我们带给他们的伤害，但我们自己却不肯原谅自己的过错。实际上，我们不仅要原谅别人，也要原谅自己。正如 Jampolsky 所言："我发自内心地相信如果我们每个人都能完全地原谅人，包括原谅我们自己，这个世界就会变得和平宁静。"MacAskill 也认为自我的不原谅会带来更大程度的愤怒、焦虑、羞愧、对生活的不满和糟糕的精神状态。

- 从别人那里为自己的过错寻求谅解。没有人是完美的，因此我们难免会犯错误、伤害别人的感情。虽然一般来讲，原谅是受害人做的，但其实这对犯错误的人也非常重要。Reik 的研究表明，在这样一些情形下出错的人尤其要寻求原谅：犯错误的人与受害人有着很亲近的关系；过失是非常严重的；犯错误的人深感自己应对过失承担责任，犯错误的人已经为此纠结很久了。他还进一步补充说，羞愧和内疚会对寻求原谅的行为产生不同的影响：内疚会让人主动去寻求原谅，而羞愧则有可能让人尽量回避受害方。反思一下你可能有过的伤害到他人的时候，对你来讲，鼓足勇气去寻求原谅容易吗？你是想竭力回避受害人，希望一切都会随着时间而被遗忘，还是会主动去寻求受害人的原谅？就像艾尔顿·约翰爵士在诗中所写的那样:"对不起似乎是世上最难说出口的词。"

显然,承认和表达愤怒在关系中是很重要的,但我们还是必须小心它可能造成的危险和毁灭性。我们可能每天都看到一些因误导的愤怒所造成的伤害,因此在关系中表达愤怒并不总是安全的,它也并不都能产生亲密感。有些人无论你怎样小心翼翼地表达你的意思,他们都无法面对哪怕是一点点的冲突。在下面部分,我们将解决其中一个极其重要的问题,它带给受到影响的人的后果是非常严重的,这个问题就是亲密伴侣间的暴力,也被称作"家庭暴力"。

愤怒、权力和控制失控:
亲密伴侣间的暴力和虐待

我们所有人都应感觉到自己在一定程度上有权力掌控生活,但是有些人,其中男性居多,会将这种权力的范围扩大,进而试图掌控别人的生活。**亲密伴侣间的暴力**,又称**家庭暴力**(简称"家暴"),是许多家庭遇到的严重问题,并给很多家庭成员的幸福带来了威胁。这种虐待呈现在身体、性、情感、心理或经济方面。如果你对下面一些问题的回答是肯定的,那你就处在虐待关系中了。你的伴侣有没有过:

- 侮辱你或向你大喊大叫?
- 批评你或看不起你?
- 对你很不好以致你羞于让朋友或家人看到?
- 对你的意见和成就视而不见或不以为然?
- 为他自己的虐待行为而责怪你?
- 只将你视为他的个人财产或性工具,而不当人看待?
- 在行为上表现出过度的嫉妒和占有欲?
- 控制你去哪里或做什么?
- 阻止你见朋友和家人?
- 限制你花钱、用手机或开车?
- 不停地询问你的行踪?
- 脾气很坏,喜怒无常?
- 伤害你,或者威胁要伤害和杀掉你?
- 威胁要让孩子离开你或伤害他们?
- 如果你要离开他,他就威胁说要自杀?
- 强迫你做爱?
- 毁坏你的财产?

如果你认为自己处在虐待关系中,对方愤怒的结果很可能是毁灭性的,那你在与他相处时就必须格外小心,在这样的时候,向对方表达你真实的感受是极其危险的。

很多人不能理解为什么家暴的受害者还要和施暴者待在一起。受害人可能会认为自己的处境没那么可怕,并且有可能改善。他们常常为伴侣的行为找借口,并认为自己也有责任,而施暴者则可能会在伤害对方后表现出后悔,并保证一定会改正。但实际上,类似的情况很快就会再发生,受害者会感到被困、受辱和没有价值,他或她常常会变得麻木,不敢再相信任何人。很多时候人们陷在这种局面里,因为他们不知道能去哪里,也不知道该找谁寻求帮助,而且他们不仅对自己的安全担心,还为他们所爱的人在离开他们后的安全担心。

由于施虐者所使用的手段使得受害者不得不更加依赖他们,家暴受害者常常感到孤立无助。如果你认识的人中有人正遭受伴侣的虐待,那你要采取的第一步就是表示你的关心、倾听他的诉说、无须给出建议但要帮助她。如果你自己正面临家暴的问题,我们强烈建议你尽快寻求保护和专业帮助,但要谨慎行事。首先要考虑你的安全和你的孩子们以及其他依赖着你的人的安全。很多机构——大学咨询中心、社区机构、热线电话等——都会对家暴受害者提供帮助。

思考时间

1. 在应对你关系中的冲突方面，你是否愿意做出一些改变？_____
_____
_____

2. 为了改善重要的人际关系，你把原谅放在怎样重要的地位？_____
_____
_____

3. 对于你以往的过失，你在多大程度上能够原谅自己？这会对你与别人建立有意义的关系产生怎样的影响？_____
_____
_____

4. 如果你自己或你认识的某个人正处于被虐待的关系中，你愿意采取哪些措施？如果你不想采取任何行动，说说是出于怎样的顾虑？_____
_____
_____
_____

处理沟通障碍

有效的沟通是良好、健康关系的基础，许多关系出问题都是由于误解和沟通不到位，一些阻碍有效沟通的因素会对发展和保持亲密关系产生不好的影响，下面就是一些常见的沟通障碍：

▶ 不能真正倾听对方讲话；
▶ 选择性倾听，即只听自己愿意听的部分；
▶ 过分关注表述自己的观点，却不愿听对方的观点；
▶ 在应该听对方讲话时却在默想自己下面要说什么；
▶ 有戒备心理，自我保护是你与人沟通时的首要考虑；
▶ 总是试图改变别人，而不是首先试着理解他们；
▶ 对别人抱有成见，而不愿尽可能去理解他们；

▶ 评论别人是怎样的人，而不讲他们对你的影响；
▶ 受偏见的影响；
▶ 因循守旧的同时还不允许别人改变；
▶ 对他人反应过度；
▶ 不愿告诉别人你的需要，却又希望别人能知道；
▶ 在对别人不了解的情况下，凭空臆断；
▶ 不直截了当地表达自己的想法，却对别人嘲讽或充满敌意；
▶ 通过使用诸如"你利用了我"这样的语言来逃避责任。

由于这些障碍的存在，人们彼此无法坦诚相待，也无法真实地表述自己的想法和感受。当想要进行交流的人们之间出现障碍时，他们都会觉得和对方疏远了。

卡尔·罗杰斯是咨询领域人本主义方法的先锋，他在改善人际关系方面写了大量的著作。在他看来，影响有效沟通的主要障碍是我们总爱对别人的观点做出评价和论断。他认为，影响理解他人的因素有：做出同意或者反对判断的倾向；不愿设身处地从他人的角度考虑问题；担心听到并理解了别人的不同观点后，自己会发生改变。罗杰斯建议，下次当你陷入与同伴、朋友或其他人的争执时，先暂停争论，大家先达成这样一个原则：每个人在表达自己的观点前，先要准确无误地复述前一个发言人的想法和感受，并且要得到那位发言人的认可。

尝试这个实验需要你真诚地去理解别人，站在他或她的角度去想问题。这也许听起来很简单，但做起来却极不容易。它需要你超越自己的习惯思维，检查自己以前的假设和偏见，不要曲解别人的意思，也不要急于下结论。如果你能够成功地做到以上这些方面，你就能够进入另一个人的主观世界，换句话讲，你才可以和别人**共情**，这是所有亲密关系的基础。罗杰斯认为，一个能够与他人共情的人所提供的同伴关系是具有治疗功用的，他对别人的深刻理解对于身边人来说是一份极其宝贵的礼物。

>>> 许多关系问题都缘于误解和沟通不当。

有效的人际沟通

你的文化背景对你的交流内容和过程都会产生影响。有的文化推崇直截了当的沟通，而有的文化则认为含蓄一些的沟通更好。在有的文化中直视对方的眼睛被认为是无礼的，有的文化却觉得回避对方的目光不礼貌。一些文化视家庭和谐为最重要的价值观，即使孩子已长大成人也不可以顶撞父母，否则就会造成很不好的后果，比如导致他们之间产生距离和情感疏远。在阅读下面的讨论时，你会发现不同文化间的这些差异。由于我们的讨论是基于欧美的观念，因此你首先要将我们所呈现的交流方式与你自己的文化背景结合起来，如果你对你已获得的大多数交流模式都很满意，那你可能就没必要再做改变了。

按照我们的认知，当两个人进行有意义的沟通时，经常会包括下面这些方面：

▶ 当一个人讲话时，另一个人应该倾听，他听的目的是为了理解对方的想法；

▶ 在一个人讲话时，听者没必要准备自己的回应，他应该准确地归纳出说话人所讲的内容。（"因为我没有打电话告诉你我会迟到，所以你感觉受到了伤害。"）

▶ 讲话时所用的语言一定要明确具体。（模糊的说法是这样的：我感觉被人控制了；而具体的说法应该是：我不喜欢你给我买了花然后就希望我为你做某件我已告诉过你我不喜欢做的事。）

▶ 说话的人讲述自己的想法，但不要用问题攻击对方。（质问式的说法是：昨晚你在哪儿？你为什么那么晚才回来？而表达式的说法则是：昨晚我很担心和害怕，因为我不知道你在哪儿。）

- 听者在对所听到的内容做出回应或讲自己的感受前，先停顿一小会儿，一定要努力站在对方的角度看待问题。（"抱歉，我没有想到要给你打个电话，下次我一定注意。"）
- 虽然每个听者都会对别人所说的做出反应，但一定不要做批评性的评论。（批评性评论是这样的：除了你自己，你从不考虑别人，你完全不负责任。而更恰当的反应应当是：你如果能想到我会很着急，能给我打个电话，那就太好了。）
- 谈话中的各方都要坦诚、直率，不能伤害对方的尊严。每个人应当只谈论自己的想法，而不要猜测别人的想法或替别人讲话。（"有时候我会担心你不在意我，我想让你知道我的感受。"）
- 要尊重彼此的不同，避免强迫别人接受你的观点。（"我对这件事的看法与你完全不同，但我理解你有你的想法。"）
- 言语和非言语的信息应该一致。（如果说话的人在表达愤怒，他或她就不可能笑。）
- 每个人都应该公开表示出别人对自己的影响。（不好的反应是：你没权批评我，而好的反应是：我很失望你不喜欢我所做的一切。）
- 任何人都不应该表现得神神秘秘，期望别人去猜他或她的想法。

这些过程对培养有意义的关系都是很重要的。当你与他人沟通时，一定要注意这些地方，并记录下你实践这些原则的进展。看看你与别人的关系是否令自己满意，如果你决定要做出一些改变，那么试着操练这些原则是很有帮助的。

与你的父母沟通

意识到父母对你的影响非常重要，同样重要的还有确定你对这种影响的认可程度以及你想做出的改变。不要指望父母首先采取行动，更为现实的是你对你渴望的改变先迈出第一步。比如，如果你希望与父母之间能有更多的肢体上的爱的体现，你就要先这样做。如果你想有更多的时间与妈妈待在一起，而且对你们现在的相处方式不满意，那就问问自己是什么阻碍了你获得这些。很多时候当对他人的期望没能立即得到满足后，人们马上就不再努力了。如果你渴望与父母有更亲密的关系，那就把你想重塑他们的想法抛到一边，颇具耐心地去与他们相处。

治疗经验告诉我们，与父母的关系极其重要，它对我们的其他人际关系有着很大影响。我们从父母那里学会了如何与这个世界上的其他人打交道，但我们常常分不清父母影响中的正面和负面的地方。我们的治疗小组里有各种各样的人：不同的年龄、社会文化背景、生活经历和职业，但他们现在大多都与自己的父母有矛盾。一个60岁的男人和一个20岁的女孩都因为没有得到父母的支持而感到沮丧，这是很正常的。因为虽然他们年龄上有很大差距，但他们都同样渴望能得到父母的认可。我们发现其实有些人已经得到了父母的支持和认可，只是他们自己没有感受到或者没有接受。他们没有意识到父母为他们所做的一切，也看不到和父母关系中任何积极的方面。在接待来访者的过程中，我们常常会听到抱怨父母的声音，因此对许多人来讲，学会妥协并接受父母的不完美是一个很大的挑战,但只有意识到父母也是人,也会犯错误,他们才能停止抱怨,并学会与父母敞开来沟通。下面唐纳德的经历就反映出他的挣扎,因为他不知道该怎样接受父亲对他的态度。

唐纳德的故事

我父亲好像不在意我,他很冷淡,只关心他自己的事。我特别希望能与他在身体和情感方面有更亲密的接触,但我不知道该怎样跟他说。后来我决定和他谈,告诉他我的想法和感受。我父亲似乎在听,而且他的眼睛湿润了,但之后他并没有说什么,而是立即离开了房间。我感到很受伤害,也很失望他对我的话没什么反应。我实在不知道我还能做些什么。

唐纳德忽视了一个细微但很重要的地方,那就是他父亲已经被打动了,而且他父亲也不像他想象中那样不在意他。他父亲很可能非常害怕儿子会拒绝他,就像他担心父亲的拒绝一样。唐纳德如果真的想改变他们的关系,就需要向父亲表现出足够的耐心。

有时阻碍我们与父母有效沟通的障碍是由于对异族文化不同的内化程度造成的。在下面安妮的例子中,语言障碍就影响到她与父母的关系。

安妮的故事

我们家来到美国已经10年了,因此我大部分的生活都已非常美国化。但我的父母非常传统,他们坚持要我哥哥和我在家时说我们的母语——汉语。他们需要依靠与我们同住的叔叔来帮助他们与外人沟通。有时候这会成为一个很大的问题,因为我叔叔常常要出差。这时我哥哥和我就要担负起替他们翻译的工作。我很听话,因此我不会像我哥哥那样利用自己的父母。比如说,当我们从学校拿回与家长的联系簿时,我哥哥就会编一些对他有利的内容,我发现他利用自己能讲英文的优势操纵我父母,但我没有勇气告诉父母真相,因为我觉得那样他们会更感到自己无能,也会受到伤害,失掉尊严。我希望他们能学会英语,但我不知道他们是否愿意。于是,我只能担起替他们把关的责任。虽然我不过是个十几岁的孩子,但我感觉当叔叔到国外出差时,我充当起了父母的角色,这种感觉很怪异。

在变化的世界中的关系

在第6章,我们讨论了在变化的世界里爱的话题,现在我们将这个讨论进一步扩大,探讨一下技术的进步对人与人相识、发展关系和彼此沟通所造成的影响。

关系和社交网络

社交网络的确从根本上改变了"交朋友"的概念。现在,人们通过社交网络可以交到世界各地的很多朋友，这已经是一件司空见惯的事了。这种交友方式当然有不少好处，因为你可以借此联系上你早前认识的人，恢复一些过去的关系——比如以前的同学或儿时的伙伴，也可以与一些志趣相投的人进行交流（Weiten et al., 2012）。许多机构和组织也在社交网络上建有网页，这样可以让他们的员工、客户和消费者有一种共同参与的感觉。如果与人见面的接触方式对你来说有些困难，那么通过网络与他人建立联系就容易和方便多了。

虽然很多人赞同社交网络的出现，但也要意识到在网络上披露个人信息所带来的风险。实际上，网络对个人隐私的侵犯已经成为一个必须引起密切关注的问题。虽然已经采取了措施来保护网民的信息安全，但没有任何一件事是绝对安全的。此外，大学的招生机构和企业的雇主也在利用这些网上宝贵的信息为自己吸纳人才，因此，当你决定在网上披露自己的信息时，一定要掌握好尺度，谨慎一些非常有必要。

网上交流时，信息接收人很容易被误导，因为他或她无法获得对方言语以外的东西，比如说话人的语气和面部表情（Weiten et al., 2012）。假设你在某人的网页上发了一则看上去很平常的评论，比如"那天我在商店看见你了，发型剪得不错！"如果这个人对自己的发型不很自信或者不太了解你的真实意图，那么这样的评论可能就会被解读成你在嘲讽他或冒犯他。想想你是不是有时候也会质疑别人的帖子或信息的语气，当时你脑子里怎样想？你会试图进一步澄清他的意思还是尽量避免再提这件事？

网上约会

电视上的真人秀节目，比如"单身男女"和"非诚勿扰"，已经使男女约会变成了竞赛，只有那些非常迷人的选手才能胜出。因此虽然这些节目旨在为现实生活中的人们提供机会，但它们远不能真正代表我们所理解的现实情况。

现在越来越多的人被婚恋网站吸引，期望借此缩小寻觅的范围，尽快找到意中人。与传统的见面相亲的方式不同，婚恋网站的用户可以上网搜索符合条件的潜在伴侣，这种方式的一大好处就是它提供了一种将般配的两个人挑选出来结合在一起的途径，从而可以基本避免糟糕组合的概率，因此，通过婚恋网站开始的关系常常能成功转移到线下发展（Whitty, 2011）。

但在一些网恋关系中，双方发展亲密关系的速度往往比面对面的关系来得更快，这就导致了超人际关系（Whitty, 2011）。在网上交流的过程中，人们可以花更多的时间来琢磨一条信息，并且在发出之前还会反复修改，这样就能够掌控别人对他们的印象，他们呈现出的样子也会比他们的真实情况更好。这种超亲密

》》网上约会已经成为人们彼此结识的一种很流行的方式。

关系在发展过程中的一个不好的地方就是它可能会被关系中的一方或双方想得过于理想化。"人们当然会感到这样一个经过修饰的、可爱的你比现实生活中朴实的、本真的你更有吸引力，也更会做出积极的反应。"但是当这些个体最终必须面对面时，他们还会这样认为吗？他们还能做到坦诚相待吗？在了解了对方的真实情况后接下来会怎样呢？

网络不忠：一个必须引起警惕的现象

有些人专注于在网上建立和发展关系，以致他们与外面的现实世界脱节，这使得他们以为在网上所喜爱的对象样样都好，比那些现实生活中的关系强多了。"网恋极有可能会造成一种无束缚却也无用的幻想，因为它在现实生活中完全无法实现"。(Whitty，2011) 一些人沉浸在网恋中的原因与其他人对某些事情上瘾的原因是一样的：他们的性格出了问题，总爱骗人或者在人际交往方面有问题（比如与伴侣以外的他人发生性行为、嫉妒心和占有欲极强、高高在上、性压抑或者酒精成瘾）。

网恋中不忠行为的两种表现是网络性交（通过与某人在网上互动达到性满足）和热聊（在网上进行色情对话）。情感方面的不忠与性行为的不忠一样让人感到痛苦，因此网恋行为也会毁掉你的正常婚姻关系。已经出现了不少约会网站，专门针对那些已经成家却明确表态想发展婚外情的人。根据调查，其中一个网站的标签就是："人生短暂……享受一下吧！"这个网站自称已经拥有了6 095 000名会员。我们在咨询过程中也发现参与类似这样的活动确实造成了正常关系的破裂。

思考时间

1. 在你的人际关系中，有效沟通的障碍是什么？要解决这些障碍，你能做些什么？
_____
_____

2. 你会在多大程度上依靠技术手段来与人沟通？在网络上保护自己的稳私方面，你足够小心吗？
_____
_____
_____

3. 在哪些方面技术改善了你与他人的关系？_____
_____
_____

4. 在哪些方面技术影响或破坏了你与他人的关系？_____
_____
_____

同性恋关系

所有亲密关系中都会有一些共同因素，因此从根本上讲，男同性恋、女同性恋和双性恋与异性恋之间并无差别，但尽管它们之间有相似之处，同性恋关系还是普遍受到反对或歧视，尤其是那些处在异性恋关系中的人们对此坚决不能接受。

这里我们无法对这一问题展开全面彻底的讨论，但我们可以设法消除一些人们的误解，并挑战一下基于一个人的性取向就对其产生的偏见认识。

前面列出的有意义关系的基本原则也同样适用于已婚或未婚的夫妇，无论是同性还是异性。**性取向**是指一个人在身体、情感、性以及浪漫关系方面被一种或两种性别所吸引。Matlin 对性特征的一些关键词作了如下定义：

- **异性恋主义**：它是一种对男同性恋、女同性恋和双性恋所持的偏见，它自认为异性恋在道德层面上高于同性恋。
- **女同性恋**：在心理、情感和生理上对其他女性感兴趣的女人。
- **男同性恋**：在心理、情感和生理上对其他男性感兴趣的男人。
- **双性恋**：在心理、情感和生理上对男性和女性都感兴趣的个体。

下面的讨论旨在帮助你思考自己的看法、观点和价值观，以及在性取向问题上可能持有的偏见和误解。

有关同性恋的心理学观点

性取向究竟是怎样形成的目前仍不得而知。有些专家认为，性取向至少部分是由基因和心理因素导致的；而另一些人则认为，这完全是一种习得的行为。有些人坚持认为，个体内部易感性和外部环境共同决定了一个人的性取向；还有些人则坚称，性取向绝对出于个人的选择。许多男、女同性恋和双性恋人士都表示，他们并没有主动地去选择他们的性取向，就如同他们无法主动选择他们的性别一样。其中一些人说他们所面对的选择只是，决定将自己的性取向保密还是把它公布出来。

在科学家们明确地批判了认为同性恋是一种疾病的假设后，对同性恋的理解才有了真正的改观。美国精神病学会和美国心理学会分别于1973年和1975年不再将同性恋视为一种精神疾病，从而结束了关于这一问题痛苦而漫长的争议。随着这些改变，对精神健康专家的挑战也来临了，因为他们不可以再将同性恋看成性心理的发展不良和内心有着没有解决的心理冲突，而需将其视为一种正常的行为。虽然不能再将同性恋看作精神病理学的问题和心理发展不良的决定已经执行了几十年了，美国和世界上的许多国家依然对同性恋人群存在着大量的社会偏见、误解和歧视（Pardess, 2005）。

一些异性恋咨询师认为，自己的职责就是积极帮助同性恋伴侣或同性恋个体将他们的性取向改变为异性恋取向，即使来访者并不认为自己的性取向有什么问题。有些咨询师还会自发地将来访者的一些问题归咎于他们的性取向（Pardess, 2005）。这些做法都是不道德的，也不会产生任何治疗效果。

现在，大多数咨询师会采取**肯定同性恋疗**

法，即帮助来访者接受他们的性取向，并教给他们一些方法以应对社会上那些对他们持有偏见的人。这种治疗方法的改变是非常重要的，因为它将这一问题的解决放在了社会对同性恋的负面态度上，而不再是那些同性恋人群本身(Crooks & Baur, 2011)。

同性恋个体和伴侣对改变自身的性取向并不感兴趣，他们前来咨询的问题与那些异性恋来访者的问题大都差不多，比如身份问题、人际关系问题以及如何处理危机问题。此外，男、女同性恋和双性恋个体还要经常应对偏见、歧视和反对给他们造成的影响。咨询师的工作就是帮助他们分析探究他们最为关注的问题。我们认为咨询师的责任在于使来访者清楚自己的价值观，并决定自己所要做出的选择。我们强烈反对咨询师将自己的价值观强加于来访者，告诉他们要怎样做或者替他们做决定。

对同性恋青少年和成年人的偏见和歧视

过去，很多人对自己的同性恋倾向感到羞耻，觉得自己很变态，因为同性恋通常被看成是不正常的、病态的、不道德的。不同文化对同性恋的态度也不尽相同，有的强烈谴责，有的却能够接受。在美国，许多人都对同性恋持负面态度（Crook & Baur, 2011)。对同性恋者的负面观点以及对他们的压制已经成了许多宗教传统的一部分了（天主教、犹太教、伊斯兰教），而且在大多数宗教中，同性恋被认为是不道德的，是有罪的。一些较为开明的教堂允许同性恋教徒参加教会的活动，为此它们遭到了教区居民的强烈抵制，他们甚至发誓说如果同性恋教徒进教堂的话，他们就会离开。他还认为，反对同性恋的偏见并不仅局限于某些特定的文化、社会和教育群体，它们普遍存在于各种宗教、职业、机构和文化中。由于这些及其他一些原因，很多男、女同性恋和双性恋个体不得不向他人甚至自己隐瞒他们的性取向。

男、女同性恋和双性恋人群常常要面对人际交往中的歧视、异性恋的偏见和言语的冒犯，有时甚至是身体的侵犯（Matlin, 2012）。**愤怒犯罪**通常包括袭击和谋杀，这类犯罪所针对的受害人往往属于某一种族、民族、宗教或性取向类别。**同性恋憎恶**则是指对同性恋人群非理性的恐惧和对同性恋强烈的否定态度，它是导致许多愤怒犯罪的根源。对同性恋的憎恶其实是一种偏见，就像种族主义一样，常常会造成歧视和压迫。目前，美国有33个州制定的有关愤怒犯罪的法律规定禁止反同性恋的暴力行为（Crook & Baur, 2011）。

听到愤怒犯罪直指同性恋成年人令人很气愤，而得知同性恋青少年也常饱受他们同龄人和同学的折磨则更让人不安。欺侮是一种很严重的冒犯，无论在现实社会还是在网络空间，也无论它发生在异性恋人身上还是同性恋人身上。而面对这样的攻击，同性恋青少年是最脆

>>> **同性性取向不是疾病。**

弱的群体。一些遭受这种欺侮的青少年最后只能选择自杀，就像2003年发生在瑞恩哈里根身上的事件。这是个13岁的男孩，因为他的性取向而遭到中学同学的无尽骚扰和威胁，这些侵扰有的来自网络，有的则是他亲身经受的。2010年，一个来自罗格斯大学的18岁的年轻人泰勒·克里门，在他的室友声称要将他与另一个男人发生性行为的内容上传到网上后从桥上跳下自杀。很多男、女同性恋青年人已经成了愤怒和不容忍的牺牲品，而他们必须承受的情感折磨则更让他们痛不欲生。

今天，同性恋解放运动正在积极改变社会加给同性恋者的恶名，而那些拥有同性伴侣的人们也在坚持自我。男、女同性恋和双性恋来访者常来咨询的问题是他们究竟该隐瞒自己的性取向还是将此公之于众。然而，就在男、女同性恋和双性恋人群已经为自己赢得了一些权利，并且更愿意主动承认自己的性取向时，艾滋病危机来袭，这再次引发了人们对同性恋人群的仇恨、恐惧和反感。一些异性恋人士认为同性恋人群得对这一危机负责，但这是不正确的看法。虽然已经为包容做了大量工作，但仍有很多人继续坚持他们对同性恋者的偏见和误解。

对同性伴侣来讲，处理和其他家庭成员的关系也是格外重要的。他们可能想将实情告诉父母，却又害怕因此和他们疏远。安和贝丽特是我们在挪威的朋友，她们写了下面这段有关她们关系发展历程的文字：

安和贝丽特的故事

我们俩是在20岁出头时相遇的，当时我们都在挪威参加一个教师教育培训。多年以来，我们成了亲密的朋友，在一起的时间也越来越多。虽然我们谁也没有结婚，但我们都和男人保持着各种各样的关系，不过我们对他们都不太满意。

我们的家人和朋友经常对我们的亲密关系表示关心和不赞同，因为他们认为这种关系不"自然"，也不"正常"，而且会影响我们"和一个好男人稳定下来"开始真正的家庭生活。由于害怕别人的反对，我们只好悄悄地保持着彼此之间的感情。

另一方面，我们之间发生了性关系，这让我们产生了许多自我怀疑，我们也开始考虑，是不是应该分开。但由于有了性关系，分手就变得更困难了。因为不能公开我们的关系，我们感到背负的压力越来越大，而且我们变得越来越不真诚，对彼此、对家庭和朋友都不是那么诚实了。当别人问我们为什么还是单身时，我们只能编造一些答案。如果我们是诚实的，我们就应该说："我对传统婚姻一点兴趣也没有，我有一个很重要的另一半，而且我也不想隐藏这个对我极为重要的人。"

贝丽特的故事

安和我的关系让我变得非常焦虑，我开始感到恐惧。我去看过治疗师，症状有所减轻。我从未觉得有必要探究我为什么喜欢女性，但我的确花了很多时间陷入这样的思想斗争中：我是应该去做那些我想做的事，还是需要屈从于外界要求我有"正常"表现的压力。

在40岁的时候，我们决定不再过这种双重生活了。我们决定或者彻底分手过自己的生活，或者共同生活并对外承认我们的关系。经过多年的挣扎后，我们终于能面对自己、面对彼此，然后共同面对生活中对我们来讲其他重要的人。让我们惊讶的是，当我们将真相讲出来后，大多数的亲戚和朋友都对此表示支持和理解，有些人甚至说他们其实已经感觉到了我们之间那种特殊的关系。我们感到终于卸下了一副重担，能够开始享受一份平静和幸福了。

去年我们结婚了。安的妈妈刚开始对此有些不赞同，估计她担心邻居和别的亲戚会怎样看这件事，但当她发现来自朋友和家人的反应全是积极赞同的，她的态度也改变了，并接受了我们的婚姻。而我的父母则表现得好像什么也没发生，他们未对此发表任何评论，继续像以前那样非常尊重、友好和热情地对待我们。

我们结婚后，首先要保护彼此的经济利益。但我们都认为，婚姻已经成为我们生活中的一个重要方面，它让我们更自信地感受到自己在对方生活中排在第一位，这也让别人对我们的看法发生了改变。我们俩都很高兴我们能生活在挪威这个允许同性结婚的国家。

安和贝丽特的经历反映出了许多同性恋者在决定他们生活方式时所要经受的思想争战。安和贝丽特遇到的许多问题也是所有同性恋伴侣最终要面对和解决的问题。此外，他们还必须承受成为社会上许多人所不能接受的那部分人的压力。因此，男、女同性恋的问题还不仅仅是性取向的问题，它还涉及整个人际交往和现实的范围。在区分异性恋和同性恋关系时，有时候我们会忘记，性别并不是一段关系的全部。无论我们选择何种方式生存，都要看一看这是否是最适合我们的生存方式。为你自己的选择承担责任，并愿意接受由此所带来的后果，然后平静地、身心统一地过你所选择的生活，这是很重要的。

根据金伯格和史密斯的理论，"男、女同性恋人群所经历的许多生活转折与异性恋人群相差无几，但由于他们的性取向，或者更确切地讲，由于他们披露了自己的性取向，使得他们所经受的转折压力要比常人大出许多"。

我们在本章中探讨的所有关于友谊、异性关系和传统婚姻的问题，也同样适用于同性恋关系。事实上，在每一种亲密关系中，有效交流的障碍都是存在的。我们要做的就是找到除去这些阻碍人们坦诚交流的方法。媒体和娱乐业在引导人们对同性恋和双性恋的态度以及教育大众方面起着很重要的作用，饱受争议的喜剧《摩登家庭》能够得以播出也算是一种进步，因为这部剧讲述了一对同性恋夫妇收养一个越南小孩的故事，这挑战了异性恋主义的价值观念。

> **思考时间**
>
> **1.** 你能意识到一些针对同性恋的偏见吗？_____
>
> **2.** 你对同性恋解放运动持什么观点？公开承认自己是同性恋的人应该和异性恋者享有同等权利吗？_____
>
> **3.** 你认为仅凭一个人的性取向可以在某个工作机会上拒绝他或她吗？_____
>
> **4.** 当你听到别人指责男、女同性恋或双性恋的个体时，你会作何反应？_____
>
> **5.** 你对许多宗教将同性恋视为有罪持怎样的看法？_____

分手和离婚

我们这里所讨论的概念既适用于那些已经发展为亲密关系却正准备分手的恋人，也适用于那些已经结婚却正在闹离婚的夫妻。由于害怕孤独，人们常常不愿放弃一段已经建立起来的关系，尽管他们很清楚这样的关系已经没有什么意义了。人们或许会这样说："我很清楚自己拥有什么，至少我还有这么个人，这总比什么也没有强一点儿。"出于恐惧，很多人宁愿维持近乎僵死的关系。

什么时候应该分手或者结束一段重要的关系

结束一段关系是一种勇敢的行为，因为它标志着新生活的开始，并且有时这是最明智的选择。但人们怎样才能知道何时分手是最佳选择呢？对这一问题并没有什么统一的答案。不过，在两个人决定分手前，他们首先应当考虑一下这些问题：

▶ 你们俩都进行了自我剖析吗？深刻剖析自我能够带来改变，这可能会让你和你的伴侣重温或修复你们的关系。

▶ 你们考虑过寻求关系咨询吗？或许关系咨询会使你们发生改变，从而更新或者加深你和伴侣之间的关系。如果你们确实在这样做，那么很重要的一点就是两个人都要认真去做这件事。

▶ 你们是不是都愿意继续保持这种关系？也许你们对维持这段关系已没有兴趣，但至少两人有时还愿意待在一起。我们通常会问面临关系危机的伴侣双方这样一个问题：你们是否还想维系你们的关系？人们往往会给出这样一些回答："我也不知道，我已经不再寄希望于任何改变了，现在我觉得我们恐怕很难在一起了。""我肯定我再也不想和这个人一起生活了，我对改善我们之间的关系一点儿兴趣也没有。我来这里就是想结束我们的关系，同时尽可能地为孩子创造最好的条件。"也有人会这样说："虽然我们现在的关系很糟，我还是非常希望情况能够得到好转。讲实话，我也没有抱太大的希望，但还是愿意试一试。"不管你给出怎样的回答，很重要的一点是，你们双方都必须清楚对方的感受：他或她是希望修复你们的关系还是想结束它。

▶ 你们俩是否单独在一起思考你们的问题，明确各自希望过怎样的生活以及希望与对方怎样相处。处在危机关系中的夫妻很少花时间单独相处，似乎他们都很害怕面对这样一个事实——他们之间真的已经无话可说了。发现这样一个事实是很有用的，因为至少它让你明白，如果你想处理危机关系的话，就必须有所行动，但是多数伴侣似乎有意回避在一起加深亲密关系的可能。

▶ 你们两人各自想从离婚中得到什么？有时候，婚姻中的问题恰好反映出伴侣中一方或双方的内心冲突。一般来讲，除非个体本身发生改变，否则他们遇到的问题并不会随着关系的结束而得到解决。事实上，很多以为结束关系能够获得更多快乐和自由的人，在离婚后才发现，他们仍然像从前一样感到寂寞、抑郁和焦虑。如果不对自己进行深刻反省，他们很可能会迅速找到一个和从前伴侣非常相像的新伴侣，然后重蹈覆辙。比如，一个抱怨自己

丈夫软弱无能并最终选择与之离婚的妻子，可能又会找到一个类似的男人，除非她能开始反省自己为什么总是和这样的人搞在一起。再比如，一个声称忍受了妻子二十多年的丈夫，可能再找到的还是一个相似的女人，除非他能够弄明白是什么使他和前妻在一起生活那么久。因此，关键是要弄明白你为什么要结束这段关系，以及你应当怎样改变你自己和你周围的环境。

有时候，夫妻中的一方或双方有很充分的离婚理由，可他们却说，因为这样和那样的原因，他们不能这么做。这样的说法很值得人思考，因为这种"我不可能离开这个家"的态度对双方做出自由合理的选择并无益处。下面是一些人们给出的拒绝离婚的理由：

▶ 我为这段婚姻付出太多时间了。
▶ 我害怕离婚，因为我担心自己会比现在更孤独。
▶ 我觉得没有给双方足够公平的机会再来尝试一下。
▶ 我在经济上不独立，因此我担心今后没法养活自己。
▶ 我害怕来自家人和朋友的说三道四。
▶ 我信仰的宗教不允许离婚。
▶ 我所受的教育不允许我离婚。
▶ 为了孩子我不能离开这个家，那样我会感到很愧疚。

当有孩子牵扯进来时，在做离婚决定时确实需要将其对孩子的影响降到最小。《离婚后怎样做父母》一书针对离婚后怎样健康地抚养孩子提供了一些实用的指导。作者强调了父母为孩子的幸福做出努力的重要性，因为离婚常

常伴随着混乱和变化，而这会给孩子造成很大压力。父母由于陷入自己的纷争里，往往会忽视孩子的想法，也意识不到孩子要面对的处境。对于那些希望对离婚能有一些现实认识，并了解其带给孩子怎样的影响的父母，我们推荐这本书。我们还想推荐另一本书《重建信任：爱与背叛的心理学》，它对如何从破碎的关系中找到新出路很有帮助。

处理好结束一段长期关系

当一段长期关系走向结束时，你内心可能会有一种五味杂陈的感觉，从失落、悔恨到解脱，各种感觉都会浮现出来。贝蒂是一位二十来岁的未婚大学生，她正在经历与相处三年的男友艾萨克分手后的典型反应。

贝蒂的故事

刚开始，我觉得自己被抛弃了，担心今后再也找不到合适的人了。我一直想弄清楚这到底是谁的错，我一会儿指责自己，一会儿又责备艾萨克，就这样来回折腾。我感到很沮丧，吃不下东西，也睡不着觉，而且我开始不愿再和别人交往了。我觉得自己一无是处，毫无价值。因为没能处理好与艾萨克的关系，我觉得自己是个失败者，一点也不可爱，将来肯定也不能再与其他人建立和维系关系。这件事充分证明我以后也无法与别的男人相处，因为艾萨克亲口说过我不招人喜欢。我觉得自己无法忍受这种被拒绝的痛苦。

这种来自她内心的想法阻碍了她采取任何可能的行动去改善她的处境，其实，她的这种反应不是分手本身带来的，而是她对分手的看法和解读给她造成了这种搅扰。

结束一段长期关系确实不容易，分手和失去朋友或伴侣会让人感到痛苦、愤怒和悲伤。如果你目前正处于这种状况，有一些态度和做法可以帮助你走出困境，这里就是一些有效应对重要关系终止的建议：

▶ 允许自己悲伤。你可能会经历各种情绪，包括悲伤、愤怒、内疚、丧失、痛苦，对一些值得回忆时刻的开心回忆，还有解脱。虽然悲伤让人感到心痛，但抑制这种情绪会让你没法向前迈步，而且你以后可能还会遇到亲密关系问题。

▶ 给自己一些时间。有人说"时间能抚平一切创伤"，但其实，能够治愈伤痛的是你在那段时间里做了些什么。无论这个悲伤的过程需要多久，重要的是要能真实地面对自己，而不是别人怎样看。

▶ 把你的愤怒表达出来。分手会令我们感到愤怒和痛苦，愤怒是一种正常的情绪，不表达出来或过度沉浸其中都会对今后的生活造成严重影响，而且它还会阻碍你表达自己受伤害的情绪。

▶ 客观地看待你的伴侣。通常当一个人结束了一段关系时，另一个人会觉得遭到抛弃，就好像这种后果全是因为对方造成的。其实，做出分手决定的行为可能更多地反映了提出分手的人的感受。

- 为你在关系中的角色承担责任。找出对方的毛病当然更容易,但剖析自己的行为对你的疗愈过程更有帮助。关键不在于谁对谁错,而在于深入了解自己在与人交往时积极和消极的地方。
- 寻求支持。不管你比较腼腆还是喜爱社交,寻求支持你的人都有助于你在遭遇丧失和变化时能保持一定程度的稳定。如果你觉得自己无法承受失去的痛苦,也可以寻求心理咨询和专业人士的帮助。很多大学都免费为学生提供这类咨询服务。
- 写日记。当你无法向他人倾诉自己的感受时,写作可以帮你很好地释放情绪,而且今后你读到自己是怎样熬过这段痛苦的过程时,也会有所帮助。
- 纠正自己。纠正自己并原谅自己和伴侣能够将你从过往的痛苦和愤怒中解脱出来,并且不会再把它们带入今后的关系中。务必记住这一点,是你自己的愤怒情绪而不是任何其他人的情绪,对你造成最大的伤害和压力。你一定要做好纠正自己的准备,但也不能操之过急。
- 让事情结束。结束是前行的基础,结束并不意味着当事情没发生,而是你决定生活还要继续。对有的人来讲,这意味着原谅,对另一些人来讲,它可能需要一个仪式或写一封告别信。你也许无法直面一个虐待过你的伴侣,但你一定可以找到其他方法丢掉过去重新出发。
- 爱和学习。在一定程度上,你会发现,反思自己,从这段经历当中学习,能够让你得到解脱。即使是最恶劣和最不健康的关系也能够教会你一些东西,为你指明今后发展关系的方向。

思考时间

凭第一感觉完成下面的问题。

建议:让你的伴侣或密友在另一张纸上做同样的练习,然后比较和讨论你们的回答。

1. 对我来讲,亲密意味着_____。
2. 要想获得成功的亲密关系,最重要的是_____。
3. 对于亲密关系我最担心的是_____。
4. 对于亲密关系我最希望的是_____。
5. 我需要另一半的原因是_____。
6. 在亲密关系中我面临的冲突是_____。
7. 在亲密关系中,期待_____是不现实的。
8. 对我来说,承诺意味着_____。
9. 我鼓励我的伴侣成长的方法是_____。
10. 我的伴侣鼓励我成长的方法是_____。

总　结

在本章中我们鼓励你思考有成长性、有价值的亲密关系所应具备的特征。我们希望涉及的话题能够帮助你评估自己目前的亲密关系状况，并进而对此予以改善。不论一个人的性取向如何，我们所探究的内容都适用于所有的亲密关系。虽然同性恋关系还未得到社会上一些人的接受，但意识到所有的夫妇都面临着许多共同的挑战是非常重要的。

发展和维护关系的一个主要障碍是评价和判断他人的倾向。当我们试图改变别人时，就会增强他们的防备心理。有意义的关系的一个重要特点就是处在关系中的人们要学会倾听并彼此回应。他们能够有效地沟通，即使交流出现问题，他们也不轻言放弃。还要注意在谈话风格方面彼此文化和性别的差异，因为很多误解都是源自男性和女性表达思想和情感的不同方式。有时候当人们觉得一段关系已走到尽头，他们会认真考虑分手的事。这对一些人来讲可能是一种比较简单的解决办法，但对更多人来讲，此时需要双方共同面对并尽可能处理好这一决定引发的诸多问题。

维护一段关系需要不懈的付出和努力，要让关系保鲜，就要努力想出各种各样的办法来应对。随着社交网站和其他先进技术的广泛普及，我们有了更多的机会来实现彼此的交流和沟通，当然，这也会增加交流时出现误解的可能。

自我成长

这里的一些练习可以由你自己完成，另一些则是为处于亲密关系中的两个人设计的。挑选一些对你来说最有意义的，并与班上其他成员分享你们的结果。

1. 在本章末的日记页里写下你对父母关系的看法，可以思考下面这几个问题：

▶ 你愿意拥有与你父母类似的关系模式吗？

▶ 在他们的关系中，你最喜欢哪些方面？

▶ 在他们的关系中，哪些方面你不喜欢？

▶ 你自己关于亲密关系的观点、态度和行为，在多大程度上受你父母关系的影响？你会与一个像你父亲那样的男人或你母亲那样的女人结婚吗？为什么？

2. 你希望在亲密关系中，双方自我表露和坦诚相待达到怎样的程度？在你的日记中思考，你愿意与你的伴侣分享以下感情中的哪些方面？

▶ 你对于伴侣的支持的需要；

▶ 你的愤怒情绪；

▶ 你的梦想；

▶ 你与朋友的友情和你以前与他人的亲密关系；

▶ 你在宗教和哲学方面的想法；

▶ 你认为自己不够完美的那些时候；

▶ 你感觉到对伴侣产生极度亲密和爱的时候；

▶ 当你对关系感到厌倦、不满或冷淡时。

现在想一下，你希望你的伴侣对你有怎样的坦诚？如果你的伴侣也在做这个练习，你希望他或她会给出怎样的回答？

3. 在一个星期的时间里，记录下你们关系的进展，并要求你的伴侣也这样做。想想你们当初为什么会相互吸引？后来又发生了哪些变化？你对这些变化满意吗？对于现在在一起的生活，哪些方面你最想做出改变？列出你们关系中最好的地方和一些值得探究的问题。回答完这些问题及其他你认为重要的问题后，交换一下彼此的答案并进行讨论。这个练习可以促进你们之间更为坦诚地交流，也能让你们有机会了解对方是如何看待你们这段关系的。

4. 如果你倾向于依赖技术手段与他人进行联系，那就拿出一到两天（最好是周末）的时间彻底摆脱那些玩意儿。在日记中记下这带给你怎样的结果。思考一下这种经历的利与弊，并记下在远离它们时你有哪些收获。

第 8 章

成为你期望中的女人或男人

> 只有实现了性别超越，人们才成为真正的人。
> ——贝索

自我评估

请用下面的评分标准来测评你对每个说法的回答：

4 = 我完全赞同这一说法

3 = 我赞同这一说法

2 = 我不赞同这一说法

1 = 我完全不赞同这一说法

- [ ] 1. 对我来说，让别人觉得我很有女人味（或很有男人味）是很重要的。
- [ ] 2. 我清楚地知道作为一个男人（或女人）意味着什么。
- [ ] 3. 对我来说，同时具备理性和感性、阳刚和温柔、客观和主观的个性是比较容易的。
- [ ] 4. 我很难接受女性表现得男性化，或男性表现得女性化。
- [ ] 5. 我很难接受自己身上所表现出来的异性特征。
- [ ] 6. 我乐于接受性别角色的灵活转换。
- [ ] 7. 我觉得我正在变成自己希望成为的那种女人（或男人），而不是变成其他人所期望的那样。
- [ ] 8. 我很高兴我目前的状况与自己的性别相符。
- [ ] 9. 我感到我因为自己的性别受到歧视。
- [ ] 10. 我的父母在应当成为怎样的女人（男人）方面为我树立了好的榜样。

在一定程度上，每个人都是其所处文化背景的产物。我们的行为取决于我们早期的经历、生命过程、习得方式、所处文化的期望、道德的约束、实践的机会以及环境的需求，而与我们的性别并无关系。我们在与社会的接触中学到那些适合我们性别的行为。**性别角色社会化**是个体学习那些在特定社会中被人们所期待的行为（规范和角色）的过程，它从原生家庭就开始了。关于性别差异的学习不仅不会在儿童时期结束，恰恰相反，这种学习会贯穿我们的一生。

在这一章里，我们会请你省察自己在性别角色认同方面曾有过的直接和间接的经历。我们会列出一些男性和女性若认为必须按性别角色规范自己行为会造成的负面结果。**性别歧视**是指人们对性别的偏见。人们总是倾向于在男女之间做出明确划分，并将这个世界分成两类：男性社会和女性社会。由于男性和女性在生理上和心理上都有着极大的差异，因此人们对他们的观念也完全不一样（Matlin，2012）。

问问自己这些问题：我从父母那儿学到了哪些有关性别角色的东西？在我们家，对性别角色普遍持怎样的态度？这对我今天作为一个男人或女人有何影响？我父母的性别角色观点又是如何受到他们所处文化的影响的？我从媒体获得了哪些关于性别角色的内容？我会根据一个人的性别对他产生特定看法吗？我社交的方式对我的生活方式起到了促进作用还是造成了不利影响？随着自我意识的增强，你能对自己性别角色在社交时给你生活各方面带来的影响做出清晰的判断，你也能够决定如有必要该在哪些方面做出改变。你有权利对性别角色的陈腐观念提出批评，并形成你自己认可的男性和女性标准。当然这种判断需要经历时间和现实的检验，而且你要做好准备，因为在挑战那些根深蒂固的观念时会遇到不少困难，不过真正要面对的挑战则是如何把你获得的新观念运用到自己的行为中。

在阅读本章时，反思一下影响你形成对男人或女人看法的社会标准，以及你在性别角色认同方面做出过的选择。社会规范提供了一套标准，但你可以自行决定是否遵循这些标准或者修改它们使之更合乎你的价值观。思考下面的问题并对它们做出回答，从而使本章的内容能够为你所用。

▶ 对于性别角色认同，你在多大范围里做出过有意识的选择？
▶ 你希望做出哪些改变？这些改变可能会带来怎样的结果？
▶ 如果你想改变自己目前的社交状况，你希望得到怎样的帮助？
▶ 谁和什么事情对你的性别认同造成了影响？

男 性 角 色

现在越来越多的男性已经在他们的性格中不只表现出阳刚的一面，也展现了阴柔的地方，但社会上仍有许多男人愿意按照传统男性的标准生活，他们付出一切代价来保持能被认可的男性形象。传统意义上的男性角色已不再适合现代社会中的男性标准了，而且种族的差异、社会经济地位的差别，以及地理位置或区域的不同都会影响到对性别角色的定义。在一种文化背景下被视为传统的东西在另一种文化里可能仍未过时。

如果你是个男人，问问你自己对社会上的男性标准的接受程度。在努力达到对一个男人的期望时，你经历了哪些得与失？现在再次省察一下你对性别角色的认知，并思考你是否在一些地方愿意改变自己作为一个男人的形象。

性别角色的社会化在一个人的生命初期就已开始。父母对性别角色的态度以及对性别应有行为的鼓励，给孩子对性别的看法和他们的行为带来很大影响。在如何根据性别采取合适的方法应对情感问题方面，孩子们会直接从家人那里得到明确的信息。此外，他们还会受到这样的影响：在家里孩子们会目睹家人是怎样表达情绪的，也会观察他们的情绪表达出来后其他人的反应（Root & Denham，2010）。

在西方文化中，男孩在整个童年时期都会被教导不要显得女性化，即使他们长大后也会继续被要求只参与属于男性的活动，比如互动类的游戏、体育运动和户外活动。男孩子总是被很刻板地要求必须积极主动、强硬彪悍、咄咄逼人、敢于竞争、能掌控一切、不感情用事、独立自强和具有领袖气质。男孩从很小就被要求不能像女孩那样情感外露，女孩可以充分建立关系，表达自己的内心情感，男孩却不可以这样做；但另一方面，人们鼓励男孩充分发展自我，却不鼓励女孩这样，也不鼓励她们太独立。其实男孩和男人同女孩和女人一样都需要社会交往，他们只有置身在关系中而不是在关系外，才能治愈由于关系缺失造成的伤痛。

从蹒跚学步开始，男孩就被迫离开他们最可依靠的母亲，因为人们认为只有这样才能让男孩独立起来，成为一个能够自力更生的小大人。那些悲伤和无助的男人之所以常常有此类不良的情绪体验，很可能就是由于他们从小就缺少了这种母子的亲密依恋关系。男人有时候会很害怕对长久关系做出承诺，而且在成人关系中也不愿与人走得太近，这些都是因为他们童年时缺少母爱造成的。从以抚育和爱为主导的女性世界中脱离出来，逐渐进入以独立和竞争为主导的男性世界，对一个小男孩来说绝对是一种剧烈的变化，爱的缺失带给他们的痛苦被强行抑制了，但这种痛苦会在亲密关系中重新浮现出来，特别是在与女性的亲密关系中。

当一个男孩因自己的软弱而感到羞愧时，他通常会开始隐藏自己的情绪，并最终把自己彻底包裹起来。由于社会普遍认为男孩子不应该表现出孤独、无助和恐惧，因此他们总觉得自己没有达到人们的期望，这使得他们的情感不断被湮没，他们终于变得像社会所期望的那样理智和刚硬，但这一过程导致的最终结果就是他们对自己情感的束缚。其实应当鼓励男孩子把他们所有的情绪都释放出来，让他们明白自己身上的优势和弱点都能被接纳。简言之，男孩应该得到这样的信息：他们所有的情绪，而不仅仅是愤怒，都是正常和"男性化"的，因为表现软弱更需要勇气，所以只有当他们接纳自己的软弱，他们才能变得更坚强。

使男人摆脱自己的角色扮演

有些男人陷入了呆板的角色扮演中，其实如果他们能脱离自己所扮演的角色或展示一些未与其性别联系在一起的性格特点，他们依然会得到认可。但人们常常会完全沉浸在自己所扮演的角色中而忘记了真实的自我。他们不再关注自己内心的真实想法，因为他们把精力全投入在维系自己能够被接受的外在形象上了。加布里埃尔的情形就是这样，他从他父亲那里继承了传统观念中男性应有的思想和行为。

加布里埃尔的故事

我父亲非常勤劳，但不愿和我们这些孩子亲近；他不在乎吃苦，并以自己能够自力更生为荣。我从我父亲身上懂得男人就应该这个样子以及什么样的行为是可被接受的，后来我的这种想法在学校和社会上得到进一步的确认。在相当长的一段时间里，我甚至没有意识到我已经从心理上被这些想法辖制了，但后来在中年时我遇到了一次危机，我父亲得了心脏病，我这才发现他按传统标准生活所付出的巨大代价，这一发现令我震惊不已。

我开始反思我对男性的定义给自己生活各方面造成的影响，并决定做出一些改变。我发现自己从未质疑过对因性别角色所引起的行为的看法，并且一直在下意识地而非有意选择地照此行事。我想更多地表达自己的情感，但这需要与多年养成的控制自己情感的习惯抗争。通过阅读有关书籍和心理咨询，我的认知水平得到了提升，但在情感和行为方面纠正自己似乎还有一定的困难，看来要将想法变成新的行为并不是件容易的事。

加布里埃尔和他的父亲都遭遇了性别角色带给他们的压力。事实上，社会对理想的性别角色的标准往往是充满矛盾、不一致和根本无法实现的。当人们无法达到这些不现实的社会期望时，他们就会出现心理问题。经历过性别角色冲突和压力的男人更容易变得抑郁和焦虑，在人际交往中表现得也很不友好，而且他们可能会自我贬低、隐藏愤怒、滥用药物，并做出高风险的行为。欧尼尔在经过25年的研究后得出了这样的结论：性别角色冲突对人际关系中出现的交际障碍有很大影响，这其中包括人际交往的局限性、依恋问题和对婚姻的不满，此外，性别角色冲突还与对妇女、同性恋人群和少数族裔的负面态度有关系。

同性恋男人和异性恋男人一样认可传统意义上的男性标准，许多同性恋男士还会嘲笑部分同性恋男人表现得女里女气（Sánchez, Westefeld, Liu & Vilain, 2010）。在分析男、女同性恋与异性恋之间的差异时发现，同性关系中显示出了更强大的力量，包括在出现分歧时运用幽默去化解；分歧过后仍保持正面态度；以及彼此间没那么多好战、畏惧和飞扬跋扈的做法（Gottman et al., 2004）。"研究人员推测，同性夫妻间之所以能表现出更强大的力量，可能是由于他们之间没有异性恋关系中的那种性别角色冲突，因此在性别角色方面，同性恋关系要远比异性恋关系灵活许多。"

在下一部分我们将思考传统男性意识形态领域的几个方面，省察对男性的一些陈腐观念，并对加在男性身上的合适的性别角色行为进行分析判断。在不对男人形成新的固定看法的前提下分析其传统角色以及陈规并不是件容易的事，而且我们必须提醒大家下面的这些分类是基于研究文献得来的，并不能广泛地适用于所有男人。

对男性的一些陈腐观念

性别陈规——是指已被人们普遍接受的对于女性和男性的能力、性格特点和行为模式所持的看法——在美国文化中是很平常的一件事。但是，虽然男、女性别间确实存在着行为上的差异，性别陈规却不见得完全准确（Weiten，2013）。对性别和行为的研究发现，实际的情况非常复杂，甚至是有些混乱的，因为来自生理和环境的因素都会导致行为上出现性别差异。比如，男人被认为**力量**更强大（更关注自我利益，如竞争和独立意志）；而女人则被认为更具备**沟通**能力（更关注自己与他人的关系）。这些普遍认知在近几十年来并未发生改变（Matlin，2012）。

有些人过着非常局限的生活，是因为他们不假思索地接受社会对男性和女性的认知标准。虽然生理和环境的因素会对我们的行为产生重要影响，但是当谈到性别期望时，我们仍可以做出不少自己的选择。

被许多男性普遍接受的那些关于传统男性角色的观点，在某种程度上是由如下的特征组成的。但是，请牢记，这些特征只是代表了对男性的陈规看法，大多数男性在现实生活中并不是这样狭隘和刻板的。

- ▶ 不会表达情感：男人总是倾向于表现出一副"好的提供者"的姿态。通常他不愿向伴侣或家人流露情感，结果造成妻子对他的抱怨，因为她觉得被冷落了。而且他也不懂应该怎样应对她的情绪，比方如果她哭了，他就会变得手足无措；他只想赶快解决这件事，这样她就不会再哭了，当然他也可能会认为她太多愁善感了。

- ▶ 独立：人们总是希望男人能完全靠自己生活。他不能依靠别人，只能靠自己过近乎夸张的独立生活，所有的事情都应该自己去完成，而且也不能向他人寻求情感方面的支持或抚慰。

- ▶ 力量和进攻性：男人从小就被告知他必须在身体上、性生活上、智力上和经济上都表现得强有力；他要敢于冒险，也能承担风险，必要时还能使用武力；他要始终表现得积极主动、争强好胜、敢于坚持己见和不懈努力。做不到这些就是软弱的表现，而男人肯定不愿意被视为软弱的。

- ▶ 从不畏惧：学会隐藏自己的恐惧对男人来说是十分重要的，甚至在他感到非常害怕的时候也要这样做。男人会把害怕误解为缺少勇气，因此，他们总是试着隐藏自己的恐惧，尤其是向他人隐藏。实际上，感到害怕是建立勇气必不可少的一部分。男人总是害怕在其他男人面前被他人羞辱或是被更强壮的男人控制（Kimmel，1996，2010）。

- ▶ 保护内在自我：和其他男人在一起时，男人总是要隐藏自己，因为这些人都是竞争对手，甚至可能是潜在的敌人。他们也不愿向女人敞开自己，因为害怕女人在了解了他们的内心后会认为他们不够男人、太软弱。而女人又会抱怨男人在她们面前隐藏自己，或者更确切地说，他们将自己彻底封闭起来。其实男人这种保护自己内心世界的倾向早在孩童时代就开始了，那时他们就学会了把自己的真情实感隐藏起来，而表现出一副强硬、无欲无求、强壮有力的假象（Pollack, 1998）。

▶ 刀枪不入：男人不会让自己表现出软弱无能，就如同他不愿意展现自己的内心情感一样。他不会让自己表现出悲伤，更不能让自己哭泣。他认为任何与脆弱有关的情感表达都是软弱无能的表现。为了保护自己，男人几乎与情感绝缘了，并且戴上了强硬、有能力和果断坚定的面具。

▶ 对自己的身体缺乏认识：一般来讲，身体遭遇压力时会表现出头疼、恶心、心口疼、肌肉疼、背疼和高血压等症状，但男人却常常忽视这些压力症状，并且否认它们可能造成的潜在后果。比方说，我们都知道男性心脏病和心血管疾病的死亡率明显高于女性。研究发现，男人早逝的原因是他们不把自己的身体当回事。他们总是在生病一段时间后才有所觉察，并且会再耽搁一段时间才寻求帮助，甚至在接受治疗后，也不像女人那么愿意遵医嘱以早日康复。男人常常会毫不怜惜地强迫自己拼命工作，把自己的身体当成一台永远不会坏掉、也不会疲劳的机器。他对自己的疲劳感觉完全不在意，直至有一天因此彻底倒下。

▶ 远离其他男性：尽管男人可能会认识很多人，但他却没几个可信任的朋友。我们经常会听到男人说虽然他们有朋友，但却没有真正的亲密关系。他会和别的男人聊天，但很少会涉及自己私人的事情。男人在一起的时候，他们通常都只是讨论下一步打算干什么。

▶ 追求成功：对男人来说，具备竞争性和获取成功是非常重要的，因为那样会使他受到重视、被尊重并具有身份和地位。性别社会化的过程让他相信，在工作中获取成功是一个男人的价值所在。如果工作失败就会使他的男子气概受到重创（Zunker, 2012）。男人总是以他挣的钱和工作中的头衔来标榜自己的价值。男人肩负的一个重担就是他需要不断地向自己和他人证明其男性气概，他把大部分精力都放在追求工作中取得成就，以此来维护他成功的外在形象，这样，他留给妻儿和自己闲暇娱乐的时间就所剩无几了。

▶ 拒绝女子气：男人总是闭口不谈自己的情感自我，因为他们认为情感的主观世界是属于女性的。从婴儿到成人，男人在经历社会化的过程中几乎没有机会宣泄自己的情感（Rabinowitz & Cochran, 1994）。一些研究传统男性角色的心理学家认为，反女性化是与男性性别角色有关的一个重要内容（Levant, 1996; Pleck, 1995）。男人认为他在任何时候都要完全控制好自己的情绪，他不能在表现出男子气概的同时又呈现或流露出女性的那些特征。于是，他表现出很好的控制能力，并且显得非常冷漠、客观、理智、老于世故、具有竞争力和强壮，他把自己的很多情感都封闭起来，结果导致他的情感生活一团糟。

▶ 避免身体接触：男人通常不会随意接触

其他男人的身体或是通过身体接触向其他男性表达关心或交流情感。他们认为触摸女性是性的需要，但他们害怕触碰其他男人，因为他们不愿被人误以为女里女气或有同性恋的倾向。男人还发现公开表现出热情和温柔也是件麻烦事，不管是对女性，还是对男性。

▶ 男女界限清晰：男人将男、女性别特征定义得非常刻板，他们认为女人就应该是依赖性强、多愁善感、消极被动和顺从的；而男人则应是独立、逻辑性强、积极主动和勇于进取的。

▶ 男性精神的缺失和抑郁的体验：由于与内在自我断绝了联系，男人就失去了通过直觉来感受这个世界的途径。他们按照社会对男性角色的定位和标准生活，而不是依照自己对性别角色的认知。抑郁的现象在男性中很普遍，但他们都不会将之公开，而是选择将其向家人、朋友甚至他们自己隐瞒起来，因为他们不想让人觉得自己不够男人（Real，1998）。要想摆脱抑郁，男人必须能够主动面对自己的伤痛，并学着珍爱和照顾自己。一个男人只有首先学会把握自己内心的真正感受，才可能懂得尊重和关爱他人。

上面的描述并不能完全准确地呈现出大多数男人的实际状况，但在生活中男人的确在思想、感受和行为方面深受它们的影响。在美国，如果不考虑其特有的文化背景，就无法对男性身份和男性性别角色的社会化做出准确的概括和分析。如果男人要对其性别身份的某些方面做出改变，那他需要对一些文化因素有所了解，并要做好准备面对诸多的挑战。他首先要清楚自己到底想成为什么样的男人，而这与传统意义上的男性角色定位无关。

男人为保持传统男性角色定位所需付出的代价

如果男人拒绝接受真实的自我，而非要按照一个非本我的形象生活的话，他会为此付出什么样的代价呢？首先，他失去了自我，因为他关注的是如何按照社会认可的方式生活。他会觉得爱和被爱都很难，就像我们在前面看到的那样。他们把自己的孤独、焦虑和对爱的渴求都隐藏起来了，这使得别人无法爱上他们的真我。这些把自己完全包裹起来的男人还要付

>>> 男人正在挑战传统男性角色。

出的一个代价就是他们时刻都得小心谨慎，唯恐别人察觉到他们的内心感受或真实形象。

其次，长期固守一种僵化的男性角色定位会让男人不停地寻求外在的东西来使自己感到快乐。在这一过程中，他们会忽视自我的感受和生活中已有的丰盛。陷在传统性别角色束缚中的男性需要为此付出高昂的代价，其中包括过大的成功压力、情感生活一片空白和性生活出现问题（Weiten et al, 2012）等，此外他们可能还会面临英年早逝、疾病折磨、酗酒、近乎鲁莽的冒险倾向、抑郁以及变成工作狂等问题。

挑战传统的男性角色

在当今社会，传统男性角色的定位真的发生变化了吗？性别角色的观念在发生变化，但变化得太慢了。传统意义上的性别角色定位是缘于社会对劳动分工的需求，但现在男、女角色的内容已经发生了改变，因此传统的性别角色概念也应受到质疑并得到修改。

一些男人已经认识到他们得到的一些信息是非常有害的——不仅对他们自己，而且对他们与他人的关系；还有许多人已开始挑战他们童年时所受的影响，尝试着摆脱那些陈旧观念的捆绑，重新定义男性的角色特征。现代男性，"其男子气概体现为事业有成、有组织能力、能够控制自己的情绪（即使在愤怒时）、情感丰富并善于自我表达——但只有和女人在一起的时候才这样。"（Weiten et al., 2012）在咨询工作中，我们不断碰到愿意冲破他们以前所领受的对男性行为的陈旧观念，开始接纳一种新的、不同的行为准则的男性。虽然他们的改变很缓慢，但我们还是看到了变化的印记，下面的雷洛伊就是这样一位挑战传统观念的男士。

在54岁的时候，雷洛伊终于鼓起勇气改变那些差点毁了他的行为准则，他决定成为自己希望成为的男人，而不再按别人的期望安排自己的生活。

雷洛伊的故事

对我来说，生活就是不停争战。我总也慢不下来。我是一个精力充沛又有紧迫感的人，以前我生活中唯一的目标就是要证明自己，并要在经济和事业上都获得成功。在这样的目标驱动下，生活变成了一个又一个取悦别人、等待赞赏的循环，可我却仍觉得掌声还不够。一旦没有了掌声，我就会感到空虚。于是我不断地强迫自己要有更好的表现。我一星期工作70到90小时，马上就要成为一家公司的总裁了，我觉得到那时自己就算得上成功了。终于有一天，我意识到我挣的钱已经超出了自己的成功标准，可是那一年我其实过得一塌糊涂。

后来我病倒了，住进了医院，差点死了。这时我开始反思自己的生活并放慢了节奏。我终于认识到这个世界不是只有工作，还有太多其他的东西。我决定开始感受生活，闻闻花香，不再让那些我不愿意做的事情扼杀我的生活。我决定把一周的工作时间缩短到50小时以内，其余的时间，我决定用来领略生活——生活中有太多的芳香玫瑰，它们的沁香令人兴奋和着迷，只要我还能呼吸，我就要享受它们。

与雷洛伊一样，许多男人也对培养男性意识的工作坊表现出了浓厚的兴趣。现在为男人举办的各类研讨会、工作坊和聚会越来越多，还有一些书籍也在推动男性运动的发展过程中起到了重要作用。其中一本是诗人罗伯特·布里在1990年写的畅销书《铁约翰》。按照作者的观点，男人都会"渴望父爱"，这使得他们不快乐、情感不成熟，并一直在寻找父亲形象的替代品。作者在书中探讨了一个不关心子女、辱骂子女和酗酒的父亲会给孩子带来怎样的伤害。他还说很多母亲也会从她们的儿子那里寻找情感的满足，因为她们的丈夫不愿意给她们提供这种情感慰藉。而当那些男孩不能从心理上满足母亲的渴望时，他们会感到羞愧。

有些男人希望他们生活中的女人能够帮他们愈合童年时父亲带给他们的伤痛，但事实上，这种伤痛的愈合只能靠他们自己。男性之间聚会的一个目的就是分享他们遇到的斗争，讲述各自的经历，并在男性团体中找到疗伤的办法。

现在来自不同行业和不同背景的男人都乐于谈论自己的成长经历，这表明他们已开始反思自己为顺服传统意义上的性别角色定位所付出的高昂代价。

传统性别角色并非一无是处，但我们想启发个体的选择意识，即由你自己来决定哪些地方是你想保留的，哪些地方是你想调整的。而要做出这样的选择，你首先必须清楚地意识到你被社会化过程影响的程度有多深。

并不是说你想要变得健康和快乐就必须改变传统的性别角色；事实上，一些男性对传统角色中的许多方面的确感到非常满意，而其他一些男人，在重塑自我的同时也保留了很多传统因素。因此我们建议你先考虑一下改变自己的性别角色定位可能会付出的潜在代价，然后再决定是否要做出改变。"思考时间"中的练习可以帮助你发现你最想改变的地方。

思考时间

1. 下面的这些性格特征被视为性别标准，有些是针对女性的，有些则是针对男性的。描述一下每个特征在你身上体现的程度，如果你完全没有某种特征，解释一下为什么你愿意或不愿意将它融入你的个性中。

▶ 情感缺失：_____

▶ 独立性强：_____

▶ 依赖性强：_____

▶ 有进取心：_____

▶ 无所畏惧：_____

_____

▶ 情感外露：_____

▶ 被动和顺从：_____

▶ 对身体缺乏认识：_____

▶ 追求成功：_____

▶ 避免身体接触：_____

▶ 认知僵化：_____

▶ 热爱工作：_____

2. 接受传统角色定位对你的生活有怎样的影响？_____

3. 你最喜欢自己身上的哪些性别特征？_____

4. 关于怎样做一个男人或女人，你父亲教过你什么？_____

5. 关于怎样做一个男人或女人，你母亲教过你什么？_____

6. 关于怎样做一个男人或女人，你所处的文化背景对你有什么影响？_____

男性团体的意义

参加治疗小组为男性用一种特殊的方式表述自我提供了机会，但男性经常认为心理治疗让他们感到不自在：因为他们得把自己暴露给权威人士（治疗师这样的陌生人）；公开自己的失败和感到不安全的地方；还要讲许多家庭和个人隐私（Schwartz & Flowers, 2008）。心理学家注意到，男性聚在一起可以很好地应对性别角色定位带给他们的负面影响，特别是在治疗小组提供的这种安全环境下，男人能够调整他们的一些生活方式，改变一些他们曾长期持有的观念。当信任逐渐建立起来后，他们会更愿意分享自己的痛苦和渴望，他们也会开始尝试接受自己。而当这些男人对女人更加坦诚的时候，他们通常会发现女人更加接受、尊重和爱他们。男人越害怕向自己的女人吐露心声，就越有可能将她们推向别人，结果造成她们与别的男人间建立起亲密关系。

男人们聚在一起还有利于让他们认清自己的角色，并帮助他们解决一些生活中的困扰。全部由男性组成的团体能够为他们提供所需的帮助，让他们意识到以前所遵行的准则和角色定位的局限性。这样一个团体还能够帮助他们直面自己的失望和失去，并将各种情绪倾诉出来，从愤怒到温情。大家在一起不会回避过往的伤痛，而是公开分享和分析这些经历和情感。在互相扶持和共同面对挑战的环境中，男人们最终将学会怎样应对恐惧和承担风险。虽然每个决定都必须由个体在权衡一切后做出，但他明白无论他做出什么样的选择，这个团体都会接纳他（Rabinowitz & Cochran, 2002）。

罗宾诺兹在其咨询工作中设立这样的男性团体长达21年之久，他留意到下面这些话题是男人们在一起时经常讨论的：

▶ 信任别人意味着什么；
▶ 与父母和兄弟姐妹的关系对我们目前的关系有什么样的影响；
▶ 做父亲意味着什么；
▶ 在平常工作中我们会将哪些地方向别人和自己隐藏起来；
▶ 如何应对伴随着年龄增长而出现的失去、抑郁和焦虑；
▶ 我们的身体为我们没有表达出来的情

绪和欲望承受了怎样的压力；
- 自我判断怎样阻碍了我们对生活的满意度；
- 害怕遭到抛弃怎样阻碍了我们去冒险；
- 应对挫折和愤怒的健康方法；
- 怎样才能自主决定男人应该是什么样子的。

女 性 角 色

当代女性正越来越多地对以前那些根深蒂固的观念进行质疑，同时也拒绝接受继续遵从传统性别角色带给她们的巨大压力。她们开始从事以前妇女不可能从事的工作，越来越多的女性享受工作的权利，并且要求同工同酬。女性已将工作放在优先考虑的位置，并对那些传统意义上的女性职位发起挑战。对许多职业女性来讲，工作是第一位的，其次才是婚姻。虽然女性现在在择业方面有了更多的机会，但在工作和事业的领域中，女人要想改变传统上的角色，仍然有很多阻力，而性别定位就是其中最大的障碍，只有将其除去，女性才能与男性真正共享工作的机会 (Zunker, 2012)。

许多女性选择延迟结婚和生养孩子直至她们有了稳定的事业，有些女性甚至决定不生孩子，当然更多的女性还是努力在生孩子和工作之间寻求一种平衡。过去单身女性迫于压力只能选择婚姻，但现在单身已经能够被接受了。单身女性一般都能将自己的生活安排得很好，她们通常都对自己的单身生活很满意 (Martlin, 2012)。越来越多的女性开始在政府和企业中担任领导职务，也有越来越多的女性选择结束僵死或受虐的婚姻关系。在夫妇两人都工作的婚姻中，过去由一方承担的责任也变成由双方共同分担了。

尽管有了这些改变，在美国社会中，妇女并未实现与男性的完全平等。比方说，妇女在家庭中仍要承担更多的责任，如果家庭破裂，女性往往会受到更多的责备，甚至可能会被批评只考虑自己的需要而置孩子和孩子于不顾。即使夫妻二人都在外工作，大部分的家务劳动也还是由女性完成 (Martlin, 2012)。当家中其他成员参与家务劳动时，他们也会认为自己是在帮女主人分担工作 (McGoldrick et al., 2011b)。

与男人一样，女性在社会上也饱受性别角色定位之苦。性别定位对人的认知、行为和性别身份都有影响，人们会倾向于按照社会对性别角色的期望行事，而女性则总是被鼓励在这个充满竞争的社会中降低对成功的渴慕。许多女性担心，如果她们过于热衷追求成功，就会被别人认为缺少女人味。不少女性为了遵守人们为女人制订的那些清规戒律，付出了沉重的代价。最典型的就是，即使女性在事业上取得了成功，她也必须继续承担起照料子女和丈夫的责任 (Weiten et al., 2012)。

女性的传统角色

传统意义上的性别角色将女性定义为被动、依赖和无所作为的，但现代女性已跨越了这些界限。就像我们前面对男人的传统角色所进行的描述那样，下面对女性性别角色的刻板标准所进行的讨论也不可能适合所有女性。当你阅读这些对传统女性特点所进行的描述时，思考一下你对女性的理解和期望是怎样的。

- 女人热情，善于表达，会关心人：在与男性或其他女性的关系中，人们往往希望女性表现得善良、替别人着想和富有爱心。女性天生就是施予者而不是接受者，以致于她们自己都不敢奢望得到关照或考虑一下自己的需求。女性的发展长期以来都要由她们生活中的男人来决定，并且她们的角色是由她们在他人生活中的位置决定的，比如母亲、女儿、姐妹或是祖母。基本上没有人会支持让女人真正为了自己而生活的主张（McGoldrick et al., 2011b）。

- 女人没有进取心和独立性：如果女性表现得非常自信，就会被认为不容易相处，有野心，不像个女人；而如果女人表现得很独立，男性就会指责她们试图通过扮演男性的角色来证明自己。那些独立女性往往内心也很挣扎，因为她们不知道究竟是自己太强势了，还是她们本来就不需要依靠他人。

- 女性充满了感性和直觉：那些否认性别定位的女性很难让别人意识到她们的情感需求，其实女性完全可以做到既感性又理智。充满直觉也不代表着她们不能理智地思考和进行逻辑推理。

- 女性绝不能偏离她们的性别角色：如果女性胆敢超越其性别角色定位的界限，按照被视为"非女性化"的方式行事，她们就会遭到来自男性和其他女性的负面的评价。

- 女性对人际关系远比对事业上取得成就更感兴趣：人们希望女性在人际交往方面有很好的表现，而不是通过竞争或努力在事业上取得成功。很多女性的确对人际交往很关注，但同时她们也对实现自己所设定的目标充满兴趣。

一些与传统女性角色有关的问题包括：工作中受到歧视、在不同角色间不停地切换和对性生活的矛盾心态（Weiten et al., 2012）。就如同传统的男性角色定位会扼杀男人的创造力一样，盲目接受传统对女性的定位会严重限制女性的个性发展。事实上，女性可以同时做到既独立又依赖；既是给予者又是接受者；既能思考又能感受；既温柔又坚定。如果一个女性拒绝接受传统的性别角色，那么她就必须做好准备接受这一系列看似复杂的性格特征。

如果你是女性，问问自己，你在社会上的表现在多大程度上符合所谓的女性标准，它给你的生活造成了哪些潜在的矛盾？现在也许是重新思考你的性别身份的最佳时间，同时也考

>> 女性正在挑战性别角色的刻板印象。

虑一下你是否想改变自己的女性形象。

如果你是男性，反思一下你对女性的看法和行为，以及你是否想改变一些自己的行为。设想一下，如果女性能拥有丰富的性格特点和为人处事的技巧，你也能得到更大的灵活性。

挑战传统的女性角色

性别标准不仅影响到社会行为、人们的辨别能力，也影响着个人信仰，甚至性行为。它是社会控制方面一个强有力的手段，但是那些带有压制性和限制女性在事业上取得成就的标准已经受到了挑战。以更敏锐的眼光看待性别角色的发展进程，可以帮助我们选择如何改变社会化给我们带来的影响。在这方面女性已经开始行动起来了。

性别关系结构的变化也改变了女人心目中的男人形象以及男人在女人生活中所扮演的角色。一位现代年轻女性的观念与她母亲和她祖母的观念肯定会有极大的不同。随着变化的继续，后代们会期待从今天的女性身上学到可供她们借鉴的有关性别关系的模式。谁会成为她们的榜样呢？是那些对现状提出质疑并拒绝接受传统角色定位的女性，还是那些选择走一条完全不同道路的女性呢？下面是乔斯林的经历，尽管她在一个家长制家庭中长大，但她用行动对传统角色定位进行了否定。

乔斯林的故事

我父亲挣钱养家，还要解决家里出现的所有问题，对此他当然非常自豪，而我母亲似乎很满足于把家整理得干干净净、井井有条，她愿意做个家庭主妇，照顾好哥哥和我，她对外出工作没有兴趣。我父母的角色界限划分得很清楚，我从很小的时候就知道家里是父亲说了算，母亲是没有发言权的。我记得当时我就想，长大后我可不愿像母亲那样，不过我没敢把这个想法说出来。我不想依附于男人，我想有自己的职业，这样我就可以掌控我的生活。

现在我已是成年人了，我拿到了学位，有了自己的工作。我常常想知道母亲在满足父亲的需要时内心会有怎样的想法。我知道她有时也冲他发火，但她很少抱怨。我承认父母在一些方面对这样的角色定位很满意，但我不愿意像母亲那样。不过有时候我又希望性别角色不要像现在这样让人不知所措。别误会，我很感恩我能比我母亲那代妇女有更多的选择，但有时我又有些困惑。比方说，我男朋友鲍勃很快就要拿到法律学位了，我们开始探讨结婚的事。他希望我们迁往一个更大的城市，这对他找工作比较有利，可我在这座城市已经有了一份很稳定的兽医工作。鲍勃和我都认为我们之间应该平等，可现在他的需求似乎超过了我的需求。如果结婚时我要求他在这里的律师事务所找份工作，是不是有点不太合适？我母亲以前的生活中有不少压力，但现在我发现新的问题和情况也会有压力，只是不同罢了。我在家里比母亲有更大的发言权，但当我和鲍勃发现我们各自有各自的想法时，这种发言权反倒成了矛盾的根源。

女性和工作选择

大多数的女性，甚至包括孩子还非常小的母亲，现在都在工作。许多人这样做不是出于选择，而是由于必须这么做，因为在今天的社会，除非夫妻两人都工作，否则他们几乎无力抚养孩子（McGoldrick，2011）。一些女性深感既要照顾家又要外出工作的压力，但也有一些女性对她们的工作非常满意，她们的身体和心理状况与那些无须外出工作的女性一样好。职业女性的确会经历双重角色的矛盾冲突，但有研究发现，女性的寿命会因工作而延长（Matlin，2012）。女性在选择方面的变化会对男性和女性在工作、婚姻、家庭、家务和子女抚养等方面的态度产生影响。

单身母亲通常会面临更大的压力，因为她们既要持家又必须工作。狄波拉就是这样一位女性，她在离婚后说："我知道我得活下去，但独自面对整个世界还是令我感到害怕。以前，我的薪水只是家庭收入的额外部分，完全出于自愿，但现在工作成了谋生的手段，而且也是抚养孩子的唯一途径。"

今天，各行各业都能见到女性工作的身影，但在那些传统上由男性把持的工作领域中，她们的数量还是很少，而且女性在那些过去由男性控制的、地位较高的职业中常常会遭到歧视、轻视或被另眼相待（Matlin，2012），这说明她们在这些工作中仍未获得与男性同样的地位。虽然男性和女性应该同工同酬，但实际情况远非如此，工资上的男女差别对女性来讲是很现实的一件事。在美国，2010年女性的平均年收入只有男性的77%（来自美国国家平等支付委员会的统计，2010）。

越来越多的女性为了获得受教育和工作的机会，只好延迟结婚和生孩子的年龄。现在无论男女，也无论持家的人还是工作的人，都开始在20多岁后重回学校读书，以期开创新的事业。也有一些女性选择了主要履行她们作为妻子、母亲和操持家务的人的角色，不外出工作，而是把时间留给了家庭。做出不同选择的女性有时会彼此批评，比方说，决定待在家里的女性常会批评那些外出工作的女性；同样地，职业女性有时也会对那些家庭主妇颇有微词。

我们认识的一位女性瓦莱莉在谈到接受自己选择的重要性时说，很多人认为她不应该满足于只做一个母亲，但是她不在乎别人的看法。瓦莱莉和她的丈夫菲尔原本都赞成在有了孩子之后两人继续工作。

瓦莱莉的故事

当我们的第一个孩子出生后，按照原先的计划我仍然继续我的工作。我没有料到的是，照顾儿子要花那么多时间和精力。更重要的是，我之前没有想到我对他是那么的依恋。我的工作很忙，因此我每天能看到儿子醒着的时间只有一个小时。

晚上在我到家前，菲尔得充当母亲的角色，这让我们的婚姻关系变得紧张起来，我也感到很疲倦。工作的时候我觉得自己应该待在家里，我甚至开始嫉妒我们家的保姆，因为她与我儿子待在一起的时间比我还多。

第二个儿子出生时我辞职了。因为我们主要依靠菲尔的收入安排生活，所以我们能想到的最好的办法是我待在家里与孩子们在一起。我的一些朋友在照顾家的同时仍然工作，但这对我来说太难了，我觉得能够参与到孩子们的生活中并去影响他们实在太重要了。我积极参与他们学校的志愿者活动，我觉得这很有意义。我的一些朋友不能理解我为什么选择待在家里，但我知道这是我该待的地方，为孩子，也为我自己。

等两个孩子上高中后，我肯定会再开始工作。有时候我也想念工作带给我的那些兴奋，但总的说来，我对我们的决定并不后悔。

具有双重身份的女性

虽然工作会满足许多女性对家庭以外的需要，但它的确会带给她们更多的压力。除非她们的丈夫愿意和她们分担日常的家务劳动和照料孩子的工作，否则这些女性常常会感到负担太重、忙不过来和疲惫不堪。家务活儿一般不容易引起注意，缺乏成就感，又耗费时间（Matlin，2012）。一些女性希望自己能同时很好地扮演职业妇女、母亲和妻子的角色，简言之，她们希望自己能成为女超人。按照完美的标准安排生活会让女性付出巨大代价，最终许多女性会发现她们无法平衡好工作和家庭的双重责任，抱怨说自己实在是受够了。对那些想把一切都安排妥当的女性，贝蒂·弗里丹的建议值得考虑：是的，女性可以做所有的事，但不是在同一个时间段。

莫林医生就是这样一位面临双重角色挑战的女性，她在一家医院教书，同时还要带实习生、出版学术著作。

莫林的故事

我对自己现在做的每件事都很喜欢，但我感到要把这些都做好的确很不容易。我的压力主要是因为我坚信自己一定能成为一名出色的临床医生、教师和研究人员，同时还要担当好母亲和妻子的角色。还有一部分压力则是来自我丈夫丹尼尔，因为他担负起了大量的照顾儿子和操持家务的工作。虽然会遇到一些困难，但丹尼尔总是尽量安排好时间来承担越来越多的家务，不过他还是希望我能先考虑他的工作而不是自己的。每天我需要提前离开医院去托儿所接孩子，我得应对交通拥堵，以便赶在托儿所放学前接到孩子。为了扮演好所有这些角色，我将自己置于巨大的压力之下。为了平衡好工作与家庭的责任，我感到自己付出了身心健康的代价。

当女性在跨越传统角色的限制并按自己的意愿行事时，她们中一些人会遭到丈夫的反对或抵抗。虽然莫林的丈夫没有过多地阻拦她工作，但她在平衡多重角色方面也未得到积极的帮助。权力仍然在她丈夫那里，并且他希望她所做的决定不要给他造成太多的不便。享受自由的丈夫在被期望在家里承担更多的责任时遇到了考验，他们可能会说他们愿意自己的妻子"外出工作，生活充实"，但同时也会传递这样的信息：别走得太远了，如果你愿意，你可以在家庭以外做一份工作，但不要因此丢下你现在在家里所做的一切。一个不得不和丈夫的阻拦做斗争的女人，其内心可能会有艰难的挣扎。丈夫和妻子需要对整个情况重新做出现实的分析，即妻子既要工作又要承担养育孩子的主要责任，还要照料好家庭。双方都需要重新定位和协商各自愿意做些什么以及各自认为哪些方面对他们来说是最重要的。现在男人持家而女人外出工作的情况还很少见。理想的情况应该是男人和女人都能自由选择决定谁更应该待在家里。

两个人都工作的夫妻通常不得不重新考虑是否继续那些他们从小到大所遵循的并且一直在支配他们以往生活的规则。在这样的家庭中，夫妻双方都必须愿意对他们之间的关系进行再认识。比琳达和伯特就努力在他们之间构建了一种更为平等的关系。比琳达是一位职业妇女，有丈夫和三个年幼的孩子，她丈夫伯特对她的个人和职业发展都表现出了极大的兴趣，她常跟她工作中的同事提及丈夫对她工作的支持。伯特得到一个报酬更高的工作机会，但是需迁往另一个州，经过与妻子和孩子充分讨论后，他最终放弃了这个机会。因为他们一致认为搬迁对每个人的影响都太大。当比琳达在工作中遇到很大压力时，伯特对她非常体贴，他在料理家务和照顾孩子方面承担了更多的责任。这是一个很好的例子，说明夫妻双方都工作的家庭完全可以平等地分担彼此的责任。

就如同女性可以质疑传统女性那种刻板的形象一样，她们同样可以质疑那个不依靠任何人就能够取得个人成功和独立的神话。这看起来很像很多男人的梦想，甚至可以看成女性同化了传统男性价值观的结果。理想的情况应该是，女性学会独立，充分展示自己的能力，并获得成功，但同时她仍需依靠他人，也需要他人的关照。真正有力量的人，无论男女，都能够坦然地表达需要并主动寻求帮助。

如果夫妻关系中的一方开始超越原本角色的限制，他们之间的关系就会面临挑战。吉萨就是这样一位试图改变传统性别角色的束缚，寻求更多选择和自我表达的女性，下面是她对自己经历的描述。

» 肩负双重身份的女性会对自己有更高的期望。

吉萨的故事

我上高中的时候是一个很出色的学生，非常想上大学，但是家里并不支持我，这让我很沮丧。相反，他们希望我尽快与我高中时一直约会的男孩戴维结婚，他们认为如果我去上大学，就很可能会失去他。父母对我讲，戴维能够带给我一个很好的未来，因此我无须上大学或工作。于是我没有多想就结婚了，并有了两个孩子。别人都认为我生活得不错，因为我衣食无忧，与戴维相处得也很好。但是当孩子们上学后，我开始对生活感到不安和不满。戴维的事业发展得不错，他从工作中获得了最大的满足，但和他在一起时，我感到很无趣，并隐约感到我的生活中缺了些什么。我从未打消过上大学的念头，于是最终我去上学了。虽然戴维刚开始时不太赞同，但后来他也鼓励我完成学业。

上大学期间，我常常要在多种角色甚至是相互矛盾的角色之间做出艰难的选择。有时候我也会因为喜欢离开家而感到内疚。有生以来我第一次被人称为吉萨，而不再是某人的女儿、妻子或母亲。虽然有时戴维也会因我变得越来越独立而感到压力，但他仍然很喜欢和尊重我现在的样子。

吉萨的经历说明，女性完全可以成功地摆脱她们遵循了许多年的传统角色定位，并诠释出一个全新的自己。她和其他许多有类似经历的女性需要面对的挑战包括：在依赖与独立间找到平衡；对能否成功的恐惧；寻求自身以外的支持和指引；渴望能够得到关照以及对他人的期望进行质疑等。

思考时间

1. 思考一下自己对女性角色的看法，在下面每个说法的左侧写下与你观点最接近的数字。我们用的是5分制标准，5代表强烈赞同，1代表完全不同意。

_____ 女性的性别角色使她们无法在这个竞争的世界里取得成功。

_____ 与男人一样，女人会为恪守传统的性别角色生活而付出代价。

_____ 许多女性在努力追求成功时，会被看成不像个女人，特别是被男人这样看。

_____ 女人天生就比男人更会照顾人。

_____ 女人经常会对某种情况做出情绪化的反应，因此她们常常被看作是不理智的。

_____ 在今天的社会，女性仍然受到歧视。

_____ 当今女性在职场上已经有更多的机会和男性平等竞争。

_____ 如果能在持家的同时在外工作，这会让大多数女性感到更充实。

_____ 今天很多女性都拒绝按照传统的女性角色定位生活。

2. 在夫妻都工作的家庭中，女性会遇到哪些挑战？男性又会遇到哪些挑战？_____
_____
_____

3. 在夫妻都工作的家庭中，婚姻会遇到什么挑战？_____
_____
_____

4. 你认为如果女性仍按传统角色生活，会付出什么样的代价？_____
_____
_____

5. 你最尊重女性的哪些品格？_____
_____
_____

6. 反思自己的生活，对于性别角色你从家庭中学到了哪些内容？_____
_____
_____

超越固有的性别角色期望

对于想成为什么样的男人或女人，我们可以积极地确定自己的个性化标准，无须不假思索地服从那些长期以来强加给我们的性别期望和要求，也不必受早期生活环境的限制。对于我们来说，在性别角色的定位问题上掌握主动权不是不可能的，只要思考一下自己对性别角色的期望和标准是怎么形成的，以及自己所崇拜的榜样是什么样子的就可以了，然后我们就可以最终确定用哪些标准来定义自己的性别角色了。

我们生活在一个变革的时代，男人和女人都在重新定义自己的角色，而且都在努力去除旧有的性别角色的刻板印象对自己的影响。但是，在学习新的思考和行为方式时，我们没有必要争执，而是应该耐心地互相帮助。在培养对另一性别的移情能力时，我们都面临着挑战。因为无论男人还是女人，都还是会更多地表现出那些固有观念对自己的影响，即使他们在很多方面已经有了更有智慧的认识，他们的情绪处理可能还不能做到与之同步。

莫尼卡·麦克戈瑞克（2011）认为传统的婚姻和家庭模式已不再适用于现代女性，并且现代女性对现状也仍然不满意。她主张在去除传统家长制结构的基础上构建一种新型的平衡关系。她希望男人和女人都能够不受长期束缚人类活动的性别陈腐观念的影响，尽可能自由地发挥自身的潜能。

双重性格特质

面对固有的性别角色的刻板印象，我们的另一个选择就是双重性格特质——结合典型的男女性格特征，并由同一个人表现出两者兼有的行为方式。双重性格特质就是将男性的阳刚与女性的阴柔巧妙地结合在一起，具有双重性格特质的人能够同时识别和表现出"阳刚气概"和"阴柔气质"。

要想了解双重性格特质，首先应该明白，两种性别的生理特征和习得的行为特点在两种性别角色的形成过程中都起了一定的作用。每个人身上都会同时分泌雄性和雌性激素，也都会同时具有女性和男性的心理特征，荣格将其定义为"男性的女性意向"和"女性的男性意向"。将两者放在一起，体现了荣格的人类具有双重性格特质的观点。由于女性具有男性的一些心理特质，男性又具有女性的一些心理特质，因此他们之间是可以更好地相互理解的。荣格强调，男性和女性必须在性格中表现出两种取向才能成为完整的人。

具有双重性格特质的人能够根据环境的需要，以灵活的方式调整自己的行为表现。他们不会受到固有的性别角色刻板印象的束缚。他们的能力很广泛，并且能比那些受限于性格角色定位的人呈现出更多样的行为。因此他们往往既能理解人、充满爱心和体贴，又非常独立、自我依靠和坚定。这样一个人既可以是一个充满同情心的倾听者，认真倾听那些有问题的朋友的倾诉；又可以是一个强有力的领导者，当方案需要落实时能马上行动；同时还可以是一个颇具自信的管理者。

具有双重性别特质的人在性生活方面也很灵活，让人感觉舒服。这样的男性和女性都有能力享受性行为带给他们身体和感觉两方面的快感。他俩还认为，双重性格特质的恋人无论是在发出爱的信号时还是在接受爱的邀请时都不会感到紧张，因为他们不受性别角色定位对性行为的限制。这样的个体能够自主地选择独立、自信、体贴和温柔，这并不是基于传统性别角色的要求，而是他们感到这些表现能够在特定的情形下令自己和对方都获得最大程度的满足感。

当代心理学家对双重性格特质已不再感兴趣，并认为这一观念存在一些问题。比方说，它会让人以为解决性别歧视问题应该聚焦在个体身上，但实际上，正确的方法应当是首先从制度上消除性别歧视，尤其是对女性的歧视。

男性气质和女性气质现在仍然被看作是很分明的、不同的行为方式，但这种将人性割裂开来的二元论观点并没有得到证据支持。性别概念的产生有一个前提，即性别是被直接划分为"女性"和"男性"的，而性别角色的社会化过程又加深了两种性别中不同的而且往往是不平等的一系列行为方式。但实际上，同性别之间的个体和不同性别之间的个体都同样存在着巨大的差异。现实生活中，我们都是多侧面的人，行为特征的极端化表现是非常罕见的。每个人身上都会同时具有女性气质和男性气质。

因此要成为一个完整的人，我们必须首先对自身丰富且复杂的性格特点有清醒的认识。

超越性别角色

超越性别角色意味着跨越对男性和女性僵硬刻板的性别角色界定，体现出一种个性的综合，以便在各种不同的环境下能够灵活应变。根据韦腾的观点，**性别角色超越**的观念旨在建议人们跨过性别角色的障碍，重新认识自我和他人，这样才能成为一个完全的人。而贝索则主张在界定健康的个人功能时，应当抛开与性别有关的特质。"只有跨越性别界限，我们才能只考虑所面对的每个个体，并根据他们的实际情况来评价他们、接纳他们。"

当个体超越了固有的性别角色及其刻板标准的限制时，他们会体验到一种独特的感觉。因为每个个体的能力和兴趣都是不一样的，超越之后，个体的性格特点也会从生理性别中脱离出来。这种体验将会使个体的行为方式摆脱与特定性别的联系。如果大家不再那么强调性别在个性中的作用，每个人的能力和兴趣都能得到更好的发挥，每个人都可以更加自由地将其独特的潜能挖掘出来。

> **思考时间**
>
> **1.** 下面这些陈述或许能够帮助你判断自己究竟是怎样看待性别角色的。如果你认为陈述符合自己的情况，就在它前画"√"；如果不符合自己的情况，就在前面"×"。请注意，一定要根据自己目前的实际情况作答，而不是按照你认为"应该"的情况作答。
>
> ＿＿ 面对压力时，我宁愿退缩，也不愿表述自己的想法。
> ＿＿ 我是一个积极主动的人，而不是消极被动的人。
> ＿＿ 我更善于与人合作，而不是争强好胜。
> ＿＿ 我对性别有着非常明确的期望。
> ＿＿ 面对压力时，我会表现得很有竞争性。
> ＿＿ 我认为自己身上男性和女性气质兼而

____ 有之。
____ 大多数情形下，我敢于冒险。
____ 我觉得自己能够表达出那些难以表达的情感。
____ 我追求成功。
____ 我害怕出错。

现在将你的回答再看一遍，如果可能的话，说说哪些特点是你想改变的。_____
_____
_____

2. 对于女性性别角色观念的改变，你持怎样的态度？你认为女权运动对女性产生了怎样的影响？对男性呢？_____
_____
_____

3. 你是否愿意拥有更多的异性特质？如果愿意，你想拥有哪些异性特质？你是否觉得自己在某些方面受到了固有的性别角色定位和期望的限制与约束？_____
_____
_____

总　　结

我们的文化所界定的种种性别角色标准，鼓励的是一种固定不变的关于男女角色的概念和规定，并要求每一个生理上的男性和女性都必须遵行。男性特质表现为权力、威严和掌控；女性特质则应该是顺服、从属和体贴。这些有关男性和女性特质的观念都是受历史和文化因素制约的，绝非男人和女人基本天性的组成部分。

许多男人已经变成了传统男性角色标准的囚徒，他们认为必须要按照那种角色标准生活。许多探讨传统男性角色问题的学术著作重点聚焦在男性的这样一些特征方面：独立、竞争、世故、直率、客观、主动、理性、不畏惧、自我保护、不善于情绪表达、对自己的身体缺乏认识、排斥女性特征、刻板、迷恋工作和害怕亲密接触等。已经有越来越多的男性开始对这些传统男性角色定位提出了质疑，这方面的相关书籍也描述了他们在冲破固有模式、重新诠释自我角色定位时所遇到的挑战。

同样，女性长期以来也受到她们所处文化背景的限制，并不得不接受因性别角色定位而处于被支配的地位。通常用来形容女性的词大多是：温柔、谨慎、整洁、敏感、健谈、感性、不自信、不坦率和富有同情心等。女性自己也经常将这些视为她们应首先具备的特征，并通过保护、帮助、照顾和安慰他人来获得认同。虽然这些对传统女性角色的期望依然存在，越来越多的女性已开始拒绝这种传统期望对她们的约束和限制。与男人一样，她们也对改变角色定位有了更多新的认识，不过她们在感知和行为上还是会出现挣扎，因为毕竟新的认知与那些她们从小接受的观念有太大的差别。

我们认为，双重性格特质是彻底根除传统性别角色陈规的一种途径，但它并不是带来改变的唯一或最佳的方法。实际上，改变性别角色期望的一条重要途径是从系统论的高度关注消除制度上的性别歧视。理想的情况是，你能够跨越对男性气质和女性气质刻板的划分，在人格特征的层面上达到两者的综合，然后根据情况的需要做出恰当的反应。你应该自主地选择你希望成为的男性或女性的形象，而不是不假思索地接受一种文化标准或盲目地认同一些叛逆行为。当你开始反思自己的性别角色观念并开始思考你对男性和女性的认识后，就可以决定自己真正想成为什么样的人，而不会再去迎合别人的期望了。

在本章中，我们鼓励你去思考自己在性别角色方面的态度和价值观，并深入思考你的这些观念是怎样形成的。尽管在选择是否接受一个传统的男性或女性角色时，文化的影响力仍然是强大的，但我们不一定非要选择某种固定的行为方式。通过自我意识的增强，我们可以向那些给我们造成束缚的性别期望挑战，并权衡选择某种行为方式所付出的代价与可能获得的个人利益相比是否值得。

自我成长

1. 写下你认为女性和男性应该具备的性格特征，然后思考一下你是怎样获得这些观点的？你现在对自己的这些观点的认可程度如何？

2. 男性和女性都在对传统的性别角色提出挑战。基于你自己的观察，你觉得这种现象的真实性有多少？你的朋友们大多是接受传统角色定位还是想对社会期望提出挑战？

3. 访问一些来自其他文化背景的人。列出在本章中提到的一些传统性别角色的特点，看看这些特点在其他文化背景下是否也得到认同。

4. 列出你的性别角色榜样，他们可以是你很熟悉的人，也可以是一些你知道的名人。解释你为什么将他们列为榜样？他们有哪些共同点？在哪些方面你希望自己能像他们那样？你是否有一些方面已经和他们很像了？

5. 花一到两周的时间，关注电视上的节目——包括电视剧和广告，寻找其中与性别角色和期望有关的信息。在本章末的日记页里写下你的印象和感受。

第 9 章

性

> 实现性自由一点也不比在生活的其他方面获得自由容易。
>
> —— C. 莫尔/考拜斯

自我评估

请用下面的评分标准来测评你对每个说法的回答:

4 = 我完全赞同这一说法

3 = 我赞同这一说法

2 = 我不赞同这一说法

1 = 我完全不赞同这一说法

- [ ] 1. 性关系与普通关系通常是有联系的。
- [ ] 2. 我觉得与朋友公开坦诚地谈论性生活很容易。
- [ ] 3. 对我来讲,没有爱的性无法令人感到满足。
- [ ] 4. 在性生活中我常感到罪恶和羞耻。
- [ ] 5. 性别角色的界定和标准对性关系很有影响。
- [ ] 6. 感官体验与性经历不是一回事。
- [ ] 7. 对性表现的期望会阻碍我对感官及性生活的享受。
- [ ] 8. 我很清楚自己的价值观以及它们对我性行为的影响。
- [ ] 9. 我从父母那里获得了有关性生活的健康态度。
- [ ] 10. 我对艾滋病很关注,对它以及其他性传播疾病有所了解。

这是一个很矛盾的现象：一方面我们在广告中会看到大量的与性相关的内容，可另一方面，对很多人来说，谈论自己的性生活却不是件容易的事。个人成长的一个重要方面就是对自己的性生活进行反思，与和你亲近的人或你信任的人讨论会很有帮助，因为它是你生活中的一个重要领域，你非常有必要了解自己在这方面从未省察过的态度和观点。本章的目的就是帮助你理清自己在性生活方面的看法、态度和价值观，并且帮助你鉴别你的性行为是否与自己的那些看法、态度和价值观相一致。

性可以是一种正能量，也可以是一种负能量，这取决于它的表现方式。作为正能量，它可以促进你身体和心理的健康，它既是快乐的源泉，又是爱的表达，并且能够为你与他人提供一种亲密联结；而作为负能量，它不仅会给他人造成伤害，也会毁灭你自己，它会让你感到罪恶、羞耻、焦虑和压抑。性胁迫会给他人带来伤害，而性成瘾则对你自己有害。此外，艾滋病及其他性传播感染也会给所有在性行为过程中没有采取保护措施的人带来严重后果。如果你的性生活非常活跃，那么为了你自己，也为了你的伴侣，你实在很有必要极度认真地省察一下自己的性行为。这些就是我们要在这一章中涉及的话题。

学习谈论性

各个年龄段的人都普遍感到谈论性很困难，结果导致对性出现了诸多的误解。由于孩子在成长过程中不能就性方面的内容与他人进行正常交流，结果在成年后，他们与伴侣之间谈论性也变得很困难。虽然媒体中与性有关的内容越来越多，但这并不能使更多的人更自由地谈论他们对性的渴望和关注，也不能减少人们对性生活的焦虑。对很多人来讲，性仍是一个非常敏感的话题，他们很难公开交流自己的性需求，特别是和亲近的人。

公开交流能让人更多地感受性行为带给他们的快乐，而在这方面有效沟通的前提是**彼此移情**，即关系中的双方都非常在意对方的感受，并且知道这种在意是相互的（Crook & Baur, 2011）。凯罗（2013）则强调在发展健康的、令人满意的关系（包括性关系）时，良好的沟通和交流技巧很重要。通过与伴侣开诚布公地交流，你可以让对方知道你的性渴望和需求，而与此同时，你也能了解对方的情感和性需求。她承认谈论性不是件容易的事，但她依然表示，只有深入探讨才能让彼此的关系上升到一个新的亲密程度。

虽然现在人们对性行为已经有了一些认识，但这并不等于他们就能真正享有满意的性生活。夫妻在一起沟通他们对性行为的满意和不满，以及他们对性的个人感受时，常常会感到很不自在。有些人认为如果他们的伴侣真的爱他们的话，就该清楚如何在做爱时配合他们。

学生们可以在讨论时泛泛地表述对性行为的看法，但当谈到自己在性方面的关注、恐惧和存在的问题时，他们就常常显得非常犹豫和不自然。当有关性的话题在课堂上讨论时，最为重要的是要确立适当的尺度。虽然学生们可能想知道别人对性的看法，但有些人对分享这些极其隐私的事情是有保留的，因此绝对不能强迫他们把自己的性经历和盘托出。在公开谈论与性相关的话题方面存在着很大的文化差异，而且即使在同一文化背景下，人们敞开讨论性话题的自由度也不一样。因此课堂上在进行性问题的讨论时，必须充分考虑学生的宗教、文化和价值观的不同。从下面玛格瑞塔的经历中可以看到，一个人的价值观会对其在教室内外讨论性话题时产生怎样的影响，哪怕是在她的朋友中。

玛格瑞塔的故事

作为一个拉丁裔女孩，我对我的大学同学公开谈论性感到很吃惊。因为在我们家和我们所处的文化中，结婚前我是不可以有性行为的，可是在大学里似乎大多数像我这个年龄的女孩并不认同这种约束。有些人甚至说她们可以与几乎不认识的男人上床。有时候这令我感到很难堪，因为我觉得如果告诉她们我还没有过性生活，她们一定会认为我太老土了。但我自己不这样认为，可我又不相信她们能理解我为什么非要等到结婚后才能有性生活。因此，当她们谈论自己的性体验时，我只是听着，希望她们不要直截了当地问我这方面的经历。

在我们的治疗小组里，我们非常注意营造一个安全和可信的环境，这样可以使所有的组员都能无所顾忌地敞开诉说自己关注的事情（包括性的话题）。当男人和女人能够有机会直接谈论他们关注的事时，他们可以通过倾听别人的反应而得到解脱。下面是治疗小组里参与者们常提到的与性有关的一些内容：

▶ 我经常想知道怎样才能让自己的伴侣兴奋，也想知道他或她喜欢什么样的方式，但我却很少问他或她。如果我的伴侣对性生活不满意，我有责任吗？
▶ 我很担心性传播疾病。
▶ 性也许是一件很美妙的事，但我认为的确很难把性看作是十分有趣和出自本能的。
▶ 我真的很想知道别的女人在经历性行为后的感受。
▶ 作为一个男人，我常对自己的性表现感到担心，而这已经影响到我的性生活。
▶ 当我感到压力很大或很疲倦时，我对性就没什么兴趣了。
▶ 当我和伴侣发生冲突时，我们就不愿意做爱了。
▶ 有时候我是因为感到孤独才去发展性关系的。
▶ 有时候我真的不想做爱，但却仍想两人抱在一起，互相抚摩和亲吻。我希望我的伴侣能理解我的这种行为，而不要把这看成是一种拒绝。

这些只是人们在性问题上表达的一些普遍关注。知道别人也有类似的关注，会让人们摆脱由于性焦虑而产生的无助感。有关性话题的讨论并不仅局限于性行为，它涉及与性相关的各种人的情感。思考各种说法，看看你认同哪些，并问问你自己是否准备好重新省察你对此的一些观点。

建立你自己的性价值观

你对性的看法会受到你的价值观的影响。作为成年人，我们大多数人会自主选择自己的性行为。但对一些人来说，文化和宗教的价值观决定了只有一些性行为是可被接纳的。无论处于怎样的情况下，重要的一点是，你的性行为与你的价值体系是一致的。花点时间思考一下你对性行为的态度，同时思考下面的问题，探究一下性活跃的利与弊：

- 在我做出有性或无性的决定时，我有怎样的感受？
- 我选择性活跃与我的宗教信仰和文化价值观相冲突吗？如果冲突，我应该怎样协调？
- 做爱时我感到有压力吗？如果有，我会说些什么或做些什么才能让自己变得有力并坚持自己的立场？
- 我在某一刻选择做爱或不做爱的原因是什么？
- 我愿意与我的伴侣公开谈论性吗？如果不愿意，我有哪些顾虑？
- 在性关系中我所知道的情感因素有哪些？
- 如果不想怀孕的话，我和我的伴侣是否会考虑采取安全有效的措施？
- 我是否打算讨论并采取有效措施来预防性传播疾病？

明确你的性价值观和道德标准

确定属于自己的、有意义的性道德标准绝非易事，它需要一个诚实面对的过程才能完成。细想一下你的原生家庭和你的文化背景在其中所起的作用，从家庭和文化中所接收到的价值观与你对待生活其他方面的观点是否一致？哪些是促使你负责并且快乐生活的重要因素？哪些价值观你认为应该修正？

建立属于我们自己的价值观意味着要对自己负责，并且也要考虑我们的选择会对他人造成怎样的影响。比方说，有些人会想同时与几个人保持性关系，但对这种做法他们内心其实也很挣扎，因为这实际上与他们个人的价值标准是不相符的。他们一方面会通过这样的性行为来满足自己的性欲，另一方面也因违背自己的价值观而心生罪恶感。在成人关系中，双方都要对自己的行为承担后果。又比如，在婚前性行为和婚外性行为的处理上，每个人都应该问自己这样几个问题："我真的想与这个人发生性关系吗？""与他或她发生性关系会带来怎样的情感后果？""我得为此做出什么承诺？""谁还会被卷入这件事？谁还会因此受到影响？""我的决定与我的价值观相符吗？"

在建立自己在性方面的价值观时，对自己的选择承担责任也是一个非常重要的因素。对性行为负责任意味着必须考虑性行为可能带来的后果，既包括对自己，也包括对对方。你可以这样问自己："我会对自己以前或现在的经历感到高兴还是难堪？"现在看一下扎卡里的经历。

扎卡里的故事

我父母在我12岁时离婚了，这对我现在看待男女关系有很大影响。我父亲背着我母亲与他的秘书偷情，我亲眼目睹了我母亲知道真相时彻底崩溃的样子。我始终认为自己是一个有很高道德信念的人，我发誓决不能像我父亲那么做。我有过几段维持了很长时间的关系，虽然都没有坚持下来，但我一直很忠诚。

大约一年前，我与前女友的关系出现了许多问题，于是我就通过投身工作来分散自己的注意力。这时我被工作中的一位同事吸引了，她刚结束了一段失败的婚姻。一天晚上，工作结束后我们去喝酒，各自诉说自己在男女关系中出现的问题，说了一个又一个，然后我们就发生了性关系，但之后我立刻就知道自己犯了一个很大的错误。说实话，虽然我认为当时我和我女朋友的关系已经走向破裂，但我做的这件事让我们的关系彻底完蛋了。我向她坦白了这件事，她把我甩了。我不怪她，因为如果是我，我也会这么做。

我做出这种事没有任何理由，但它让我对我父亲多年前所做的事以及他可能的感受有所了解。至于说到我自己的感受，我感到非常内疚，我一直在试图原谅自己。我让女朋友感到失望，而且我也让自己感到失望。如果我母亲知道这件事，她也会对我很失望，这让我非常不安。在开始下一段关系之前，甚至在重新开始约会之前，我必须对自己犯下的错误有深刻的认识，这样才能不再重蹈覆辙。

就如同扎卡里诚实看待自己出轨的事，并承认这已经违背了他在性方面的价值观，我们也可以通过审视自己的行为与我们所持守的价值观是否一致而有所收获。给自己的行为明确一个底线是坦然面对自己价值观的一个重要方面，问问自己："我能坚守自己的信念，不允许别人说服我跨越我在性方面的底线吗？"如果答案是否定的，那就需要想一些办法使自己坚定立场，这样你才能在人际交往中充满信心，而不用担心自己会妥协。同样重要的是，你要像希望别人尊重你的底线一样尊重别人的底线。

禁欲

有些人选择**禁欲**，即在正式确定持久关系前不发生性行为。但是，禁欲真正意味着什么？它仅仅意味着禁止性接触吗？疾病控制中心对**禁欲**给出的解释是禁止包括阴道、肛门和口交的一切性活动（Hales，2012）。不过，对于不同的人、不同的文化和不同的宗教团体，禁欲的概念也不一样。有些选择禁欲的人会禁止自己的一切性活动，而另一些人则可能仍继续一些性行为，比如自慰，但不会有任何异性间的性接触。

禁欲可能出于道德、文化或个人的原因，有些人做此选择是为了避免怀孕，也有些人会在一段令人失望的关系结束后选择暂时禁欲，以期能够在没有性的干扰下开始发展新的关系（Crooks & Baur，2011）。许多过去曾经在性方面非常活跃的人也可能选择禁欲，因为他们担心性伴侣过多会导致性传播疾病（Hales，2013），而最安全的办法就是禁欲。

如果你真的选择禁欲，那么你必须非常清楚你做出这一选择的原因。回答这几个问题可以帮助你了解支持自己做此决定的原因:"我认为禁欲意味着什么?""我选择禁欲是基于我全然接纳自己的身体吗?""我认为自己是有性渴望的人吗?""我担心禁欲会影响我渴望的亲密程度吗?"

思考时间

1. 你对于性的态度和价值观受到哪些因素的影响?根据下面这个计分标准,标出每种因素对你的重要程度:

1 = 这是非常重要的影响因素;

2 = 这是一般重要的影响因素;

3 = 这是不重要的影响因素;

对选择 1 或 2 的那些因素,简要说明它们对你的影响。

____ 父母_____

____ 配偶或伴侣_____

____ 亲戚_____

____ 朋友_____

____ 兄弟姐妹_____

____ 自己的经历_____

____ 信仰_____

____ 电影_____

____ 音乐_____

____ 互联网和社交网络_____

____ 学校_____

____ 书籍_____

____ 杂志_____

____ 电视_____

____ 其他影响因素_____

2. 试着列出指导你处理性问题的具体价值观,在此之前先回答下面的问题:

a. 你如何看待有多个性伴侣和只有一个固定性伴侣?写出你的理由。_____
_____
_____

b. 你如何看待婚外性行为和相互忠诚的关系?_____
_____
_____

对性的负罪感和误解

对性感受的负罪感

许多人都承认他们在开始认识并接受性时会有恐惧感,重要的是,要学习并接受有关性的一切感受,也要学会判断哪些行为是自己可以做的。比方说,有一位男士说,他对自己的婚姻很满意,他的妻子也令他兴奋,但他还是遇到了麻烦,因为他发现别的女人也很有吸引力,有时他甚至渴望与她们发生性关系。虽然他决定不发生婚外情,但他还是为自己对别的女人产生的性渴望而感到极其焦虑。他认为如果完全接纳自己的感受的话,那他很可能会跟着感觉走。因此对他来讲,重要的是要学着把对性的这些感受和是否采取行动区分开来。

是否要跟着感觉走，你需要做出负责任的、符合内在价值体系的决定，你也需要考虑这些问题：

- ▶ 我的行为是否会给别人或我自己造成不良影响？
- ▶ 我的行为会带给我快乐吗？
- ▶ 我的行为是否侵犯了别人的权利？
- ▶ 我的行为与我的价值观和承诺是否一致？

每个人都应该有自己的道德标准，但期望能够像控制我们的行为一样控制我们的感受是不现实的。控制自己的行为可以证明我们是怎样的人；但否认自己的感受却会让我们背离自我。

对性经历的负罪感

无论是单身还是已婚，无论是青年还是中年，人们都会提到一些让他们有负罪感的性经历。负罪感可能与自慰、婚外情、滥交、同性行为以及其他通常被看作变态的性习惯等有关。

自慰即自我刺激生殖器以获取性快感。在整个犹太教和基督教历史中，自慰一直是遭到谴责的，这也导致了医学上的误解并让人对此感到羞耻和罪孽。19世纪中期，自慰的"罪孽"在科学的名义下引起了广泛的关注，人们认为有这种习惯的人会面临很悲惨的后果，比如失明或大脑疾病。后来这种负面的说法渐渐消失了，但传统上对它的谴责依然存在。有些人不敢自慰则因为他们的宗教教义告诫他们，这是道德层面上不可被接受的行为。

现在，这种方式的性活动已经得到普遍认可。根据调查，大多数男女，无论他们是否有性生活，有时都会自慰。只要不影响双方在性生活中的愉悦，这种做法已经被看作正常和健康的了。伴侣中的一方有自慰的习惯说明他们的关系出现了问题的观念也已经被证明是错误的。不过虽然有很多人因各种原因在各种情形下会自慰，但它并不是人人都愿意做的事。因此，如果试图帮助人们打消对这种自我刺激方式的负罪感，也可能会让人们误以为人就应该自慰。对此，心理学家明确指出："自慰是一种性表达的方式，但绝不是必须的事。"

早期的性知识是影响后期性适应的一个重要因素，因为当前的负罪感往往是根据他人对性的言语或非言语的信息所做出的有意识或无意识的判断。同龄人能填补父母教育中的缺失，然而，仅仅依赖从小伙伴们那里得到的信息常常并不准确，这很可能使个体在以后的生活中对性感受和与性有关的行为产生恐惧和负罪感。十几岁时从同龄人那里获得的大多数有关性的信息都很片面，这会让我们把许多关于性的错误的、不正确的信息带入成年。

媒体也经常有一些关于性的偏见，如果孩子过早接触到这类东西，就会对性行为产生既不现实又不全面的认识，同时可能形成对性的恐惧和负罪感，这种感觉对于成年以后享受性生活的能力有很大影响。

那些性胁迫的受害者常常会在负罪、羞耻和自责的感觉中拼命挣扎，这些负面的感受会影响他们享受性生活的能力和构建与他人的正常关系。受性胁迫创伤的受害者不应该因所发生的事遭受责备，他们应该在疗愈过程中得到帮助。

我们对于性感受和性经历产生的负罪感是由于大量各种类型的信息造成的，它们中还有许多是不正确的。并不是所有的负罪感都是神经质的，也没有必要刻意去消除它们。当我们做了违背自己价值体系的事时，自然就会产生负罪感，这时这种感觉是有益的，因为它能促使我们去反省自己的行为，确定它是否与我们所持守的道德标准相一致。要使自己从不必要的负罪感中解脱出来，首要的一步就是弄明白我们早期在性行为和性别角色行为方面所获得的言语和非言语的信息，一旦对这些信息有所了解，我们就可以进一步探究应该在哪些方面做出修正。

关于性行为的误解

误解会出现在我们确定是正确的（基于证据的事实）和我们以为是正确的（并无根据的观点或看法）的中间地带。下面这些说法就是对于性的误解，阅读时问问自己，你的态度是怎样的，你的这些态度又是怎样形成的。

- ▶ 如果允许自己性活跃，我就会惹上麻烦。
- ▶ 当女性要求做爱时，她们的性欲望并不是那么强烈。
- ▶ 如果我的伴侣真的爱我，我没有必要告诉他或她我喜欢什么或想要什么。
- ▶ 对童年时习得的有关性行为的负面信息是不可能去除的。
- ▶ 所谓性自由就是可以毫无负罪感和限制地享受性行为。
- ▶ 感受到自己伴侣以外的他人的性吸引力意味着认为自己的伴侣不再具有性魅力。
- ▶ 感受到同性的性吸引力是不正常的。
- ▶ 一个人的身体越有魅力，他或她就越有性魅力。
- ▶ 随着时间的流逝，即使不是大多数，至少也有部分性关系注定会变得不再令人兴奋。

上面的这些说法适用于你吗？你自己获得的有关性的信息有根据吗？还是你有可能已经接受了一些关于性的误解？这样的说法会对你在性行为方面做出选择时造成怎样的影响？

思考时间

1. 完成下面有关性的说法：

a. 我第一次知道性是通过_____

b. 我关于性的最早记忆是_____

c. 这些记忆对我现在的影响是_____

d. 我从父母那里获得的关于性的语言信息是_____

e. 我从父母那里获得的关于性的非语言信息是_____

f. 我对性的期望是_____

g. 当讨论性的话题时，我通常_____

h. 在成长过程中，我内化的一个关于性的禁忌是_____

2. 你是否想采取一些办法来学习接纳自己的身体和性行为，如果想，是什么办法？

3. 你对性感受或性经历有负罪感吗？如果有，那么是什么导致你产生这样的感觉？

4. 在谈论自己的性生活时你有多开放？你愿意在谈论这方面的事情时更开放些吗？如果不愿意，那么是什么阻止了你这样做？

5. 你的文化、精神、信仰和价值观对你的性观念有怎样的影响？

感官享受与性享受

感官体验包括所有感觉器官的体验，所有这些体验都能在性过程中独立地感受到。尽管性包含着感官体验，但是**感官享受**并不一定要有性活动。

成就标准和期望常常妨碍了人们的感官享受和性快感，对于男性来说尤其如此。有些男人衡量自己表现的标准极其不切实际。虽然现在有了"万艾可"这样的壮阳药，但男人仍然非常关注自己的性能力。许多男性并不在意享受性过程和感官体验，而是只聚焦**性高潮**，即勃起达到顶峰时的那种强烈感觉。对一些男人来讲，他们自己或他们的伴侣有了性高潮，就表明他们的性能力非常强。他们希望自己的伴侣在性交过程中总能达到高潮，但这其实主要是出于他们自己的需要，因为他们希望能被看成是很棒的恋人。例如，我们在课堂上讲授人类的性时，罗兰德就说他不会再约会与他做爱时没有达到高潮的女人，其他一些男生也对此表示完全赞同。如果在开始性关系时就这么想，他们的亲密感不出问题才怪呢！

倾听自己的身体

勃起障碍（ED）指在发生适当的性关系时，阴茎始终不能勃起或者勃起时间太短。男性不能勃起或者勃起时间短暂可能是基于一些原因，包括疲劳和压力太大。在有勃起障碍的男性中，高达80%的人是由于身体原因造成的（Hales，2013），有时这是因为循环系统出了问题或是一些药物的副作用和酗酒导致的。器官原因也会造成勃起障碍，包括心血管疾病、糖尿病、肾病、神经病和激素问题。无论出于哪种原因，重要的是要找医生咨询，找出解决办法。此外，勃起障碍也可能是由于心理因素造成的，比如负罪感、长期抑郁、敌意和怨恨、焦虑、担心怀孕以及缺乏自尊。有此遭遇的男性可能会问自己："我的身体想告诉我什么？"

一些女性也存在性反应困难，尤其是高潮障碍。这通常是由于不切实际的期望引发的，这样的期望会影响到性行为和亲密感。压力是另一主要因素，它很容易扰乱女性做出性反应的心境。如果夫妻在夜里很晚双方都已很累的时候做爱，或者在两人都处于极大的压力下时做爱，就很容易出现这种现象。如果女性的身体没有反应，这表明压力和疲惫已让她很难放松，这时应当使心理和身体得到充分的放松。女性应当及时准确地了解自己身体释放出来的信号，而不要将此理解成性能力不足，因为身

> 亲密可以被看作一种非常亲近的情感关系，它是所有爱的关系中的一个基本要素。

体可能想说："我这会儿太累了，无法享受性爱"。

问问自己想要什么

注意身体所传递的信息只是第一步。我们还需要学会向伴侣表达我们在性方面的喜好和需求，因为许多男性和女性都把自己在性方面的希望隐藏于心，而不是讲出来与伴侣分享。他们误以为他们的伴侣凭直觉就应该知道他们喜欢什么，他们不愿意主动告诉对方哪些做法让他们感觉更好，因为他们害怕那样的话做爱时会变得很刻板，或者他们的伴侣以后只会一味取悦他们。

女性经常会抱怨说，她在做爱过程中没有得到足够的享受，因为对方只关注自己快活。她可能渴望足够的前戏和结束后的爱抚，但对方却没有注意到她的这些需求。因此，她应当把自己的不满向他表达出来，这是很有用的做法。当然这样做时也需要考虑双方的文化背景，因为在一些文化中，女性是不允许对性关系提出自己的需求的。

女性经常会问这样一个问题："抚摸之后一定要做爱吗？"其实她在暗指她的做爱过程中缺失了一个重要内容，即感官方面的享受。蒂芙妮和雷恩的案例就说明了做爱过程中的常见冲突。

蒂芙妮的故事

每次当我想和雷恩亲近时，他就要与我做爱。我只是想彼此缠绵一会儿，但并不想发生性行为，可雷恩不懂，这让我感到很生气。因此当我感觉到他想和我做爱时，我就尽量回避，制造两人间的距离。结果他感到被拒绝了、受到了侮辱，也很生气。我想与雷恩在身体和情感两方面都非常亲近，可他那种要么有性行为要么完全没有反应的极端行为让我很害怕向他表示亲密。

学习表达你的感受是很重要的，因为感官体验是性生活中的一个重要组成部分，它不是仅针对生殖器官的感受，而是包括了所有的感受。我们身体的很多地方都很敏感，能够带给我们性快感。虽然性高潮过程中可以获得很大的享受，但是，许多人由于没能给自己或伴侣其他感官方面的刺激而失去了许多其他的享受。如果双方能说出自己对性的期望，能把谈论性作为关系的一部分，那么他们性行为的范围就能够得到扩展。

性生活的健康因素

性能带给我们快感，也是我们身体健康的一部分。研究指出（Jannini, Fisher, Bitzer & McMahon, 2009），"性健康与身体的整体健康是相互关联的，前者甚至可以被看作后者的一个明显标志"。他们在经过长期研究后发现，"那些很少体会到性高潮的人的死亡率是那些一周有两次甚至多次性高潮的人的两倍"。在对他们的研究进行总结后，他们发现经常射精可以降低罹患前列腺癌的风险，他们还发现与性行为相关的内分泌活动以及身体和情绪的反应对女性的健康也很有益处，特别是在性高潮时产生的催产素和多巴胺的分泌能够有效改变影响身体整体状况的内分泌系统，并且减少患上抑郁症的风险。最近的一项旨在辨别不同性活动给身体带来的益处的研究发现，阴茎和阴道的性交对心理和生理的各类健康指数都有明显的改善。性生活是人类生活中的一个基本内容，它对我们的心理和身体功能有着至关重要的影响。

性 与 亲 密

亲密是一种亲近的情感关系，它的特点是关系中的双方深深地关爱着对方，它也是所有爱情中一个最基本的要素。积极的性体验能激发与对方紧密联结在一起的强烈需要。在与大学生的讨论中，他们常说正在寻求得到某个人的爱，同时也期盼着能把自己的爱给对方。虽然不同性别在性和爱情的看法上有差异，但人们总的说来在性关系中还是非常在意爱情和感情的（Crook & Baur, 2011），男性和女性都很看重的方面包括：良好的沟通、承诺、高品质的情感和身体的亲密接触。

有些人有性无爱，也有不少人拥有亲密关系却没有性生活（参见第7章）。那么，爱与性之间存在着怎样的关系？结论是它们之间并不总是相关联的。没有爱的性是一种很普遍的现象；而爱也可以存在于没有性的关系中。

花点时间反思一下性对你意味着什么，以及性是如何改善或破坏你与伴侣间的关系的。对你来说，性是一种释放压力的方式吗？它让你感到安全吗？让你感受到爱了吗？让你感觉被接纳吗？它有趣吗？它意味着承诺吗？它是否带有侮辱的性质？你从中感到愉悦了吗？它令你感到羞耻还是振奋？你还可以问自己："我的亲密关系是建立在真正渴望亲近、分享、经历快乐、既给予又收获的基础上的吗？"

问问你自己，在亲密关系中你希望得到什么，以及性能起到怎样的作用。这有助于你不会过度强调可能会影响性过程的技巧和表现。虽然技巧及相关知识是必要的，但它们不是全部，过度重视它们会让我们忽略伴侣的真正需求。太过担心性技巧和表现只会影响对性过程的享受，并让我们失去真正的亲密感和对彼此的关爱。

还要检查一下你的性观念是怎样形成的以及你对性行为的看法，因为只有了解自己的态度，才能在性需求方面做出正确的选择。

在步入晚年后仍能享受亲密关系和性生活是两人关系中的一个重要部分。

上年纪后仍要享受性亲密

认为人在步入老年后就不能再享受性亲密了是一个误解，这一错误观念的形成可能是由于我们的社会常常将性行为与年轻联系起来（Carroll，2013）。的确，每过10年，还能享受性生活的人数就会减少一些，但也有一些人在80岁甚至更老一些时仍能保持性活力。年老时身体变差是影响性能力的主要原因。在长期稳定的关系中，一个人的身体变差和对性丧失兴趣也会对另一个人造成影响。罗丝玛丽六十多岁，她讲述了她在丈夫身体变差并对性失去兴趣的过程中所经历的各种感受。

罗丝玛丽的故事

有时候我也很内疚，因为我经常因为阿尔弗雷德生病而生气。说实话，有时候我的确埋怨他在过去的几十年里不懂得保重身体。他总以为那些来自身体的警告如果不严重就不必在意。可能人都是这样，但他现在身患几种病，使他无法再有能力做我喜欢的事。现在孩子们都已长大，也都有了各自的生活。我和阿尔弗雷德也退休了，我们本来可以去旅行，这是我们以前很想做的事。虽然平时我从不谈论那些事，但既然现在我们有了很多自由时间，我真的非常想与他重新燃起那种亲密关系，可他却什么也做不了了！他看上去就像个整天发牢骚的糟老头，完全不是四十多年前我所爱的那个阿尔弗雷德了。我不想像个修女一样生活，可阿尔弗雷德似乎已经没有性能力了，我真不知道该怎么办。

思考时间

1. 完成下面的句子：
a. 对我来说，感官体验意味着_____。
b. 对我来说，性快感意味着_____。
c. _____没有亲密感的性是_____。
d. 性可能会是一种很令人失望的经历，当_____。
e. _____性让人感到最满足的时候是_____。

2. 看看下面这些词语，迅速找出令你想到与性有关的词：

____有趣　　　____压力
____狂喜　　　____表现
____生殖　　　____体验
____美丽　　　____例行公事
____责任　　　____亲近

____信任　　　____释放

____羞耻　　　____脆弱

____快乐

现在检查一下你选出来的词，看看它们之间是否有一些共性。是否还有其他一些词也令你联想到性？总结一下你对性的看法。

_____

3. 想象自己是位老人，你认为你将会怎样表达你的性欲望？如果你或你的伴侣因一些原因对性生活几乎没什么兴趣了，你会与他或她怎样沟通这件事？

_____

对性成瘾的争议

由于网络上充斥着大量与性有关的网站，而且它们每年可以从那些在网上寻求性活动的人那里获得130亿美金的收益，因此现在有问题的性行为越来越多也就不足为奇了。那些社会知名的已婚男人的性出轨事件屡屡成为网上新闻的热点，而"性成瘾"也成为社会上的一个流行语。但是对于用它来形容那些终日沉迷于性的人的行为是否恰当，在精神健康专业人士和性学家们中并未形成共识。

总是产生强烈的性冲动、性幻觉和性行为，并已影响到日常生活的现象被称为**强迫性冲动行为**（Carroll，2013），官方将性亢奋障碍也界定为精神障碍的一种类型。虽然对于性成瘾这一术语及其定义的争论仍在继续，不过有一点是无可争议的，那就是这种现象绝不是只发生在媒体聚焦的名人身上。

以前网络上出现的性成瘾人数的占比是3%~5%，但随着网络上性内容的增多以及智能手机和社交网络提供的便捷交流方式，这个数据正在快速增长。最近的研究发现，一个人每周在网上观看色情的东西越多，就会有越多的性冲动和强迫性问题。此外，观看色情内容越多，性冲动和回避性行为的次数也会增加。人们对在网上看色情东西的反应有利也有弊，这几位专家认为，与药物成瘾的人一样，已经遭受负面影响的网络色情用户仍会继续这样做，因为他们同时也能得到一些所谓正面的东西，比如性满足或假想的关系改善等。

你能确定你自己、你的伴侣或你认识的某个人有性亢奋（或性成瘾）的问题吗？如果你怀疑你的亲密伴侣性成瘾或在网上看色情内容，你会怎样办？如果你不认为性会成瘾，那你如何解释造成一些有问题的性行为的原因？

性泛滥的危害

性行为能带给人不少益处，但如果因此而不讨论性泛滥的危害也是不负责任的。作为负责任的成年人，你必须对自己的性行为做出智慧的选择。而要生活幸福，你就要清楚地明白性泛滥会造成的严重后果。因为如果选择冒险的、无保护措施的性行为，你就有遭遇艾滋病和其他性传播疾病的风险。

艾滋病

即使你自己不是艾滋病患者，你也不可避免地会遇到艾滋病毒呈现阳性的人、患有艾滋病的人或者与艾滋病毒携带者有过性接触的人和与艾滋病患者很接近的人。

受艾滋病影响的人数众多，并且这已经成为影响人类健康的一个主要问题。因此你需要能够对有关这种病毒和疾病的真实与错误信息有所分辨。不能对这种传染病的个人和社会影响缺乏认识，只有对它有深入了解，你才能避免冒险的行为或生活在不必要的恐惧中。正确的信息对认识这种传染病极其重要。自从这种疾病被发现以来，人们已经对它进行了大量的研究，新的信息还在不断涌现，更加拓展了我们的知识结构。

有关艾滋病传播途径的错误信息和说法不一的报道，使得人们不但不能很好地了解艾滋病，而且更加恐慌，但现在我们不应该再无知下去了。你的医生、各州或地方健康部门、红十字会在地方的机构、国家艾滋病防控中心等都可以提供有关这种疾病以及如何对其进行预防的知识。他们会提供免费的书面材料、最新信息，并解答相关问题，比如：它是怎样传播的；谁最容易感染艾滋病病毒；什么是最佳的治疗方案；为了保护自己你应该做些什么，等等。在有了充分认识的基础上，你需要诚实地检查一下自己的性行为，包括你使用的可能会让你感染艾滋病病毒的毒品。通过省察自己的看法、价值观和恐惧，你就能做出清晰正确的选择。

其他性传播疾病

无保护的性行为常常还会导致除艾滋病以外的其他形式的性传播疾病，其中最常见的包括：人乳头瘤病毒、生殖器疱疹、衣原体感染、淋病和梅毒，其中人乳头瘤病毒会导致女性患上子宫颈癌，男性患上生殖器疣。一些性传播疾病在没有生殖器互相接触的情况下也可能传播。因此要保护好自己和伴侣，就必须长期采取有效的保护措施。所有性传播疾病都是可以治疗的，但并非都能治愈。如果你或你认识的人出现了性传播疾病的相关症状，一定要尽早去寻求治疗。因为如果不及时治疗的话，它们可能会引发不育、功能受损，甚至出现危及生命的并发症。我们提出这一话题是希望引起你的重视，让你去了解更多相关常识：它们是如何引起的；怎样才能预防它们等。在这方面我们提供两个非常好的信息渠道：疾病红十字会和国家疾病防控中心。只有对那些潜在危险和防范措施有所了解后，你才能做出更好的选择。

如果你在性方面非常活跃，那么你必须与你的性伴侣商量出更为安全的性行为方案。著名球星约翰逊1991年在宣布自己感染了艾滋病病毒后从NBA退役，他给那些性活跃者提供了一些有意义的建议。他建议你问一下自己这几个问题：

▶ 我是否为每次的性行为准备了安全措施？

▶ 我是否坚持每次与异性做爱时都采取有效的避孕措施？

▶ 如果自己或者性伴侣感染了艾滋病病毒或其他性传播病毒或不慎怀孕了，我知道应该如何处理吗？

▶ 对我认为不对的事，我能拒绝吗？

如果不能对所有这些问题给出肯定回答的话，那就说明你还不能承担亲密关系中的基本责任。

年轻人常常以为他们不会受到任何损伤，因此对好的建议和做法都不当回事，还有些人则因为不想改变自己的性生活方式而拒绝接受好的建议。通过激发他们的恐惧感而改变其性行为模式是无效的，年轻人中只有很少人会在做爱时坚持使用避孕套。阿隆森鼓励年轻人主动改变自己不良的想法和行为，他在学校提倡自我说服的方法并取得了比传统外力方法好得多的结果。如果能试着挑战自己以前的观念，并且能根据内在动机做出新的决定，你就能获得控制自己生活的力量。根据你所掌握的知识来支配你的行为，就可以减少感染性传播疾病的可能性。

>>> 只有很少一部分年轻人在性生活过程中使用避孕套。

思考时间

1. 你对艾滋病病毒、艾滋病和其他性传播疾病持怎样的看法和观点？有哪些恐惧？

_____

_____

_____

2. 为了避免感染艾滋病病毒和其他性传播疾病，你愿意采取哪些方法？你觉得你需要掌握哪些知识和信息以使自己做好充分准备？搜索一些可靠的网站让自己获得最新相关信息。

_____

_____

3. 如果你在性传播疾病方面有过亲身经历，那么你在性行为方面应该做出哪些更健康的选择？

_____

_____

_____

总 结

性是我们生活的一部分，我们表达性的方式受到我们价值观的影响。虽然童年和青少年时期的经历会影响到后期的性行为和性态度，但如果对自己的性生活不满意的话，我们完全可以重新纠正自己的态度和行为。

如果能很好地面对承认、体验以及表达性时遇到的各种问题，也就逐渐接纳了感官享受和性享受，这对我们的身体和心理都是非常有好处的。感官体验是建立美满性关系的重要途径，我们可以在与他人不发生性关系时照样获得感官享受，它包括充分感知视觉、听觉、嗅觉、味觉和触觉带给我们的享受。没有性行为同样可以享受感官体验，而感官体验也并不总会引发性行为，但是它对改善性关系能起到非常重要的作用。与挚爱的人保持亲密、进行情绪分享都是令人满意的性享受。

评估自己对性的态度的第一个重要步骤就是了解自己不正确的观念或者想法。回忆一下你的性观念从何而来，又是怎样获得的。这些来源是健康的吗？你质疑过你的性观念给你的性生活造成的影响吗？你的性行为能充分反映你的个性吗？性在你生活中占据的位置和你对性的看法都会影响到你的决策。

形成符合自己的性观念的一个重要步骤是，学着与所信任的那个人公开谈论你对性的所有关注，包括你的恐惧和渴望。负罪感很可能毫无根据，你大可不必为自己正常的情绪和行为而感到羞愧。对于自己的一些性的感受、幻想、恐惧和行为，你有时可能会觉得孤立无助，但当你把它们讲出来与他人分享时，会发现并不是只有你才有这些问题。

艾滋病的危险给人的性行为造成了很大影响，不过随着对这一疾病及其他性传播疾病的了解，你完全可以在表达自己的性欲望时做出明智的选择。

在探讨关于爱和关系章节中所涉及的话题与本章的主题是密不可分的，因为爱情、性和关系都是充实且丰富的人生的重要组成部分。

自我成长

1. 写下你在性方面的主要问题或者所关心的问题。考虑与你的朋友、伴侣（如果你处在亲密关系中的话）或者同班同学一起讨论这些问题。

2. 在章末日记中追忆自己性经历的发展变化过程。对你来讲，哪些是重要的经历？你从中学到了什么？

3. 你的性行为受父母的影响有多少？他们直接或间接向你传递过哪些性观念和价值观？你最想与你的孩子沟通有关性的哪些方面？

4. 思考一下在你所处的文化中，描述性所用的最具代表性的词语，这些词语传递怎样的看法？

5. 去社区生育服务机构或学校健康中心，了解有关艾滋病病毒、艾滋病、其他性传播疾病和安全性行为的知识。

第10章

工作与娱乐

在工作中生活,在生活中工作。

自我评估

请用下面的评分标准来测评你对每个说法的回答:

4 = 我完全赞同这一说法

3 = 我赞同这一说法

2 = 我不赞同这一说法

1 = 我完全不赞同这一说法

- [ ] 1. 我还在继续学习,因为我选择的职业要求我必须这样做。
- [ ] 2. 我继续学习的主要原因是为了让自己更加成熟并充分发挥自己的潜能。
- [ ] 3. 我上大学是为了有足够的时间来决定自己将选择怎样的生活。
- [ ] 4. 如果不是为了钱,我就不会工作。
- [ ] 5. 工作是展现自我的一个重要途径。
- [ ] 6. 我希望这辈子能换几份工作。
- [ ] 7. 对我来说,一份稳妥的工作比一份令人兴奋的工作更重要。
- [ ] 8. 如果对工作不满意,我会或者换工作或者改变自己对周边环境的态度。
- [ ] 9. 我期望工作能满足我的许多需求并在我的生活中具有重要意义。
- [ ] 10. 我能够很好地平衡工作与娱乐的关系。

在工作和娱乐的过程中获得满足感非常重要。工作对生活的诸多方面都有影响，如果工作与娱乐之间能达到平衡，便能激发生命的活力，否则最终会让人产生精疲力竭的压力感。娱乐这个词意味着贮存、更新、注入新生机和创造新生活。娱乐指在休闲时间以及工作以外的时间里所做的任何事情。

工作绝不仅仅是每周花几十个小时去做一件事。在平常日子里，大多数人每天8小时用于睡觉，另8小时工作，还有8小时则用来吃饭、上下班和休闲娱乐。如果你喜欢自己的工作，那至少说明在你清醒的时间里有一半时间是用来做有意义的事情；但如果你不喜欢工作，那这8小时就很可能会影响你的人际关系和你对自己的感觉。思考一下你对工作和娱乐所持有的态度，并且了解这些态度对你生活产生的影响，这是很重要的。

当今世界，社会与科技的飞速发展要求人们必须学会适应不断变化的工作环境。劳动力结构的变化和工作场所的变化都会影响到人们的职业决策。21世纪有越来越多的女性进入工作领域，劳动力结构中也出现了各种文化背景的工作人员。出于经济原因，美国劳动力中这种多种文化并存的现象使它能够在全球市场上保持强有力的竞争性。美国未来面对的挑战就是要使女性、少数族裔和移民的潜能得到最大的发挥，这样才能使所有人都在工作中创造最大的效率。

在接下来探讨工作的内容之前，我们需要先澄清几个术语：**事业**可以被看作你一生所从事的工作，它会跨越很长时间，可能包括一个或几个职业，是人一生中工作经历累积的结果。**职业**是指你的技能、专业、业务或生意，你一生中或许可以变换几次职业。**职位**则是指在所从事的职业中的位置。在同一职业中，不同的时期你可能处于不同的职位，它是你谋生和做自己喜欢的事情的手段。**工作**是一个更为宽泛的概念，指那些因为喜欢而去做的事情，喜欢做是因为能从中得到乐趣。理想的状态应该是你的职业与你的工作是一回事。当你觉得自己得到了应有的回报；当你感到因自己的付出而受到尊重；当你喜欢你所做的事，工作就是令人满意的。进入职场的人不仅需要掌握一定的专业知识和技能，还得能够适应变化，因为一份工作很可能是为从事另一份工作打基础。

《把握你的职业发展方向》（Robert Lock，2005b）一书指出，选择一份职业并不容易。从外界因素来说，工作环境在不断变化；从内在因素来说，你的期望、需求、志向、价值观和兴趣也在变化。因此当你选择一份职业时，就需要把两者结合起来考虑。他特别强调了主动选择一份职业的重要性。

主动选择一份职业的过程需要首先对自己的兴趣、需要、价值观和能力进行分析判断，然后还要将自己的性格与职业特点和发展趋势

工作——工作！——我得工作！！！

联系起来考虑。在决定一份职业时,你会发现充分利用你在大学时的资源是很有价值的,大多数大学的咨询中心都会提供利用计算机设计的方案来帮助学生获得职业信息,做出择业决定。网络信息也可以帮助评估自己的价值观和兴趣,并将它们与合适的职业链接在一起。采取主动的另一个方法是与别人一起讨论对自己工作的满意度。阻碍你主动规划自己职业方向的一个主要因素可能是由于在择业时你总是推迟做你应当做的事。

职业发展研究人员发现,许多人在选择工作时都要经历一系列阶段,在几份工作之间进行决策更是如此。如同人生不同的时期有不同的侧重一样,在择业这件事上,不同的阶段会有不同的因素占据首要位置,因此以为一辈子只需选择一个职业的想法是绝对错误的。更有效的做法应该是先在感兴趣的领域选择一份普通的工作,可以把这份工作看作积累经验和寻求新机会的途径,这样你可从中收获你想学到的东西。对工作的选择也是成长过程的一部分,随着自身的改变,工作也会发生变化。

把大学教育看作工作

你可能已经有过几次择业经历,并从事过几份不同的工作;或者可能正在考虑换工作;也或者正在思考未来应该选择怎样的职业。如果你正在考虑哪种职业最适合你,那么可以考虑一下上大学或读研究生对你的意义,因为对自己中学毕业后的安排与对自己未来事业的构想是有很大关系的。

上大学应该是你当下的首要工作。不过对于那些已经有了工作或已成家的人来说,学校当然就不再成为主要选项了。无论你在上学之外做出怎样的选择,反思一下自己为什么要上大学都是很有益的。同样是上大学,一些人是因为学习能为自我发展创造机会,能多掌握知识;一些人主要是为了能促进事业的发展;还有一些人是为了逃避做出其他选择。你可以问问自己这几个问题:"我为什么要上大学(或读研究生)?""这是我自己的选择还是别人为我做出的选择?""做学生的大多数时候我开心吗?""做学生让我感到满意和觉得有意义吗?""我是不是宁愿干别的也不想上学?如果真是这样的话,那我为什么还要待在学校里?"明白自己上大学的原因对你职业的长期规划是很有帮助的。

如果你喜欢学习带给你的价值,并享受这样的过程,你就可能有能力选择让自己感到满意的工作;如果在当学生时,你所完成的总是高于校方要求,那你将来在工作中也一定会愿意承担更多的工作;如果在学校时你总是害怕出错,课堂上也不敢发言,你很可能会把这种习惯带到今后的工作中。反思一下你把多少上学时的想法和行为带到了后来的工作中。

选择一份工作或职业

你期望从工作中得到什么？选择一份职业时，你最看重哪些因素？你认为一份工作中最具价值的部分体现在什么地方？在你选定的工作中，怎样才能实现自己的价值？职业生涯决策理论的基本假设是职业选择是我们价值观和个性的体现。从一个人对职业的选择上可以看出其动机、知识结构、个性和能力。职业也代表了一种生活方式。戴维的个人经历就反映了他寻求满意工作的过程，他最初选择上大学时并不清楚自己想要什么，但最终通过追求让他感兴趣的东西，找到了自己的发展方向。

戴维的故事

高中毕业后我去读大学，因为我觉得我得有个大学文凭才能找到好工作并获得成功。大学的第一年对我来说有点困难，因为那是个全新的环境。在班上，我觉得自己无足轻重，上不上课根本没人管你。于是我就经常不去上课，可我又不懂得使用自己的自由时间，结果不用说，我的成绩一塌糊涂，我被降成试读生。我决定换到另一所社区大学，但我依然不重视学习。虽然我也希望自己能读完大学，但我感到当时的大学生活并不适合我。于是，我搬离了父母家开始全职工作，只在业余时间去读社区大学，因为我知道如果一旦彻底离开学校的话，我就很难再回去了。

后来我在一家市场营销公司找到了工作，公司分配给我许多任务，我很喜欢这份工作。我问自己：“我怎样才能将目前喜欢做的事变成自己的事业？”带着这个问题我开始对运动娱乐领域进行研究，它让我找到了自己职业发展的方向，并且也使我的专业选择变得非常容易。我主修了市场营销专业，而且学得很好，我从考试不及格变成了优秀毕业生。

从兴趣出发让我找到了满意的工作，现在我每天都带着期望起床，去上班，因为我觉得工作既有趣又有挑战性，而且还能让我把对体育的喜爱与工作结合起来。这份工作对我来说是很有意义的，我在工作中精力充沛，积极性很高。它已经不再仅仅是一份工作了，而是体现我生活价值的一个关键方面。

选择职业过快的弊端

如果过分强调为了生存得做点什么，你很可能会在尚未完全考虑清楚的情况下被迫赶快选择一份工作。在美国，孩子们在很小的时候就被鼓励从事一些工作，他们常会被问到："你长大后要做什么啊？"这个问题隐含的意思就是：只有在能决定做什么事后，你才算长大了。到了青少年时期，做出决定的压力会越来越大。尽管还没有做好准备，可他们还是得做出可能会影响他们今后一辈子的选择。这意味着一旦他们做出了"正确的决定"，他们就要为此付出一生。但实际上，选择职业并不是这么简单的事情。

太快锁定某一职业的弊端是，在高中甚至大学阶段时，学生的兴趣和志向通常尚未稳定，他们也无法预测出什么样的工作会让他们成功和感到满意。此外，学生往往也缺乏足够的自我认知和对职业的了解来确保做出切合实际的决定。迫于压力匆忙做出决定很可能造成的后果是，对所选的职业既没有兴趣也没有能力取得成功。因此一定要谨慎小心，不要屈从于外界要求你尽快择业的压力。不过，另一方面，也要提醒自己不要陷入以为不经过努力就能实现自己愿望的误区。你或许还记得在第2章中，埃里克森提倡的心理延缓期，这可以缓解年轻人由于没有做好充分准备就匆忙做出决定带来的压力感，随着经验的增长，他们会对职业和生活形成属于自己的新的认知。

影响职业决择的因素

在择业过程中起决定性作用的因素包括：动机和成就、对工作的态度、能力和智力、兴趣、价值观、自我认知、气质和个性特点、社会和经济背景、父母的影响、种族认同、性别、身体、智力、情绪和社会不利因素等。在选择职业时（或者评估已经做出的选择时），你要考虑清楚哪些因素对你来说是最为重要的。下面让我们来进一步详细分析这些因素可能会对你择业产生的影响，请记住：职业决策是一个过程，而不是一次性的事情。

动机和成就 确定目标是整个择业过程的关键。可如果你虽然有了目标，却不肯付出努力并坚持不懈地去追求，那么你的目标不会实现。能否取得成就与能否将目标变成实际行动方案的动机有很大关系。在思考职业选择时，要找出你在哪些领域最具活力，也要考虑自己的特长和才华。可以问自己：在做过的事情中，哪些让你感到非常自豪？现在做的哪些事情能够帮你实现你最为看重的成就？你梦想自己今后能够做哪些事情？你曾梦想过长大后要做什么吗？那个梦想的现状是怎样的？别人对你的梦想是鼓励还是反对？思考自己的目标、需求、志向和成就能够让你更清楚自己职业发展的重心。

对工作的态度 通过周围的人我们形成了自己对工作的态度。很显然，一年级的学生还不会对不同职业的地位有所区分，但随着社会交往的增加，他们很快就开始像大人那样对不同职业的等级有了自己的认识。当进入高年级后，他们会认为越来越多的职业是不能被接受的，不幸的是，他们这时会把自己成人后很可能会选择的职业也排除在外。如果成人以后不得不从事曾经认为很低下的工作，就难免会有消极的感受。在这种情况下，你就需要问一下自己："关于对待工作的态度，我从父母那里学到了什么？从我所处的文化里学到了什么？从其他渠道（比如媒体）学到了什么？"

>>> 在当今世界，社会和技术的飞速发展迫使人们必须适应工作环境的变化。

能力和智力　能力和智力在择业过程中备受关注，在评估成功的潜在因素时，它们所起的作用也超过了其他任何因素。**能力**指的是你在从事一份工作时所表现出的胜任程度；而**能力测试**则是指对某种特殊技能及其熟练程度的测试。在选择职业时，既要考虑一般能力，也要考虑特殊能力（参见第1章有关各类智商对我们能力的影响的讨论）。你可以将自己的能力与你感兴趣的各类专业和学术领域所需要的技能进行对比和测评，你还要问自己："我怎样确定自己的能力？""我的原生家庭在我对自己的能力认知方面有过怎样的影响？""其他人，比如老师和朋友，对我的认知又有哪些影响？"

兴趣　兴趣能反映出你对与工作有关的想法或经历，进而看出你是否喜欢这份工作。在选择职业时，首先要考虑的就是兴趣，它可以通过这三个方面来实现：① 发现你的兴趣所在；② 寻找你感兴趣领域的职业；③ 确定哪些职业与你的能力相匹配。

兴趣调查表是一个很有用的工具，因为它能帮你将你的兴趣与从事相应工作且对工作感到满意的那些人进行对照（Zunker, 2012）。这样的调查表虽然并不能预测你从事某份工作是否能取得成功，但它至少能让你发现自己是否会对这份工作感到满意。单有兴趣并不意味着你就有能力在某项工作中取得成功。能力和兴趣是择业时的两个重要因素，要将它们结合起来考虑。

一些兴趣调查表的确能够帮助你对自己的职业兴趣做出评估，其中非常值得推荐的一个是约翰·霍兰德编制的职业自我引导调查表（SDS），它是目前使用最为广泛的一份测评表。

价值观　价值观能反映出哪些事情对你来说是重要的；哪些是你在生活中想要得到的。认清和了解自己的价值观非常重要，因为这样你才能选择一个能够实现你目标的职业。有关价值观的调查表可以让你发现自己的生活模式，并明白自己的价值观是怎样产生、发展和变化的。而工作价值调查表则可以测评出你在工作成功和满意度方面的价值观（Zunker, 2012）。

工作价值观指的是你希望自己在职场中的哪些方面取得成就，它是你整个价值观体系中的一个重要方面。如果你想找到能实现个人价值的工作，那么至关重要的一点就是必须清楚什么是你生活中最有意义的事情。工作价值观的内容包括：帮助他人、影响他人、找到生活的意义、成就感、威望、地位、竞争、安全感、友谊、创造力、稳定性、得到认可、冒险、对体力的挑战、改变和多样性、旅行的机会、道德满足感和独立等。由于特定的工作价值观常与特定的职业相联系，因此这些只是你将自己与一种职业进行对照的基础。

自我认知　自我认知差的人不会想到自己能够从事有意义的或重要的工作，他们缺乏激情，因此也就无法取得什么成就。他们可能会选择一份自己并不喜欢和满意的工作，并一直固守这份工作，因为他们认为自己就配干这个。选择什么样的工作实际上等于对外公开你是个什么样的人。

性格类型与职业选择

按照霍兰德的理论，人们各自的性格特点决定了他们所选择的职业，也就是说，具备某些价值观和个性特点的人可能会选择某些职业。他把人的性格类型分成六种，这种分类方法现在已被广泛用于有关职业发展的书籍和职业咨询中心的测试中，并成为个体做出择业决定时的自助方法。他所说的六种性格类型分别是：现实型、研究型、艺术型、社会型、企业型和常规型。由于其在职业理论方面的工作极具影响力，因此我们有必要对这六种类型逐一了解。

在了解这六种性格类型时，同时花时间思考一下哪种类型最适合你。不过请记住：大多数人都不会只单单属于某一种类型，而是同时具有几种类型的特点。当读到一个说法适用于你时，在它的前面画一个钩。然后将六种类型再重新看一遍，并从中选出三种较符合你特点的（按排名顺序）。了解了自己的性格类型后，你就可以将此用于自己的职业规划中。

现实型

____ 看重自然、常识、诚实和实用。

____ 对户外活动感兴趣，喜欢机械类的东西和体育运动，爱好广泛，爱工作。

____ 喜欢从事与事情、物体和动物打交道的工作，而不愿意从事与观点、想法、数据和人有关的工作。

____ 侧重于机械的、运动的能力。

____ 喜欢建筑、修缮和修理类的工作。

____ 喜欢使用机器和设备，愿意做能马上看到实际结果的工作。

____ 属于坚持不懈、勤勉的建设者，但很少具有创造性和独创性，通常优先使用熟悉的方法和已有的模式。

____ 思考问题比较绝对化，不喜欢模棱两可；不喜欢处理抽象、理论和哲学的问题。

____ 比较现实、传统和保守。

____ 在人际交往和语言表达方面比较弱，当自己成为关注点时，通常会表现得很不自在。

____ 不善于表达自己的情感，常被看作爱害羞的人。

研究型

____ 看重创造、准确、成就和独立。

____ 天生好奇，爱问问题，凡事要求准确，爱分析，表现含蓄。

____ 凡事都要弄明白，要求给出解释，并喜欢对周围发生的事提前做出预测。

____ 属于学者和科学家类型，对非科学的、过于简单的、超自然的解释往往持消极和批判的态度。

____ 专注于手头所做的事，而对其他的事可以不予理睬。

____ 独立，喜欢独自工作。

____ 既不喜欢监督别人，也不愿意被人监督。

____ 自己的观点都具有理论和分析，觉得抽象和模糊的问题或情况很难应对。

____ 有独创性和创造性，不愿意接受传统的观念和价值观。

____ 不喜欢受外界规则约束的极端程序化的环境，但自身具有高度自律性、精确性和系统性。

____ 对自己的智商很自信，但常常在社会交往中不知所措。

____ 缺乏领导能力和说服力。

____ 在人际关系中表现得内敛和很不自在。

____ 极其不善于表达自己的情感，可能会被认为不够友好。

艺术型

____ 看重美、自我表达、想象力和创造力。
____ 具有创造力、表现力、独创性、直觉、不同寻常的特质和个性。
____ 喜欢与众不同，不愿人云亦云。
____ 喜欢用文字、音乐、物体以及身体语言，如表演和舞蹈，创造出新的、不同于以往的作品来表达自己的情感。
____ 希望得到关注和称赞，对批评特别敏感。
____ 在着装、言语和行为上倾向于无拘无束、标新立异。
____ 喜欢在没有监督的状态下工作。
____ 容易感情用事。
____ 非常重视美和审美情趣。
____ 感情外露并且复杂。
____ 喜欢抽象的工作和无规则约束的环境。
____ 发现在极其有序和系统的环境下很难发挥自身的能力。
____ 渴望得到别人的接纳和赞同，却又经常觉得交往过近的人际关系给人太大的压力而总是加以回避。
____ 喜欢与他人通过艺术间接地沟通，以弥补疏远的感觉。
____ 愿意自我反省。
____ 喜欢音乐、写作、表演和雕塑领域富有创造性的工作。

社会型

____ 看重为他人提供服务、公正、善解人意、有同情心。
____ 友好、热情、可信任、慷慨、热心、直率、合作。
____ 喜欢与他人为伴。
____ 喜欢从事助人的工作，比如教师、调解人员、顾问或咨询师。
____ 在与人相处时，非常善于表达自己的想法和情感，并有很强的说服力。
____ 喜欢引人关注，希望成为团体中的焦点。
____ 对生活和与人相处过于理想化、敏感和煞费苦心。
____ 喜欢探讨哲学的内容，比如生命、宗教和道德的本质及意义。
____ 不喜欢与机器和数字打交道，不喜欢从事井井有条的、程序化的、重复性的工作。
____ 与他人相处得非常好，可以很自然地表达自己的情感。
____ 懂得与人相处之道，被视为非常善良、助人和有爱心。
____ 喜欢与他人一同工作，更愿意团队合作完成工作。

企业型

____ 看重成功、地位、能力、责任和创造力。
____ 外向、自信、独断、有说服力、爱冒险、有抱负、乐观。
____ 喜欢组织、指导、管理和控制团队的活动以实现个人或集体的目标。
____ 喜欢对事态的进展有掌控感和责任感。
____ 在创新和监督方面表现得精力充沛、热情四射。
____ 喜欢影响别人。
____ 热衷于社交聚会，喜欢结交名人和有影响力的人。
____ 喜欢旅行和发现，通常会有一些刺激但花费昂贵的业余爱好。
____ 觉得自己很受欢迎。
____ 不喜欢需要科学能力或需要系统和理

论思考的工作。
____ 尽量回避需要关注细节和遵守规则的工作。
____ 喜欢从事领导、营销、激励人、说服人、能够有很大产出的工作。

常规型
____ 看重准确、诚实、坚持、秩序。
____ 有组织能力，并且非常务实。
____ 喜欢从事文职和使用计算机这类按程序办事的工作。
____ 需要依靠他人，工作高效，小心谨慎。
____ 喜欢从属于团体和组织的那种安全感，并且是很好的团队成员。
____ 希望有一定的地位，但通常并不渴望担任领导职位。
____ 当清楚自己该做什么时感觉最好。
____ 保守，传统。
____ 通常会按照期望的标准做事，并服从自己所认可的权威人士的领导。
____ 喜欢在室内怡人的环境里工作，比较看重物质享受和拥有财产。
____ 自我控制能力很强，不太公开表达自己的情感。
____ 不喜欢过于亲密，喜欢"君子之交淡如水"的关系。
____ 和自己非常熟悉的人在一起时感觉很舒服。
____ 喜欢事情按照计划发展，不喜欢改变规则。

各种性格特征之间的关系 在阅读对这六种性格类型的描述时，你可能已经注意到每一种类型和其他类型会有一些共性，同时也会有一些明显的不同之处。为了帮助你更好地对比这六种类型，霍兰德用了一个六边形来说明它们之间的关系（见图10.1）。

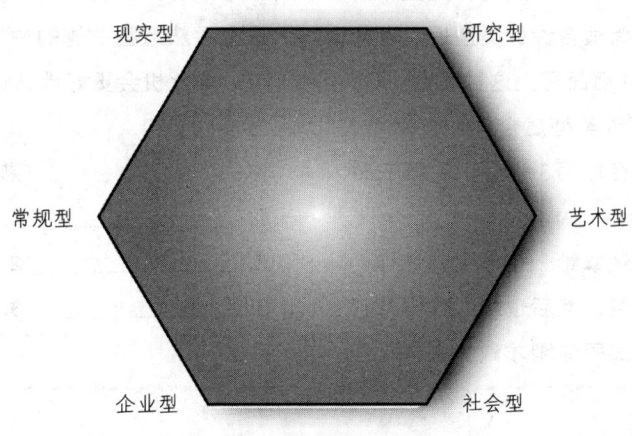

图 10.1　霍兰德的六边形

在这个六边形中，每种类型都和邻近的类型有一些共同之处，而与另三种类型几乎没有相同的地方，尤其是彼此相对的两种类型之间更是毫无共同点。比方说，研究型与现实型和艺术型有些地方是一样的，但与常规型和社会型就没什么共同点，而与企业型则完全没有共性。在心里反复思考这六种类型，然后把对这六种性格类型的描述再读一遍，它们之间的关系就会变得更清晰了。

有些人觉得自己拥有两到三种在这个六边形中并不相邻的性格特征，他们可能很难认同这些类型描述中有冲突的地方。请记住，重要的是这些描述都是非常"单纯"的，而现实生活中，很少有人会如此单纯地只具备一种类型特质，而完全没有其他类型的性格特点。这也是为什么我们让你选出三种符合你特点的类型。

在将自己的个性特征与这六种类型中的每一种类型进行比较后，你就可以找到最符合你性格特征、兴趣和价值观的工作领域。这个话题我们会在下一节继续讨论。下面的"思考时间"将帮助你进一步了解霍兰德的性格类型理论并对自己的性格类型做出评估。一定要找一个你认识的人与你一起对你进行评估。

思考时间

1. 把霍兰德所说的六种性格类型描述至少阅读两到三遍。

2. 六种性格类型中哪种最适合你？没有任何一种类型能完全符合你的情况，但它们中会有一种描述更接近你的情况。要全面考虑每种类型的所有描述，而不要只关注每种类型中的一两个特征。找到较为适合你的类型后，在本练习末尾部分的序号1后面写上这种类型。

3. 接下来还有哪种类型适合你？在序号2后面写上这种类型；在序号3后面写上第三种适合你的类型。

4. 把六种类型描述拿给一个非常熟悉你的人看，让他认真读一遍，然后也依次找出最符合你的三种类型，就如同你刚才做的那样，但不要告诉他你的选择。

5. 在他完成对你的评价后，将你的排序与他的排序进行对比。如果你们的选择不一致，则让他举例说明他的选择。他的选择也许并不准确，也可能是由于你平时的行为让别人看待你与你看待自己不一样。这个练习的目的主要是让你熟悉霍兰德的性格类型理论，同时你也可以借此机会更好地认识自己。

你的排序　　　　熟悉你的那个人的排序

1._____　　1._____

2._____　　2._____

3._____　　3._____

职业生涯中的决策过程

霍兰德理论建立的最初目的是帮助人们做出职业选择。在找出最符合自己的三种性格类型后，你可将这一信息用于职业决策过程。

性格类型和职业

如果和你性格类型一样的人在你想从事的职业中已证明了他们的成功，那你在这一职业上也有可能取得成功。霍兰德理论的核心观念是我们所选的职业应该满足我们的个人定位，当然，与此同时你还必须具备一些基本技能，比方说，如果你属于典型的研究型，那你就有必要提高自己的交际技能，这样才能在面试等情境中有好的表现。霍兰德对这六种类型进行了详细的描述，这有助于你全面评估自己的性格类型，并将其与各种职业和研究领域的工作性质进行对比。下面是各种性格类型可能从事的职业：

- ▶ **现实型**：木匠、厨师、电工、工业设计教员、材料工程师、机械工程师、五金店管理员、伞降急救人员；
- ▶ **研究型**：化学工程师、计算机程序员、实验室助理、文件起草人、药剂师、外科医生、制度分析师、兽医；
- ▶ **艺术型**：广告总监、建筑师、作家、语文教师、电影编辑、室内设计师、音乐家、摄影师；
- ▶ **社会型**：咨询师、小学教员、雇员关系专家、护士、职业治疗师、人事经理、警官、政治学家；
- ▶ **企业型**：财务规划师、法官、律师、管理实习生、运营经理、项目经理、销售经理、城市规划师；
- ▶ **常规型**：会计师、记账员、监理、编辑助理、投资分析师、抵押审核员、雇员、网络编辑。

请记住，可供选择的职业领域还有很多，并且新的职业也在不断出现。比方说，一方面现有技术已经非常发达，新型技术也得到进一步发展，但另一方面网络攻击已经造成严重威胁，这就使网络安全方面出现了不少新职业。

建议 从上面所列的职业中找出你感兴趣的职业，并写明为什么它们对你有吸引力。思考一下你感兴趣的职业和不感兴趣的职业，你为什么会选择一些职业而拒绝另一些职业呢？

去你所在大学的职业咨询中心再找一些其他标准化测评工具进行测评，也可考虑使用计算机辅助职业指导进行评估，因为它的结果可以即刻得到，所以使用的人越来越多，而且计算机辅助评估工具还可以把结果直接转换为与之匹配的职业选项（Zunker, 2012）。

你可以采取的步骤

择业的过程并不是简单地把职业信息与你的个性类型进行配对。你需要经历几次下面的过程才能真正对你有所帮助。比方说，收集和评估信息是一个持续的过程，而不是一次就能完成的。当你收集到有关某项工作的一些基本信息后，还需要考虑这项工作的性质、回报、需面对的挑战、胜任这份工作的要求、薪酬、晋升的机会、你内心对这份工作的满意度、工作的安全性以及未来的发展空间。

▶ **从分析自己开始**：继续认识和识别你的

兴趣、能力、智商、价值观、信仰、需求和喜好，并问自己这些问题："我是谁？""我想过怎样的生活？""我想在什么地方生活？""我希望有什么样的工作环境？""我想要什么？"这种自我评估还包括要考虑你的性格类型："我是在宽松的环境里还是严格的环境里能很好地发挥自己的能力？""工作中我能够接受怎样程度和哪些种类的监督？""我更愿意独自一人工作还是与别人一同工作？"

▶ **得出结论**：这个阶段与下面两个阶段紧密相连，先不要给自己的选择设限，而要同时考虑几个你可能有兴趣的潜在职业。在这个阶段，明智的做法是考虑清楚自己的工作价值观和兴趣，并且把它们与霍兰德的六种性格类型结合起来。

▶ **信息搜集和评估**：在这个过程中，你可能需要花大量的时间，并要对你感兴趣的职业进行调研。其实这样做也是在选择生活方式。问问自己："我最适合在哪里工作？""我正在考虑的这份工作能从心理上和经济上令我感到满足吗？""我有能力应对挑战并承担起工作的责任吗？""从事这一职业的人应具备哪些特质？"找到一个符合你兴趣、价值观和才华的职业，了解它所需的教育背景，并尽可能多地咨询一些你认识的从事这一职业的人，因为他们能够给你提供不少有价值并且实用的建议，还要问问他们这一职业未来可能会有哪些变化。社会、政治、经济、地理环境等也会对你的职业选择造成影响，因此这些因素也要加以考虑。

▶ **权衡并找出优先选择**：把你的可能选择按照优先顺序排序，要考虑你的决定的现实性，因此应该将职业信息与他人的建议和观点以及你自己的认知放在一起综合考虑。

▶ **做出决定，制订计划**：你需要思考选择某一职业后未来会面临的一系列抉择，在制订计划时，一定要认真做好准备工作，必须清楚地知道你所选职业所需具备的条件，问自己：怎样才能实现我的目标？

▶ **执行决定**：一旦做出决定后，就要采取切实可行的步骤将目标变为现实。让自己担负起执行决定的责任并不意味着你没有什么可担心的，但绝不要让这些顾虑影响你采取行动，因为只有在付诸行动的时候，你才能知道自己是否真正做好了应对挑战的准备。这份行动计划应该包括知道如何向你未来的老板展示你的能力。你还需了解

》 择业是一个过程，而非一次性的事件。

招聘程序、准备好简历并预演面试时可能会被问到的问题。

▶ **得到反馈**：采取这些步骤并执行决定以后，接下来你需要判断你的选择是否真的适合你。工作环境和你本人都会随时间发生改变，现在吸引你的东西可能过段时间就会失去吸引力，因此必须牢记，职业发展是一个处在不断进行中的过程。重要的是，当你的需要发生变化或者工作情况发生变化时，你的选择也应有相应的改变，这是职业发展过程中的正常现象。

思考时间

这个调查旨在让你反思自己在职业选择方面的基本态度、价值观、能力和兴趣。

1. 使用下面的标准来评价每个方面：
1 = 这是最重要的考虑因素
2 = 这个很重要，但并不是第一位的
3 = 这个有一定的重要性
4 = 这个对我来说不重要

____ 经济报酬
____ 安全感
____ 挑战性
____ 威望和地位
____ 发挥创造力的机会
____ 自主性：安排项目进展的自由
____ 晋升的机会
____ 工作内容的多样性
____ 获得认可
____ 友谊和与其他同事的关系
____ 为他人服务
____ 意义
____ 继续学习的机会
____ 组织性和常规性

完成这个评估后，将答案再看一遍，写下三个你认为在择业时最为重要的方面。
_____
_____

2. 你认为自己在哪个领域最具优势？
_____
_____

3. 你最主要的兴趣是什么？
_____
_____

4. 你的哪些价值观对你择业影响最大？
_____
_____

5. 当下，你认为哪类工作最符合你的兴趣、能力和价值观？
_____
_____

工作中的选择

职业选择是一个过程，寻求工作的意义同样也是一个过程。如果在所从事的工作中感到非常沉闷乏味或者无法找到发挥潜能的途径，我们最终会失去生活活力。因此，在这一节中，我们就来探讨一下找到工作的意义，以及适时做出新选择的方法。

工作不满意的原因

你可能很喜欢你的工作，并且也从中获得了满足感，但有时你还是会因为一些工作以外的原因而感到厌倦，比如士气低落或同事间发生冲突、不够和睦。研究者（Chamberlain & Hodson，2010）指出，不良的工作环境来自三个方面：职业方面、组织管理方面和人际关系方面。虽然期望同事间从不发生矛盾是不现实的，但如果长时间这样也是令人无法接受和容忍的。不幸的是，同事间的伤害在一些工作场所屡见不鲜，它对员工的情绪和业绩表现都造成了极大的损害。另一研究发现，那些总是负面看待事情的雇员很容易把自己的不满发泄在同事身上（Harris, Harvery, & Booth, 2010）。

上级对下级的辱骂则是一个更为严重的问题，因为这中间还夹杂着上下级之间本身存在的权力不对等。辱骂式管理会使受害方在态度（如心理压力、对工作的不满以及工作与家庭的冲突）和行为（如业绩表现、工作时表现异常）方面都受到不好的影响。有些人坚持认为上级对下级这种辱骂式管理其实反映出上级本身的挫败感和烦躁情绪，他把它们报复性地用在了下级身上。研究认为上级的这种破坏性行为是与马基雅弗利理论相关的，即这种人的性格中就具有操控和利用别人以实现个人利益最大化的倾向，这种为实现个人目的而不择手段的上级会在工作中对下级表现出独裁式的领导作风。

即使你没有遇到伤害他人的上司或同事，还会有无数其他的压力和要求让你感到厌倦，对工作产生不满，它们包括：要赶期限和完成定额；得与别人竞争而不仅是将自己发挥到最好就可以了；面临失去工作的威胁；感到工作陷入瓶颈，很难再向前迈进；应付难缠的客户或顾客以及必须加班或从事非常辛苦的工作。不满意的另一个原因则可能因为要与一些比你年轻又没有经验的人一同工作，而他们的薪水和你的差不多甚至比你的还高。

下面布赖斯的经历就反映出他的老板伤害性的行为和负面的态度给他对工作的整体满意度所造成的影响。

布赖斯的故事

有些人对辱骂有点反应过度，任何一种他们不赞同的行为都被贴上"辱骂"的标签，尤其是当上级这样对他们时。有时候"辱骂"的说法并不成立，不过，也有些时候它们确实如此。我认为我的老板就是在滥用他的权力。他几乎对所有的事都持负面态度，从我们提交给他的工作到

> 他自己应该完成的工作，结果我们都没有积极性去工作，而他也因为其负面的态度和行为影响了员工的工作效率，最终毁了自己的事业。因为他常常在公司高层面前冲一些员工大喊大叫，这实际上让他自己看上去很丑陋，而且他还不愿意为自己的行为承担责任。
>
> 老板的这种行为让我觉得工作场所就像地狱。每天早上闹钟铃响时，我至少要把它摁两次。说实话，我害怕起来去上班，因为办公室的气氛实在让人头痛。由于失业人数越来越多，再重找一个类似收入和待遇的工作的可能性很小。但我甚至想哪怕工资少点也要换个工作，可又没有找到一个非常适合自己的工作。面对这样的现实，我决定在找到满意的工作前先得想个办法来应对每天那种恶劣的工作环境。
>
> 我现在尽量专注于自己要做的工作，同时避免与老板接触。我无法改变他，但我可以控制自己对环境的反应。我也做一些兼职工作，这样可以发挥我自身的创造力。虽然有时会感到很沮丧，但我仍在留意寻找新的工作机会。

还有一种压力是隐藏的，但却会在不知不觉间变得非常严重，这就是裁员或解雇的压力。特别是当你想到自己的付出和担负的责任时，会更感到焦虑。现在经济形势不稳定，政治因素也变化多端，许多美国人的愤怒是显而易见的。占领华尔街运动反映出人们对经济和社会不平等的不满、愤怒和厌恶。这场运动的核心就是那些抗议人士所呼吁的：希望政府能提供更多更好的工作机会；财富分配能更平等；银行必须改革；大公司对政府的影响必须减少。就业市场的不稳定和全球性压力使你在找工作时要不断对你的选择进行权衡，这点非常重要。

如果你很幸运有一份自己喜欢的工作，你可能还会遇到每天上下班的压力。你可能在上班前就感到紧张，而下班途中的交通拥堵也会让你在到家后觉得很烦躁，这种压力会给你与家人的关系造成负面影响。如果你的工作很繁重，你就无法给予孩子、伴侣和朋友太多，也无法享受他们对你的付出。有时或许你不得不做一些自己不喜欢做的事，但千万不能因此而忽视它对你整个生活造成的影响。如果工作环境令你感到不快，你一定要设法找一些其他方法来改善自己的处境。

上述这些因素都会让你产生不满，甚至会削弱工作本来带给你的益处，而且这种对工作的不满还会干扰到你的生活。解决之道就是找出令你不满或紧张的具体原因，然后问自己该怎么办。你可能无法改变工作中所有让你不满的地方，但你的确可以做出一些重大改变来增加自己的满意度。因此首先应留意工作中自己能够改变的地方，这样如果换工作不现实的话，你仍可以改变自己的态度，并对一个不甚理想的环境做出积极应对。

自尊和工作

做出职业选择是一件非常私人的事。当就业规模急剧缩小，让多数人都感到大环境出现问题时，其连锁反应会波及到个人，而且是极具破坏性的。自尊是建立在感觉有价值和被接纳的基础上的，许多人需要依靠来自外界的反馈。如果你被裁员或者找工作没有成功，你的自尊可能会遭受打击；如果你在工作中感到没有被重视或者你的能力无法得到充分发挥，你的自尊可能也会受到影响。在工作出现困难的时候，一定要注意关爱自己，你可以通过挖掘自己的内在资源和寻求外界支持来帮助自己渡过难关。

失业会影响人的自尊，然而，即使在工作机会有限时，你也要让自己振作起来。妮娜的经历就说明了失业是如何削弱人的自尊心和自我认同感的，但在改变了自己的态度后，她的能力增强了，她看到了希望。

妮娜的故事

当我为之工作了21年的公司申请破产时，我感觉自己就如同失去了一位亲人。当最初的震惊和被否定的感觉消退后，我有相当长的一段时间陷入了愤怒中。我无法相信我以前一直非常敬重的公司老板竟然会因管理不善而断送了整个公司，也连带葬送了我的工作。后来我的愤怒又渐渐变成了抑郁，我感到很懈怠，根本打不起精神来再找工作。这时我意识到我需要从可信任的朋友或专业咨询师那里寻求帮助。

在咨询过程中，我开始认识到我把自己的身份认同感与工作画了等号，这样当失业时，我的自尊很自然一下子就跌入谷底。在咨询师的帮助下，我开始采取措施来重新掌控自己的生活，并最终战胜了一直以来困扰我的无能感。我不再睡到上午11点才起床了，我开始早起，去健身房锻炼，并有效地使用自己的时间。我给自己布置任务，并定下完成时间，这样我就不敢懈怠了。比如，我要求自己两周内在网上查找到本地所有公司的信息，并把自己的简历寄往那些有机会的公司。在这之前，我联系了我母校的职业发展办公室，向他们寻求完善自己简历的建议以及面试时要注意的事项。虽然目前我尚未找到工作，但我一直在努力中。我在不断提高自己的各种技能，这也增强了我的自尊和希望。

在工作中实现价值

工作可能是你寻求价值的一个重要方面，但它也可能是导致你感到沮丧的根源。工作能够让你在平常的生活中感到有意义和快乐，而且通过工作，你可以使自己和他人的生活品质发生重大改变，这会带给你一种真正的满足感。但有时你也会感到工作毫无意义，不过是谋生的手段，完全是在耗费精力。它不仅没有给你的生活带来任何意义，而且还让你觉得筋疲力尽。这时你就有必要问问自己："我的工作在多大程度上为我的生活增添了色彩和意义？"

如果工作不能带给你力量，而是让你感到身心疲惫，你会考虑做些什么吗？是否有一些办法能够让你积极应对工作中让人感到不满意的地方？什么时候你该考虑换工作来重新寻求生活的意义呢？最有效的方法是，清楚自己究竟最希望从工作中得到什么，比如丰富性、灵

> 你能够通过工作让自己的生活和别人的生活发生改变。

活的工作时间或与人接触的机会等。如果你目前的工作中缺乏你所希望的,那么你可以试着和老板谈谈换工作的可能性,许多老板为了不失去一个高素质的人才会予以考虑的。当然如果你和老板或上司谈这个话题时,一定要用非常礼貌的方式,不要对你现在的职责或所处的环境做出过于负面的评价,因为你不能肯定老板会接受你的想法或按你的想法去做,所以策略性地处理这种局面是比较明智的。

如果你决定维持这份无须付出太多努力却又不甚满意的工作的话,那你就需要接受在工作时觉得没什么意思的现实。有一点很重要,就是你需要明白你花在工作上的时间对你的整个生活是有影响的,因此,较为积极的做法是,设法在工作之外找到能令你感到获得认可、有价值和兴奋的事情做。

在你现在的工作中做出一些改变可能会让你在短时间里感到满意,但很可能有一天你发现通过改变来获取满足的方法再也无法奏效了,这时或许你就得考虑辞职了。换工作是可行的,但你必须做好准备以应对做出这一决定的潜在代价,这其中包括来自经济和心理方面的双重压力,你一定要权衡好其利弊得失。

改变自己对工作的态度

对工作所持的态度既能帮助你也会阻碍你在事业上取得成就,因此思考一下自己对工作的态度是非常有必要的。什么能够帮助你应对未来工作环境的要求?有一些态度是你在事业上取得成功的关键:为未来承担责任;终生都具备学习的意愿和能力;看待未来时有远见和创造性;能够接受不确定性以及将变化视为积极和必要的部分。

你可能在很长时间里对某份工作充满热情,但后来却因为自身发生变化而开始对它不满。如果对一份工作已经失去兴趣了,你可以通过学习新的技能来增加自己在其他领域的选择机会。由于你自己的态度是第一位的,因此当不满的感觉出现时,最好花时间认真思考一下你想从一份工作中得到什么和你怎样才能最有效地发挥自己的才能。仔细看看自己在择业方面掌握多少主动权,还有你的期望、态度、行为和对目标、前景的看法。

中年期的职业转换

中年时我们对各种选择都有了自己清楚的认识,这是一笔重要的财富。我们认识的不少人都换过几次工作,有的甚至还换过职业。在你认识的人中有这种情况吗?不管你是否已年届中年,都可以问问自己对转换职业的态度和观点。虽然在生活中做出这样大的改变很不容易,但我们绝不能因此对自己的想法不予理睬。

中年时出现变化的一个常见情况是当子女们都已上了高中,妈妈们决定回到大学读书或重返职场。希望自己的生活能有新内容的女性会选择去社区大学或州立大学读书。这种情况并不仅限于女性,也有不少男性会放弃他们从事了多年的工作,尽管他们其实干得挺成功,但他们想迎接更多的挑战。当然,在经济形势不好的时候,人们一般不会做这种选择,但也仍有些人敢于寻求新的职业发展。男人常常通过他们所做的事来定义自身的价值，于是工作就成了他们生活的一个主要目的。如果在事业上是成功的，他们就会觉得自己做人也是成功的；如果事业止步不前，他们就会觉得自己在生活的其他方面也变得无足轻重。托马斯就转换过职业，并将自己早年间的梦想变成了现实。

托马斯21岁时去部队服兵役，后来成了一名训练员。退伍后他读了工程方面的学位，成了一名工业工程师。几年后他被解雇，又进了警察局工作。在当警官期间，他又回到学校读了另一个刑法方面的学位。之后他担任了警察队长一职，他干警察工作一共22年，最后4年是在警官学院教授刑法课程。

在与他共同生活了35年的妻子去世后，他在职业生涯方面做出了一个重大改变。在四个已成年孩子的支持和鼓励下，他在50多岁时进入神学院学习，并在60岁时成为了一名牧师。即使在他77岁退休后，他仍积极参与一个山区社区教会的工作，并且只要身体条件许可，他周末都会去教会服务。他在81岁时去世。

其实托马斯在高中毕业时就想当一名牧师，但当时他发现自己并未做好充分准备，而教会的一些人也不能接纳他。他一生中从来不畏惧做出职业转换，而且勇于追求似乎不可能实现的职业理想，在这方面他用自己的亲身经历为我们树立了榜样。我们中的许多人觉得职业发生如此大的变化简直不可思议，然而托马斯不仅这样想了，并且还将梦想变为了现实。

尽管你可能极不喜欢自己现在的工作，可你又觉得真要放弃它太冒险了，也不现实，因为毕竟它为你提供了经济保障。在经济不景气、失业率较高的时候，这种感觉尤为强烈。追求理想工作的代价确实很高，因此你也可以退而求其次，先干着一份差强人意的工作，同时寻求其他能让你获得满足的途径。如果你觉得工作陷入了瓶颈，可以问问自己："我对工作的不满与经济收益相比孰轻孰重？""我精神上太痛苦了，这有可能导致身体出现问题，这一代价是否值得我继续从事这份工作？"

退　　休

有些人盼着退休，认为这样便有时间干自己想干的事了；也有些人害怕退休，因为他们不知道一旦不工作，自己该怎样打发时间。退休对我们真正的挑战在于要找到一种新的有价值的生活方式，以让我们继续保持活力，对那些较早退休的人来说更是如此。有些人有意识地选择早退休是因为他们已经找到了更有意义和价值的事，而对另一些人来说，退休却并不像想象的那样，它让他们感到失落。特别是对于那些主要靠事业获得认同感的工作狂，不再工作就意味着失去了一切，因此他们可能极不愿意退休（Peterson & Gonzalez, 2005）。一种根深蒂固的清教徒式的工作观念使得有些人为了让自己感到有价值，会在退休后还继续工作，还有些人想继续工作则是因为工作给他们提供了一种存在感。但对于像威廉姆和珍妮这样的人，原本极其渴望的退休生活却因生活中始料未及的经济压力而不得不延迟了。

威廉姆和珍妮的故事

威廉姆和我的社交生活很丰富，我们都很重视闲暇时间。我们在同一家公司工作了很多年，直到最近才分开。我们俩都打算在65岁时退休。有些人活着就是为了工作，但威廉姆和我却认为工作的目的是为了更好地活着。有些人退休后就不知道该怎么打发时间了，但我们俩已经安排了许多事等着退休后做，并且都有点等不及了。但不幸的是，经济形势和其他一些因素导致我们无法在65岁时退休了。我们的退休金大幅减少，我们在公司的股票也不值什么钱了，而且为了不被裁员，我们只能同意工资减15%。此外，我们的女儿本来已经独立很多年，可她最近被解雇了，只好搬回来与我们住在一起。我们当然爱自己的女儿，但这种新的变化让我们三个人都得适应一段时间。我想我们都从中学到了一课：生活不是保险箱。

退休时的选择

以为退休后的人就只能整天待着无所事事的想法是错误的。许多退了休的人仍积极参加社区活动，做义工，尝试新事务，参与更丰富多彩的娱乐活动，过着比工作时更为充实的生活。安吉拉在76岁时退休，但退休后不久，她就开始参与管理社区的退休活动。虽然这只是义务性的工作，但对安吉拉来讲，这样的工作同样意义重大。

对那些曾经拥有一定权力的人来说，退休后的适应过程就更加困难。他们需要接受这样的现实：一旦退休，他们可能就再也得不到工作时获得的那种尊重和敬仰。如果他们生活中的大部分价值都是从其职位获得的，当失去满足这一需要的工作以后，他们就会手足无措。这样的人在退休后肯定会因为不能再扮演职业角色而感到非常失落。

因此，为退休做好准备并设法在生活中找到其他有意义的事情是非常重要的。在这方面，我们可以认真思考一下这几个问题："退休后还能有新的生活吗？""退休后还能做全职的工作吗？""如果你严重依赖工作带给你生活的意义，那么面对大把的时间却几乎无事可做时该如何应对？""除了工作以外，怎样才能继续保持生活的意义和价值？"

退休后的适应

有不少人退休后会手足无措，因此他们实在不想退休。雷恩在一家大型奶制品公司干了32年销售，下面是他描述的自己在工作时和退休后的情形。

雷恩的故事

我喜欢我的工作，工作几乎就是我生活的全部。我盼望着工作，我愿意帮助人，而且工作中的挑战让我感到非常刺激。我一周工作50小时。可是在我57岁时，我突然没事做了。虽然在经济上我已经做了准备，但精神上我一点准备也没有。我不知道不工作对我意味着什么，因为工作一直就是我的一切，它让我感到自己是有价值的。至少有两年时间，我完全不知道该干些什么。我整天就坐在那里，感到抑郁。我花了很长时间才逐渐适应新生活。不过最终我明白了自己才是最重要的。在朋友们的帮助下，我开始走出家门干一些零碎的事情。我出租房子，做一些修理工作，做义工。每天只要能走出房间就证明我还有能力做事情，这改变了我的人生态度。

现在，我86岁了，说实话，我觉得很幸福。这种悠闲的日子让我很惬意，而不再像年轻时那样感到恐惧了。我每天仍有很多事可做，我喜欢钓鱼，打高尔夫球。每年我都要因钓鱼出行几次，我和我妻子经常外出旅游。我还积极参加社区的各项活动，并且从中我更加懂得了与他人分享的意义。我发现我无须通过用每周工作50小时的方法来证明自己是个有价值的人。虽然我退休了，但这并不代表我就只能整天呆坐在摇椅上，我只是从工作中退休了，但我并没有从生活中退休。

退休可以使你在新的环境中重新设计你的生活，开发从未用过的潜能，也可以只是一天天简单地过日子。工作以外，生活仍然可以很有意思。退休的人都应该尽可能发挥自己的才华和天赋，让自己感到对社会还是有价值的。许多人在退休后仍从事一些工作，他们将在工作中获得的技能用于退休以后的生活中，这同样可以带给他们不亚于正式工作时所得到的满足和尊严（Genevay，2000）。由于他们以前生活的重心全放在了工作或事业方面，因此退休后的过渡期可能会很不适应。但其实退休生活完全可以成为另一段非常美好的经历，让他们有新的收获（Peterson & Gonzalez，2005）。

列娜和马文这对夫妻就没有处理好退休后的生活。他们俩工作时都非常积极，但比较早就退休了。退休后的多数时间都是他们两个人在一起。大概两年后，他们都变得无法接受对方了，而且两人都开始生病，因此健康成了他们最为关注的事情。列娜总是抱怨马文不和她沟通，而马文则总是反驳说："我没什么可说的，你能不能让我安静地待会儿？"医生建议他们去做婚姻咨询。咨询的结果是两个人各自找了一份兼职工作。之后他们发现，分开工作一段时间后，他们都变得有兴趣和对方交谈了。他们还开始增加社交活动，结识新朋友，有时候是一起，有时候则各自安排自己的活动。他们俩都意识到他们出现问题的原因不是因为退休得太早了，而是因为退休时完全没有思想准备，也没有对新生活做出安排。

不再工作并不意味着就不能再参加任何活动了。退休后的人仍然可以做出很多选择让自己的生活照样丰富和有意义。此时他们正好可以把那些过去由于忙于工作而搁置的喜好或想做的事情重新捡起来。

退休的人依然有不少选择，而且对于退休的人来说，保持身体、心理、精神和社交方面的活力是至关重要的。退休不是生活的结束而是新生活的开始。退休不仅仅是生命中的一个事件，它应该被看作生命随时间改变而出现的一个新的发展阶段（Schlossberg，2004）。退休是生命中的一个重要转折点，它带给我们许多新的选择和挑战。它通过改变我们的人际关系、作息时间、角色和想法而令我们的生活也发生了变化。这些变化的特点就是改变旧的模式，进入新的生活模式。人在退休后与同事的关系会发生变化，每天的生活内容也不再一样，并且开始扮演新的角色，对生活和人际交往也会有新的认识。所有这一切如同一场革命，很多以前的东西都被取代了，因此难免会让人感到非常焦虑和不安。

退休后我们仍然可以做出许多不同的选择，而其中最为重要的一个挑战就是决定我们将走怎样的一条路来继续让生命充满意义。研究者列举出了退休后的五种生活途径：继续型、冒险型、探索型、顺其自然型和退缩型（Schlossberg，2004）。

- 选择继续型的人退休后的生活并没有什么大的改变，但他们会通过新的方式来安排自己的生活内容。他们会继续发挥自己的技能，并保持以前工作时的兴趣和价值观，但会做出一些调整使之更适合退休后的生活。
- 选择冒险型的人的特点是愿意尝试一些新的事情，他们将退休看作开始新生活的机会，会重新安排自己的时间和生活内容。
- 选择探索型的人会花大量的时间去尝试一些错误的事情，尽管不再做过去的事了，可他们仍未找到适合自己的事。他们会追求一些新鲜事物，但很快就发现它也没有意思，于是继续寻找其他能让他们满意的事。
- 选择顺其自然型的人喜欢跟着感觉走，他们很高兴每天无须再做安排，可以随意做自己喜欢做的事。简言之，他们很满意退休带给他们的自由生活。
- 选择退缩型的人已经不再打算开始新的、有价值的生活了，他们常感到已退出了生活的舞台。

"退休"这个词常被用来指放弃工作。但实际上，现在退休有着许多不同的模式，人们可以从中做出自己的选择，而且我们可以选择不止一种方式，而将几种方式结合起来使用。

工作与娱乐对生活的作用

工作不代表生活的所有方面，即使是有价值的工作也需要注入新的活力，因此大多数人在工作以外都需要其他内容来丰富自己的生活，开阔自己的视野，也给工作带去新能量（Schwartz & Flowers，2008）。工作需要你的坚韧和力量，而**娱乐**则要求你具备放手的能力，并且可以随性发挥，而没必要总考虑"该做什么"。娱乐需要我们培养一些新的能够带给我们活力的兴趣，它要我们学会随遇而安，不要较劲，不要勉强。

休闲则是指自由的时间，即我们自己可以掌控和使用的时间。如果工作无法让你感到充实和满意，在闲暇时间里追求个人兴趣就显得尤其重要，它可以取代工作，为我们提供机会尝试新的活动，从而在工作之外找到生活的意义。休闲能让我们暂时忘却工作的责任，缓解工作的压力，也有助于我们换个角度看待自己的工作（Peterson & Gonzalez，2005）。此外，闲暇时的活动也能满足自我表达的需求，让我们的生活获得平衡，给所有年龄段的人都带来一种健康的生活方式。闲暇时的健康活动还能改善我们的身体状况和认知功能，增加幸福感，并延年益寿（Menec，2003）。

》娱乐应该是顺流而下，而不是逆流而上一定要完成什么事。

娱乐与生活的价值

你要面对的一大挑战可能是平衡好工作、家庭和休闲的关系。我们需要经常提醒自己应当适时停一会儿，去体会和享受一下生活中的诸多美好：轻风、日出日落、森林里的寂静、彩虹和空中飘过的云朵。如果能很好地应用自己的想象力，就会发现生活中有太多的内容不仅能让我们从工作中摆脱出来，而且还能改善我们与他人及自己的关系。但是如果像对待工作一样认真对待娱乐，会让娱乐变得索然无味。有些人非常刻板地安排娱乐的内容和时间，这就令娱乐失去了它应有的意义，还有些人则是只要不做事情就觉得没意思。对于鲍勃和吉尔来说，休闲其实是他们彼此沟通的一种方式。鲍勃是一名工人，吉尔是一位发型师，他们两个平时工作都很忙，因此他们都喜欢在周末时去河边走走。他们发现这能让他们精神焕发，为下一周的工作做好准备。

作为夫妻（Marianne 和 Gerald），我们俩对休闲时光的看法也不一样。我（Gerald）在生活中习惯于做计划，包括给空闲时间做计划。我常常把工作和休闲结合起来。长久以来，由于我从工作中获得了最大的满足，因此我觉得自己似乎并不需要多少闲暇时间。虽然从专业的角度讲，我在做自己想做的事，但我仍觉得应该区分出工作和生活的界限，并在它们之间找到平衡。我应该学会不匆忙接手一份额外的工作，应该先让自己休息一会儿，但我很难做到。我的日程总是安排得很满，而且还要接受很多的邀请。其实不管那些邀请多么有吸引力，我确实很有必要在接受它们时认真考虑和权衡一下。虽然我对自己做的大多数事情都感到很满意，但我还是得承认繁忙的工作让我的业余时间所剩无几，我几乎做不了其他的事情了，可是面对一些非常有吸引力并且有意思的工作邀请，我又很难拒绝。

我的很多"爱好"都是与工作有关的，我的选择范围很窄，这都是我自己造成的，因为我清楚自己不懂得怎样应对未经安排的时间，就好像那些时间没有被充分利用是一种浪费。不过现在我开始渐渐明白，时间并不是全都要用来做事情或取得成就的。

虽然我现在学这一课有点晚，但我的确越来越喜欢这种活在当下的感受和经历。看日出、欣赏自然界的美景和随时随地接受生活呈现给我的一切都让我感到生命的珍贵。虽然工作仍然是我生活中的一项重要内容，但我已经意识到它真的只是一部分，绝非全部。

相反，我（Marianne）却很喜欢和享受随意且无拘无束的生活。如果日程安排得太紧，特别是在休息的时候，我就会感到很不舒服。我尤其不喜欢把生活安排得事无巨细，这让我没法彻底放松下来。虽然我也会对旅行或娱乐时间做出计划，但我不喜欢提前把旅途中要做的每件事都安排到位,我想体会一些新奇和惊喜的感觉,顺其自然,让事情随意发展远比刻意让事情按部就班地发生有意思得多。此外,我还特别不愿意把工作与休闲搅在一起。因为在我看来,工作本身需要承担极大的责任,如果在休闲时还要谈工作,那就很难真正放松和享受闲暇带给人的愉悦。就好比如果现在我一边在夏威夷的海边欣赏风景,一边修改这一章的文字,那实在是一件很可笑的事。

职业规划和对休闲时间的规划的目的其实是一样的,即帮助我们培养自尊,充分发挥我们的潜能和提高我们的生活品质。如果不能学会从工作之外找到生活的乐趣,那我们退休后的生活就很可能会出现问题;而如果能创造性地利用休闲时间,那我们就能继续享受生活的快乐,并继续实现个人成长。

一对能平衡好工作和娱乐的夫妻

朱迪和弗兰克夫妇在平衡工作与娱乐时做得非常好。虽然他们俩都很喜爱自己的工作,但他们仍安排出时间共同享受休闲时光。

他俩结婚时,朱迪20岁,弗兰克22岁。现在他们已有两个成年的儿子、好几个孙子。弗兰克已经59岁了,在一家电子公司做架线工。这份工作他已经干了快35年了;朱迪现在55岁,她负责给学校送餐。

他们的两个孩子上小学后朱迪开始工作,因为她想离开家外出做点事,而她做这份工作的主要原因是因为她既能有时间与同事一同工作,又能每天看到她的孩子们。

弗兰克也很满意他的工作,他每天都盼望着去上班。由于他只是高中毕业,因此他对能得到这份工作感到很满意。这份工作的报酬较高,还能享受不少其他福利。虽然他很聪明,但他不想再读书了。他喜欢这份工作的原因是因为他与同事们相处得不错,而且工作也很稳定、有规律。

朱迪和弗兰克有着他们各自的兴趣和爱好,但他们仍找时间一起参加活动。他们俩工作都很努力,有不错的收入和人际交往。他们对取得的成功以及付出所带给他们的回报都非常满意。无论是与儿孙和朋友在一起,还是彼此相处,他们都很开心。

>>> 如果我们真的能有效地利用我们的闲暇时间,那我们就不仅能够享受快乐,也能继续实现个人成长。

无论是一个人还是两个人在一起,朱迪和弗兰克都很喜欢他们的工作和休闲生活。我们很多人要面对的一个挑战就是能像他们那样安排自己的休闲时间。就如同工作会给我们的生活带来积极或消极的影响一样,休闲时间也是如此。下面"思考时间"里的练习能够帮助你检查一下自己在生活中是怎样把工作与娱乐整合在一起的。

思 考 时 间

1. 你现在是怎样在生活中平衡工作和娱乐的关系的？你认为五年后又应该怎样平衡它们之间的关系？10年后呢？20年后呢？
_____
_____
_____

2. 在你的原生家庭中，休闲和娱乐的形式是怎样的？在哪些地方你希望自己能采取不同的方法？_____
_____
_____

3. 如果你现在处在工作状态，你如何描述工作场所中的人际关系？这种关系对你作为一名雇员的态度和行为产生了怎样的影响？
_____
_____
_____

4. 你作为学生或雇员的经历对你的自尊造成了什么影响？_____
_____
_____

5. 无论你是学生还是雇员，你过去做过的哪些选择帮助你找到了对工作的意义？对未来，你还能做出哪些选择来让你从事业中获得更多的意义？_____
_____

6. 在考虑退休时，你最大的担心是什么？如果必须提前停止工作，你会怎么样？如果必须延后退休，你又会怎么样？
_____
_____
_____

总 结

选择职业应当被看作一个过程，而非一次性的事件。职业"抉择"这个词是有误导性的，因为它给人的感觉是我们只能做一次永久不再改变的决定。实际上，我们大多数人只要接受过普通教育都可以在一生中从事几份不同的工作。如果只准备某一专业方面所需要的知识和技能，可供选择的工作范围就会比较窄，能够参与的培训机会也不会太多。在选择工作或职业时，最重要的是先要清楚自己的想法、能力、兴趣和价值观，然后要广泛搜索工作机会，从中发现哪些工作最适合自己的个性。了解霍兰德的六种性格类型理论能够帮助你根据自己的个性特点找到与之相匹配的职业。过早做出职业选择是有风险的，因为你的兴趣很可能会随着你的成长而发生改变。如果你在接受一份工作时没有认真考虑它是否有意义和令你满意，后期你很可能会感到不满和沮丧。

退休是重新规划人生的一个机会，但也可能会让你感到失落和无所事事，尤其是对那些退休比较早的人来说，退休以后面临的真正挑战是找到有价值的生活方式。有些人主动选择提前退休是因为他们已经找到了更重要和更有意义的事情。退休的人其实可以有很多选择，即使不工作他们仍然可以将生活安排得有滋有味。许多人都已发现，退休不是生活的终结，相反却是一段新生活的开始。

由于我们在清醒时的一半时间都被用来工作，因此我们必须主动选择一种能够实现自我价值的工作，但另一半的清醒时间则要用于休闲。就如同工作会对我们生活的各个方面产生重大影响一样，休闲也会对我们造成积极或消极的影响。闲暇时间可能会让我们觉得无聊，但也可以为我们的生活注入活力，让我们的生活愈加丰富和精彩。

本章的另一个重点是，如果对自己的工作不满意，我们就必须进行深刻的自我省察。虽然工作环境有可能不是非常理想，特别是在经济形势不景气时，但我们可以选择如何应对这种情形。重要的是明白哪些是自己可以做出改变的，哪些是自己无法掌控的，然后专注于自己能够控制的因素和生活中能够做出改变的方面。

自我成长

1. 采访一位你认识的不喜欢自己工作或职业的人，你可以从问他或她下面这几个问题开始：

- 如果你对自己的工作不满意，为什么还要继续做这份工作，而不辞职重新找工作？
- 你现在是否在考虑一些其他选择？鉴于当前的经济形势，你认为自己有很多选择的机会吗？
- 工作中的哪些方面最令你反感？如果你能改变工作中的某些方面从而使环境变得好一些，你会做哪些改变？
- 你对工作的态度对你生活中的其他方面有什么影响？

2. 采访一位你认识的非常满意自己工作的人，问他或她下面的问题：

- 工作是如何带给你满足感的？你的工作给你生活的其他方面带来了怎样的意义？
- 工作中最令你感到满意的地方是什么？
- 你的工作日是什么样子的？
- 要让自己的工作取得进展，你需要面对哪些挑战和障碍？
- 如果你不再能追求事业的发展，你觉得自己会受到怎样的影响？

3. 如果你的父母还没有退休，采访他们，问问他们认为工作对他们有何意义。他们对工作的满意程度如何？在择业方面他们认为自己有多少选择机会？他们对工作的态度给他们生活的其他方面造成了怎样的影响？在与他们交流后，看看你自己对工作的态度和看法在多大程度上受到了父母的影响。你是否在追求一份你父母能够理解和尊重的职业？他们对待你职业选择的态度对你而言是否重要？你对工作的态度和价值观与你父母的相似还是相反？

4. 如果你正在学习某一具体的职业或工作技能，找一个从事这一职业的人并和他或她认真地谈一谈，你或许能得到一个实习的机会。你可以问一些有关得到这一工作的可能性、所需的经验、这份工作的利与弊等问题。这样你决策的过程就可以比较理性和现实，并且可以避免因期望与现实的差距而感到失望。

5. 下面是一些你在选择专业和职业时可以采取的步骤，请在你愿意认真考虑的选项前画"√"。我愿意：

_____ 与一位职业顾问讨论我的专业发展方向

_____ 至少拜访一位从事我感兴趣的职业的熟人

_____ 去职业发展中心了解情况，看看有哪些可能的机会

_____ 使用计算机辅助的职业指导评估

_____ 在职业发展中心参加一些有关兴趣和工作价值观的测评

_____ 在网上或校园的职业中心参加兴趣测评

_____ 与父母讨论工作对他们的意义

_____ 在日记中写下我对工作的认识

_____ 阅读与职业有关的书籍

_____ 在网上搜索介绍不同职业的网站

6. 运用职业规划的七个步骤来设计你的职业规划。确定一个现实的目标，并尝试下面一个或几个方面，也可以完成一些其他类似的工作。

▶ 选一个最符合你能力和兴趣的专业；

▶ 花时间收集更多的信息以透彻了解一个职业；

▶ 与能够帮助你实现目标的人建立联系；

▶ 设法使自己能够更多地介入一个感兴趣的领域。

在本章末的日记里至少写出一种短期行动方案。首先找出与择业相关的一些关键因素，写下你愿意为此采取的步骤（如果你能找到你愿意采用的具体方法，那你的方案就更加可行。在这个方案中，你也可以寻求别人的帮助）。

7. 在本章里，我们强调了娱乐在使人保持活力方面所起的作用。如果你目前的工作和娱乐的关系不平衡，你需要考虑一下你应该怎样做使它们达到平衡。如果更多的娱乐能使你获益，那就上网搜索，查找一些与你兴趣相关的信息或一些你想学的技能。如果你想学会演奏一种乐器、画画或跳萨尔萨舞，可以通过互联网找到有关这些娱乐项目的活动和课程表。

第11章

孤独和独处

在独处时,我们和自己同在,探索自我,更新自我。

自我评估

请用下面的评分标准来测评你对每个说法的回答:

4 = 我完全赞同这一说法

3 = 我赞同这一说法

2 = 我不赞同这一说法

1 = 我完全不赞同这一说法

☐ 1. 为了避免孤独感,我只好与他人保持并不令我满意的关系。

☐ 2. 我喜欢一个人独处。

☐ 3. 当我一个人的时候,我不知道该怎样打发时间。

☐ 4. 即使与他人在一起时,我有时也会感到孤独,不想交流。

☐ 5. 现阶段我很满意自己在独处和与他人相处之间的平衡。

☐ 6. 我必须分散注意力才能避免感到孤独。

☐ 7. 我的童年是我人生中一段非常孤独的日子。

☐ 8. 我的青少年时期很孤独。

☐ 9. 目前我很满意自己应对孤独的方法。

☐ 10. 有时候我会刻意安排时间独处,这样我可以更好地思考人生。

我们希望你不要将孤独看作应不惜一切代价回避的事情,而要将它视为人生的一种体验。如果不能享受独处的快乐,那我们也无法真正享受与他人相聚的时间。能和自己建立很好的关系,喜欢独处,我们才可能与别人建立牢固的、既有付出又有回报的关系。虽然别人能够给我们的生活带来快乐,但任何人都无法完全地与我们分享我们的内心感受、思想、希望和记忆。因此虽然我们需要与别人建立有意义的关系,但在某些时候,我们的确需要独处。

独处的意义

分清楚孤独与独处的区别是很重要的。孤独和独处是两种不同的经历,并且各自具有不同的意义。**孤独**通常是由生活中发生的某些事件造成的:我们所爱的人的离世、某个人决定离开我们(或者我们决定离开他)、搬迁到另一个城市、长时间待在医院里或者做出人生的一个重大决定。与孤独不同,**独处**则是我们自己主动选择的生活状态。在独处时,我们与自己同在,探索自我,更新自我。心理治疗师兼作家莫尔年轻时曾当过一段时期的僧侣,他认为独处能够让我们很好地认识自己,"有时候独处是一种提醒,它让我们学会积极地与自己相处,借此我们可以更加看清自己的本质,愿意为自己的决定承担责任并规划好自己的生活"。他鼓励我们认真反思自己对于与他人交往的需求和独处的需求。

如果不愿意花时间独处,而是让生活一刻不停,我们很可能会无法集中精力。独处给予我们检验生活和沉思的机会,并对未来进行展望。独处还可以让我们有时间思索一些深刻的问题:"我是不是都不认识自己了?""我注意倾听自己内心的声音了吗?还是我已经被忙碌的生活搅扰得注意力分散或头昏脑胀了?"我们可以用独处的时间来省察自己的内心,对自己有更清晰的认识,并且学会依靠我们自己的内在力量来决定我们要走的路,而不是被环境和他人的期望所左右。有些人认为,独自一人的时候总是孤独的。但实际上,如果能坦然接受独处的时光,那我们参加各种活动和与他人建立关系就是出于主动的选择,而不是由于恐惧孤独。要在生活中做出改变,我们需要孤独,让大脑排除一切干扰,而不是仅仅找一个安静的地方独自待着。

如果生活太过浮躁和复杂,就无法体会到独处的珍贵。当我们表示想独处时,会担心别人觉得我们怪异。有时候有些人不能正确理解

» 在独处时,我们与自己同在,探索自我,更新自我。

我们想独自待着的想法，他们可能会拼命说服我们和他们待在一起。有些与我们关系比较亲密的人甚至可能感到紧张，因为他们把我们对独处的渴望理解为我们不爱他们了。事实上，这可能是由于他们自己害怕独处。

我们需要时刻提醒自己，我们与他人保持亲密关系是有尺度的，忽视对距离感的需要只会造成遗憾。比方说，如果父亲和母亲总是在一起，也总是和孩子在一起，这对他们自己和孩子都没有好处，最终他们可能会对这样的生活状态感到厌倦。如果有时能单独待会儿，他们就能够更全身心地为彼此和孩子付出。

许多人无法忍受孤独是因为他们把生活变得越来越喧嚣和复杂。我们害怕独自待着就会和别人疏远，于是我们就和自己疏远了。世间有太多的纷扰让我们很难抗拒，电子媒体和智能手机每天24小时不停地侵扰我们的生活，以致我们几乎没有时间让头脑冷静一会儿。今天的社会现状似乎也不鼓励和推崇独处。孩子从小就被灌输要动起来，不要待着，家长为他们安排了大量的活动，使他们几乎没有安静下来的时间。咨询师们经常会遇到因压力过大和负荷过重而前来咨询的孩子。这些孩子很早就学会了寻求刺激，如果不让他们活动，他们就会感到无聊，变得不耐烦。

贝基的故事

作为一个主要接待中学生和高中生的咨询师，我常常得提醒自己，现在的年轻人没有太多能坐下来的时间。学生们的生活很紧张，每天大部分的时间都被安排得满满的，几乎没时间休息。有一次，一个对自己期望值非常高的学生对我说，她想和我在电话里谈谈她选择大学的事。她问我可不可以在凌晨2点到4点给她打电话！我问她什么时候睡觉，她说她已经习惯在白天打个盹儿就行了。这样的学生毕业时通常成绩非常优异，可付出的是怎样的代价啊！

我们可能会对提出独处一段时间的要求感到不安，甚至可能会为了找时间独处而编造借口。坦率承认自己的需要和想法可能会有一些风险，但不这样做同样有危险，因为它会造成自我定位和中心感的缺失——这两者都是只有通过独处才能获得的。独处的最佳方法是每日操练冥想，这是一种能让身心都安静下来的理想方法。独处时我们可以重新点燃灵魂之光，而生活是要靠灵魂来滋养的。"我们作为人要面对的挑战就是敞开自己接受这种滋养——重新建立与灵魂的连接，因为它能滋润、疗愈和指引我们的生命。"如果能每天花些时间来静思和冥想，我们将会变得更有创造力、更高效，也更平和。

孤独的经历

当我们缺乏社会交往，或者人际关系出现问题并令我们感到不满时，我们常会感到孤独。当我们觉得与他人格格不入时也会有孤独感，这种无法与他人交融的困难可能缘于童年时期依恋的缺失。还有一些时候，我们感到孤独其实仅仅是因为无法做到静下来倾听自己内心的声音。无论孤独是由于什么原因引起的，都是它侵袭我们的内心世界，而非我们主动选择去体验这种感受。如果我们能够接受这种感受，它就会激励我们成为自己希望成为的人。虽然孤独是痛苦和令人不安的，但通过经历它，我们可以获得力量源泉和创造力。

孤独有几种不同的类型，可分为短暂性孤独和长期性孤独（Weiten, Dunn, & Hammer, 2012）。所谓**短暂性孤独**是指人们本来拥有很满意的社交生活，但突然因故受到影响，比如与某人分手，或搬迁到一个新地方，导致暂时产生孤独感。很多大学生都经历过这种短暂性孤独中的一种常见类型：想家（Beck, Taylor, & Robbins, 2003; Scopelliti & Tiberio, 2010; Tognoli, 2003）。**长期性孤独**则是指人们在一个相对较长的时间里始终无法建立有意义的人际交往。虽然我们大多数人都会在生活的不同阶段短期经历孤独，但长期性孤独确实已成为一个问题。特别容易长期孤独的人包括：离婚、分居或寡居的；自己单独生活的或只和孩子们住在一起的；同性恋男、女青年；以及那些刚刚上大学的学生。

欧文·亚隆（2008）在《直视骄阳》中提出了两种类型的孤独：日常性孤独和存在性孤独。**日常性孤独**是指与别人的隔绝，这种人际交往方面的孤独通常与害怕亲密、感到羞耻、被拒绝或觉得自己不可爱有关系。**存在性孤独**则是一种深层的令我们与他人无法走到一起的感觉，这种彼此间的距离是由于我们很清楚自己生活在一个与他们完全不同的世界里。根据亚隆的观点，存在性孤独不仅指生死相隔，也包括我们失去了"属于自己的、丰富的、酣畅淋漓的生活，而且这样的生活是无法从别人那里得到的"。随着日渐衰老，越来越接近死亡，存在性孤独的感觉会愈加强烈。我们会越来越清楚地意识到，生活即将消失，而且他人无法陪伴我们接受命运最后的安排。

学会面对孤独带来的恐惧

我们完全有理由对孤独感到恐惧。有证据表明，孤独对我们的身心健康和幸福都会产生影响。如果把生活中孤独的时段与痛苦和挣扎联系起来，那我们肯定会非常消极地看待孤独，而且我们甚至会把独自一人也当作孤独。于是，为了避免独自待着，我们会找各种事情来分散注意力，打发时间。有时候我们还会认为独处是被别人拒绝的结果。可荒谬的是，由于对被拒绝和孤独的恐惧，我们可能会拒绝与别人接触，或者在亲密关系中拼命克制自己，结果使自己陷入不必要的孤独中。另一些时候，由于害怕孤独，我们会欺骗自己，以为将自己的生

> 我们有时只是因害怕孤独而选择和别人待在一起。

活与另一个人的生活强行捆绑在一起就可以抵御孤独了。对关系的寻求，特别是寻求那种能够使自己得到照顾的关系，通常都是源于对孤独的恐惧。

事实上，宁静可以促使我们深思和触碰那些我们内心最深处的东西。但有时候我们会试图逃避这种面对自我的时刻。我们会让自己显得特别忙碌，以致没有时间思考。我们很可能会这样做：

- 我们为生活中的每分每秒都做了安排，甚至可能是超负荷的，这样我们就没有时间去思考自我以及我们生活的内涵。
- 我们试图掌控周围的一切，以为这样就用不着应对生活中突如其来的事件。
- 我们的身边离不开人，为了不让自己感到孤独，我们总是忙于参加各种社交活动。
- 有时候我们会运用各种关系来避免孤独。
- 我们会用酒精和毒品来麻醉自己。
- 我们会使用抗抑郁的药。
- 我们让自己承担太多的责任。
- 我们会因情绪原因吃过多的东西，希望借此填补内心的空虚，让自己逃避孤独的感觉。
- 我们会花大量的时间看电脑、玩游戏和看电视。
- 我们使用那些先进的技术手段是为了逃避孤独感，而不是为了与人沟通。
- 我们去活动中心是为了在人群中迷失自我，从而避免面对自己的内心世界。

在我们现在所处的环境中，有很多可供我们娱乐和消遣的东西，这让我们很难静下来听听自己内心深处的声音。但矛盾的是，我们虽然身处如此热闹喧嚣的环境，却依然常常感到孤独，因为我们与自己疏远了。为了更好地了解这一矛盾，我们可以来听听黛安妮的生活经历和她的恐惧。

黛安妮的故事

我希望自己身边总有人围着，我不仅不喜欢独自一人，我简直害怕一个人待着。我意识到这一点是在我大学毕业后搬到公寓自己住时。上大学时，我几乎就没有静下来过，我喜欢这样。我总在参加这样那样的活动，让自己一天到晚忙忙碌碌，根本不花时间深度思考任何事；宿舍里也总会有至少一位室友。朋友们认为我很外向和自信，因为我参加那么多活动，又认识那么多人。

现在（大学毕业一年后）我大部分闲暇时间都会挂在"脸谱"上或给大学同学发信息。在这点上，技术的发展真是了不起，它能让我和各地的朋友保持联系。但另一方面，它又是个该被诅咒的玩意儿，一个我无法抵挡的东西，它让我逃避面对自己。每当

> 我感到孤独时，就去"脸谱"上聊天，这能填补我一时的空虚。但是孤独感还是会回来，我就再找一些其他的事情来转移自己的思想和情绪。我不能正视自己为什么要把时间安排得满满的，我也担心这样下去有一天我会撑不住。最近，我已不再像朋友们以为的那样感到自信，我想，如果他们知道我内心的真实想法，一定会非常吃惊。

尽管黛安妮经常参加各种活动，有许多社会交往，但她仍是一个非常害怕与他人隔绝的女孩子。外人可能会嫉妒她的生活那么"充实"，甚至希望自己也能像她一样。但她承认，她实际上活得很空虚，她极其渴望过一种真正充实的生活。从某种意义上讲，她的这种状态就如同诗人爱德华·阿林顿·罗宾逊在诗歌《理查德·克里》（*Richard Cory*）中所描述的那样：

每当理查德·克里来到市区，
都会引起路人的注意：
从头到脚，他是地道的绅士，
翩翩的风度，纤瘦的身形。
衣着总是淡雅素净，
谈吐总是礼貌谦逊；
一句"早安"，让人怦然动心，
独自漫步，面带笑意。
他很富有——甚至超越了国君，
他很博学，一举一动优雅得体；
总之，他拥有一切，
人人都渴望能将其代替。
我们继续奋斗，企盼黎明，
三餐无肉，全靠面包充饥；
而理查德·克里在那平静的夏夜，
用一颗子弹结束了生命。

生活中的我们通常会向世人隐藏自己的孤独感。很多人可能认识这样的人，他似乎拥有了生活中的一切，可有一天却突然自杀了。不少人不愿意将自己内心的孤独感显露出来。他们把自己藏在面具之后，或把自己的生活与他人的生活捆绑在一起，都是为了逃避面对自我，但结果却是既丧失了自我，又越来越难以与人接近。

我们常常置身于人群中，试图以此证明我们并不孤独。但如果想重新找回自我，就必须思考那些我们用来逃避孤独的方法是否妥当。可以检查一下自己的人际交往，看看我们是否有时候会利用他人来填补自己内心的空虚。也可以问问自己，我们所参与的那些活动是否真的给自己带来了满足，还是让我们感到更加空虚和难以沟通。对我们中的一些人来说，与他人在一起或许比独自一人更加孤独。

害羞造成的自我孤独

害羞是指在人际交往过程中表现出来的不安、焦虑、压抑和过度谨慎。害羞的人通常具有这样一些特点：羞于表达自己；对别人的看法和反应过度敏感；很容易感到不自在；经常会出现脸红、胃部不适和心跳加速等症状（Carducci, 2000a, 2008）。害羞的现象因人而异，有的人总是呈现出这种状态，而另一些人则只是在某些场合或与某些人在一起时才会表现得害羞。不同的文化背景对害羞也有不同的看法和评价。比方说，研究人员发现，在中国，儿童会在三种情形下表现出明显的害羞：在陌生人面前害羞、紧张时害羞、畏惧性害羞。这些都体现了儒家文化的特征（Xu，Farver，Yu，& Zhang，2009）。害羞具有多重含义，你需要找出令你害羞的地方，因为你可能在有些方面会感到害羞，而在其他情形下并不这样。

一般来讲，爱害羞的人在社交场合会表现得不自在，特别是在这样一些情形下：当他们成为焦点时、面对权威人士时、与他们认为非常有魅力的人相处时以及被要求发言时。其实害羞并不是什么问题，你甚至可以喜欢自己有点害羞，许多认识你的人或许也会这样想。不过当害羞令你没法按照期望的方式来表达自己时，它就成了问题。在与他人一起时，你需要学会在害羞的同时，将自己的想法说出来，将自己想做的事完成好。你可以通过完成下面"思考时间"里的练习来确定害羞会对你产生怎样的影响。

> **思考时间**
>
> 你是个爱害羞的人吗？做下面这个"害羞测试"找出答案。
>
> **A.** 平均多长时间你会感到害羞？
> 1. 一个月或不到一个月
> 2. 几乎每隔一天
> 3. 经常，一天好几次
>
> **B.** 与同龄人相比，你的害羞程度如何？
> 1. 比他们少
> 2. 和他们差不多
> 3. 比他们更爱害羞
>
> **C.** "害羞会让我心跳加速，手心出汗"，这样的说法：
> 1. 不适合我
> 2. 有点符合我
> 3. 特别符合我
>
> **D.** "害羞会让我认为别人对我所说的和所做的都持负面看法"，这样的说法：
> 1. 不适合我
> 2. 有点适合我
> 3. 特别适合我
>
> **E.** "害羞让我没法在社交场合有适宜的表现，比如做自我介绍或与人交谈"，这样的说法：
> 1. 不适合我
> 2. 有点适合我
> 3. 特别适合我
>
> **F.** "当我与令我着迷的人交往时，我会害羞"，这样的说法：
> 1. 不适合我
> 2. 有点适合我
> 3. 特别适合我
>
> **G.** "与权威人士，比如工作中的上司、教授、某一领域的专家等交往时，我会害羞"，这样的说法：
> 1. 不适合我
> 2. 有点适合我
> 3. 特别适合我
>
> **分数统计**：将以上七个题目你所选择的对应数字相加：
>
> 7～11分：一点也不害羞。害羞对你来讲，完全不是问题。
>
> 12～16分：中度害羞。害羞有时会成为你生活中的一个障碍。
>
> 17～21分：非常害羞。害羞已经阻碍了你在生活中充分发挥自己的潜能。

如果你属于害羞的人，那你并不孤单；因为害羞是一种很普遍的现象。一份调查发现，80%的被试都承认自己在生活中有时会害羞（Zimbardo，1994）。在过去几十年里对害羞的研究也证实，大约40%的被调查者认为自己是害羞的（Carducci，2000a；Carducci，Stubbins，& Bryant，2008；Carducci & Zimbardo，1995；Zimbardo，1994），而青少年中害羞的人则达到46%（Burstein，Ameli-Grillon，& Merikangas，2011）。

害羞会直接导致孤独感。津巴多认为害羞会成为社交和心理的一个障碍，就如同残障对身体的影响一样。下面是他列举的害羞造成的一些负面影响：

▶ 害羞会妨碍人们自由表达自己的观点和维护自己的合法权益。
▶ 害羞会让人很难清晰思考和有效沟通。
▶ 害羞会妨碍人结识新朋友和积极参加各种社交活动。
▶ 害羞会阻碍人在事业方面的发展。
▶ 害羞会让学生不敢在课堂上发言和在课后向教授寻求帮助。
▶ 害羞可能会造成抑郁、焦虑和孤独。
▶ 害羞可能会使一些人需要依赖酒精才能感到放松和敢于交往。

在某些情况下，正常的害羞是有益的。但由于负面的自我认知、逃避和退缩有可能会导致成长期的害羞，而当害羞影响到你的生活目标，让你患上了社交焦虑症或使你产生悲观的态度时，那它就成为问题了，严重的害羞被称为"社交焦虑障碍"。

如果你已经意识到害羞是一个问题，而且它在一定程度上造成了你的孤独，那你可以问问自己："对此我应该怎么办？"你可以先从应对阻碍你表达真实情感和思想的恐惧入手，让自己置身于不得不与他人接触并参与互动的环境中，即使这样做会令你感到很不舒服和紧张。

如果希望自己有最好的发挥和展示，那我们就必须学会适应社会交往，而社交适应只能通过实践达到。通过努力和实践，我们大多数人都能像获得身体适应一样适应社会交往。

了解自己害羞的原因非常重要，特别是在什么样的环境下你会感到害羞以及它的诱发因素（Carducci，2005；Carducci & Fields，2007）。根据津巴多的理论，造成害羞的因素各种各样，主要包括：对来自他人的负面反馈太过敏感；害怕被拒绝；缺乏自信和特定的社交技能；对亲密关系的恐惧以及身体的残疾等。

找到害羞原因的一个好方法就是留意那些让你感到害羞的情境并将它们记录下来，同时把你当时的真实想法和感受以及之后你所做的也都记下来。注意关注你在这类场景中的自我认知和内心独白，负面的认知肯定会导致你的失败。比方说，你有没有过这样的一些想法："我一点魅力也没有，谁会愿意和我在一起啊？""我最好别尝试什么新事物，因为那样很可能会让我看起来很可笑。""我害怕被拒绝，所以我不敢接近那个我想认识的人。""人们对我的思想和感受根本没兴趣。""别人正在议论和评价我，我肯定达不到他们期望的标准。"这样的想法很可能会使你成为害羞的俘虏，让你不敢和别人进行真正的交流。试着挑战你的自我挫败认知，并且用积极的评价取而代之，这样你就能够掌控害羞对你的影响。克服害羞需要你增强这方面的意识，时刻检查自己的行为，并努力去改变对害羞和自我的认知（Zimbardo，1994）。"我们最好先理解爱害羞的人而不是改变他们。"增进对自己害羞的理解是你迈出的重要一步，之后你还需要决定在社交环境中是否要对自己的一些表现做出改变。学习用新的视角看待自己需要你强迫自己用新的方法将自己展现出来。

除了赋予自己全新的认知外，你还需要走出自己的舒适区（Carducci，2000a，2009）。害羞的个体倾向于只在自己舒适的有限区域活动：在同一地方与一小群固定的人一遍又一遍做同样的事情，因为这些熟悉的人和地方让他们感到自在。爱害羞的人走出属于自己的舒适区的最大挑战，就是在社交环境下与他人交往并展开谈话。

难以克服害羞感的人通常会回避参加社交活动，但这只会让情况变得更加严重，最终导致孤独感的产生。特雷西的经历告诉我们应当怎样克服害羞，并让自己从自我封闭中走出来。

特雷西的故事

我刚上大学那会儿特别害羞。我不敢在课堂上提问，我一直都是自学，不敢和同龄人交朋友。我害羞是因为我认为如果我提问题，会显得很蠢；如果我和同学们一起学习，他们会发现我不够聪明。我确信无论怎样，人们最终都会发现我不够有趣或外向。显然，我自己就把自己看成了一个失败者。后来我决定换一所学校，重新开始。通常我并不逃避自己的问题，但我认为这个改变是个正确的决定。

转学后，我告诫自己一定要成功，我决心以崭新的面貌出现在新学校。我对自己的一个要求就是要在课堂上发言、提问题、与别人一起学习、交朋友。这些事做起来让我感到很紧张，但我知道如果屈服于自己的害羞而放弃的话，那我就会又回到从前那种负面的状态，而这不是我想要的。

我不想再那样生活。我开始与老师接触，并全力投入于学习。随着学习的深入和与同学接触的增多，我的自信心增强了，学习成绩也提高了。我开始相信自己是聪明的，我问的问题也是有意义的。而且别人根本没有议论我，他们其实很喜欢我。最重要的是，我喜欢我自己现在的状态。

如果你很害羞，重要的第一步就是接受这一事实，然后通过参加活动和与他人接触来挑战自己。尽管你很害羞，你仍然可以通过关注自己的想法、情感和行为来了解你在经历怎样的过程。你可以像特雷西那样想办法与他人接触，挑战把自己封闭起来的负面认知。

> **思考时间**
>
> **1.** 你尝试过用哪些方法来逃避孤独？
> _____
> _____
>
> **2.** 这样的逃避在你身上起作用了吗？如果没有，你会怎样改变？_____
> _____
>
> **3.** 如果害羞对你而言是个问题，它对你的人际交往有怎样的影响？_____
> _____
>
> **4.** 你怎样看待一个人独处的时间？
>
> **5.** 列出你生活中做出过的一些重要决定。你在做这些决定时，是独自一人还是与他人在一起？_____
> _____
>
> 建议：如果独处对你来说有困难，那就先试着让你一个人待着的时间稍长于你平时的习惯。你可以让思绪随意游走，不用固定在一个地方。在本章末的日记中写下你对这种经历的感受。

孤独和人生的各阶段

我们应对孤独的方式在很大程度上与我们童年和青少年时期的孤独经历有关。在后期的生活中，我们会觉得孤独是毫无意义的，是需要避免的。回顾过往的经历非常重要，因为它们常常成为孤独感的根源。此外，如果能认识到孤独是人生各个阶段都无法避免的一部分，我们就不会那么恐惧它了。很多情况下我们都会体验到孤独。个体之间的差异，比如性别、种族、性取向、文化背景、所使用的语言或身居异国他乡，都可能引发孤独感。

孤独和童年

回忆童年时的孤独经历，有助于我们理解当下对独处和孤独的恐惧。下面是一些来访者对孤独经历的回忆，它们都非常具有代表性：

▶ 一位女士回忆说，小时候她的父母在卧室里打架，她听到他们大喊大叫。她肯定他们会离婚，她觉得自己应该负有一定的责任。于是在记忆中，她一直生活在恐惧中，害怕自己会被遗弃。

▶ 一位男士回忆起上小学六年级时，他曾试着想在课堂上发言，可刚结结巴巴地说了几个字，班上其他同学就开始笑他。这之后他在发言时就变得非常慎重，因为他一直记得当年所受的伤害和那种孤独感。

▶ 一位非洲裔美国男人回忆他在一所全是白人的小学上学时所遭到的排斥以及其他同学怎样用言语侮辱他。虽然现在他已成人，但有时候那些记忆还是会刺痛他。

▶ 一位女士回忆起小时候，她叔叔对她进

行性骚扰时她所感受到的恐惧。虽然当时她并不真正明白所发生的事，但她不知道父母会怎么想，所以不敢告诉他们。当时的那种孤独无助的感觉她至今无法忘怀。

- 一位男士回忆说，小时候由于尝试所有的事都没有成功，令他感到非常孤独无助。现在除非有百分之百的把握，否则他拒绝尝试新事物，因为他害怕再次经历以前的那种孤独感。
- 一位女士生动逼真地讲述了小时候因动手术而住院的经历，由于她不知道发生了什么，也不知道自己什么时候能够出院，因此她感到非常孤独。那时没有人和她聊天，她整天都独自一人生活在恐惧中。

童年时的恐惧可能被夸大了，而且我们现在也承认它们很可笑，但它们给我们造成的恐惧感依然存在。如果大人告诉我们为这类事情感到恐惧很愚蠢的话，非但不能让我们的恐惧减少，反而会让我们觉得更加孤独。

意识到童年时所经历的一些痛苦对我们现在仍有影响是很重要的，我们也可以再回忆一下在极其孤独的状态下所做出的一些决定，看看这些决定是否妥当。通常情况下，我们长大后仍会延用小时候业已习惯的处事方法，哪怕这些方法可能已经不再合适了。比方说，假设你们家在你7岁时搬到了一个陌生的地方，你不得不转到一所新学校。这所新学校的同学嘲笑你，有那么几个月你很不开心，感到非常孤独。此后，你决定把自己所有的情感都封闭在自我的世界里，以此来避免别人对你的伤害。虽然这段经历已成为过去，但你很可能仍会用这种方式来保护自己，因为它已成为你本能的反应。在这种情形下，过去对孤独的恐惧很可能成为你现在感到孤独的原因。如果能够让自己在经历过这种痛苦后从理性和感性两方面都战胜它，你就能从过去的痛苦中走出来，给自己开辟一片新天地。

思考时间

花一些时间决定你是否愿意重温自己童年时孤独的经历，如果愿意的话，尽可能详尽地回顾当时的情形，并认真反思那些经历，你可以问自己下面这几个问题：

1. 回忆并描述你童年时的孤独感最强烈的一次经历。_____
_____

2. 你认为这次经历对你产生了怎样的影响？
_____
_____
_____

3. 你认为这次经历现在仍对你有怎样的影响？_____
_____
_____

建议：在本章末的日记中把这个练习做得更加深入、仔细一些。如果能回到过去，给那段令你孤独感最为强烈的经历一个新的结尾，这个结尾会是怎样的？你也可以回想一些童年时你愿意独处的时候，并写下这些经历带给你的感觉。你愿意在什么地方一个人待着？你一个人时喜欢干什么？回忆一下这样的体验对你有什么积极的作用。

孤独和青少年

对许多人来说,孤独就是青少年的同义词。青少年经常觉得自己孤立无援,而且他们认为自己是世界上唯一有这种体验的人。仅生理方面的变化和冲动就足以让他们感到困惑和孤独,更何况还要面对一些其他的压力。正如我们在第2章中探讨的,青少年正属于自我认同感的形成时期,他们渴望被接纳和被喜欢,害怕被拒绝、嘲笑或遭到排斥。顺从能够让自己被接受,而与众不同的代价则是巨大的。许多青少年都有过在一大群人和朋友中仍感到孤独的体会。

回忆你的青少年时期,特别是在那段时期中你感到孤独的时刻,请思考下面几个问题:

- ▶ 你是否觉得自己属于某个团体?或者你只是在旁边观望,既害怕又渴望加入某个团体?
- ▶ 你是否至少能找到一个能够理解你、懂你的人倾诉心声,这样你就不会感到太孤单?
- ▶ 那些年中你最孤独的一次经历是什么?你是怎样应对它的?
- ▶ 你是否曾经为自己是谁、想成为什么样的人而感到过困惑?你是如何解决这一困惑的?在那段时期是否有人给过你帮助?

>> 青少年经常觉得他们在这个世界上孤单无助。

- ▶ 那时你如何看待自己的价值?你的价值观又是怎样的?你认为你能为别人创造价值或者别人能从你这里得到价值吗?
- ▶ 如果你曾生活在两种不同的文化中,它们是否在一定程度上让你感到孤独?
- ▶ 你那时是否听说过,孤独是你应该尽量避免的东西?

少数族裔的青少年常常会有文化孤立的感受。来自同一种族背景的青少年会结成自己的团体,以此来避免被孤立或隔绝,而有色人种的青少年在与人交往、认识自我和相信自己的能力方面都会遇到挑战,他们可能会认为是种族主义导致他们感到孤单和与别人不一样。纳塔利的经历能够说明一个人是怎样发现自己的身份和开始相信自我的。

纳塔利的故事

上高中时我被告知我不是上大学的料,因为我们墨西哥人只擅于动手。但我执意要挑战这种认为墨西哥女人就该顺服和不能独立的陈腐观念,即使这样的说法我从很多老师那里听过多次了。

高中的最后一年我遇到了塞尔,他邀请我去参加芝加哥青年领袖会议,这次会议让我对自己的看法发生了根本性的改变。在此之前,我在自己所生活的地方像个陌生人,没有文化认同感,也不敢讲话。但在那次会议上,大家都相信我,并告诉我要去上大学,要努力成功,这是我生平第一次听到别人这么肯定我的能力。塞尔成了我的导师，他让我永远不要低估自己的能力。他还要我为自己是一名拉丁裔年轻人而感到骄傲，也要为我的民族和人民骄傲，这极大地鼓舞了我，我开始帮助本地的拉丁裔居民。我也一直在继续我的学习，现在我已经开始读博士了。

你能从纳塔利的经历中找到一些相似之处吗？你在认同自己方面有问题吗？如果有的话，这影响到你与别人的交往吗？回忆青少年阶段，试着找出那时的孤独经历对你现在造成的影响。你会因害怕失败而回避竞争吗？在社交场合你会害怕被独自抛在一边吗？你现在还会有那时的那种孤独感吗？如果有的话，你是如何应对的？在应对孤独方面，你做出过什么改变吗？

孤独和青年

年轻的时候，我们会尝试不同的生活方式，但最终会形成属于自己的生活方式，并将它保持下来。在这一时期，你可能会纠结于这样的一些问题：你要如何生活、你希望建立怎样的亲密关系以及你将如何规划你的未来。在人生的这个阶段要做出这些选择是一个孤独的过程，而得不到他人的肯定也会是让你感到孤独的一个原因。

你应对孤独的方式对你做出的决定会有重要的影响，反过来，你做出的决定也会影响你今后的人生轨迹。比方说，如果还没有学会倾听自己内心的声音，相信自己内在的力量，你很可能会在尚未做好准备前，迫于种种压力而开始一段感情或找一份工作；你也可能会在工作中或同事那里去寻求认同感，但其实这种认同感你只能从自己身上获得；又或者，你会体会到孤独，于是形成一种只能让你更加感到孤独的处世方式。索尔的经历就充分体现了最后一种最糟糕的情况。

索尔上大学时刚二十出头。他坦陈他的主要问题就是孤独，可他又不愿与别人接触，他给人的总体感觉就是"离我远点儿"。可能由于索尔对自己负面的自我认知使得他很难与别人沟通，而这也让别人不想接近他，结果社交生活的缺失令他感到很孤独。

一天，当我（Gerald）在校园里漫步时，看到索尔独自一人坐在一个偏僻的角落，而当时许多学生都聚在草坪上，欣赏春天的美景。对索尔来讲，这本来是一个很好的机会来改变他单独行动的习惯，可他却选择了独自待着。他总以为别人不喜欢他，而且不幸的是，他同时又用自己的行为去自我实现了这种推测。他让自己变得难以亲近，变成了大家都想回避的那种人。

在人生的这个阶段，我们有机会决定自己要成为怎样的人以及要怎样与他人相处，同时我们也要对工作和未来规划做出选择。我们应当为自己的孤独承担责任，并设法做出一些改变。如果在学校感到孤独，那你可以问问自己，对这种孤独感，你做了些什么，你还能做些什么。你是否预先就肯定地知道别人愿意自己待着而不是和你在一起？你是否总以为别人有固定的团体，而你不属于他们？你是否期望别人能来主动找你，尽管你根本不打算迈出第一步？怎样的恐惧阻碍了你？这些恐惧又从何而来？过去的孤独和被拒绝的感受是否影响你现在做出的决定？

生活环境和文化背景也会导致孤独的产生。现在有很多年轻人离开家到美国留学，对他们中的一些人来讲，这种新生活是一种有点令人畏惧和孤独的体验。尤其是那些证件不全的"移民"，他们肯定会因与家人的分离和对未来的不确定而感到惶恐。孤独感还来自他们不知怎样才能融入新的文化环境中，他们可能还想依照以前熟悉的方式生活，但现实又要求他们必须放弃许多固有的习惯。他们会发现很难融入当地的主流文化中，常常有被孤立的感觉。语言障碍和口音也使他们很难明白别人讲的话，而他们说的别人也往往听不懂。有些国家的移民还可能遭到歧视。尽管这些移民很想融入新的文化中，但他们同时也很思念自己的祖国，结果总是在保持原有的价值观和适应新的价值观之间纠结。

我们认识一些从非洲来到美国上大学的年轻人，他们中有些人会因为离开了生活中最重要的亲人而感到内疚，特别是当他们想到，自己的新生活如此优越，而远方的家人还得为生活的基本需求而辛苦劳作的时候。有一次，一个年轻人就因为被发现把一部分助学金寄回家里，差点失去了校方经济上的资助。这让他感到左右为难，因为一方面他实在很想帮助生活在困境中的亲人，可另一方面他又应该把这笔钱用来接受教育提升自己。虽然他很希望好好利用上大学受教育的机会，但同时他又觉得自己有义务帮助家人和他以前居住的社区。他不仅因为独自享有这样优越的生活条件而产生负罪感，而且要做出许多影响他人的决定也让他备感孤独。

我（Marianne）年轻时从德国来到美国。虽然搬来后经历了很多令人激动和兴奋的事情，但我还是很想念家人和我的祖国。有时候我不知道该怎样适应这里的主流文化，感觉别人都不能真正理解我。后来我渐渐学会了在适应美国的新生活和继续我的德国身份之间保持一种平衡。不过有时当我需要改变那些在美国不被接受却又是我从小养成的习惯时，我还是会有一种背叛感并且感到很矛盾。我至今仍记得，当时我需要接受所有美国的价值观，并丢弃儿时业已形成的价值观念，我的内心充满了矛盾，更有一种难言的孤独。在与其他移民交谈时，我发现很多人为了保持自己原有的信念而拼命努力，不愿像其他人那样选择放弃。

孤独和中年

中年时期发生的很多变故都会带来新的孤独感。虽然我们无法选择在这一时期生活中发生的很多事情，但却可以自由选择受到这些变故影响的方式和程度。下面列举的是中年时期可能遇到的一些变故和危机：

- 我们的生活可能不会完全如意，这会让我们感到孤独。我们所期待的成功可能并未带给我们快乐，我们会对工作丧失兴趣，或者会觉得自己错过了很多不错的机会。关键一点是面对这样的现实，我们应该做出怎样的选择？我们是不是会陷在孤独和绝望中难以自拔，为自己应该做和能够做却没有做的事情追悔不已？是让自己困在毫无意义的工作和无聊的关系中，还是会积极寻求改变的办法？
- 我们的孩子可能会离开家，这会让我们感到空虚和失落。如果是这样的话，我们应该如何适应这样的转变？我们能够放手让孩子去开始他们的生活，而我们则重新安排属于自己的新生活吗？当孩子离开时，我们是否就失去了生活的意义？我们是选择往后看，追悔自己曾做过的一些选择和事情，还是选择往前看，去为自己寻找卸下养育重担后的新生活呢？

这些只是我们在中年阶段会遇到的问题中的几个。

虽然我们可能会觉得自己无法掌控生活中发生的事件，但我们仍可以选择去应对这一切。布雷德觉得自己在生活中成了一个被动的接受者，对发生的事情完全无能为力；而丹尼斯却决定对自己的生活承担责任，并且在面对苦难时仍努力做出积极的选择。你对自己无法掌控的事件会做出怎样的反应呢？

布雷德的故事

当我二十多岁与劳伦结婚时，我想我们会一辈子在一起。她身上有我希望在伴侣身上找到的一切：美丽、聪慧、风趣和善良。但当我们有了一对双胞胎男孩后，生活发生了变化。劳伦把全部的精力都投入到养育孩子上，而我则为了支付各种账单和给两个孩子准备上大学的学费而开始打第二份工。自两个孩子出生后，我们之间渐渐疏远了，觉察到这点让我很内疚，但这的确是事实。当我下班回到家时，我感觉自己像个外人，这让我很恼火。可和劳伦在一起时，我很难把这种感觉说出来。我依然认为她美丽聪慧，但我觉得自己与她越来越远。我感到很孤独，也很生气。我认为劳伦应该已经觉察到我的感受，可她什么也没说。难道她和我想的不一样吗？如果我们之间的情况再不改善的话，我担心我们最后会离婚。

丹尼斯的故事

这些年我失去了很多，但我一直在与丧失带给我的孤独做斗争，这些斗争使我变得更坚强了。通过我选择的应对方法，我变得比以前更能看清自我。我曾经是一家知名舞蹈团的主要演员，几年前在一次演出中受了伤，当时我的身份完全构建在我的职业能力上，因此在从舞蹈团退出后，我的整个生活也发生了变化。后来，我的几个朋友又死于艾滋病，这让我感到更加孤独。我觉得自己在这个世界上太孤单了，以前曾带给我欢乐和安慰的舞蹈也不能继续了。我委靡不振了8个月，甚至酗酒。但我最好的一位朋友格劳丽亚不允许我这样自暴自弃，她让我停止抱怨，重新面对生活。格劳丽亚是对的，虽然她很严厉，但她做得对！当我开始一步步地重新掌控生活时，我不再感到那么孤独了。我的事业又重回轨道，我现在是一名编舞老师。为纪念我的朋友，我还积极参与防治艾滋病的活动。我认识到，最可怕的孤独就是你远离了自己的内心，但这其实是我们完全能够掌控的。

孤独和晚年

我们的社会崇尚效率、年轻、美貌、力量和活力。当我们日渐衰老，我们肯定会失去一些活力、力量和吸引力。很多人在退休时会面临真正的危机，因为觉得自己没事可做了，不再被需要了，生活也就结束了。任何一个人如果觉得在社会上没有了期望，也失去了活力，都会感到孤独和无望，而这种感觉在老年人身上当然更为普遍。

老年时的孤独感会因为身体器官功能日渐衰弱而变得更加明显——视力的减退、听力的减弱、记忆力和体力的下降。老年人会渐渐失去工作、兴趣爱好、朋友和所爱的人。最致命的一种失去就是共同生活多年的伴侣的离世。面对这些失去，人可能会禁不住问自己活着还有什么意思。有不少老人在丧偶后不久也离开了人世，还有些老人则是在退休后没多长时间就去世了，这些都不是没有原因的。

查尔斯65岁，他的妻子贝特西在与癌症抗争一年后去世了。在贝特西生前的最后几个

» 我们可以用晚年的时间来反思和总结自己的人生经历。

月，当地医疗机构的人员在他们家里帮助查尔斯照料她。下面是查尔斯讲述的自己面对妻子去世这一现实所做的努力。

查尔斯的故事

贝特西去世前想与我谈谈她即将面对的死亡，但我接受不了她患病和即将死去的现实，因此我从不和她谈这件事。现在，她已经去世一段时间了，但我却对未能与她进行这样的交流而感到愧疚。当我看着她曾坐过的椅子时，我感到无法控制的孤独，有时候我觉得自己的心都要碎了。夜里我常常失眠，早上也总是起得很早，到处找事情做，让自己显得很忙碌。我感到非常失落和孤独，我简直不能再待在那座我们两人共同生活了45年的房子里，因为到处都是对她的记忆。虽然朋友和邻居对我很关照，但我不愿意让自己成为他们的负担。我真希望是我死了，而不是贝特西死了，因为我觉得她或许比我更有能力面对这种离别的痛苦。

孤独带来的痛苦和感觉活着没有价值都是源于失去了生活的意义，而不单单是因为走向衰老。"寻求生存价值的意志"是一个人渴望活下去的决定因素。很多被关押在纳粹集中营的人们，因为心怀有一天能够重获自由并与家人团聚的盼望而坚强地活了下来，而很多失去希望的人，无论年轻还是年老，都因放弃而死去了。

长期以来，我们的社会常常将老人失去生活意义和对老龄人口的忽视混为一谈。虽然很多老年人在养老机构得到了很好的照顾，他们的家人也常去看望他们，但还是有不少老人只能独自待着，或者待在养老院里但没有什么人际交往。

独处：力量的源泉

你已经看到，孤独和独处对生活都有积极的意义。我们无须战胜孤独，也不必避免独处。花些时间思考一下经历孤独后你所发现的自己内在资源的价值，并至少在一个方面想想你将用怎样不同的方法来应对孤独和独处。

这一章开始时我们讨论了独处的意义，现在在结束时我们希望你能开始喜欢自己独处的时间。一旦完全接纳独处，它就会成为你力量的源泉和你与人交往的基础。玛雅·安吉罗是一位诗人，也是一个充满活力的人，她会妥善地安排自己的时间，以保持内心的独立。她的生活非常充实，她也懂得怎样让自己永远保持活力。每个月她都会留一天给自己，这一天她什么都不安排，她的朋友也不会去打扰她。对照玛雅的做法，你是否也主动为自己的独处留出了时间呢？有时候，我们每天按部就班地生活，显得很忙碌，以致忘记了自我反思和给自己的精神以及情感提供养分。为自己留出时间是自我关爱的一个基本部分，因为花时间独处能使你有机会思考、规划、想象和畅想自己的人生，它也能让你静下来倾听自己内心的声音，对你所经历的一切保持敏锐。独处还能让你学会既享受自己与他人的分离，也珍惜与他们相聚在一起的时刻。如果你自己都无法做自己的好朋友，那么试图在别人那里寻求真正的友谊会非常困难。

总 结

人生经历中的一个重要方面就是能够独立地、有创造性地生活。经历孤独是人生的一部分，因为我们终归都是独立存在的。如果能够体会这些孤独的经历，并通过它们来更新自己，我们就能得到成长。更重要的是，我们再也不用为过去在孤独时做出的一些决定而继续遭受伤害，我们完全可以做出新的选择。我们可以选择面对孤独，积极应对，也可以选择逃避孤独。要不要孤独或者要不要与人交往，我们都可以自主选择。

有些人无法与别人交流和接触是因为他们在社交场合会感到很害羞。害羞会造成人的孤独感，但害羞的人也可以挑战让他们不够自信的恐惧。害羞并不是需要治疗的障碍，而且它也并非一无是处。重要的是，我们需要意识到，很多时候孤独是由一些特定的态度和行为造成的。

人生的每一个阶段都有要完成的任务，以发展的眼光来看待和理解孤独是最恰当的。在童年、少年、青年、中年、老年，每个阶段的特定环境都有可能引发孤独感。我们中的大多数人在童年和青少年时期都经历过孤独，而这些经历会对我们现在的态度、行为和人际关系产生重要的影响，因此，了解自己在人生每个转折点所经历的事情的感受，是很有意义的。

自我成长

1. 反思你刻意通过让自己忙碌来避免独处的做法，把它们记在你的日记里。作为与他人沟通的一项内容，至少与一个人交流你的这种做法。

2. 当你产生孤独感的时候，给某位曾经或者现在对你很重要的人写封信，表达你所有的感受（这封信你可以不寄出去）。比方说，告诉他你多么想念他；你也可以写你的悲伤、惆怅或渴望与他接近的想法。

3. 想象自己是那个收到你的信的人，给自己写封回信。想象那个人在收到你的信后会说些什么？你害怕或希望他说些什么？

4. 如果你感觉孤独或被遗忘，那么用一周左右的时间尝试改变。比方说，如果你觉得在课堂上大多数时候你都很孤立，那就试着早点到班上，并主动和一个同学交流。如果你不敢迈出这一步，那就假想这一切。你的恐惧来自哪里？你最害怕发生什么事？在本章末的日记中记录下你的感受。如果你尝试了与别人接触，那就在日记中记录下这个过程。

5. 很少有人为自己留出独处的时间。如果你希望有属于自己的时间，但却没有这样做，那就去一个能让你独自待着或放松的地方，然后一个人待上一天。重要的是让自己从平常的琐碎事务中摆脱出来，在不受外界干扰的情况下体验独自一人的感受。

第12章

死亡和失去

思考死亡吧，如果你想懂得如何生活的话。

自我评估

请用下面的评分标准来测评你对每个说法的回答：

4 = 我完全赞同这一说法

3 = 我赞同这一说法

2 = 我不赞同这一说法

1 = 我完全不赞同这一说法

☐ 1. 人终将死去的事实让我更加严肃地对待生活。

☐ 2. 我发现葬礼让人感到很压抑。

☐ 3. 如果我得了绝症，我会想知道我到底还能活多久，这样我可以决定如何安排我的时间。

☐ 4. 由于可能会失去我所爱的人，因此我不愿意让太多人特别亲近我。

☐ 5. 如果我真诚坦荡地过了一生，那临终时我就不会有什么遗憾。

☐ 6. 我对死亡最大的恐惧就是对未知的恐惧。

☐ 7. 我曾有过失去的经历，那种感受在一定程度上就跟经历死亡一样。

☐ 8. 当我经历失去时，我允许自己彻底地悲痛难过。

☐ 9. 我并不特别害怕死亡。

☐ 10. 和自己的死亡相比，我更害怕我所爱的人死亡。

在这一章中，我们会探索你对死亡的态度和看法，包括你对自己死亡的想法和感受、你对所爱的人的死亡以及失去生活中重要的东西时的感受。和许多人一样，想到有一天你的生命将终止，这会令你感到恐惧，并且这样的恐惧会深深地攫住你，让你茫然不知所措。其实，与其关注你几乎完全不能掌控的死亡，你更应该思考如何好好活着。对死亡有充分的认识，理解和接受死亡是让生命活得有意义的先决条件。如果能正视我们只能在世上活一段有限的时间，那我们就可以最充分地利用这段时间，尽可能让每一天都过得充实丰富，它也能促使我们更关注自己最在意和最看重的事情。坦然接受死亡能够教会我们应当怎样生活。

很多人都有回避痛苦的强烈愿望，但如果能够接受痛苦是生活的一部分，我们就能更好地应对生活中一些不可避免的问题。面对痛苦的态度是极其重要的，因为它关乎我们在遇到问题时的应对能力。我们可能无法改变发生的事情和出现的情况，但我们有能力选择处理它们时的态度。艾利斯是认知行为疗法发展进程中的先锋人物，他常常在工作坊中对遭遇痛苦不知如何应对的来访者这样建议：

> 生活不可避免地既有痛苦也有欢乐。你应当现实地思考、感知并采取行动来享受你所能做的；同时也要没有怒气和抱怨地接受那些无法改变的痛苦的地方。唯有这样，你才能敞开自己迎接更多的快乐。

对死亡和失去的讨论与上一章关于孤独和独处的内容关系密切。如果能够接受我们终将死亡这一现实，我们就能很好地独立生存。对死亡和孤独的认识有助于我们意识到行动是非常重要的，面对怎样生活，我们可以做出自己的选择，而且我们也必须为自己的选择承担最终的责任。

《死亡和死去，生命和活着》一书对生命和死亡、活着和死去的主题进行了阐述。作者这样说道："对死亡、死去和失去的研究让我们感到，人生是非常有限的。这样的认识对我们理解生活有很大的影响，因为我们懂得了虽然生活中有些事情我们能够控制，但还有更多的事情是我们无法掌控的。"我们无法像变魔术一样让死亡、失去和悲痛从生活中消失，但是通过思考这些客观存在，并与他人进行有见解的探讨，我们可以让自己的生命变得更丰富和有意义。"因此，无论是对那些正在面对死亡的人，还是那些一天天随便混日子的人，有品质的生活和寻求生命的意义都是值得思考的重要人生课题。"

下一章我们将讨论生命的意义和价值，这一章的内容先为其做一铺垫。了解死亡的事实让我们有勇气去反思，我们的价值观是否让生命变得更有意义。如果答案是否定的，我们还有时间和机会来改变我们的生活方式。苹果公司前任总裁史蒂夫·乔布斯在他短短56年的生命中，通过对技术的不断创新改变了整个世界。他自己的每一天都活得精彩无比，他也鼓励别人能够这样生活，就像他去世前6年在斯坦福大学毕业典礼上所做的演讲中清楚表明的那样。

按照我们的理解，乔布斯在毕业典礼上演讲的主题就是邀请我们思考应该怎样生活。因为生命是无比珍贵的，人类在这个世界上的时间是有限的，所以我们需要认真思考对目前的生活我们愿意做出怎样的改变，特别是如果我们对现状不满的话。为了让自己在临终时少一些遗憾，千万不要再拖延那些当做的、重要的事情了。重要的是，先要有一个人生的理想，然后努力做出各种选择将它变为现实。在阅读本章各节的内容后，史蒂夫·乔布斯向我们传递的信息会更加清晰。我们认为乔布斯演讲中的这几句话尤其值得我们经常反思："你们的时间是有限的，因此不要再为别人而活，不要按别人的思维方式安排自己的生活，那样你的生活就陷入了教条，也不要让别人的声音干扰你的内心世界。而最重要的一点是，一定要有勇气追随自己的内心和直觉。"

在思忖这段意义深刻的文字时，也认真思考一下你是否正过着自己希望的生活。在死之前你最想做的事是什么？为了实现这一目标，你已经取得了哪些进展？如果现在的生活不是你想要的，那是什么阻碍了你去过自己想过的生活？你在多大程度上能够让自己去除这些阻碍，活得更充实和真实？有什么阻碍是你无法控制的吗？

对死亡的恐惧

死亡有多重含义，它意味着我们要离开我们所爱的人、失去自我、面对未知，和在痛苦或漫长的死亡过程中受尽煎熬和折磨。对很多人而言，死亡的过程比死亡本身更可怕。他们会问："我将怎样走向死亡？"存在主义治疗大师亚隆在《直视骄阳》中提到，在接待前来进行心理治疗的来访者时，他总能感受到他们内心深处潜藏的对死亡的焦虑。对生存的渴望和对失去的恐惧几乎如影随行，一直伴随着我们的生活；它让我们不仅认识了死亡，也懂得了生活。

莫里·施瓦茨是一位已步入暮年濒临死亡的老教授，他在每周二与他以前的一个学生米奇·阿尔博姆见面，分享自己对生存和死亡的心得。莫里说："一旦你明白死亡是怎样的，你就会懂得如何去生存。"对莫里来说，浪费生命比死亡更可悲。莫里谈到他对死亡的恐惧，其中包括丧失越来越多的功能和逐渐变得无法自立。但是他选择面对恐惧并战胜它，而不是让恐惧消耗他的生命。尽管自己的日子所剩不多，可莫里明白，他仍然可以选择如何迎接生命的尾声，"我是该像大多数人那样逃离生活呢，还是选择继续面对生活？我决定继续面对生活——至少努力去面对生活——按照我希望的那样，有尊严地、勇敢地、乐观地、淡定地生活。"我们并不需要远离那些生命即将结束的人们。有些人非常愿意与我们探讨他们在走向死亡的过程中的感受，反倒是他们所爱的人不愿意与他们谈论这个话题。其实，与所爱的人共同经历他们最后的时光能让我们学到许多宝贵的东西。

我们的一位密友在82岁时被查出患了胰腺癌。有一次去看她时，我们问她是否害怕死亡，她回答说："我这一生游历了世界各地的许多地方，现在我正开始又一段新的旅程，我很想知道它会把我带到哪里。"有些人可能会认为她是在拼命自我克制，但她在患病期间的确没有表现出任何恐惧和惊慌。她只是觉得要离开家人和朋友了很可惜,但她对自己的这段旅程表现得真的很镇静。在聚会般的气氛中,她邀请了许多家人和朋友到她家,与她做最后的告别。

也有些人不愿意和身边亲近的人谈论死亡。比如,我们的女儿海蒂给她一位朋友的母亲写了封信,这位母亲被诊断出患了癌症,但她不愿意和自己身边的人谈论她的病情。海蒂希望这位母亲能够明白,让所爱的人知道自己如何与病魔斗争并允许他们照料自己,是她能够给予他们的一份珍贵礼物。如在信中所写的那样,海蒂与她祖母的关系就是如此坦诚。

海蒂的信

关于祖母,我最深的印象就是我坐在一只小木凳上,依偎在她大大的皇后椅旁边,我的脸枕在她的大腿上,感受着她带有玫瑰芳香的软软的手抚摩我的脸颊。在得知她患上了膀胱癌的消息时我俩放声大哭,哭了很久,后来我们又笑了,之后又接着哭。就像她说的,我们把一切都敞开了,没有什么不能说的。我很珍惜这样的经历,它带给我真正的力量。泪水流过我们的脸庞,也洗去了我们的恐惧,它让我们既宣泄了自己的悲伤,也勇敢地接受了这样的事实。刚开始,祖母不愿意把病情告诉别人,她不想让别人为她担心,但我鼓励她把一切都讲出来,后来她这样做了。而我看到的是,那些曾被祖母悉心照顾的亲人们都非常愿意照料这位内心强大的女性,而且他们把这视作一件非常宝贵的礼物。这也是我的一份珍贵礼物,我现在仍然被这种力量激励着。

此刻,请思考一下你对死亡的恐惧。你曾有过与即将离世的人相处的经历吗?如果有的话,它带给你怎样的感觉?你会回避与快要死去的人交谈吗?你最大的恐惧是什么?你的恐惧对你目前选择的生活可能产生怎样的影响?

死亡和生命的意义

存在主义者认为,接受死亡对探索生命的意义和目的至关重要。我们作为人类的一个重要特征,就是我们有能力去理解未来的概念以及死亡的必然性。这样的能力让我们的存在变得有意义,因为它让我们的每一个行为和每一个瞬间都具有了价值。与其生活在对死亡的恐惧中,不如将其看作生活中的一个挑战。

从古希腊的苦行僧——他们说,"思考死亡吧,如果你想懂得如何生活的话"——到现代,我们一直都在经历面对未来的挑战。"只有当一个人愿意并准备好放弃生命时,他才能体会到生命真正的滋味。""只有在死亡面前,人才能活出自我。"那些绝症患者的经历,确切地诠释了什么叫做面对死亡的现实以及给生命赋予意义。死亡的日益逼近会让他们在相对短暂的时间里努力完成更多的事情;时间的压力迫使他们为怎样度过剩余的日子做出抉择。《直视骄阳》中写道,癌症患者在小组治疗中,通常都会将自己遇到的危机看作检视人生变化的一个机遇。得知自己得了癌症,许多人的内心世界都会发生变化，他们会重新确认什么是生活中最为重要的东西：

- 重新考虑生活的优先顺序，不再关注那些无关紧要的事。
- 一种得到解放的感觉，可以选择做他们真正想做的事。
- 越来越感到要活在当下，珍惜生活，不再拖延。
- 真切地感受和欣赏生活中的基本元素，比如季节的更替和自然界的变化。
- 比以前更懂得与所爱的人有更深的沟通。
- 对人际关系不再恐惧，也不再考虑安全感，更愿意冒险。

我们可以选择全然拥抱生活，也可以消极地让日子就那么一天天过去；可以坐等事情发生，也可以积极构建我们渴望的生活。我们的时间极其宝贵，非常有限。亚隆在《直视骄阳》中，着重阐述了面对死亡能够让我们更丰盛和更全面地对待生命这一主题。他在谈到我们对死亡恐惧的本质时这样说：

> 每时每刻想着"死亡"这回事并不容易，就好像用肉眼直视骄阳，你实在坚持不了多久。我们无法忍受生活在恐惧中，于是寻求各种方法减轻这种痛苦。

对死亡的意识可以是一种觉醒的经历，它能够成为促使人在生活中做出重大改变的非常有效的催化剂。亚隆在他的书中提到了个人生活中的一些重大事件，比如学校的聚会、人生

>>> 文化和宗教信仰会影响我们对死亡的看法。

规划、立遗嘱、重要的生日和周年纪念日等，它们都是让人自省的机会，同时也会让我们感悟到时光飞逝，提醒我们反思应该为未来做出怎样的选择。

死亡面前的选择

文化和宗教信仰也会影响到人对待死亡的看法。有的信仰强调要最充分地利用此生，因为它是我们唯一的存在方式；而有的信仰则侧重于强调从短暂的今生到来世之间自然的延续和过渡。就如同我们的信念和价值观会影响到我们对死亡的恐惧一样，文化和宗教也会影响我们对死亡的理解。但是，不管对生与死的意义有怎样的哲学和精神层面的看法，我们都有很多选择来把当下的生活过得更美好。

经历死亡的危机是一段异常孤独和痛苦的日子，而要在这种完全无法预知未来的情形下仍然保持希望确实很难。人们在遭遇疾病的折磨时，会感到他们的选择非常有限。桑德拉的经历就充分体现了人在应对孤独、隔绝、病痛以及随时可能失去性命时所遇到的各种挑战。

桑德拉的故事

在生了第二个孩子两个月之后,我大病了一场,胆囊需要立刻做手术。手术时出了医疗事故,我的内脏受到了严重的损害,生命垂危。我每天都要为争取活下来而抗争。现实就是这样,我的健康处于危急的状况。我的身体越来越差,我觉得自己快要死了。但尽管这样,我还是保持活下去的强烈渴望。我还没有充分享受生活,这个时候就结束生命是不公平的。

在医院时,我觉得自己与世隔绝了,家庭关系也变得疏远。我丈夫只能在他不上班时来看我,而且医院规定孩子们不能来探望我。我只能完全依靠医护人员,但他们只是做自己的工作,很少和我交流,这让我在大多数时候都觉得自己就像不存在一样。这种不人道的做法伤害了我的尊严和价值感,我渴望生活能正常地继续、我仍能与他人保持联系。但我绝望了,在那段孤独的日子里,我开始想到死亡。

后来我又做了修复手术,在那之后的几个月里,我面对的挑战甚至超出了前一阶段。我被疼痛折磨着,又要接受各种治疗,并且仍然与他人隔绝。康复的过程非常缓慢,但最后我终于出院了。这时我感到最困难的是,回家后我发现生活再也不是以前的样子了。我不能行动,家里的一切包括我所爱的人也都变了。情感方面遭遇的痛苦比身体的痛苦更令人难以忍受。

那场煎熬已经过去9年了,但我现在还时常想起那些日子。那段经历让我变得平和了。我感到日常生活中的很多事情都不再重要,我不让自己把精力和时间放在会对我造成负面影响的事情上。重获新生后,我始终保持一颗感恩的心,并且只关注对我来讲重要的事情。我尽量不让自己感到泄气,凡事总往积极的方面想。与死亡擦肩而过的经历让我更加看重自己的存在和与他人的关系。

桑德拉的经历反映出人在面对死亡时的孤立和为了在似乎已经无望的情形下仍然保持希望所做的努力。对她来讲,濒临死亡使她醒悟到生活中什么才是真正重要的。疾病促使她对自己生活的优先顺序重新排序,也对怎样度过自己的时光重新做出抉择。事实上,她通过面对死亡学到了许多有关生命的功课。当你意识到时间不可能总等着你去完成生活中那些重要的事情时,你会学到怎样的功课呢?

向将死之人学习生命的功课

我们的两个女儿海蒂和辛迪,在她们祖母去世前的最后几个星期里扮演了重要的角色。虽然那是一段痛苦的经历,但是她们也从祖母那里学习到很多关于生活的极具价值的功课——不只是从她最后的岁月里,也包括她多年来的生活态度。辛迪记录下了一些"祖母教会我的功课":

深情地看着你所爱的人的眼睛,什么也不用说,让他们知道你爱他们,他们是你的一切。专注地看着他们,让他们觉得你是房间里唯一与他们在一起的人。

说感谢的话,怀感恩的心,哪怕在绝望时,也要感激上苍的恩赐。

当你伤害或冒犯了某人时,要向他道歉。

抚摸你爱的人,让他们也抚摸你,因为它有疗伤的作用,还能渗透到你的灵魂中,让你充满喜悦。

开怀大笑或面带微笑，并总是保持轻松的状态，让你在与每个认识的人相处时都充满了欢笑。

告诉别人你有多么爱他们。如果你想感谢或赞美某个人，要立即告诉他或她。

在没有理解别人之前，不要妄加判断。即使他们伤害了你或者冤枉了你，也要试着忘却和原谅。

如果你的生活中充满了对他人的热情、爱和关怀，那么晚年你也一定会收获这些美好的礼物。

向他人敞开自己，和大家分享你的恐惧和痛苦。

在别人痛苦时，耐心地陪他们坐着，听他们倾诉。如果他们能把自己的忧伤讲出来，他们就会感觉不那么沉重了，也会很快将情绪转变为爱与平和。

要关心周围的人所做的事，对他们要真诚并保持好奇心，关心他们是否幸福。

与他人分享你的智慧和生活经验，但不要将建议强加于人。你可以讲述自己的努力和成就，但千万不要表现得骄傲或自以为是。

你现在过得怎样？

我们每天忙于日常事务，很少停下来思考一下自己过得怎么样。你愿意花点时间来评估一下自己的生活质量吗？想象你被告知只能活有限的一段时间了，你会开始考虑生活中错过了什么吗？有哪些事情你希望能重新来过？对于失去的一些机会，你会感到后悔吗？在思考自己生活中那些重要的转折点时，也同时思考一下诺尔玛的经历，看看她的经历是否对你有启发。

诺尔玛的故事

我今年53岁，生活中已经取得的成就超出了我以前所能想到的。迄今为止，我的生活非常丰富，我也很感恩。我有丈夫和四个孩子，我们之间的关系非常好。虽然我知道他们的生活中需要我，但没有我他们也能应付得来。我并不害怕死亡，但我会觉得如果现在就让我死去太不公平，因为我还有那么多事情要做。

我还有许多才能没有发挥出来，我现在着手进行的项目还需要很长时间，虽然它们的进展令人满意，但仍需要投入很多精力进行专业探索。

有时我也会感到悲伤和失望，我担心我可能没有足够的时间做完所有我打算做的事情。时间过得太快了，我希望能让时间停下来。我希望自己能活得长久些，但我也知道我可能没那么幸运，这促使我想在生活中做些改变。死亡使我开始思考，如果我很快死去的话，我会后悔自己没有做哪些事情。这个现实还让我感到不能再拖延我的一些计划，因为很可能没有以后了。如果现在就离开人世，那我最大的悲剧就是没能过属于自己的生活，只是活给别人的。

在回答下面"思考时间"中的问题时,请思考你是否需要对你的时间观念和你目前的生活做些改变,从而使自己有更大的收获。

思考时间

1. 你喜欢你现在的生活方式吗?列出一些你现在没有做但其实很想做的事情。_____
_____

2. 如果只能再活6个月,你会做哪些和现在不同的事情?_____
_____

3. 死亡的现实会促使你急于寻找生活的意义吗?如果是,你将怎样寻找?_____
_____

4. 当前你能采取哪些方法让自己的生活过得充实?_____
_____

自杀:是最终的选择、最终的投降,还是最终的悲剧?

你们中肯定有不少人遭受过周围朋友或家人自杀的影响。据统计,在美国,2008年有36035人死于自杀,有大约666000人因自残性受伤而被送往医院急诊室(Crosby, Han, Ortega, Parks, & Gfroerer, 2011)。 更令人震惊的是,有自杀行为的人中有56.8%的人从来没有寻求过心理咨询。因此,自杀的确是一个需要引起广泛关注的涉及大众健康的问题,不过我们将更侧重于从人文角度来关注和探讨这一行为。

那些有自杀倾向的人通常会觉得已陷入了死胡同,生活实在无法忍受了。他们不想再按照日益恶化的方式生活下去,却又感到几乎没有改变的可能。虽然生活中肯定可以有其他的选择,但他们就是没有办法看到。在这种情绪失控的情况下,自杀的念头就变得无法抵挡。对于自杀,经常有以下这样一些误解:

▶ 自杀通常没什么预兆。

▶ 扬言要自杀的人并不会真这么做。
▶ 年轻人比老年人更容易自杀。
▶ 有自杀倾向的人会永远这样想。
▶ 人自杀的原因是他们想死。

虽然有些人丝毫没有表现出自杀的倾向,但他们在自杀前还是会有一些应该引起人警觉的征兆,下边就是一些个体有自杀可能的迹象:

▶ 有自杀的想法,扬言要自杀。
▶ 觉得生活失去了意义。
▶ 以前曾说过要自杀或有类似说法。
▶ 陷入死亡的想法中,包括总是表达绝望和无助的情绪。
▶ 将值钱的东西都送了出去。
▶ 谈论自杀的方式和时间。
▶ 焦虑、不安和抑郁。
▶ 用药量增加。
▶ 封闭自己,不再与朋友和家人交往。
▶ 行为上有极端的变化,性格也突然改变。

- 突然想把自己的生活安排得井井有条。
- 在表现出上面所列的这些特征一段时间后，突然变得非常镇定和安静。

这些迹象应当引起重视和得到认真对待，应该立即采取干预措施来帮助有自杀倾向的人做出改变。

阻止所有的自杀是不可能的，但是干预性的措施能够减少自杀事件的发生。当一个人在谈论自杀时，哪怕是很隐晦地，也要予以重视，可以直接问他是否有这方面的打算。当某人表现出自杀的迹象或谈论自杀时，对他表示关心和提供援助是极其重要的，并要在他陷入挣扎的过程中陪伴左右，以确保他的安全。此外，还要建议他去寻求专业帮助。在大多数城市都有24小时开通的自杀干预热线。

自杀到底是最终的选择、最终的投降，还是最终的悲剧？这个问题太复杂，很难给出简单的答案。我们每个人都能够对自己应该怎样生活做出清醒的选择，同时在一定程度上，也可以选择怎样死去。有些人认为自杀是一种投降，即不愿意再努力下去或者在还未探索其他可能性之前就太快地放弃了一切。有时候，你会觉得特别无助，甚至会思考这样生活下去是否还有意义。很多时候，一个人考虑自杀并不是不想活了，而是实在找不到摆脱痛苦或从死胡同中走出来的办法。但凡能看到一点希望，他们也会有理由继续活下去。你有过自杀的想法吗？如果有过，那是什么导致你产生这样的想法？又是哪些因素阻止了你这么做？自杀对你有哪些隐藏的含义？

结束自己的生命是一个太过激的举动，而其传递的这些情感信息和象征意义也同样具有震撼力：

- 求助的呐喊："我大声地呼救，可是没有人在乎我！"
- 一种自我惩罚的形式："我不配再活下去。"
- 充满敌意的行为："看！你逼我做了什么。"
- 一种想控制和影响他人的企图："我要让你们今后为曾经对我做过的事情受尽折磨。"
- 一个想引起关注的行为："或许这样人们就会谈论我，并为他们曾那样对待我而感到内疚。"
- 从精神的压力中解脱："生活的压力太大了，我看不到一点希望。"
- 从困境中逃避："我是大家的负担，我死了，他们也就解脱了。"
- 从绝望中解脱："我摆脱不了绝望感，结束生命总比每天都在痛苦中醒来要好得多。"
- 对痛苦的终结："我的身体遭受了极度的疼痛，而且这种痛苦没有止境，只有自杀才能终结这一切。"
- 对羞愧和失败的表达："我做了那些事，实在无法见人。"

对自杀的反应

死亡通常意味着痛苦的终结。那些自杀的人可能就是通过这最终的、刻意的行为来终结自己身体上或心理上的极度痛苦。但是对于那些活着的人，亲密的人的自杀常常却是漫长痛苦的开端，特别是家人们要忍受情感的煎熬、无解的疑问以及各种各样无法排遣的想法和感受。挚爱之人的非正常死亡，特别是自杀，经常会让其家人经历无尽的伤痛，最后往往只能寻求专业的医治。

当一位家庭成员自杀后，家人随即的反应通常是震惊和难受，而这之后他们又会经历一系列复杂的情感，包括否认、吃惊、愤怒、内疚、羞愧、悲伤、压抑、痛苦、恐惧、自责、被拒绝和被抛弃。当家庭成员无法接受时，他们会想出各种理由来拒绝相信自杀的事实。愤怒是一种常见的情绪，通常是针对死者的，但有时也会针对自己、朋友、家人、护理人员、保险公司和社区的其他人员（Kaslow & Aronson, 2004）。羞愧的感觉则与宗教对自杀的看法有关。生者都会对此感到内疚，因为他们肯定会觉得自己本来可以做些什么来阻止这一悲剧的发生——"要是我再敏感一点，或者对他更关心一些，这件可怕的事可能就不会发生了。"生者还会感到恐惧，因为他们害怕这样的事还会发生在家中其他人身上，甚至发生在他们自己身上。

生者通常需要花很长时间经历诸如愤怒、自责和内疚等情绪，才能接受失去亲人的事实。通常他们无法理解为什么会有这样的事情发生，因此找人倾诉和交流是非常有必要的，否则因失去亲人造成的空虚感永远无法得到填补。当然最终他们还是得面对失去并重建自己的生活，但这一切必须在处理好对自杀的反应后才能完成（Pehrsson & Boylan）。

死者未尽的事情、如何处理它们以及它们带给生者的感受都会给处在悲痛阶段的生者造成影响。通常而言，生者会有一种深深的被抛弃感，并因此感到孤独和隔绝。对于那些因亲人自杀而悲痛不已的人，最有效的办法就是陪伴他们，不加评论地与他们交流（Corr & Corr, 2013）。寻求心理咨询也可以对他们有所帮助，能够让他们学着把自己的情绪释放出来，而不是憋在心里。心理辅导还能够给他们带来下面这些帮助：

▶ 鼓励生者把那些一直萦绕在他们脑海中的各类想法都说出来，相互交流对他们是有益的。

▶ 人们可在交流过程中扭转自己的一些错误想法，为未来做好准备，并试着不再自责和后悔，同时也可以把内心的愤怒表达出来。由于他们的悲伤太深重了，没有专业人士的帮助，家人之间很难把这些复杂的情绪都充分表达出来。

▶ 我们还可以帮助生者回忆死者生活中与自杀无关的其他方面，因为自杀给他们的打击几乎是毁灭性的，咨询时这种侧重回忆的谈话能让他们的生活渐渐趋于平衡和平静，也有利于他们弥合伤口（Hedtke & Winslade, 2004）。

威廉·布洛（2012）给学生上过一门有关死亡的课程，他发现学生们非常关注是否应该干涉一个人"死的权利"这一道德问题。他首先指出了身体健康但主观上有无法忍受的情感痛苦的人与那些患上绝症而失去了生活品质的人之间的根本不同，并提醒学生那些情感极度痛苦和绝望的人通常是能够改变的，而且大多数因自杀行为前来咨询的来访者后来都对他们的生命能得到挽救心怀感激。我们也非常认同这一观点。我（Marianne）最近与一位以前的来访者交谈，她告诉我她仍记得几年前我们在一起的那些时刻，当时她很绝望，想结束自己的生命。我问她是不是很高兴没有那么做，她的回答非常肯定，并告诉我她现在也开始从事这方面的助人工作。

为了解脱而结束生命

自杀是一种解脱吗？自杀是合理的行为

吗？有些患了非常痛苦或不治之症的病人自行决定了什么时候、用怎样的方式结束自己的生命。**理性自杀**是指一个人出于绝症带给他的极度痛苦，在没有外人胁迫的情况下，经过深思熟虑后所做出的结束自己生命的行为。很多人反对主动结束自己的生命，但他们也不赞同通过人为的非正常的手段来延长生命。当然，面对绝症，选择自杀还是自然死亡是有区别的。**协助自杀**是指给自杀者提供致命的手段，由其本人实施自杀的行为。**加速死亡**则是指加速死亡的过程，包括不提供或收回延长生命的设施。考虑到绝症的情形及其难以承受的痛苦，这种理性自杀的形式有时候也被认为在道德和人道主义上是合理的。但在世界上绝大多数地方对这类做法仍存在巨大争议。

《生与死的抉择：临终关怀中心理和道德的考量》一书中，Kleespies 阐述了预定的护理计划的重要性。**预设指令**主要是为保护人的自我决定权，因为当人的病情发展到一定程度时，他们就无法再自己做出决定了。如果人不愿意在成为植物人后还强行保留生命的话，那不管处在哪个年龄段，他都可以先预留自己的嘱托。通过预设指令，人们可以在头脑清醒时对今后生病时的医疗护理措施提前做出选择，以防自己病重时无法再做决定。通常有两种形式的预设指令，一种是完成一份**生命遗嘱**，即对自己生命末期的护理做出具体要求和选择；另一种则是指定某人在自己丧失能力后代表自己做出决定。根据 Kleespies 的观点，预设指令让人们能够把自己关于生命末期护理的想法清楚地传达给家人和医护人员，因此它应该被视为一种体现怜悯和保护个人自主权利的做法。

死亡中的自由

在死亡的过程中，我们能够做出的选择越来越少，但尽管如此，在走向死亡时，我们还是能够掌控发生的一些事情。下面的叙述是关于吉姆·莫洛克的死亡历程，他是我们的一个学生，后来成了我们的好朋友。

吉姆25岁，充满活力、聪慧、开朗、诚实并且勇于挑战。被诊断出患病时，他刚从大学的公共事业专业毕业，并且拥有非常光明的前途。

大约一年半前，吉姆的前额长了肿瘤，虽然通过手术摘除了，但当时医生就认为他的肿瘤十分罕见，而且不是良性的。不久，更多的肿瘤长了出来，他只好接受更多手术。几个月后，肿瘤已经长满了吉姆全身，即便采用化疗手段，他所剩的时日也不多了。从那以后，他变得越来越虚弱，能够做的事情也越来越少，但是面对能力的丧失和死亡的临近，他依然表现出了非凡的勇气。

前不久吉姆来到了加利福尼亚州，参加了我们和这本书的书评者们召开的关于本书的周末讨论会。在讨论到这一章时，吉姆说尽管我们对于走向死亡过程中所失去的东西没有选择的权利，可是我们依然有能力选择如何面对死亡。

在过去的几个月里，我（Gerald）从吉姆身上学到了很多东西，特别是即使在极端的困境中，人还是可以拥有选择的权利。吉姆在得知自己的病情后，做出了很多重要的抉择：他选择继续在大学里学习，因为他喜欢和那里的人交流；他在一个港口努力工作来养活自己，直到他的身体实在无法承受这样的劳动；他决定进行化疗，虽然他知道这并不太可能治好他的病，但他希望这样或许能减轻痛苦；但是化疗完全没有作用，过去的几个月里他忍受了很多痛苦，于是他决定不再化疗，因为他认为如果他的生命再也活不出任何意义时，就没必要刻意去延长生命了。在彻底卧床前，他决定去趟夏威夷，好好享受一下有品质的生活。

吉姆不喜欢医院的环境，因此他选择待在家里，以便有较为私人的空间。只要身体状况允许，他就大量阅读书籍并坚持写日记，记下自己对生活和死亡的想法和感受。和朋友在一起时，他弹吉他，唱自己写的歌。他始终对生活及自己周围的一切饱含热情，但也不回避他很快就要离开人世的事实。

我们比任何人都清楚，吉姆一直在认真安排自己的后事。他把家人聚在一起，告诉他们他的愿望；他和所有的朋友联系，告诉他们所有他想说的话；他请求朋友在他的葬礼上演唱挽歌。他明确表示希望火化自己的遗体，把那些肿瘤全都烧掉，然后将他的骨灰撒向大海，这样的愿望反映出他对自由和生活的热爱。

吉姆现在几乎不能动了，也失去了自由，因此他大部分时间只能躺着，等待生命的结束。迄今他一直都在选择有尊严地死去。虽然他的身体日渐衰弱，但他的思想和灵魂仍然保持鲜活的状态。他思维敏捷，可以用很少的话表达出非常深刻的意思，而且他仍然保持幽默。他也会对自己失去的东西感到难过，就像他说的，"我当然希望能够和自己所爱的人们开心地在一起！"但意识到这已是不可能的事情后，他与周围所有亲密的人安详地道别。

在这样极端的考验中，吉姆的母亲也表现得非同一般。她告诉我们尽管吉姆一直都处在疼痛中，但他非常了不起，几乎从不抱怨。我们对她说，她自己在照顾吉姆的过程中也从未抱怨过。我们一直以来都非常赞赏他母亲的坚强和勇气，也很佩服她愿意尊重吉姆的意愿，虽然有时他们之间的看法并不相同。在照顾吉姆时，她并没有表现出可怜他的样子，也没有剥夺他的自由意志和自主权利。她坦然面对吉姆即将死去的现实，并愿意一直陪伴在他身边，这使得吉姆能够有机会随时表达他所有的想法和感受。正因为她从来不阻拦，吉姆才可以公

» 吉姆正在快乐地弹吉他。

开表达自己的悲伤和惆怅。

吉姆的经历让我（Gerald）学到了很多有关生死的功课。从吉姆的身上，我懂得了在面对一个濒临死亡的人时，你不必做太多事情，只需要真诚地陪伴在他或她的身边。因为以前很多时候我都会有一种无助感，不知道该说什么和说多少；也不知道该不该问他的病情；总感觉话就在嘴边却难以启齿。吉姆就要走了，这对我而言是个巨大的损失，真是很难接受。不过，渐渐地我开始明白不用考虑太多该说什么和不该说什么。事实上，最后一次看他的时候，我没有说什么话，却感到我们之间进行了深入的交流。我学会了跟他分享我的难过，尽管要跟一个好朋友说永别终归不是件容易的事。

吉姆试图告诉我的是，他对待死亡的态度与他对待生存的态度并没有什么不同。他的经历和话语激发我认真思考自己的言行，并对自己的生活做出评价。

吉姆在去世前给了我一张画。画面上是一个男人和两个小女孩走在森林里，画的上方写着"慢慢来"。吉姆非常了解我，他知道我总是很忙碌，干很多事，以致时常会忘记让自己停下来，真正体会和欣赏生活中的美好。

思考时间

1. 如果你身边的一位亲人即将死去，这样的经历会对你对生活和自己的死亡的感受有怎样的影响？_____

2. 如果身边的人快要死了，你会做出怎样的反应？_____

3. 如果你快不行了，你最希望从身边最亲近的人那里得到什么？_____

临 终 关 怀

现在人们越来越认同让家庭成员直接介入照料临终的病人，临终关怀就是这样一种做法。最近几年，临终关怀在欧洲、北美和世界许多其他地方变得越来越普遍，它们为那些快要走到生命尽头的病人提供照料和关爱。通常来讲，这种关怀服务都安排在病人的家中，很多这种家庭式的临终关怀服务已经取代了传统上那种既昂贵又不人道的医院治疗方案。这种关怀服务形式还能够让病人的家人在即将失去挚爱亲人的最后日子里充分表达他们的情感。

志愿者和得到培训的护理人员都可以提供健康护理方面的帮助，包括帮患者和家人应对心理和社会的压力，临终关怀的工作人员还能够向患者及其家人提供他们所需的各类的信息。临终关怀是一套整体方案，其目的就是为濒临死亡的人提供帮助，使他们能够体面而有尊严地死去。此外，它还能帮助病人的家庭成员为最后的分别做好充分准备。

有时候临终关怀的目的会被误解，特别是在医生协助病人自杀这一仍有争议的事情上。我们的家庭就在临终关怀的问题上遇到过误解。在海蒂祖母生命的最后几周里，几位家庭成员决定申请临终关怀服务，但有一位家庭成员则对此强烈反对，因为他错误地认为这种做法就是阻止治疗并加速病人的死亡，不过他去临终关怀机构咨询了他的顾虑，在那里他的想法得到了纠正。后来我们一大家人都感到从临终关怀机构的护理人员那里获得了极大的支持和帮助，并意识到如果没有他们的帮助，我们面临的处境会是多么艰难。那些工作人员为我们每一位家庭成员都带来了安慰，而且他们能够让老人有机会在自己的家中度过生命的最后时光，这恰恰是她最大的愿望。

有关临终关怀的更多信息，你们可以搜索临终关怀组织的网站。

>> 临终关怀是为了解决许多人认为医院对濒临死亡的病人照顾不够的问题而产生的。

死亡和丧失的阶段

死亡及其过程已经成为了广泛讨论的话题：心理学家、精神治疗师、护士、医生、社会学家、神职人员和研究者都在讨论这个问题。尽管对许多人来讲这曾经是个禁忌话题，但是现在它已经成了很多讨论会、课程、工作坊和书籍关注的重点。

濒临死亡的人需要与人交流即将到来的死亡，也需要与生命中重要的人完成一些心愿，这是他们普遍的需求。如果我们忽视了死亡的过程、垂死之人的需求以及他周围人的恐惧情绪，那么这些将要死去的人就可能没有机会去充分表达他们的情感，以让自己在临终前能得到彻底释放。

对死亡过程更加深入的理解有助于我们接受死亡，并且能够给那些即将死去的人带去更多的帮助和陪伴。库布－罗斯提出了死亡过程中可预见的五个阶段的观点。她所描述的**死亡的五个阶段**让我们对这一痛苦过程有了清晰的了解，不过她再三强调这些阶段并不是完全分割的，每个人也不一定都要按固定的次序全部经历一遍。经常会有人对她的工作产生误解或做出错误的解释，因为他们认为她提出的这些阶段是一个线性的过程，但实际上这并不是她的本意。有的人会经历所有这些阶段，有的人会跳过其中一个或几个阶段，还有的人可能会重复经历前期已经经历过的阶段。不过，大体上讲，库布－罗斯认为这几个阶段的顺序应该是：否认、愤怒、谈判、抑郁和接受。

否认

在得知很快会死去这一令人震惊的消息后,否认通常是第一反应。大多数人会不愿意相信这一事实,他们要过一段时间后才能开始正视即将到来的死亡,但是后期他们很可能还会对死亡再次持否认的态度。在这一阶段,病人的家人和朋友的态度相当关键。如果他们也不能接受所爱的人将要离世的事实,就无法帮助病人面对这一现实。有时候恐惧让他们意识不到病人其实很想与他们谈谈有关死亡的问题以及他们的需要。

愤怒

我们必须意识到濒临死亡的人需要表达自己的愤怒情绪,无论是直接对医生、护理人员、朋友和孩子,还是间接质问上天。如果把这种愤怒当作针对个体的,就没有办法与病人进行有意义的交流,而且我们可能还会因为自己也要忍受很多痛苦而对病人的愤怒感到很生气。但是在与一个垂死的人相处时,绝不能忽视他们愤怒的情绪或对此表示不满,我们能给予他的最大帮助就是与他同在,让他把自己所有的情绪和感受都充分表达出来。唯有这样,我们才能帮助他最终平静地接受死亡这一现实。

谈判

库布-罗斯对谈判的本质是这样总结的:"如果上天执意要将我从这个世界上带走,那他肯定不愿听带着怒气的请求,可是如果我真切地恳求,他或许会怜悯我。"谈判最明显的一个表现就是行为方面的变化,或者某个具体的承诺,想以此来延长自己的生命。这样的谈判通常都是暗中进行的,目的就是为了能延长活着的时间。

抑郁

面对死亡的人在死亡过程中看到自己失去越来越多的能力,并意识到还将失去更多时,他们不仅会感到悲伤,也会开始抑郁。在《相约星期二》一书中,当被问到是否为自己感到难过时,莫里斯回答说,早晨当他看到自己的身体渐渐萎缩时,他会放声大哭。"我摸着自己的身体,转动我的手指和手,还有其他我能动的地方,我为自己所丧失的功能感到难过,也为这缓慢的、不知不觉恶化的死亡过程而难过。"但他接着说,不过他很快就不再难过,转而关注生命中尚且保留的美好事物。

就如同让垂死的人充分发泄他们的愤怒非常重要一样,让他们完全地表达他们的悲伤,并为自己的人生做出最后规划也同样重要。濒临死亡的人将失去所有他们爱的人,为失去的一切尽情痛苦,然后他们才可能获得内心的平静,从容地接受死亡这一现实。

接受

如果病人能有足够的时间并得到很多的支持来帮他们度过前面几个阶段,他们中多数人就不会再感到抑郁或愤怒了。如果经受住了死亡带给他们的各种矛盾情绪,他们就能够接受死亡这一事实了。

在这一阶段,将去世的人常常会感到疲劳和虚弱。接受并不意味着屈服、放弃或什么也不做。相反,接受是面对现实的一种方式。它包括逐渐与周围的人、生活、各种联系和角色分离开的过程。当然,有些人可能永远也无法做到面对死亡,并且他们也不想这样做。"不是所有的人在临死前都能有一个美好、圆满、深刻、宽恕和充满爱的体验。许多人会一直处在愤怒和悲伤的状态中。"

死亡过程各阶段的意义

库布-罗斯对死亡阶段的描述所具有的价值在于,她对病人的经历和体验进行了归纳性概括,这使我们对死亡的过程有了更加深刻的了解。但不要将这些阶段视为必然出现的进程,也不要将其作为标准来判断一个将要死去的人的行为是否正常。就如同每个人的生活方式各不一样,死亡的过程也各不相同。有时候,那些照料他们的人会忘记这些阶段并不能清楚地分开。有一位咨询师就说过,"我读过库布-罗斯的书,知道这些人将要经历的过程,可是很多病人却完全没有按照书中所描述的那样去进行!"

那些没有达到接受阶段的患者有时候会被认为是失败者。比如,有些护士会对那些从抑郁阶段又回到愤怒阶段或在愤怒阶段待了太长时间的患者感到气愤。其实在这一过程中,人们会经历各种各样的情绪:希望、愤怒、抑郁、恐惧、嫉妒、解脱和期待,那些将要死去的人的心情显然会更加波动。因此,不能把这些阶段的划分当作分类方法无情地用在即将死去的人身上,它们只能作为一种参考框架来理解和帮助他们。人们在面对死亡时会有各种不同的表现,有些人会很愤怒,有些人会很克制,还有些人则会通过思考生命的意义来更从容地接纳死亡。关键是要理解不同的人在不同的时期和不同的场合对死亡会有不同的反应(Corr & Corr, 2013)。

应对死亡过程的任务模型

库布-罗斯将死亡过程划分成几个阶段的方法有助于我们对死亡的了解,其他一些研究人员则提出了另外的理解死亡过程的模型,其中之一就是对待死亡的**基于任务的模型**(Corr, 1992)。模型认为任何对待死亡的观点都必须强调整体的人性,要充分考虑个体的差异性,要考虑到所有相关的人。模型包括与死亡过程有关的四个方面的任务:生理、心理、社会和精神。

- **生理任务**:它涉及的是身体的需要和生理的状态,包括应对疼痛、呕吐以及其他生理反应。这些基本的生理需求必须得到关注,这样其他方面的需求才能得到满足(心理的、社会的和精神的)。这方面任务的目的通常就是缓解身体所遭受的痛苦。
- **心理任务**:它包括自主、安全和生活的丰富感。个人尊严对于那些即将离世的人来讲尤其重要。
- **社会任务**:它主要是保持和加强病人所看重的人际关系,因为许多即将离世的人的社交兴趣会减少,关注点也会转移。
- **精神任务**:它主要涉及诸如意义、联结、超越和培养希望等主题,因为面对死亡的人通常会思考生命的意义、痛苦的意义以及死亡对他们剩余时间的意义。

这四方面的任务对应了我们生活的四个方面,而不同的人会采用不同的方法来完成这些任务。有的任务可能根本无法完成,有的任务可能对于不同的人的重要性不同。这种以任务为基础的模型旨在强调通过选择来增强人的自主能力和参与感,因为人在面对危及生命的疾病和死亡面前是可以有选择的。人们可以在某段时间完成某项任务,然后将它放到一边,再着手完成其他的任务。人们可以只完成其中的一项任务,也可以完成所有的或一项也不完成。按照 Corr 的观点,让一个人完成全部任务几乎是不可能的,因此哪怕能完成其中一项都是很有意义的。一般情况下,一个人一直到死都在设法完成这些任务,而对于死者的亲人,完成这些任务可以帮助他们逐渐走出丧失的悲伤。

死亡与悲伤的关系模式

关系模式是思考死亡、死去和这其中痛苦过程的又一种方法。它不认为人出生时就是孤独的,因此最终也将孤独地死去;相反,它强调人生来就处于关系网络中,并且将一直处在这样的关系中,直到死亡以后的很长一段时间。因此关系模式并不是关注个体怎样经历情绪的各个阶段和完成那些任务从而接受死亡,而是关注那些失去亲人的生者如何通过与死者建立一种新的关系来获得慰藉,走出悲伤。

死亡并不能结束所有的事情,有些人虽然死了,但他们依然活在怀念他们的人的生活中。因此,从这个意义上讲,虽然他们的肉体不复存在了,但他们的生命仍在继续,因为人们还在讲述他们的故事。以为死亡断绝了我们与所爱之人的关系是一个错误的概念。通过在谈话中对所爱之人的回忆,我们可以构建一种新的关系,即"继续的关系,因为它是可以继续下去的,而不会中断或失去"。回忆就是在一个人去世后,活着的人仍然在日常生活中、交谈中、做各种选择时和寻求生命的意义时保留对他或她的记忆。这种新的、不同于以往的关系会让我们时常记起逝者的经历和音容笑貌,这样我们就可以获得源源不断的力量,继续生活下去。我们可以持续不断地在生活中更新逝者的形象,感受他的同在,甚至可以把他介绍给我们生活中新结识的人。比方说,我们的女婿布莱恩就常向他的女儿们讲述他父亲的故事。他父亲在几年前去世了。孩子们从未见过她们的祖父,但布莱恩用充满爱意的方法把他父亲介绍给她们,于是她们对祖父迈克也有了很多了解,她们甚至把从父亲那里听来的有关祖父的故事讲给其他人听。

关系理论与前面提到的几种观点是截然不同的,因为那几个观点都强调要放下悲伤,接受没有他们的生活,并将与死亡相关的未竟的事情尽快处理完,而关系模式的目的则是让生者在生活中与逝者保持一种持续的关系。在安慰生者的辅导过程中,我们常常会和他们通过下面的问题进入交流:

- 关于你所爱的逝者,哪些记忆是最重要的?你都记得他的哪些故事?
- 当他或她活着时,他或她对你意味着什么?
- 在他或她去世后,你怎样保持对他或她的回忆?在怎样的场合,在什么样的背景下,这些回忆带给你怎样的影响?
- 在对待生活的需求方面,你所爱的逝者给过你哪些建议?他的哪些经验或智慧现在对你仍具有指导意义?
- 如果逝者知道你仍在怀念他或她给你的生活带来的价值的话,这对他或她意味着什么?
- 这种思念逝者的方式对你自己的生活有什么意义?

许多即将离世的人在得知他们死后不会被遗忘，他们的经历会传给后人并不断地被他们讲起，会感到非常安慰，同样地，许多面对亲人即将离世的生者也能够从对逝者的回忆中获得慰藉，而不是简单地与他们告别，然后忘掉这段关系：

> 记忆就是让他们出现在我们的日常生活中、谈话中、各种喜庆的场合、做抉择的时刻以及我们探求生命的意义时；记忆就是不让我们对所爱之人的回忆消逝无影。

死亡、分离和其他丧失带来的痛苦

与死亡前所经历的阶段相似，人们在应对死亡和其他一些丧失的时候，也要经历不同阶段的痛苦体验。**悲伤过程**就是指人在经历重大失去时所遭受的种种情绪体验。人在失去家人、朋友和亲密关系时都会感到极度的悲伤，在此之后，他们常常会感到非常绝望，不知道自己的生活是否还能回归正常。一些常见的情绪有：悲伤、难过、恐惧、伤害、混乱、抑郁、怨恨、解脱、孤独、愤怒、绝望、羞愧和内疚。而理解悲伤的十项原则可以用来帮助人们早日走出悲伤的状态，这十项原则是：① 直面丧失；② 消除对悲伤的误解；③ 理解悲伤的特殊含义；④ 释放各种因丧失而产生的情绪；⑤ 承认自己并没有失去理智；⑥ 理解悲伤的必要性；⑦ 关爱自己；⑧ 向别人寻求帮助；⑨ 寻求回归正常的方法；⑩ 接纳自己的整个转变过程。这些智慧的理念能够帮助人们理解自己在悲伤过程中所经历的一切。

近年来，各种各样的自然灾害，比如地震、海啸、飓风和龙卷风等时有发生，造成了惨重的损失。对于这些灾难的幸存者来说损失的确令人震惊，有些人在几分钟的时间里就失去了他们拥有的一切和所爱之人，在还没有明白发生了什么的时候，他们生活中一切重要的东西都被洗劫一空。确实很难想象怎样才能接受这样的悲剧并继续活下去，但人们还是活了下来。不过他们经历的悲伤是长期而复杂的，很可能会伴随其一生。

悲伤的过程很折磨人。有些人无法接受孩子或者伴侣死去的事实，他们抵制自己的情绪，不敢面对这种痛苦。在悲伤的过程中，有时候人甚至觉得自己都麻木了，或者总是下意识地不停地做事情，但当麻木消退后，痛苦的感觉会更强烈。比方说，我（Marianne）的母亲在二次世界大战中失去了她的第一个孩子，因为当时没法得到医疗来救孩子的命。我母亲很少提起这个孩子，大多数人甚至都不知道他曾存在过。她为孩子的死责备自己，她一直都不能原谅自己"让"孩子死去。后来，她又有了几个孩子，但她很难做到与他们特别亲密，或许是因为她觉得如果再失去他们，她恐怕无法承受那种痛苦。

当拒绝接受因丧失引发的痛苦和悲伤时，我们最终不可避免地会感到更加痛苦，自己的情绪也无法得到释放。这种没有表达出来的痛苦会让我们的身体和心理都出现问题，还会阻碍我们接受亲人离世这一事实。弗娜说她在一位同事的葬礼上无法控制自己的情绪，不停地哭；让她震惊的是，当她丈夫去世时，她却表现得"克制和镇定"。她的这种截然相反的反应对我们是一种提醒，因为她没有意识到自己抑制了失去丈夫的悲痛。多年之后，她才终于把自己难过的情绪表达了出来。弗娜的丈夫提前退休，死得非常突然，因此她不仅要努力接受他的离世，还得接受他们曾共同憧憬的一切希望、计划和梦想也都不复存在了，这让她很难再燃起对新生活的希望，因为她的未来早已与她丈夫的未来绑在一起。

当人处在悲伤中时，他们可以通过各种途径来寻求帮助。悲伤关怀小组就能提供很多这方面的帮助，它会让我们觉得自己并不是孤单无助的，无论是在痛苦中，还是在疗伤的过程中。参加这样的关怀小组使我们有机会把亲人离世这一事实讲出来，与他人分享自己的痛苦，探讨失去对活着的个体的意义，逐渐适应失去后的现实，并渐渐开始考虑人生新的价值和意义。此外，小组成员在一起时也可以彼此安慰。这样的关怀小组当然并不能解决围绕失去引发的所有问题，但大家在一起的经历可以让我们学会理智地看待失去。

有时候，医学和心理学领域的专业人士会对人悲伤时的正常表现进行病理处理，这种做法有待商榷。我们的侄女与她父亲的关系非常亲密，因此在失去父亲时，她告诉医生她总是控制不住地哭，感到非常伤心难过，于是医生给她开了抗抑郁的药，却没有与她交流，帮助她从丧失的痛苦中恢复。正常情况下，悲伤难过并不需要去医院就诊。但如果强烈的痛苦始终挥之不去，并让人的身体变得衰弱不堪，那就有必要去就诊并接受治疗。我们应当明白，悲伤是一种很正常的情感状态。有些诊断可能会用到精神病类的药物，但仅凭药物肯定无法治愈丧失带给人的失落感和空虚感。

允许自己悲伤

在经历过一次重大丧失后，悲伤是一种心理上必要的和自然的过程。但在有些文化中，人们在遭遇丧失后，很难公开表达他们的悲伤。比方说，在我们的社会里，文化价值观似乎期望人们尽快"放下，向前"，"回归正常，开始新生活"。同其他被压抑的情感一样，没有表达出来的痛苦情绪会埋藏在人的内心深处，让人无法对失去释怀，也很难建立新的关系。此外，没有得到释放的悲伤还被认为是引发各种身体不适和疾病的关键因素。人们会在心理和行为方面遇到障碍，但他们很少把这些症状与失去联系起来（Freeman，2005）。大多数对死亡和失去进行过分析探讨的心理学方面的专家都认为，感受悲伤和痛苦是非常有必要的。

哀悼是个人或社区对死者表达思念的一种仪式或做法。哀悼的过程具有疗愈的作用，因为它可以让人从情绪和理智两方面都得到释放。人们对待失去的方法各不相同，也没有什么唯一正确的办法。虽然随着时间的推移，人们大多都能走出这段难过的经历，但失去带给人的伤痛是会永远与他们相伴的。在正常的悲伤过程中，人们不会因失去而停滞，也不会一直受到它的影响。

很多文化中有一个正式的哀悼期（通常是一年）。在这些文化中，参与哀悼的人会直接参加葬礼的全过程。在美国，那些饱受丧失之痛的人会被保护起来，不让他们参加埋葬仪式等，而且人们通常被期待不要表现得太过悲伤，这使人难以真正接受亲人已经离世这一事实。现在这种抑制情绪的做法已经被证明是无益的，相反，我们应该更多地直接参与到亲人离世前的死亡过程（比如临终关怀）以及死后的葬礼仪式等中。

前面提到过应对死亡的任务模式和关系模式，同样地，任务模式也可以适用于应对强烈的悲伤过程。很多研究人员已经开始关注与应对悲伤有关的各类任务，其中包括：平静地讲出所爱的人已经去世这一事实；去墓地祭拜；回忆过去与逝者在一起的时光（Abeles, Victor & Delano-Wood, 2004）。应对失去亲人的伤痛要完成四项任务：

- 接受失去这一现实。在哀悼逝者之前，必须接受他已经去世的现实，而且要从理智和情绪两方面都予以接受。很多人可能要过一段时间才能真正感受到失去给他们情绪造成的影响。
- 应对悲伤带来的痛苦。一旦接受了事实后，痛苦就会紧随而至。失去亲人的人需要体验和表达痛苦，但与此同时，也要学会在身体和情绪方面照顾好自己。
- 适应失去亲人后的环境。学着与逝者建立一种新的关系是一个缓慢、渐进的过程。虽然失去亲人的人无须切断与逝者所有的联系，但告别过去还是很重要的。
- 在情感上重新安置逝者，并继续生活下去。"继续生活下去"意味着离开逝者后找到的有意义的生活方式。无论多么难过，我们最终还是要确立一种没有了逝者的新身份认同。这个任务不仅要求我

们重建与逝者的关系，还要求我们活出失去亲人后已经发生了改变的新生活的意义。

这些任务体现了个体在面对失去和痛苦时的积极态度：放弃一些过去的角色、形成新的身份、掌控自己的生活并承担责任、谅解亲人先走一步、找到生活的新意义和重燃对生活的希望。虽然要完成所有这些任务需要付出极大的努力，但如果要让生活重回正轨，这样的努力是绝对必要的。

有些人表现出持续的抑郁和情绪压抑，可能是由于没能很好地应对某个重大丧失造成的，就像前面提到的我（Marianne）母亲应对第一个孩子夭折的情形那样。这样的个体或许担心痛苦会让他们心力交瘁，于是干脆将自己的情感压抑下去。可他们没有意识到，这样的压抑和否认具有长期的影响，很可能导致自己再也无法体会到亲密的快乐。这些人可能会在很长的一段时间里把自己对丧失的悲伤情绪隐藏起来，并且自以为已经解决了这一情绪问题，殊不知，有时莫名的情绪会强烈袭来，严重影响他们的生活，而他们却不清楚是什么原因造成的。他们会在又一个人离去时发现自己的伤口被再次揭开，而他们本以为那早已经愈合了。

我（Marianne）的父亲已经去世很多年了，虽然当时我为此很伤心，也从家人和朋友那里得到了许多安慰，但我发现，多年后我还是时常为失去他而难过不已。有时候我自己也会对这种情绪感到吃惊，我不明白是什么触动了我。有好几次在感到悲伤难过后，我才发现那天其实是他的生日或忌日，就是说，我的潜意识比我的大脑更能反映我的情绪。有时候人们在失去亲人后期望自己的悲

伤能在一段时间后彻底结束，比方说一年，但实际上，悲伤是不会按一个线性的时间表或一个预设的进程开始和结束的，认识到这一点是非常重要的。处在悲伤中的人只需感受这样的情绪，而无须告诉自己它们很快就过去了，他们要做的就是全然接受。弗曼（2005）对此写过很好的一段话：

> 悲伤和痛苦纯属每个个体的独有经历，没有人知道它们应该什么时候结束。疗伤的过程可能需要一年，也可能需要一辈子。但无论时间长短，处在伤痛中的生者都不要独自承受。

对于悲痛的文化认知

说到悲痛的过程，不同文化间，甚至同一文化中，存在极大的不同。大多数文化中都有帮助人度过悲痛的特定习俗。比如在爱尔兰人、犹太人和俄罗斯人的葬礼上，生者痛苦的情绪可以得到彻底的宣泄和释放。在亚洲、非洲和拉美文化中，人们被告知悲伤的生者能与他们所爱的逝者继续保持情感的联结。在这些文化中，肉体的死亡并不代表着关系的结束。无论哪种具体形式的哀悼，其目的都是抚慰和帮助生者应对失去亲人带给他们的痛苦。汉娜讲述了她身处的文化传统在遭遇极度悲痛时带给他们的安慰。

汉娜的故事

大多数不了解犹太教的人会认为我们的家庭习俗非常复杂，过去这让我很不开心，但现在我长大了，我能够理解那些不了解我们信仰的人的感觉。当我看到他们困惑不解时，我不再生气，而是尽量向他们解释我们的传统。比方说，几年前当我父亲因心脏病突然去世时，我们在把他埋葬后服丧了七天。我们把房间里所有的镜子都遮盖了起来，撕掉了我们的衬衣，这是犹太教在家人死后的传统做法。在那段日子里，我的叔叔和姑姑给我们带来了食物，我的表兄弟和姐妹也来帮我们收拾房间和看护我们。像服丧这样的习俗有非常重要的历史和文化意义，同时也能给人安慰。我很感激我们有这样的传统，它帮助我的家人度过了最难过的时光。

在德国文化中，去墓地凭吊逝者是一种习惯，这对处在悲伤中的人们很有帮助，我们的女儿在去德国探访亲戚时有过这样的经历。最近Gerald的一位美国亲戚打电话给我们，对海蒂的心理健康表现出严重的关切，因为她发现海蒂经常带着小儿子去她祖母的墓地。其实海蒂去拜访她祖母的安息之地不仅没有任何不妥，而且她很盼望这么做，因为她能够有机会向自己的儿子讲述他曾祖母的故事。

如果你正处在悲痛中，但是能够将自己所有的想法和情绪都充分表达出来，那你就能很快调整好自己并适应新的环境。实际上，感受痛苦的过程包括了对生活进行根本的改变和体验新的成长。如果你已经历了必要的悲痛过程，你会更容易重新发现生命的意义和目的，并且会有更充分的理由好好活下去。这种创伤后的成长很可能会令你发生深刻的变化，因为它让你更珍惜生命，加强与人的沟通，并感受到人自身的修复和适应能力（Ben-Shahar，2011）。你经历过哪些重大丧失？你是如何应对的？你曾有过失去家中成员、特别亲密的朋友、你非常中意的工作、有特殊意义的东西、曾住过的地方或宠物的经历吗？你在应对这些不同类型的失去时，有没有一些相通的方法？你允许自己向亲密的人表达你对失去的感受吗？

死亡过程中的阶段和任务也同样适用于理解死亡以外的其他类型的丧失，如：与父母分离、孩子长大离开家、婚姻破裂、流产、没能实现的梦想或人生规划、退休以及多次丢失宠物等。如果人能允许自己把对失去的痛苦表达出来，那这个悲伤的阶段通常就会带来接受。比方说，在离婚过程中，一旦两个人经历了失去的痛苦并且将这种情绪表达了出来，他们就能敞开自己迎接新的机会。他们能够开始接受没有了对方的单身生活，不会陷在怨恨中而无法建立新生活。他们会丢掉怨恨，试着原谅对方，他们甚至可以从这次经历中学到有用的东西并将它应用到今后的关系中。

思考时间

1. 你应对失去的能力如何？在经历失去时，你会做些什么来帮助自己释放悲伤？
_____
_____

2. 当你的生命结束时，你希望别人怎样记住你？从你目前的生活状况看，你认为别人会那样回忆你吗？_____
_____
_____

3. 你希望你死后别人会讲述你的哪些故事？
_____
_____

总　结

在本章中我们建议你花些时间来思考死亡，这样做可以帮助你省察自己生活的质量和方向，找到生命的意义，因为接受死亡与接纳生活是密切相关的。如果回避对有限的生命进行思考，我们的生活方式就会受此影响。讨论对死亡的接受并不是一个可怕的话题，因为它能促进创伤后的成长，使我们的人生目标更具活力，帮助我们对生活有更深刻的理解。承认和接受死亡的事实能够激发我们寻求对这些问题的答案："我生活的意义是什么？""我最渴望从生活中获得什么？""怎样才能创造我想要的生活？"

虽然身患绝症的人在死亡过程中的表现各异，但大多数人都会经历这样几个阶段：否认、愤怒、谈判、抑郁和接受。另一种解释人们应对死亡的模式则侧重于任务的完成。应对死亡的阶段模式和任务模式也都适用于遭遇严重丧失的人群。关系模式则鼓励生者与他们所挚爱的逝者建立一种新的、不同于以往的关系。死亡并不意味着关系的结束，我们可以通过交谈和回忆让逝者永远活在我们的生活中。面对失去，悲伤是必要的。如果我们能把因失去而产生的各类复杂情绪都宣泄出来，就意味着我们已经接受了失去这一现实，可以继续寻求生命的意义。

如果能够坦然地面对死亡，我们就可以改变生活的质量，也可以真正改善我们与他人和自己的关系。我们活着时总以为有足够的时间去完成我们想做的事情，但实际上，无论我们还剩下多少时间，它都是很有限的，而意识到生命有限可以激发我们最充分地利用自己现有的时间。

自我成长

1. 回忆失去所爱之人对你造成的影响。将他们分开来一个一个地思考。想象一下，如果他没有离你而去，那你现在的生活会怎样？你会因没有对他讲什么话而后悔吗？在本章末的日记中写下你的感受。

2. 省察你自己生活的一个方法就是想象你的死亡，包括葬礼的细节以及人们可能会怎样提到你。试着给自己写悼词或讣告，这可以让你很清晰地看到你是怎样对待生活的和你希望生活能有哪些改变。给自己写三份悼词，第一份悼词中的你是实际的你，即你将在葬礼上呈现出来的样子；第二份悼词中的你是你惧怕的自己，即别人可能会说到的你身上负面的地方；第三份悼词中的你是你希望的自己，即迄今为止在你身上呈现出的所有积极的地方。在写完这三份悼词后，在日记中写下这一经历带给你怎样的感受和你从中学到了什么。现在你是否愿意采取一些具体措施来让生活变得更加充实？将这几份悼词封在一个信封里，把它们封存一年左右的时间，届时再做一遍这个练习，然后对比两次悼词的内容，看看你对生活的看法发生了哪些改变。

3. 写一封非常悲伤的信。回忆一个你生活中曾经历过的重大丧失，写下你对失去这个人或物的感受。在信中写出失去带给你怎样的感受、当它发生时你是怎样应对的、你现在又是怎样感受它和应对它的、你现在对失去持怎样的态度以及你认为失去给你当前的生活带来了怎样的影响。

4. 了解一下你所在的社区有无临终关怀服务。工作人员是些什么样的人？他们能提供怎样的服务？如果你对临终关怀服务有兴趣或者想在当地找一个这样的机构，可以搜索临终关怀组织的网站。

第13章

意义和价值

我们要学会倾听自己内心的声音,并相信所听到的。

自我评估

请用下面的评分标准来测评你对每个说法的回答:

4 = 我完全赞同这一说法

3 = 我赞同这一说法

2 = 我不赞同这一说法

1 = 我完全不赞同这一说法

☐ 1. 在现阶段,我觉得生活是有意义和有目标的。

☐ 2. 我大部分的价值观与我父母的价值观很相似。

☐ 3. 我曾经对我现在持有的大多数价值观提出过挑战和质疑。

☐ 4. 宗教对我来说有着重要意义。

☐ 5. 总体来讲,我忠于自己的价值观。

☐ 6. 这些年来,我的价值观和我对生命意义的看法都发生过很大的改变。

☐ 7. 我生活的意义在很大程度上取决于我对其他人的影响力。

☐ 8. 虽然我不愿意承认,但实际上别人对我的价值观有很大的影响。

☐ 9. 我愿意反思自己的偏见和成见并纠正它们。

☐ 10. 我希望有机会了解与自己价值观不一样的价值体系。

我们是世界上唯一能够思考存在的价值并在生活中自主做出选择的生物。就像在第12章中看到的那样，面对死亡会让我们发现生命的意义。意识到有一天我们会死去会让我们感到焦虑，但它也可以激发我们在生活中做出重大抉择。我们对生命意义的探寻会涉及三个有关存在的问题，它们都不容易给出答案，也没有统一的答案，这三个问题就是：“我是谁？”"我要去哪里？"和"为什么？"

"我是谁？"这个问题在我们人生的不同阶段有不同的答案。当旧的价值观不再能为我们的生活提供意义和指引时，我们有机会创建另一种与之不同的生活方式。

"我要去哪里？"是关于我们对生活规划的问题，也就是我们期望用怎样的方式来实现自己的目标。回答这个问题需要我们经常对自己的生活目标进行再思考，因为它们是不断变化的。

寻找"为什么"的答案是人类的一大特征。我们面对的是一个飞速发展变化的世界，旧的价值观会被新的价值观取代或不复存在。寻求生命意义包括积极参与改变我们生存的世界，让它变得更加美好。

寻找自我身份

获得个人身份并不意味着永远保持一种思维和行为方式，相反，它需要我们有足够的自信来敞开自己，随时接纳一切可能性。我们要时常省察自己的人生模式、优先顺序、习惯和关系，而且，最为重要的是能学会倾听自己内心的声音，并相信所听到的。唯有这样，我们才能形成真正属于自己的核心价值观。

价值观是影响我们行为的核心信念，它决定我们在生活中做出的所有选择。如果经过审视后，我们认为自己的价值观符合自我的需要，就可以通过它们享受和谐舒心的生活。

有时候，我们寻求建立的符合自己价值观的自我身份可能会与我们成长的文化背景相抵触。珍妮的情况就是这样，作为第二代移民的，她的价值观就与她母亲的价值观完全不同。

珍妮的故事

很多时候我想独自待会儿或者放下工作轻松一下。可是每当我有这种想法时，耳边总是会响起责备的话语，说我自私，说我在自己身上浪费了太多时间，说我没有尽到对家庭的责任。甚至我花钱的方式也遭到了指责，因为我没有像家里其他人那样把钱存起来。我曾花了很长时间向我母亲解释花钱买自己喜欢的东西和花时间独自享受生活对我来说多么重要，但在我母亲眼里和她所处的文化背景下，我就是一个自私的人。我不得不理解他们的观念，并设法把它们纳入自己的价值观体系。

现阶段你的自我身份是怎样的？下面"思考时间"里的练习或许能帮助你回答这个问题。

思考时间

1. 什么是你的核心价值观？为了确定你的价值观，请用下面这个评定标准来测评你对每个方面重要性的判断：

3 = 这个对我非常重要；
2 = 这个对我有些重要；
1 = 这个对我一点也不重要；

___ 欣赏大自然
___ 爱人和被人爱
___ 拥有亲密关系
___ 参与娱乐活动
___ 享受家庭生活
___ 爱护和保护环境
___ 安全感
___ 勇气
___ 工作和事业
___ 笑和幽默感
___ 智慧和好奇心
___ 接纳不同的文化和经历
___ 为了改变勇于冒险
___ 愿意服务他人
___ 能够改变别人的生活
___ 独立和自主
___ 互相依靠和合作
___ 掌控自己的生活
___ 财务状况良好
___ 有独处时间进行思考
___ 高效并且成功
___ 得到他人的赞同
___ 敢于面对挑战
___ 有同情心，关爱他人
___ 勇于竞争

再看一遍你认为属于3的选项（最为重要的），如果从中选出三个你生活中最看重的方面，你会选择哪三个？_____
_____
_____

2. 这三个方面如何成为你日常生活的一部分？_____
_____
_____

3. 对你所列的那几个方面，你可以随时体验到吗？是什么阻碍你随时做自己想做的事？_____
_____
_____

4. 你能采取哪些具体的行动来使你的生活更有意义？_____
_____
_____

5. 你是谁？完成下面六个以"我是……"开始的句子，把那些第一时间出现在你脑海中的词语写下来。

我是_____。
我是_____。
我是_____。
我是_____。
我是_____。
我是_____。

生活在激情和目标里的人

在历史进程中,有许多人为了获得人生价值而终生致力于一项特殊的使命。比如马丁·路德·金博士非凡的一生,他是世界历史上最伟大的倡导非暴力运动的领袖人物之一。受他所信仰的基督教和圣雄甘地的影响,他积极倡导自由、正义、平等与和平。"从1955年12月到1968年4月4日,在这不到13年的时间里,马丁·路德·金博士领导的现代美国人权运动让美国的非洲裔公民在种族平等方面取得了比过去350年加起来都多的真正的进步。"(《关于金博士》,2012)尽管遇到了无数的反对,但他坚定地认为世界各地的人,无论肤色和种族如何,都是人类大家庭中的平等成员。

维克特·弗兰可是一位欧洲精神病学家,他在职业生涯中一直致力于研究生命的意义。他创立了**意义疗法**,即通过意义来进行治疗或治愈。按照他的观点,人类与其他动物的区别就在于我们会在生活中寻求生命的意义,而且它是我们生活的主要驱动力。人类为了自己的目标和价值观选择生存,甚至选择死亡。他注意到,"我们可以从一个人身上拿走一切,但唯有一样东西是拿不走的,它也是人所享有的自由中最重要的一样,即在任何情况下,一个人都能自主选择其态度和行为方法"。他还提到了尼采话语中的智慧:"一个追问生命意义的人能够有各种办法来应对生活。"弗兰可本人有过在奥斯维辛死亡集中营的经历,他非常肯定地指出,当时集中营中对生活存有目标、打算或计划的人比那些没有希望的人更可能活下来。我们现在有更多的机会做出选择,而我们是否这样做决定了我们生命的意义。

选择和意义的关系可以从第二次世界大战中大屠杀的幸存者们身上得到最好的诠释。当时他们虽然无法选择环境,但至少可以选择面对困境时的态度。我们可以看看伊格博士的例子,她是位心理咨询师,曾作为纳粹集中营的幸存者接受过采访。有段时间,她的体重只有40磅,但她仍拒绝参与到食人行为中。她说,"我宁愿选择吃草。我坐在地上,有选择地吃草。我对自己说,即使在现在这种情况下,我仍有选择,我可以选择吃这些草,或是那一些。"虽然在集中营她失去了家人,她的背也被一个纳粹士兵打断了,但最终她还是选择了放下仇恨,因为她意识到抓捕她的人才是真正的囚徒。她这样说:"如果我现在还心怀仇恨的话,那我等于还在狱中,而且等于让希特勒和门格勒死后还能得胜,因为如果我继续仇恨,那就是让他们而不是我自己控制我的生活。"她的事例充分印证了这样的说法:即使在最恶劣的环境下,我们仍可以通过选择的态度赋予环境新的意义。在她而言,就是选择饶恕。

有时候我们可能会被剥夺选择的权利,就像上面提到的弗兰可和伊格所遭遇到的那种极端情况。与此相类似,弗朗西斯·伯克也在他那本十分感人的《逃脱奴役》中,讲述了他在苏丹村庄被掠夺和被当成奴隶的生活经历。他在书中记录了他童年非常可怕、差点死去的经历,还有他曾几次试图逃跑,却都被抓了回去。但是,他父亲对他说,他是个特别的孩子,并认为他将来肯定能成就大事。父亲对他的信任激励他从不放弃希望,即使在极端环境下也始终奋力抗争。虽然几乎被剥夺了所有的自由，但他仍设法不让自己完全屈服。凭着这样的信念和持久不懈的逃脱奴役的努力，他在一定程度上保存了对生活的控制权。尽管几次企图逃跑的行为差点让他送命，但是，由于满怀希望和敢于冒险，他终于成功逃脱，到了美国。从此以后，他便一直致力于让美国人知道苏丹人民所受的迫害。2000年，他成为第一位在美国参议院外交事务委员会就苏丹问题举行的听证会上出庭作证的出逃奴隶。他在全美各地演讲，接受杂志和电视台的采访，并在白宫得到美国总统乔治·布什的接见。伯克在那样恶劣的环境下仍然保持对生活的热情，并心怀目标，他的经历让我们清楚地看到他是如何做到在绝望时仍努力寻求生命的意义，并且明白他目前所做的工作是为了赋予他早期经历新的意义。

当好人做了不好的事：魔鬼效应

当我们关注那些暴行的幸存者——那些经历折磨、奴隶制度和种族灭绝的惨痛遭遇后活下来的人时，我们会发现人具有多么顽强的生存能力，但如果思考这些暴行的始作俑者，我们又不得不面对人们的罪行。津巴多教授在1971年时曾做过一个现在堪称经典的斯坦福监狱实验，这个实验的目的就是解决令人费解的为什么普通体面的人会成为邪恶的罪犯这一问题。津巴多（2007）指出，当我们试图理解那些不同寻常或偏离常规的行为时，我们通常会只关注人的内在因素，比如基因、性格和个性，却忽略了两个潜在的但极为重要的导致行为发生变化的因素：外部环境和为维护环境所设立的制度体系。外部环境是可以诱惑人犯罪的，比如那些在阿布格莱布监狱虐待犯人的狱警。津巴多曾作为专家在审判一个涉嫌在阿布格莱布监狱虐待犯人的狱警时出庭作证，他叙述了环境因素是怎样把一个原本好好的士兵变成了凶恶的罪犯，然后他又从原告的角度批判性地分析了制度在其中所起的作用及其同谋关系。

那个狱警最终被判处8年监禁，被开除职务，遭到唾弃，妻子也和他离了婚，他现在已经近乎崩溃。我们确实无法想象理智的人怎么能干出如此凶残的事，但我们也不能否认环境和制度对我们的行为和选择的确会产生影响。

当平凡人做了不平凡的事

津巴多认为铲除罪恶需要英雄气概，因此他创立了非营利性的英雄想象项目，把精力投入对英雄气概本性的研究上。这个项目旨在向大众普及如何在危机来临时克服观望和等待的倾向。他和同事们认为，要具备英雄气概，必须达到下面的四个标准：

▶ 行为是自愿的；
▶ 能够对有需求的一个人或多个人提供服务，或对整个社区提供服务；
▶ 所做的事对自己的身体安全、社会地位或生活质量会带来潜在的危险或需付出代价；
▶ 出发点是不带任何利己性的。

> 我们可以从与他人的关系中找到生命的意义。

虽然孩子们可能会以为一个人要当英雄必须得是超人,但我们已从周边许多普通的人身上看到了不少英雄行为,因此,也许你不认为自己有多么非凡,但你仍可能在生命的某个节点上成为别人心目中的英雄。

我们对意义和目的的探寻

人生的意义是在与他人的密切交往中,而不是通过不择手段地追求自我实现获得的(Bellah, Madsen, Sullivan, Swidler & Tipton, 1985)。健康的人际关系是一种既有付出又有收获的双向交流。博拉和他的同事们采访过的许多人都表示渴望超越孤立的自我。但如果只是一味地付出而不求任何回报,那样的生活也是没有意义的。我们一定要平衡好关爱自己和为周围人的利益尽心竭力之间的关系,理想的状态应该是在服务他人时运用自己的天赋,这样我们就能让自己也有所收获。

虽然这个世界本身看上去没什么意思,但我们作为人可以为其创造意义。没有意义和价值的生活会让人感到抑郁,甚至严重时会导致自杀,所以我们一定要有能够指导我们行为的明确目标。

人生的意义是什么?

1988年,《生活》杂志的编辑们对各领域的人进行了广泛调查,并向他们提出这样一个问题:"人生的意义是什么?"《生命的意义》一书中就包括了300个人对此问题深思后给出的答案。从下面的答案汇编中我们可以看到各种各样对生命的理解。你在阅读时也请思考一下哪些答案与你的价值观最接近:

▶ "生命的意义就是与所有其他有生命的东西和谐共处。我们必须明白世上所有活着的东西都是互相有关联的,我们在接纳自身角色的同时也要保护和帮助地球上其他的生命类型。我们还要懂得只有在完整的环境中我们个体的重要性才能彰显出来。"(Wilma Mankiller,彻罗基部落首领)

▶ "我认为生命的意义时刻都在变化,我们来到世上就要明白我们能够创造世界,并且可以选择创造什么样的世界,而我们生活的世界可以按我们的选择成为天堂或者地狱。"(Thomas E.O'Connor,防治爱滋病活动家和演说家)

▶ "我从两岁时就开始反复思考生命的意义这个问题,但我不得不说我每星期的答案都不一样。当我想到答案的那一瞬间，我非常肯定；可是一旦我认为自己已经知道答案时，我就发现其实我什么也不知道。不过大约 70% 的时候，我的结论都是生命是一个宏伟的设计。"（Maya Angelou，作家，女演员）

▶ "我认为人类要与这个星球上的其他物种和谐共处是一个很大的挑战。如果我们做到了，我们就把自身的潜能都发挥出来了。"（Molly Yard，女权主义活动家）

▶ "我认为我们来到这个世上就要做好事，做些有价值的事，让这个世界变得更好一点，这是我们每个人应尽的责任。生命是一份礼物，如果我们接受了它就要有所回报。如果我们没有做到，那么就没有体会到生存的意义。"（Armand Hammer，工业家、物理学家和自学成才的外交家）

▶ "人活着的意义就在于完成自我的精神进化，摆脱消极态度，在身体、情感、心智和精神四方面达到和谐统一，学习与家庭、社会、国家以及整个世界上的所有物种和谐共存，把全人类都看作是自己的兄弟姐妹，这样就能最终实现世界和平。"（Elisabeth Kübler-Ross，精神病学家、作家）

你生命的意义是什么？你如何用一个简单的句子来回答这一复杂的问题？为了帮助你提炼自己的答案，我们先来看看人生哲学。

建立人生哲学

人生哲学由基本的信念、态度和价值观组成，并控制个人的行为。或许你很少考虑所谓的人生哲学，但即使你从未清晰地归纳出自己人生哲学的具体内容，这也并不意味着你身上没有这些东西，因为我们所有的行为都是基于我们对自己、他人和这个世界的认识。积极建立你的人生哲学的第一步就是对自己当前的态度和观念有一个非常清晰的认识。

从第一次思考生与死、爱与恨、欢乐与恐惧以及宇宙的本质这些问题开始，我们就逐渐形成了一种模糊的人生哲学。如果运气好的话，小时候大人们会花些时间和我们讨论这些问题，鼓励和培养我们的好奇心，而不是制止我们问这类问题。

在青少年时期，这方面的思考会加入新的内容。孩童时代就被鼓励独立思考的青少年会开始更加深刻地思索一些问题。许多年轻人会特别纠结在这几个问题上：

▶ 这些年来我一直持有的价值观真的是我想继续坚持的吗？

▶ 我的这些价值观是从哪里来的？它们对我依然有意义吗？我还能够从哪些其他渠道获得新的价值观？

▶ 有神吗？我对神持怎样的看法？宗教意味着什么？

▶ 我的道德伦理观念是以什么为基础的？同龄人的标准？父母的标准？社会的普遍规则？我所处的文化？

▶ 我怎样看待那些不人道的事情？

▶ 我期待怎样的未来？为了这样的未来，我现在应该做些什么？

人生的哲学是不可能在青少年时期一次性形成的。只要我们活着，人生哲学就会不断发展，并且只要愿意保持好奇和以开放的心态来学习新生事物，我们就可以随时修改和重建对世界的看法。对我们来讲,生命在青少年时期、中年期和进入老年期后的意义是不一样的。事实上,只要肯敞开自己,接纳对生活看法的改变,我们就会发现适应新的环境并不是件非常困难的事。从下面珍妮尔和亨利的经历可以看出,随着人生哲学的发展变化,他们的核心价值观也随之有了改变。

珍妮尔的故事

在我小时候和十几岁时,我的思维就是非黑即白,非赢即输。我记得当我在地区拼写比赛中得了亚军时,我认为自己是个失败者。还有一次我在州级论文比赛中获得了第三名,大多数人都非常羡慕我,可我自己却不这么认为,我觉得没有拿到第一名就没有任何意义。我姐姐嘲笑我缺乏安全感和总是自我怀疑,这更让我坚定了凡事一定要赢。等到我年纪再大一点,我还是整天很紧张,因为我容不得自己出一点错。我唯一的选择就是成为最好的,这让生活变得很不容易。

由于整个高中阶段我都极其在意一定要赢,我并没有从学业上或课外活动中获得多少乐趣。上大学后,我决定有意识地改变这种不健康的思维方式,因为过度追求完美让我无法对生活感到满意。我开始严肃地质疑自己的价值观和我如此看重的成功。如果成功的快乐很快就被担心下一次可能失败的恐惧取代,那这一切又有什么意义呢?我来了个180°的改变,变得对任何结果都不在意了,我将关注点放在了学习的过程中,而不再看重成绩。这个阶段持续了一段时间,虽然我的成绩下降了一些,但我感到很开心。因为专注于过程,我觉得自己实际上对所学的内容有了更深刻的理解。

很多年过去了,我有了更加平衡的观念。我变得既关注过程也看重结果。为赢而赢不再是我的目标,参与有意义的活动并从实践中得到收获才是最重要的,这已经成为了我人生哲学的一部分。

亨利的故事

我总是拖延我想做的事。我的生活相对来说比较平淡,每天早上起床、上班,工作很普通,但能应付我的日常开支。后来我遭遇了一次轮船事故,差点儿死掉。这次事故让我彻底明白了我并没有无限的时间来实现自己的理想或完成自己的梦想。于是我重新评估了自己的生活方式,我意识到我今天过的生活很可能明天就不再有了。由于观念的改变,我决定重新找一份更有意义、更能发挥我才华的工作。虽然报酬减少了一些,但我很喜欢所做的事情,因此总感到精力充沛。我不想再把时间浪费在没什么意义的事情上了。虽然这次事故差点要了我的命,但它让我警醒了。"要过最充实的生活"这句话听起来有点过时,但这正是我现在的人生哲学。

- 现在应该认真思考一下你的人生哲学是否要做一些改变，考虑一下通过在日常生活中做些小的改变来重新确立你的核心价值观，并给自己更多的激励。下面的建议也许对你形成或纠正自己的人生哲学有所帮助：
  - ▸ 花时间独处并进行反思。
  - ▸ 反思一下那些你已形成的并用来指导行为的基本认知，这些认知让你对自己更多地持批评的态度还是接纳的态度？
  - ▸ 思考一下你最终将走向死亡这一事实对你当前的生活意味着什么。
  - ▸ 注意倾听那些对你的价值观提出质疑的人的意见，看看自己能对它们接受到怎样的程度。
  - ▸ 对那些与你的价值观体系不同的人采取接纳的态度，并且时常审视自己的观念。

所有这些建议都需要你愿意经常挑战自己和自己的观念；时刻留意自身的发展变化会带给你意想不到的收获。

思考时间

完成下面的句子，写下出现在你脑海中的第一反应：

1. 我父母对我的价值观的影响是通过_____
2. 生命是有意义的，因为_____
3. 对于目前的生活我最想说的是_____
4. 如果现在你能改变自己生活中的一个方面，它是_____
5. 如果让我用一句话回答"我是谁？"这个问题，我会说_____
6. 我最欣赏自己的地方是_____
7. 我让自己的存在有价值是通过_____
8. 我的独特之处在于_____
9. 想到未来时，我_____
10. 生活让我感到失望的地方是_____
11. 对我的信仰和价值观产生影响的是_____
12. 我觉得自己是最强大的，当_____
13. 如果我不改变的话，_____
14. 我对自己感觉良好，当_____
15. 对我来说，有意义生活的本质就是_____
16. 我感到很没意思，当_____

你可以在另一张纸上或本章末的日记页中尽情讲述你对这些问题的反应。

行动的价值

我们女儿的价值观

在我们的女儿海蒂和辛迪成长的过程中,我们希望她能和我们分享下面这些重要的价值观:

- 对他人的生活起到积极和重要的作用。
- 勇于冒险和出错。
- 形成自己的价值观,而不是不假思索地接受父母的价值观。
- 喜欢和尊重自己,对自己的能力和天赋感到满意。
- 开放和信任,而不是恐惧和怀疑。
- 尊重和关爱他人。
- 长大后也依然能保持风趣和幽默。
- 善于表达自己的情感,并且愿意与我们随时分享她们生活中有意义的事情。
- 永远充满能量,不轻言放弃。
- 保持独立,并只要愿意就敢于与众不同。
- 有信仰,并用它来指引自己的行动。
- 为自己感到骄傲,而不妄自菲薄。
- 尊重与别人的差异。
- 坚持按照自己的价值观和原则生活。
- 对世界保持灵活的态度,并愿意根据新的经历随时更新自己的观点。
- 回馈社会,让这个世界变得更加美好。

我们的两个女儿现在都已长大独立了,但她们仍很珍视与我们在一起的时间,并愿意让我们了解她们生活的各方面。虽然她们的生活并非没有任何问题,但她们始终愿意面对和解决,并且为自己的人生做出重要的决定。如果你也有孩子或者打算要孩子,可以思考一下你想培养他们怎样的价值观,以及在给他们提供指导方面你希望自己能起到怎样的作用。

了解你的价值观

你的价值观会影响你的行为,而你每天的行为都是你价值观的体现。我们希望你花点时间来思考一下自己的价值观来源,以确定它们是否仍适用于你现在的生活。此外,你还需意识到你的价值观体系对你的人际关系也会产生重要影响。我们认为,任何人都不应该将自己的价值观强加于人,也不可以评判那些与我们立场不一样的人,或者强行要求别人接受你的人生观。事实上,如果你对自己的价值观和基本信念有信心的话,你就无须害怕那些与你的价值观和信念不一致的人。

虽然你可能有一套明确的、适合你的价值体系,但我们还是希望你能尊重别人可能与你不同的价值体系,因为价值体系没有绝对的对与错。各种各样的文化、宗教和世界观为我们提供了一幅绚丽多姿的生活图画,让我们在寻求生命的意义时可以面对许多不同的路径。无

>> 我们希望能够对他人的生活有帮助,并在一定程度上让他们的生活变得更加充实。

论你的价值观是怎样的，如果对待多样性能保持一种开放的态度，不评判，会让你自己的价值观更加清晰和牢固。你可以问自己这几个问题：

- ▶ 我的价值观是从哪里获得的？
- ▶ 我质疑过自己的价值观吗？
- ▶ 我需要让一切都保持原样，不做任何改变吗？
- ▶ 我的价值观和行为是否需要有一些修改或纠正？
- ▶ 我所相信的和我所做的之间是一致的吗？
- ▶ 我是否坚守自己的价值观，甚至强迫我的朋友和家人也必须接受它们？
- ▶ 我怎样才能在不强加于人的情况下与别人交流我的价值观？
- ▶ 我愿意接纳那些与我的价值观不同的人吗？
- ▶ 如果别人与我的想法、感受或行为不一样，我能否做到避免评判别人？

思考时间

1. 现阶段，你人生目标和意义的主要来源是什么？_____
_____

2. 你生活中是否有过让别人或机构替你做出重大选择的时候？如果有，列出一些具体事例。_____

3. 宗教在你的生活中扮演了怎样的角色？_____

4. 你最希望你的孩子能够继承哪些价值观？_____

拥抱多样性

每个人的生活背景都不一样，造成我们相互间有效沟通的一个障碍就是我们总是会对那些与我们观念不一样的人持否定的态度。接纳和尊重多样性而不是对其予以排斥不是件容易的事，但如果我们不愿意或不能够面对这一挑战，那我们就只能彼此疏离、格格不入了。

很多人错误地将文化多样性理解为人种或民族的不同，其实，从广义上讲，**文化**涵盖了从一个人传给另一个人或从一代人传给另一代人的知识、语言、价值观和习俗。在各种各样的文化类别中，我们身上不仅具有个体的文化身份，还有着集体的文化身份。文化是我们所有经历中的一部分，它使我们与一些人相似，与另一些人相异。在美国，我们很显然受到了不断变化且日渐增多的各种文化内容的影响。地球村的概念使各文化间有更多的交汇，这就需要我们必须理解并构筑各种文化之间的联结，因为我们很容易就陷入**种族优越**的陷阱，即以自己所处的文化或国家为正确标准，并据此来评判其他文化和国家，所以欢迎和接纳多样性是我们需要面对的重要挑战。

有时候我们会选择生活在一个**封闭世界**

里，对各种各样的观点视而不见，而只寻求那些与我们的想法和价值观相一致的人的支持。这样做会阻碍我们从那些与我们观点相异的人身上学习的机会，也无法不断检验自己的观点。很多时候我们的态度其实不是来自别人的实际行为，而只是来自我们对他们的偏见。如果不设法了解与我们想法不一样的人，我们就可能总是对他们持有偏见。

我（Marianne）经常来往于美国和德国以及其他一些国家，我觉得自己在很多方面就像一个大使：在美国时，我与别人分享其他国家人们的想法、认知和经历；离开美国后，我会向别国的人讲述美国人的生活。这么多年来，我一直鼓励人们换一个角度来看待那些与自己不一样的人或生活在其他地区的人，而不要总是对他们有误解或负面的评价。

关注共同点，充分意识到尽管我们有差异但我们仍生活在同一个宇宙中，这样才能找到生命的意义。在本书的前面几章里，我们已经强调过有意义的生活绝不可能是孤立的，而是与他人在爱、工作和社区活动中形成的。通过接纳和理解别人，我们会对生活有更深刻的认识，而如果我们只孤单地活着，就等于在自己和那些与我们不一样的人之间竖起了一堵墙。

我们建议你认真思考崇尚接纳多样性的人生哲学，看看你愿意改变自己的哪些态度和行为，以使自己更加接纳和尊重别人，无论他们与你相同或不同。

对文化遗产的接纳与否定

如果你对自己所处的文化背景和价值体系及其发展进程有真正的认识，你就具备了接纳处于另一文化中人们的价值观的基本框架。当你对不同文化背景下的人们了解得越多，你就越能够与他们进行有效的沟通。

我（Gerald）是我们家中的第一代美国人，我父母都来自意大利，但他们都不认为我一定要学意大利文，也没有教我许多意大利的文化。当我还是个孩子时，几乎每个星期天我们都是在我外祖母家聚会，他们交谈时大多数时候都是用意大利语，我常常会感到被遗忘和孤立了，因为我完全听不懂他们在说些什么。那时候，在刚刚移民到美国的意大利家庭中，不向下一代介绍家族历史或意大利习俗的现象非常普遍，他们认为这样最有利于下一代尽快融入美国主流文化中，而且主流文化也希望移民能够这样。

我父亲7岁时从意大利来到美国，一句英语也不会说。他在孤儿院长大，生活对他来讲极为艰难。他和他的父亲没有任何联系，而他母亲在他很小时就去世了。尽管环境如此恶劣，但他还是努力让自己成为一名牙科医生。开始行医后，他很担心人们会不愿意来找一个意大利人看病，因此他把自己的意大利姓氏改掉了。我父亲好像对他的文化背景感到有些羞愧，因此他也不愿意他的孩子们经历他曾遇到过的偏见和歧视。

在这样一个意大利移民家庭中长大，我从很小的时候就感觉到人们通过不同的视角看世界，也通过不同的方式表达他们的内心。我对这种差异更多的是理解而不是评判。因为我父亲的经历，我意识到人们会仅仅由于种族就遭到歧视。当今美国社会仍然鼓励移民融入主流文化，但我希望不要像我小时候那样急切和过度。

不过也不是所有的移民都否定他们的文化

根基,很多人非常自豪地将自己的母语、习俗和价值观念传给下一代。我(Marianne)在前面提到过,我小时候是从德国移民到美国的,我很惊讶很多第一代移民的后代竟然不会讲他们父辈的语言,对他们的祖先也知之甚少。于是我决定我一定要让我们的女儿尽可能多地学习德语并了解德国文化。为了不让海蒂和辛迪因为说德语而遭到小伙伴们的嘲笑,我也教邻居的孩子一些德语。这是一段非常有趣的经历,结果使所有人都受益。生活在一个典型的中产阶级环境中,我发现当人们面对一个讲外语的邻居时,他们常常会表现得不知所措。

大多数美国人都只说英语,因此有时候如果有人讲其他语言,会被认为是故作神秘、不礼貌、排外和有意结成小帮派,哪怕这其中并没有只会说英语的人。我(Marianne)有时会和我的德国同事用德语交谈,即使他们会说英语,这样做的目的不是旨在把那些不懂德语的人排除在外,而只是想让我们之间显得更亲切,交流更有意思,因为在这种时候,英语常常不能把我的想法和感受最充分地表达出来。

当我(Marianne)在团体咨询过程中与来访者交流时,我会让她扮演她生活中最重要的一个人。如果英语只是她的第二语言,我就会建议她用自己的母语,这样做非常有用,因为这可以让她在没有任何障碍的状态下全身心投入治疗。因为人在从母语向另一语言输出时,其情绪和联结都很容易迷失。在一次小组治疗中,我鼓励凯茜想象正与自己在越南的母亲交谈,这不仅对她很有用,对小组其他成员也有帮助。在另一次小组行动中,我让玛丽亚讲西班牙语,因为她跟我们说,在讲述自己的困扰时,如果用英语思考和描述会很困难。像这样在治疗过程中更愿意说母语的女性并不少见,别人能否明白她们所表达的内容并不重要,重要的是,她们在讲自己的母语时能感受到一种意义,并在治疗中取得收效。

阻碍彼此了解的刻板印象

所谓**刻板印象**就是指不考虑个体特质的带有判断性的一般概括,它也被用来指针对社会某一团体成员特点的一系列观念(Miller & Garran,2008)。性别角色方面的刻板印象会导致个体之间的孤立,令男性和女性之间产生距离(见第8章)。刻板印象还会制造障碍,破坏人们彼此之间的内在联结。这种社会的隔阂限制了我们体验人类关系的丰富性。刻板印象中既有正面的,也有负面的,比较常见的例子有:"男人都缺乏情感和爱心。""女同性恋都讨厌男人。""亚洲人在数学方面都有天赋,但开车很鲁莽。""意大利人的情感很丰富。""大多数爱尔兰人都有酗酒的毛病。""大多数老人都会感到孤独和悲伤。""女人都特别情绪化。"

刻板印象源于归纳的需要,因为在我们了解世界时需要把社会团体进行分类(Miller & Garran,2008)。刻板印象曾被种族主义者用来令人蒙羞,使虐待某些社会团体的做法合理化,并为一些特权做法提供庇护。如果我们认为自己是公平的、开放的、有见识的并且不带偏见的,那么我们就不会接受这些负面的刻板印象,因为它们不符合我们的认知。刻板印象在我们的社会中随处可见,部分原因是因为它们似乎可以使复杂的问题变得简单,但这种把人简单地装在标着不同标签的箱子里的做法忽视了人的个性,所以我们不应接纳这种分类方法。

人们总是愿意固守一些普遍的假设。一旦确立了一个假设，他们就会千方百计去证实它的真实和准确。他们宁愿称某个人属于"例外"，也不肯修改已经确立的假设。比方说，如果你认为所有的男人都有"大男子主义"，你就可能会去刻意寻找并找到这样的男人。但是如果你愿意接受挑战，查验这种归纳法的合理性，你就会发现这种笼统的说法有太多的例外。如果你已经意识到自己对某些人做出了一些未经检验的假设或归纳的话，那就试着去寻找与这种假设相悖的证据。要超越刻意将人分类的刻板印象和偏见，尽量理解每一个个体的主观世界，需要我们大家的共同努力。在没有得到充分验证的情况下，刻板印象很容易妨碍你与别人的接触，影响到你结识更多会对你生命有帮助的人。

我们生活中的很多人有着不同的文化背景、信仰、生活阅历和种族等特点，这种多样性对我们的生活非常有益。在与这些和我们背景不同的人交往时我们会有很大的收获。而且我们的女儿们对此也很珍惜，因为她们的生活在与这些和她们完全不同的人互动和交流的过程中变得更加丰富有趣。美国在接纳文化多样性方面确实做得非常突出，你几乎可以在足不出户的情况下就能接触到各种各样的个体和社团，极大地丰富你的文化生活。

思考一下你所持有的一些刻板印象，看看它们是否阻碍了你与别人接触。问问自己，你是否因这些刻板印象而对一些人产生了误解。你的性别、性取向、民族、文化、宗教、年龄和能力可能会在你身上打上一些烙印，这对你有什么影响吗？你身上的标签和别人身上的标签会影响到你们之间的关系吗？

一旦你发现自己有一些刻板印象，就要弄清楚它们是怎么来的。是来自你的父母吗？来自你所居住的社区吗？来自你的朋友吗？来自你的老师吗？你接受这些刻板印象时很可能并不是有意识的，一旦意识到它们的存在，你就要努力修正它们，并基于新的认知开始改变以前的做法。

意识到我们的偏见和应对种族主义

偏见、歧视、仇恨和不宽容，尤其是针对那些和我们不一样的人，会让我们的生活变得非常狭隘。**偏见**是对某人先入为主的看法或意见，它可能是公开的，也可能是隐秘的，但通常都是一些负面的态度。**歧视**则是指带有偏见的行为。人们可能对自己的偏见表现得非常明显，也可能把它们隐藏起来。偏见可以针对非常小的事情，以致我们都没有意识到它的存在。**无意识的种族主义**，即认为我们的世界不存在任何偏见，它其实和有意识的种族主义一样具有很大的危害性。

意识到自己不易察觉的偏见和无意识的种族主义，是做出改变的第一步。嘲笑或者对那些有口音的人不耐烦、讲有地域色彩的笑话、简单地对某个群体归类并认为他们都是一样的，以及认为自己民族的文化优于其他任何民族的文化的看法，这些都是带有种族主义倾向的偏见。如果你希望自己能更懂得接纳他人，就要反思一下那些对某个特定人群的看法的形成过程，并且省察这些看法的来源的合理性。虽然我们无须对系统性的种族主义承担责任，但我们需要对自己生活中遇到种族主义行为时的反应承担责任。自我意识和自我监督非常有必要，但也不要过分自责。重要的是要说服自己跨出旧有的认知区域，开放自己来吸纳有关我们自己及整个社会的新的知识、技能和见解。对其他文化产生兴趣能够让我们的视野更加开阔，也使我们的生活更加有趣。

偏见会带出歧视和强迫性的行为，使得遭受偏见的人无法全然融入主流社会中。人们常常会被差异吓倒，而不愿尝试着去理解那些与我们不同的人身上所具有的积极地方。偏见其实是缘于害怕接触与自己不同的人、缺乏自信心、无知和自卑。它是一种防御机制，通过聚焦别人身上不被接纳的地方来掩盖自身的弱点，这种蔑视他人的做法能带给人一种虚假的优越感。

每个人都要设法抵制种族主义，消除它给人类和社会造成的危害。消除种族主义不仅能让所有的个体受益，也能让整个社会和人类变得更加美好。通过深刻的自省，我们能够对偏见、种族主义和歧视给个人和社会造成的危害有更清醒的认识，而且我们的认识越清晰，我们就越有可能采取实际行动。当你的态度发生改变时，你就能发挥积极作用，整个社会也就随之发生变化。

消除横亘在我们之间的障碍

无论我们多么相似还是多么不同，彼此之间都会存在理解的障碍。语言的困难和价值观的差异会使跨文化的交流面临挑战，但能够意识到这些障碍就是增进交流和消除阻隔的第一步。下面就是一些关于破除人与人之间这类障碍的方法：

▶ 无论你的种族或文化背景怎样，都应承认和认识自己的成见和偏见。
▶ 通过查找并发现不符合你的偏见的事例，对自己的偏见重新进行批判性思考。
▶ 挑战自己对于谈论种族和文化差异的恐惧和紧张。
▶ 积极参与机构组织的志愿者活动，为那些与你文化背景不同的人提供帮助。
▶ 敞开自己，与那些与你文化背景不同的人交朋友。
▶ 在那些与你有差异的人身上寻找你们的相似之处以及能够让你们走到一起的共同点。
▶ 不要评判彼此间的差异，将多样性视为一种社会动力。
▶ 尊重那些与你不同的人。
▶ 尝试去了解与你的文化完全不同的其他文化。
▶ 与和你不一样的人谈论你自己和你的经历，但尽量将此看作个人的事。
▶ 愿意省察、纠正和改变自己的认知。

在与和我们文化背景不同的人相处时，犯错是不可避免的。但如果已经意识到这一点了，并承认这一事实，那我们就应当勇于从错误中吸取经验，而且渐渐避免再犯此类错误。重要的是，不要有太多的提防和抵触，让自己保持开放和灵活的心态，并且将注意力放在解决冲突或误解的方法上。

多样性中的统一

统一和多样性是彼此相关的两个概念，而绝不是对立的。我们强调多样性，并不是说它就是好的和正确的，而统一就是坏的和错误的。共性和差异都是人类经验中必不可少的方面，我们一方面存在差异，但另一方面共性又让我们能够相互理解。爱情、人际关系、死亡和失去以及生命的意义,这些其实都是跨越文化界限的人类共同关注的方面。

在韩国讲学和辅导工作坊的经历让我们深深体会到,虽然我们之间有差异,但我们的确也拥有许多共同的东西,这使得我们可以彼此理解。我们讲课的主要内容是团体咨询,对象是咨询方面的研究生、精神病方面的行医人员和在大学教授咨询和社会工作课程的老师;我们还帮助他们建立了团体咨询方面的工作坊,这使我们有更多机会与参与者互动和交换意见。虽然我们在团体咨询方面的思想和方法都是在美国发展起来的,但这一基本理论在韩国也得到了学生和专业人士的广泛认可。

我们感到能在韩国讲授有关团体咨询的课程是一项殊荣,因为我们不仅仅是提供一些信息资料,而主要是希望能分享一种有关咨询的方法,这对学生和专业人士来说都是非常有益的。在与他们的互动过程中,尽管会有一些不同,但很明显,有许多关于生活的主题是共同的。此行让我们更加坚信,虽然意识到并尊重文化间的差异非常重要,但如果不考虑个体的多样性就对某个文化团体做出先入为主的判断也是完全错误的。

做出改变

我们每个人都应该与他人沟通,并用自己的行动为他们的生活带来改变。而且通过我们的态度、选择和行动,我们还能够以自己的方式让这个世界发生改变。我们中的大多数人都想对别人的生活产生影响,也希望在一定程度上帮助他们活得更充实。虽然自我接纳是有效的人际关系的先决条件,但我们还是应当努力达到超越自我的境界,这样我们最终就能与社会上的各类人都建立起很好的联结,并为整个社会做出贡献。这是一条寻找生命目标和意义的路径,阿德勒将此概念称为社会利益(参见第1章)。

接下来,我们将探索一些怎样产生改变的方法。我们可以帮助有需求的家人、朋友或邻居;支持国家或本地的社会公益事业;采取措施来保护我们的星球等等。为这个世界做出积极改变,我们有无限的可能!

让世界变得更加美好

改善社会环境听上去似乎是一个过于巨大的任务,但如果我们能从自身开始做起,情况就没有那么复杂了。责怪别人给世界造成的破坏总是比承认我们自己或许也应承担一些责任要容易得多。我们其实应该经常问问自己:"对于这一社会问题,我的行为是不是也多少有一点责任?我能为解决它做点什么吗?"

» 我们每个人都可以帮助他人,并通过我们的行动带来改变。

人们可以通过自己的选择和对别人的关怀在很多方面做出改变，下面就是这样一些事例：

- 我邻居的妻子一年前去世了，于是我每周日邀请他来我们家吃饭，开始他没有答应，但现在他会按时来。知道他并不总是一个人待着让我很开心。
- 我的时间很紧张，因为每周要工作很长时间，于是我决定从每月的薪水里拿出一点钱捐给红十字会，也算是我的一点贡献吧。我捐不起很多，但知道自己在做一件有价值的事让我很高兴。
- 我每年都会参加一个募集资金的活动，资助乳腺癌幸存者。我现在的身体状况很好，因此我打算参加马拉松比赛以支持更多的公益事业。
- 我非常外向，也很爱组织活动，因此有一次我问我的老板，我们是不是可以在一些特别的日子里搞一些聚会。她很赞同我的这一想法，于是现在我开始负责我们办公室的聚会活动。我觉得大家的士气提高了，这让我感到自己做了一件正确的事。
- 我生长在一个音乐世家，我很怀念小时候家人在一起弹吉他、唱歌的时光。现在我长大了，我会在周末时去养老院为那里的老年人演奏乐器，因为他们都很孤独。当我看到他们很开心地欣赏音乐时，我也很高兴。

我们建议你也思考一下，如何通过与他人的联系和帮助他人来提升生命的意义。你的善行和慷慨可以帮助到周围的人，并从这些细微之处开始改变世界。如果你真的想努力让这个世界变得更加美好，那你自己生命的维度也会扩展到更多的方面。

保护我们的星球

这本书的大部分篇幅都在探讨与你生活品质相关的个人选择和你的人际交往关系，但在这个章节里，我们想让你把自己的视角投向保护和维护我们的环境上。要做的第一步就是意识到我们现在生活在日益恶化的环境危机中；第二步则是承认我们每个人都能够也必须在做出改变方面承担一定的责任。在巨大的危机面前，比如气候变暖，我们很容易会觉得自己无能为力，但这样的想法是错误的。如果大家都这样想的话，我们生活的星球就只会变得越来越糟。事实上，无论作为个体还是整体，我们都是可以发挥作用的。

思考一下你希望你的孩子、孙子和重孙们生活在怎样的一个世界里。你愿意为了子孙后代的安全在自己的生活方式上做出一些改变吗？采取一些简单的方法就能在整体上产生非常不一样的结果，比方说，经常清洗空调的过滤网；不需要的时候不要开灯或开电视；等衣服满了时再开洗衣机等。在保护资源方面我们无须做出巨大的改变就能看到明显的结果。有

》》一棵活着的树可以吸收一吨碳氧化物。

时候即使是一个细微的变化都能够在保护地球方面产生惊人的效果。我们每个人都可以选择一种对地球环境更有利的生活方式。思考一下你朝这个方向可以做哪些努力。

思考时间

1. 在你的人生哲学中，多样性具有怎样的价值？_____
_____
_____

2. 在你生活中那些比较重要的人里，有多少人与你的文化背景不一样？_____
_____
_____

3. 你愿意采取哪些措施来挑战自己的偏见或局限性的思维方式？_____
_____
_____

4. 你能为这个社会做一件哪怕是很细微但有意义的事情吗？你认为你对别人有很大的影响力吗？_____
_____
_____

5. 在保护和维护环境方面，你有什么看法？_____
_____
_____

6. 在保护地球方面，你愿意付出怎样的努力？你愿意做一件与众不同的事吗？_____
_____
_____

总　　结

寻求人生的意义和目标对于人类来说是很重要的。但人生的意义并不会直接掉到你头上，它需要你的主动思考和选择。我们希望你能了解自己的价值观，知道它们是如何获得的，并确定它们是出于你自己的经历和思考。省察自己的价值观和人生意义应该伴随你的一生。

如果对自己的价值观很有把握，你就会以灵活开放的心态来面对新的生活体验。在人生的不同阶段，你对世界的看法会发生一些改变，这会让你在认真思考后纠正自己的一些价值观。此外，坚定自己的价值观并不意味着要把它们强加在别人身上。我们希望你能尊重他人与你不一样的价值观。学着接受那些与你价值观不同的人，但并不需要全盘接受他们的观点和行为。如果你对生命的意义有非常明确的看法，而且你的人生哲学可以给你提供人生的目标和方向，那么你更有可能和那些持有不同价值观的人交流和沟通。

在本章，我们主要探讨了价值观在人生意义中的核心作用。除了能够为个人成长提供机会的具体工作，我们还可以在一个更加广阔的平台上找到人生的意义和目的，即与整个人类社会有更多的联结。尊重他人拥有和你不同价值观的权利，这是接纳多样性人生哲学的一个重要方面。由于恐惧和无知而造成的偏见常常成为人与人之间联合或交流的障碍。我们希望你能将多样性当成一座桥梁，把你与那些和你不一样的人联结起来。在世界范围内消除社会偏见和歧视或许是一个庞大的工程，但你可以从自己开始，做一些细微却非常重要的事情。一旦你发现自己身上妨碍你理解和接纳别人的障碍后，你就可以开始努力消除这些障碍了。

像气候变暖这样的环境问题已经极为严重，你可能会认为对此你实在无能为力，但实际上，你的价值观和你所做的选择能够减少对环境的破坏。为了一个更加美好的未来，你可以发挥很大的作用。

自我成长

1. 问问你身边的好友，他们认为生命的意义是什么。如果对生命的意义不加思考，那他们认为他们的生活会是怎样的？

2. 将你生活中取得的主要成就列出来。你是怎样取得这些成就的？未来你还希望取得哪些成就来让你的生命更有意义？

3. 再阅读一遍保护环境行动计划那部分，并选出那些你愿意在日常生活中开始执行的建议。可以与一位好友或家人谈谈你对环境的担心以及你能为保护环境做些什么。

4. 列出"遗愿清单"，把你希望自己在离世前完成的事列出来。你第一件想做的事情是什么？哪些事情是你现在就可以开始的？哪些你尚未做的事情可以给你的生命增添意义？为完成这些事情制订一个时间表。

第14章

个人成长的途径

通往个人成长的道路,如同选择它们的人一样,各式各样。

自我评估

请用下面的评分标准来测评你对每个说法的回答:

4 = 我完全赞同这一说法

3 = 我赞同这一说法

2 = 我不赞同这一说法

1 = 我完全不赞同这一说法

☐ 1. 我很愿意保持记日记的习惯。

☐ 2. 我喜欢冥想练习。

☐ 3. 我打算将放松方法运用到我的日常生活中。

☐ 4. 现在我发现自己拥有的选择比意识到的更多。

☐ 5. 个人成长是一次旅行,而非目的地。

☐ 6. 我非常愿意继续从这本书开始的自我探索之旅。

☐ 7. 如果我遇到了自己无法解决的问题,会寻求专业咨询。

☐ 8. 我经常做梦,也能够记住其中大部分内容。

☐ 9. 我认为做梦是理解自己的一种方式,并且能够使我保持心理健康。

☐ 10. 我打算制订一个行动方案,开始改变我生活中最想改变的地方。

本章篇幅不长，我们想让你回顾一下前面所学的内容并确立自己今后的发展方向。如果你已经对自己的人生进行了深刻的反思，那现在就应该对自己（或者对他人）做出郑重承诺：你将学以致用，把所学到的内容运用到现实生活中。

你可以主动选择那些能实现你个人期望的人生体验。在考虑你要选择的继续个人成长的体验时，你一定要非常清楚地知道，随着你今后的改变，你对生命意义的看法也会随之改变。你在人生早期非常痴迷的事情现在对你来说可能已经并不那么重要了，而你现在所确立的人生方向在未来也可能还会改变。

我们经常会为自己的生活或者愿意与别人分享的体验制订计划，但却不能将它们付诸实施。你生活中是否也有一些这样的计划，一方面你认为它很重要，另一方面你又不愿花时间去完成它？你希望今后怎样安排自己的时间？目前你感觉自己在哪些方面已经做出了具体的改变？你打算制订怎样的计划来帮助自己今后继续做出改变？在做出改变的过程中，你将如何应对遇到的困难？

自我评价是个人成长的关键

在阅读本书的过程中，你一直面对着评估自己在各类问题上的想法、感受和行动的挑战。现在你不仅需要巩固所学到的内容，还要再反思一下你对于应当怎样生活所做出的决定。利用你在每章开始时"自我评估"部分的回答以及你对"思考时间"里练习的回答，对你的生活做一个评价。你在所有这些练习中的回答都是一致的吗？在第1章中，我们为你介绍了选择理论，它认为自我评估是做出改变的第一步。你生活中哪些方面的状况不错？目前哪些方面不够好？你的反思是否让你意识到未来要怎样做出改变？

当我们开始以新的方式生活时，一定要努力丢掉一些过时的、习惯的做法。比方说，为了让自己变得独立而放弃与父母同住的安全感，你可能会失去一些你很看重的东西，但是同住对你的进一步成长确实没有益处。你可能会选择继续待在一种关系中，尽管你很清楚它是有问题的，甚至是对你有害的，可是你却因为已经习惯了以及对未知感到恐惧而不愿做出改变。一旦认识到自己的力量和资源以及你在生活中想改变的地方，你就可以有充分的准备来继续你的选择，直到获得令你满意的生活。在思考下面这些问题时，也思考一下你目前的状况。

你所扮演的各种角色对你的生命有提升吗？

我们所有人都要在日常生活中扮演很多不同的角色，但这些角色都是可以改变的，特别是当我们做出新的选择时。这些角色可能对我们的生命有所助益，也可能会限制我们生命的成长。我们有可能会在这些角色以及伴随它们的想法、感觉和行为中迷失自己，以致忽视自己生命中极为重要的方面，令我们的感受和经历都处于非常有限的范围里。而当我们无法扮演某个角色时，比如当我们失业或因退休而离开一个很有意思的职业时，我们会感到很失落；父母会在孩子离家后感到很不适应。

你的日常生活有怎样的规律？你都扮演着哪些角色？今天只是昨天的重复吗？你是否靠扮演各种角色才觉得生活有价值？如果从你身上撤走这些角色，你会受到怎样的影响？当角色对你不再具有任何意义时，你能敞开自己去开始新的追求吗？

你能充分感知自己的感觉和身体吗？

你的身体能够反映出你对生活是充满活力还是厌倦懈怠，并且在很大程度上，它能体现出你对生活的感受。你可以问问自己这样几个问题：我知道自己身体的感觉吗？我是否很注意呵护自己的身体？我通过自己的体态和举止传递出怎样的信息？我的面部表情通常会表达出哪些意思？我的身体在应对压力时会有怎样的反应？

你对你的感觉敏感吗？可能你很少停下来关注自己周围的环境。如果你肯花些时间通过自己的感官来感受周边的世界，你一定会对生活产生新的感知和兴趣。问问自己：今天我感受到什么没有？我经历和观察到什么没有？什么样的体验会带给我惊喜？我愿意放慢节奏，跟着感觉走来享受生活吗？

你够随性和幽默吗？

你够幽默、风趣、好奇、爱探险和随性吗？即使步入成年，我们仍需要幽默，因为它能为我们按部就班的生活增添情趣，并能带给我们新的认知。如果你是个特别理性拘谨、缺乏幽默感的人，那就要检查一下自己的内心世界，看看是什么阻碍了你释放自己。你是因为害怕被人认为愚蠢吗？只要你愿意，你完全可以挑战"不要""你应该……你不应该……"这类说法，同时尝试一些能够让你变得更随性的新的行为。

你注意倾听自己的内心感受吗？

我们可能会对自己的感受变得麻木，无论是快乐的还是痛苦的。我们可能认为沉浸在感受中会让我们感到痛苦，但如果拒绝体会自己的感受，那我们也就失去了享受快乐的机会。不让自己面对悲伤通常也意味着不让自己感受快乐。有时候我们把自己的情绪封闭得太死，以致我们都忘了人的正常情感应该是怎样的。要想了解自己的情感是否丰富，你可以问自己这样一些问题：

- ▶ 我允许自己因为一个损失而伤心难过吗？
- ▶ 当别人悲伤时，我是竭力让他不要难过，还是先允许他尽情表达？
- ▶ 如果我想哭，我允许自己哭吗？
- ▶ 我曾经真正快乐过吗？
- ▶ 在生活中，我允许多少人真正走近我？
- ▶ 我会压抑自己的情感吗，比如不安全感、恐惧、脆弱或愤怒？

你能充分感知自己的感觉和身体吗？

你的人际交往有活力吗?

我们与自己生活中非常重要的人的关系有时会失去活力,它会变得程序化,失去了惊喜感或意想不到的快乐。如果一切都按部就班,长期关系就有可能变得很脆弱和淡薄。但是要避免这种现象,我们就必须有意识地做出努力,这也可能会让我们产生一些紧张感。检查一下自己生活中的人际关系状况,你和对方都有活力吗?你们之间的关系能够给你添加力量,还是让你感到枯竭?你宁愿放弃有活力的关系也要维持那种已经麻木的关系吗?如果你对自己目前的友谊或亲密关系不甚满意的话,你愿意做些什么来使它重新具有活力吗?你愿意与别人探讨你们之间的关系吗?注意要侧重那些自己能做出改变的地方,而不是试图改变对方。你可以考虑一下打算问对方的问题。

你的思维活跃吗?

孩子总是对生活充满好奇,但当人们长大后,却渐渐失去了这种好奇心。成年之后,我们会很容易就陷入日常琐碎的事务中,而很少花时间来考虑一下我们为什么要这样做或者我们是不是有必要做这些事。你思维活跃吗?在第1章中,我们强调过在学习过程中要将智商与情商结合起来,其中的一个方法就是要把你所学到的运用到你的个人成长过程中。你怎样让自己做到思维敏捷?你能敞开自己学习一切新生事物吗?作为学习者,你是否正在做出一些改变?

你的精神生活丰富吗?

在心理学和心理咨询领域,人们越来越关注精神生活对整个生命的提升以及它在心理治疗和身体治疗方面的作用。有关精神生活和幸福方面的书籍已经出版了很多。精神追求会对人各方面的经历造成很大的影响。你的精神追求会在多大程度上改善你的整体生活?你如何定义精神生活?哪些是指导你生活的价值观?花点时间思考一下自己这方面的状况。

你对自己应对生活挑战的做法满意吗?

在今天的世界中,我们会不断遇到令我们感到压力的人或事,有的属于小的困扰,有的却似乎无法解决。要想让自己成为自主的人,就必须学会通过有效的方法来应对生活中可能出现的各种挑战,包括在学校、工作中、家里或社会交往中。这些压力可能是长期存在的,也可能是因环境衍生出来的。你应对生活中各方面挑战的能力如何?你在与他人交流时,会带给他们怎样的影响?你的方法在压力环境下能奏效吗?个人成长的一个重要方面就是及时发现自己给成长制造的阻力。在一些特别的情形下,你能有很强的适应力吗?你能找到一些更有效的方法来应对困难的环境吗?

你喜欢自己目前的状况吗?

存在主义观点认为在这个世界上你最终只能独自存在,只有你自己能每天24小时、每周7天与自己在一起。我们每个人都处在发展变化中,思考这本书中提出的观点后将它们用到生活中,你就能更清晰地知道自己是怎样的人,你在哪些方面还需要提高和完善。你愿意与别人相处并有积极的社交生活吗?你对自己目前的状况满意吗?你生活中有需要从根本上解决的问题吗?问问自己:"我愿意与一个像我这样的人为伴吗？"你对这个问题的回答能够反映出你在生活中需要改进的地方。

现在花点时间评价一下自己已经做出的努力。走自己的路既需要勇气也需要决心。在开始思考未来要做的改变时，先鼓励一下自己已取得的成绩。记住：个人成长是一个过程，而非目的地。

克服障碍，敞开怀抱

有时候困难会阻碍我们追求梦想、实现目标，最终限制了自己的发展潜力。无论外部还是内部的障碍都不应该影响我们为成功做出的选择。约瑟夫的经历说明，我们的观念能够引导我们走向并开启获取生活中最丰盛奖赏的大门。

>> 你可以选择自己的生活经历，它能帮助你成为自己希望成为的人。

约瑟夫的故事

我很喜欢"人生不设限"这句话，因为生活的确为我们的自我发展提供了各种各样的机会。我坚信每个人都有责任和义务为这个世界做点什么，以使它变得更加美好，哪怕只是给一个人的生活带来改变。

11年前，我失明了，毫无疑问，这让我的生活发生了根本性的变化，也不可避免地改变了我的未来和我的规划。但是，在经过长时间的思考和痛苦经历后，我意识到生活还得继续。虽然实现我以前的梦想恐怕很困难，但我告诫自己没有什么是绝对不可能的。现在我比以前更相信，只要认真去做，我依然能够成就一切。我非常自信，并不断寻求提升自己和改变环境的方法。我不让失明成为自己推卸责任的理由。我认为一个人不应该因为残障就允许自己无所事事，为这个世界做点有意义的事仍然是我的责任和愿望。

两年前我决定去欧洲旅行，当我最好的朋友送我去机场时，他问我，"你真的想花这笔钱旅行吗？你看不到那些宏伟的建筑和美丽的风景，你还对欧洲感兴趣吗？"我立即回答他说："这趟旅行让我很兴奋，我把它看作一次冒险。我喜欢品尝没吃过的食物，触摸新的环境，并用我其他的感官来经历不一样的东西。我想了解新的地方，与那里的人交流。我相信自己同样可以做那些没有失明的人能做的事，只不过是用一种不同的方法。"无论残障与否，每个人都是与众不同的，都有其独特之处，关键是你怎样看待生活。

我觉得只要采取恰当的步

骤，路上的任何磕磕绊绊都可以被克服。我没有选择退缩，而是一步一步地以我能控制的节奏往前走。失明反倒让我变得更强大；更坚定要实现自己的目标；也更能够与这个世界融洽地相处了。我自信我的生活阅历能够让我成就许多事情。我决心充分利用一切机会并尽一切可能来获得成功。既然人生不设限，我就做好飞翔的准备。

继续自我探索的道路

在成长的道路上，每一步都非常重要，因为它能把你带入一个新领域。为了持续个人发展，你可以选择做很多事情（也可以与你的朋友和家人一起来做）。下面所列的这几个方面对你的继续成长或许会有帮助。在人生的不同阶段，你的需求也会不一样，我们建议你探索所有可能适合你现阶段发展的路径。

养成阅读的习惯

探索生命的一个最佳方法就是阅读，包括那些自助类的书籍。我们在每一章都涉及了一些书。许多学生和来访者告诉我们，这些书对他们非常有帮助。你可能也会发现这些书是很有价值的。你对哪几本书最感兴趣？

保持写作的习惯

除了制订阅读和思考计划外，另一个很有用的方法就是继续保持记日记的习惯。如果你从阅读本书开始已坚持在写日记，那我们希望你今后能保持这个习惯；或者至少每周拿出一点时间来思考一下自己的生活，并将你的想法和感受记录下来，因为写日记能让你省察自己当前的行为模式。通过记日记，你可以即时观察到自己的感受、想法和所做的事，然后，你就可以基于这些内容来判断，你在多大程度上成功地改变了那些不适合你的旧的行为方式。记日记是不是也让你变得更有洞察力了？

考虑自我指导的行为改变

现在你马上就要阅读完本书了，并且你可能已经知道自己要做哪些事情了。比方说，如果你发现自己经常紧张，不能够很好地应对压力，那你就应该制订一个自我指导计划，其中包括放松和呼吸练习。找到自己要做出改变的地方，并据此制订切实可行的目标，然后使用一些具体的方法来实现这些目标，最终达到改变。你最想做出的改变是什么？什么能够帮助你开启并持续你的计划？

了解自我的一种方式：咨询

人的一生需要不断地面对各种选择，我们希望这本书能带给你一些帮助，让你在抉择时不至于感到太孤单。我们还希望你今后在人生的一些重要关头或面对一些重大决策时能寻求心理咨询，因为它可以帮助你分清各种选择，并促进你制订完成改变所需的行动计划。

咨询有助于自我提升

如同在前面已经看到的，个人成长是一个终生的经历。在人生的各个方面和各个阶段，你都可以有很多选择。在我们看来，关注自己的身体、心理、社交和精神的健康是非常重要的。当你发现自己无法解决一些困扰，而且你的朋友和家人也帮不了你的时候，你就应该寻求咨询师的帮助。人们生病时会很自然地去看医生，但当心理出现问题时，他们却常常对是否要寻求专业帮助感到犹豫不决。很多人非要等到车子坏了才送去修理，因为他们平时不愿意花时间对车进行保养；有些人则非要等到牙疼得不行了才去找牙医。与之类似，许多人也非要等到自己已经无法在家里、工作中或学校里正常应对时，才想到去寻求专业咨询帮助。其实如果在成长过程中时常接受一些小小的"调整"，你的成长之路会顺利得多。

还有不少人不愿寻求咨询的原因是担心与咨询师在一起会让他们触碰一些过往的伤痛，而且他们也不愿被别人看作心理有问题。对有些人来讲，他们的文化背景也不赞同他们寻求心理咨询。如果你认为专业咨询会对你的个人成长有所帮助的话，我们希望你不要因为害怕别人对此不理解而放弃，而且更重要的是，千万不要因自己的一些想法而停止继续咨询。参与咨询是一种力量的体现，为实现个人成长的目标而寻求专业帮助的确需要勇气。无论是个体咨询，还是团体咨询，都会让你受益，而不会因此陷入痛苦中。当你生活的某个方面出现问题时，咨询师会与你一道修正你对生活的看法。如果你发现自己有下面所列的一些现象时，可以考虑寻求专业的方法来改善你的状况。

▶ 我觉得有时我的生活处于失控的状态。
▶ 我对自己的未来不满意。
▶ 我认为自己做了许多错误的选择。
▶ 我受过犯罪行为的伤害，还遭遇过虐待。
▶ 我不知道该怎样规划自己的生活。
▶ 我常感到很抑郁。
▶ 我的人际关系不理想。
▶ 我有一些成瘾的嗜好。
▶ 我不喜欢我自己。
▶ 我正陷在精神危机中。
▶ 我经历了一次重大失去。
▶ 我的工作或学习方面出现了问题。
▶ 我长期处于压力中，并且患上了与压力有关的疾病。
▶ 我经常受到歧视，也经受过迫害。
▶ 我正在结束一段重要的关系。
▶ 我的潜能只发挥了一小部分。

咨询师能够帮助你很好地运用自己的内部资源。好的咨询师不会试图替你解决问题，而是帮助你学会有效地应对你的问题。咨询师其实就是心理教育家，教你怎样从生活中得到最大的收获、在生活中找到更多的快乐以及发挥你的优势和潜能。

咨询师的作用是教会你成为自己的治疗师。他们不会用洗脑的方式强迫你改变自己的想法，而是帮助你检查你的思想怎样影响了你的情感和行为。他们会帮你发现你的一些想法阻碍了你积极地面对生活，你也能够从咨询过程中学会客观地评估自己的价值观、信仰、想法和判断。咨询的过程还能让你学会用积极正面的思维取代那些消极自毁的想法。如果你发现自己很难公开表达快乐、愤怒、恐惧或内疚的情绪，那么咨询能够帮助你跨越这一障碍；如果你现在的行为明显阻碍了你未来的发展，咨询也能帮助你探索其他的行为方式。

寻求咨询的挑战

治疗过程对你和咨询师来讲都不是件容易的事。坦诚地面对自己会有一定的难度，面对和解决自身的问题也需要勇气。寻求咨询就是走向治愈的第一步，因为承认自己需要帮助本身对于向前迈进就具有重要意义。自我探索的过程需要方法、耐心和坚持不懈。有时治疗的效果可能不是很明显，因为咨询并不会创造奇迹。事实上，在感觉恢复之前，你有时可能觉得反而更糟糕了，那是因为旧的伤痛可能被揭开了。

选择适合你的咨询师极为重要。就如同去看病时希望找自己信任的医生一样，找一个你愿意信任的咨询师非常关键。在做出选择前，你一定要很好地了解这位咨询师的背景和受过的培训。负责任的治疗师都会认为他们有责任事先告诉来访者咨询的经过和可能的效果。找到一位合适的咨询师的另一个方法就是向那些曾有过咨询经历的人了解情况，他们推荐的人通常会对你有帮助。当然最终还得由你来选择咨询师，做一些调查并做出明智的决定。咨询会涉及不少个人隐私，因此只有你信任这位咨询师，你才能在这一过程中有所收获。

请记住，咨询是一个旨在完善自己的自我发现过程。咨询本身并不是目的。有效的咨询需要在你与咨询师之间建立起一种合作式的伙伴关系。最终你会停止去见你的咨询师，但你由此开启的过程却不会结束，你可以继续将你在咨询过程中学到的内容运用到日常生活中。如果你的咨询经历非常成功，你从中收获的要远远超出如何解决某个具体问题，你将掌握自我省察和评估的技能，并运用它们来解决今后出现的新问题和新挑战，最终你会越来越懂得如何做出选择，以达到理想的生活状态。

了解自我的一种方式：梦

虽然不是所有的咨询师都会与他们的来访者沟通有关梦的内容，但探究梦的意义的确是咨询过程中很重要的一部分，因为梦可以提供一些对我们有着重要意义的事件的线索。如果我们能够训练自己回忆出做过的梦——事实上，这是完全可以做到的——并探索它们所代表的含义，我们就能够很好地了解我们的挣扎、欲望、目标、意义、冲突和兴趣。梦能让我们深入了解自己的过去、现在和将来之间的联系，也能帮助我们应对压力、丧失和悲伤、愤怒以及其他痛苦的人生经历。梦能为我们提供一条路径，让我们更好地了解自我和与他人的关系。如果要把梦用在治疗过程中，那就需要我们记住自己梦的主要内容以及我们平常做梦的规律。把梦记下来的最好办法就是将它们记在日记中。与你信任的人分享你的梦也能起到展示自我的作用。如果能将梦的大部分内容都记录下来，你就会发现它们与你白天的生活有许多相似之处。

过去我（Gerald）很少能记住自己做过的梦。几年前我参加了一个重点讨论梦的会议，于是我开始试着把梦中的一些片段记下来，很有意思的是，渐渐地，我就能把自己的梦全面生动地记录下来了。现在我已养成了习惯，每天一醒来就先把做过的梦记在日记里，同时写下我对这些梦的反应。这一做法让我可以把自己的梦分享给妻子和其他朋友。将他们对我的梦的反应与我自己的反应进行比较，对我非常有帮助。

梦中的所有意象都是自己某个方面的放大。按照格式塔心理学家的观点，我将梦中的所有人物都看作自己的一部分。在梦中"寻找多个自我意象"是帮助我理解自己潜意识的一个方法。我发现自己的梦具有一定规律，并且它们能帮助我理解自己生活中的冲突、人生十字路口要做的选择，以及那些经常反复出现的内容。当我在清醒时观察自己生活中发生的一切，我发现哪怕只是梦中的一个小片段也常常包含了某种层面的含义。

探索梦的含义

梦一点也不神秘，它们是通向自我理解的道路。从古时起，人们就对梦很好奇，并认为它很重要。但是对梦进行真正科学的考查和研究是从19世纪中期才开始的。在我们就咨询举行的讲座中，学生们都对了解梦的含义很感兴趣，并提出了不少问题。

最近我们与艾丽达有过一次谈话，因为她对梦中出现了她几年前去世的一个叔叔而感到很担心。艾丽达一直没有从叔叔去世的悲伤中走出来，她觉得很内疚，因为她没能在他活着时多与他交流。在她的一个梦中，她叔叔出现了，告诉她他很好，让她不用为他担心。这个梦之后，艾丽达一下子感到轻松和自由了，就好像卸下了重担。可是当她将这个梦讲出来与家人分享时，家人却认为她很"诡异"。我们安慰她说，这个梦其实很正常和健康，并且它是一种疗愈的经历。艾丽达知道后很高兴，她很感激这个梦。

我们相信梦的治愈功能，但对它一知半解是件很危险的事。在分析梦时，首先应对梦的复杂性有一个全面的了解，这是非常有必要的。如果对梦的解析一无所知就试着去分析自己、朋友或家人所做的梦是很危险的一件事，其弊远大于其利。

弗里茨·佩尔斯是格式塔疗法的创始人，他发明了一些可以帮助人们了解自我的方法。他建议我们好好利用梦。根据他的观点，梦是人类对生存状态最自发的表达；是人们对生活精心雕琢的艺术品。它代表着未完成的事情，却又不只是表达了未完成的事情、未实现的愿望，或一种预言。每一个梦都包含了有关于个人存在和当前所面临矛盾的信息。格式塔疗法旨在通过重新体验梦中的情境，将梦的内容引入生活，它包括将梦中的所有细节详细地写出来；回忆梦中的每个人、每件事以及当时的情绪；然后将这些内容通过表演和对话予以重现。佩尔斯将梦视为"通向整合的神圣之路"。通过这种方式，避免了分析和理解梦，而是专注于重现和经历梦境，从而使做梦的人能够更加理解梦所传递的现实含义。

下面给出了一些非常有用的指导建议，让做梦的人可以照此来重现和探索他们的梦：

- ▶ 置身在梦的环境中。
- ▶ 让自己成为梦中的每个人。他们中有一些非常重要的人吗？
- ▶ 让自己成为起连接作用的物体，比如电话线和公路。
- ▶ 发现其中所有神秘的东西，比如一封未拆开的信或一本尚未阅读的书。
- ▶ 发现其中强大的力量，比如海啸。
- ▶ 让自己成为两种对立的人或物，比如一个年轻人和一个老年人。
- ▶ 成为梦中所遗漏的任何内容。如果你对自己的梦记不清了，那就想象一下遗漏的部分。

从梦中醒来时，你会感觉恐惧、快乐、悲伤、沮丧、惊讶或者愤怒吗？确定自己的情绪对发现梦的意义很关键。在扮演梦中各个人物时，注意你说了些什么，并找出它们的规律；通过确定自己的情绪和梦中出现的内容，你就能更加了解梦要告诉你的信息。

梦里也充满了象征，格式塔治疗师们特别强调每个象征的具体含义。人会给自己的梦赋予意义。比方说，一封未拆开的信可能意味着做梦的人在持守一些秘密；一本尚未阅读的书则可能寓意着做梦的人自己害怕受到关注和不想出名。格式塔治疗师可能会问："当你想到一封未拆开的信时，你的第一反应是什么？"有人可能会回答说："我想隐藏起来，我不想让任何人了解我。"也有人可能会说："我希望有人能走进我的心。"要了解一个梦对具体某个人的含义，治疗师通常会问："如果你刚才所描述的事真的发生了，你觉得你现在的生活会是怎样的？"在格式塔治疗方法中，没有任何意义能够适用于每一个人；相反，它对每一个个体有着不同的诠释。

梦的意义极其丰富，它将我们的内心世界与外在生活联系起来，并且让我们有一个独特的方式去倾听和了解自己的内心世界。梦能够为你做出更好的选择和拥有更充实的生活提供方向。

不要害怕做梦

梦可以反映我们过去和现在的一些痛苦挣扎，同时如同通向潜意识的闸门，它也会把将来的努力方向告诉我们。因此为了让自己有一个更好的未来，我们鼓励你无论在清醒时还是熟睡后都要敢于做梦。唐·吉诃德曾放言"做不可能的梦"，我们建议你也做些类似的尝试。

影响自己成长的一个最大障碍，就是让害怕失败的恐惧阻止你去做自己最想做的事。我（Gerald）个人感到对失败的恐惧已经成了我最好的老师，因为我从中懂得了失败并不是致命的，而且从错误中可以学到许多有益的东西。如果你不让自己拥有一个宽阔的视野或勇于追求梦想，那你实际上就等于限制了自己发展的无限潜能。我（Marianne）在8岁时决定来美国，当时我并不认为这是个不现实的梦想，后来我也的确曾考虑过放弃这个梦想，但我没有让任何阻碍得逞。我8岁时所做的选择极大地影响了我后来的生活以及许多其他人的生活。

如果认真思考梦里所传递出的信息，你就会发现你其实拥有许多选择。我们遇到过许多这样的人，他们不断地给自己的生活带来惊喜，有时候连他们自己也不敢想象的一些可能——即使在最大胆的梦幻中——竟然真的能够实现。因此我们鼓励你敢于去追求那些似乎不可能的梦想，即使有所怀疑，也还是要相信自己，并且通过自己的实际努力将梦想变为现实。不要害怕做梦，这样你才会有勇气追随自己的理想和激情去绽放你的人生。

总　　结

比起刚开始读这本书的时候，现在你对自己生活的各个方面已经有了更加清晰的认识，并且你也希望能继续走这条自我探索之路的话，那你已经迈出了自我实现的第一步。有时候，人们期望奇迹般的转变，而如果他们的生活没有发生重大改变，他们就会感到很失望。可是别忘了，最重要的不是那些巨大的变化，而是你愿意一步一步不断成长的那份决心和勇气。只有你自己才能够改变你思考、感觉和行为的方式。留心寻找你正在发生改变的细微之处吧！

你从这本书中所收获的知识和技能应该充分运用到你将来的生活中。道路不止一条，在你人生的节点上，你会遇到很多选择，需要你做出重要决定。要让自己保持开放的心态，勇于探索新的路径。

现在或许你已经对自己想要追求的发展目标有了清楚的认识。虽然我们鼓励你为实现自己的目标制订计划，但也提醒你不要操之过急，不要以为改变会很快并且很容易就发生，因为个人成长是一个循序渐进的过程。我们真诚地期望你在改变自我的旅程中，采取必要的行动来很好地履行自己的承诺，哪怕一个细微的动作也不要放过。要知道：千里之行，始于足下——所以，现在就迈出第一步，开始行动吧！

>>> 要想活得自由，你不能走别人走过的路，你要开创自己的道路。

自我成长

1. 如果你记不住自己的梦，可以在临睡前重复这句话："今晚我会做一个梦，我会记住它。"将一张纸和一支笔放在床边，当你醒来时，如果记不住做梦的全部内容，那么就记下你能记住的片段（操练大概一个月）。这种练习能够增强你记住自己的梦的能力。

2. 如果你发现自己的梦很有规律，那就养成习惯，每天一醒来就把自己的梦写在日记里。看看你做梦的规律，了解你所做的梦的内容以及它们对你意味着什么。哪怕只是简单地把你的梦的内容读出来对你都是有帮助的。

3. 列出当你感到内心痛苦或在应对一个阻碍你成长的问题时却不愿寻求专业咨询的原

因；同时想象一下当你生病时，你是否愿意去看医生。将两个回答进行对比，看看自己对身体健康和心理健康的不同态度。

4. 如果你已经很投入地学习了这本书，那么你就掌握了一系列可以继续应用的技能，其中之一就是自我评估。在日记中写下你对下面这几个问题的回答，并尽可能回答得全面详细些。

a. 你对自己学习这本书的状况感到满意吗？

b. 回到我们在第1章中关于做个主动型学习者的讨论。作为一个学习者，你的参与性和主动性有了多大程度的提高？

c. 花些时间重新看一下你在"思考时间"部分和每章最后的日记页中写下的内容，你能发现自己的思维轨迹吗？

d. 描述从现在开始的一年时间里，你希望自己变成怎样的一个人，你可以同时考虑下面这几个问题：① 什么会阻拦我成为自己希望成为的人？② 如果想实现自己的目标，我需要采取哪些具体行动？③ 什么能够帮助我坚持完成自我实现的行动计划？